成功锦囊之身心修炼

3 有一种奋斗叫人生

高海红◎编著

河北出版传媒集团
河北科学技术出版社

图书在版编目（CIP）数据

成功锦囊之身心修炼. 3，有一种奋斗叫人生 / 高海红编著. -- 石家庄：河北科学技术出版社，2020.9
 ISBN 978-7-5717-0540-4

Ⅰ.①成… Ⅱ.①高… Ⅲ.①人生哲学－通俗读物 Ⅳ.①B821-49

中国版本图书馆CIP数据核字（2020）第194350号

CHENGGONG JINNANG ZHI SHENXIN XIULIAN.3,YOU YIZHONG FENDOU JIAO RENSHENG

成功锦囊之身心修炼．3，有一种奋斗叫人生
高海红 编著

出版发行	河北出版传媒集团
	河北科学技术出版社
地　　址	石家庄市友谊北大街330号（邮编：050061）
印　　刷	河北远涛彩色印刷有限公司
经　　销	新华书店
开　　本	880×1230　1/32
印　　张	20
字　　数	450千字
版　　次	2020年9月第1版
印　　次	2020年9月第1次印刷
定　　价	78.00元（全4册）

前 言

人的一生，有各种不同的旅行方法。有的人能快乐地走完一生，有的人却很忧愁地走完一生。面对人生，仁者见仁，智者见智。当然，最重要的一点，源于人生不可避免地会有一些苦难和不幸。在面对苦难与不幸时，不同的人持有不同的态度。有的人把苦难当作财富，用自身的自强不息战胜了厄运。有的人把苦难当作绊脚石，也许，他们永远也不会有出头之日。其实，只要每个人心中的信念没有动摇，那么人生的旅途就不会暗淡。所以，你要笑着面对生活，不要抱怨生活带给自己的磨难，不要抱怨生活的曲折，并且要积极奋斗起来。倘若拥有这样的心态，那么你就会深刻地感悟到，人生其实不用太圆满，面对挫折与不幸，笑一笑就能很快过去！在人生的道路上，只要你能想明白这个问题，那么你的人生就不会有遗憾。与之相对应的，便是收获人生的精彩。

本书能教你在遇到困境时，从不同的角度看待问题、思考问题，是一本励志书籍。当然，要想取得这样的效果，需要你在遇到苦难时，以笑颜相对。也许，这是大多数人都无法做到的。然而，只要你改变自己的心态，并尝试着坚持，那一切的不幸将会逐渐化为泡影。当然，为了让读者更好地走出生活带给自己的阴霾，我们收集和整理了一些苦难与微笑的实例，系统地编写了个人在生活中遇到的各种问题。从人生的苦难角度出发，详细写了面对苦难时应持有的态度，以及走出挫折与苦难处境所用的方法。全书内容安排详略得当，文字通俗易懂，内容全面，实用性较强。

希望本书能为读者带来实用性的指导价值，能感悟自身在生活中的真正意义，提高自身的修养和能力，以便更快更好地实现自己的人生理想。苦难是人生前进的阶梯，唯有不断攀登的人才能登上成功之峰，一览众山小。有一种前行叫拼搏，有一种奋斗叫人生！

目录 CONTENTS

第一章　苦难是人生的必修课

苦难的背后就是成功 / 2

成功有时需要的是一份勇气 / 4

有压力才能更好地激发动力 / 7

挫折可以更好地促进成长 / 10

先要付出才会有收获 / 14

阳光总在风雨后 / 16

第二章　正确面对人生的不幸

危机是人生不可避免的挫折 / 20

不妨让你的思维转个弯 / 22

正确对待生活这面镜子 / 25

积极的信念创造人生的快乐 / 26

自信让你快乐无限 / 28

唯有努力才能获得成功 / 30

第三章　苦难是人生的一笔财富

大海上的船都经历过伤痛 / 34

痛苦也可以转化为一种动力 / 36

贫穷是磨砺意志的磨刀石 / 38

失败是人生不可多得的财富 / 41

羞辱是人生的必修课 / 42

任何人都可能创造奇迹 / 44

第四章　痛苦是成功的催化剂

苦难是生命的一种荣誉 / 48

学会为自己加油助威 / 51

困境有利于激发一个人的潜能 / 55

成功都是"逼"出来的 / 59

敢于"卧薪尝胆"才能获得成功 / 62

别让"小不忍"乱了"大谋" / 64

第五章 危机也是一种转机

困境有时也是一种机遇 / 70
不妨打开人生的另一扇窗 / 72
危机的背后就是转机 / 74
没有忧患意识才是最大的忧患 / 77
你需要重新审视生命的价值 / 81

第六章 人生的真谛在哪里

人生应该是美好的 / 86
人品是一个人最珍贵的财富 / 88
修养可以让人受益终身 / 91
一言九鼎重承诺 / 92
该承担责任时就不能退缩 / 95
成功到来之前必须学会忍耐 / 97
做人做事不能没有原则 / 98

第七章 找到属于自己的幸福

理解幸福的真正含义 / 104
时刻怀有一颗感恩的心 / 106
为自己的拥有而高兴 / 110

不要活在别人的眼光中 / 113

给自己的定位要合理 / 115

第八章　快乐的决定权在你手上

改变环境还不如改变自己 / 122

我的快乐我做主 / 124

你的世界需要赞美 / 126

每天给自己一个希望 / 128

原来苦中也可作乐 / 131

路边的美景也藏着快乐 / 133

苦尽了才能等到甘来 / 134

第九章　苦日子也可以过甜

敞开心灵接受不幸 / 138

大方地对自己说声"不要紧" / 143

补偿一下自己失衡的心理 / 146

敢于肯定自己的能力 / 148

弱者也有自己的天空 / 150

第一章　苦难是人生的必修课

苦难的背后就是成功

第一次世界大战结束后,他只有两岁,靠种葡萄为生的父母带着他迁居到了法国。父亲不懂法语,在法国找不到工作,因此,这个家庭陷入了贫困,并在温饱线上苦苦挣扎。

1934年,13岁的他勉强小学毕业,为了生计,他不得不辍学到一个小裁缝店当学徒。正是这份工作,让他对服装设计产生了浓厚的兴趣。虽然吃不饱饭,他却经常空着肚子跑到剧院的舞台后面去观察演员们的绚丽衣着,然后仔细地揣摩这些衣着的造型。有时,他喜欢站在百货商店外面,痴迷地看着橱窗里的那些新款服装,回家后便异想天开地在本子上画一些奇怪的样式,他的父母没有想到,孩子的这种自娱自乐,竟会成为他一生的事业。

19岁那年,他骑着一辆旧自行车,驮着一只破木箱,来到了向往已久的巴黎。结果到了那里,他才发现自己连住的地方都找不到。吃不饱睡不安,他只好四处流浪。不久,第二次世界大战爆发了,乱世之中,他再遭噩运,因为一次偶然事件,他被关进了监狱,饱受折磨。虽然失去自由,但他对服装设计的喜好依然不改,没有纸和笔,他就用手指在牢房的地上画来画去。两年后,他终于获释,身无分文的他又开始四处游荡。直到走投无路时,他才不得不离开巴黎,来到法国南部城市维希,重操旧业,在一个服装店做学徒。

这是一份来之不易的工作，所以，他非常用功，他一丝不苟地学习，掌握制衣的每一个细小环节。经过三年清苦的学徒生涯，他一步步地成为店里最好的裁缝。但他一直想念着巴黎，他认为只有那里才是自己的舞台。

1945年，他重返巴黎，在一家叫"帕坎"的时装店做设计，当时，许多社会名流都在这里订做服装，设计师的压力可想而知，由于不堪重负，每天都有设计师被淘汰，所以，老板对这个学徒没有抱太大的希望。但他从这个最艰难的挑战中看到了人生转机的希望，他决定全力以赴。为了能设计出让顾客满意的服装，他寝食难安、绞尽脑汁，那些日子里，服装设计是他生活的全部，甚至连吃饭、走路也在想着这些。一天，他在大街上，一位漂亮的姑娘让他眼前一亮，姑娘全身的线条恰到好处。他想象着，如果她穿上自己设计的服装，一定会令人耳目一新。于是他不由自主地跟在了姑娘后面。发现有人跟踪，姑娘便拐进一个胡同拼命跑起来，他却穷追不舍。姑娘终于发怒了，警告他如果再跟着自己就报警。他此时才醒过神来，诚恳地告诉她，自己是一个服装设计师，见她的身材条件优秀，想请她做模特，跟着她，只是怕失去这个机会。

正是这种痴迷让他的创造能力一次次地飞越，成为时装店里最优秀的设计师。但他并未就此满足，他决定凭借学到的知识，来开创自己的一片天地。3年后，他在租来的简陋小屋里，第一次推出了自己的女装设计，结果一举震惊了整个巴黎。

一个地地道道的农民的儿子，一个没有读过几天书的小裁缝，在战胜苦难与孤独之后，终于与成功牵手。直到现在，他仍然主宰着全球时尚领域最前沿的部分，他成为名副其实的天下第一裁缝。他的名字叫皮尔·卡丹。

苦难是上天对人们的考验，倘若你成功地跨过去，就能迎来新的生活。然而，令人遗憾的是，很多人在与苦难抗争时败下阵来，而那些一直坚持到最后的人就成了为数不多的杰出的成功者。在这儿，敬请你不要拒绝苦难，更不要为生活中的苦难唉声叹气，因为苦难的下一站往往是成功。

成功有时需要的是一份勇气

人世间有很多事情，只要敢做，多少会有收获。尤其是在困境中，如果能拿出视死如归的勇气，必能化险为夷，任何困难都将迎刃而解。

在非洲的塞伦盖蒂大草原上，每年夏天，上百万只角马从干旱的塞伦盖蒂北上迁移到马赛马拉的湿地，这群角马正是大迁移的一部分成员。

在这艰辛的长途跋涉中，格鲁美地河是唯一的水源。这条河与迁移路线相交，对角马群来说，既是生命的希望，又是死亡的象征。因为角马必须靠喝河水维持生命，但是河水还滋养着其他生命，例如灌木、大树和两岸的青草，而灌木丛还是猛兽藏身的理想场所。冒着炎炎烈日，口渴的角马群终于来到了河边，狮子突然从河边冲出，将角马扑倒在地。角马群扬起遮天的尘土，挡住了离狮子最近的那些角马的视线，一场厮杀在所难免。

在河流缓慢的地方，又有许多鳄鱼藏在水下，静等角马到来。有时湍急的河水本身就是一种危险。角马群巨大的冲击力将领头的角马挤入激流，它们若不是淹死，就是丧生于鳄鱼之口。

这天，角马们来到一处适于饮水的河边，它们似乎对这些可怕的危险了如指掌。领头的角马慢慢地走向河岸，每头角马都犹犹豫豫地走几步，嗅一嗅，叫一声，不约而同地又退回来，进进退退像跳舞一般。它们身后的角马群闻到了水的气息，一齐向前挤来，慢慢将"头马"们向水中挤去，不管它们是否情愿。角马群已经有很长时间没饮过水，你甚至能感觉到它们的绝望，然而"舞蹈"仍然继续着。

过了三个小时，终于有一只小角马"脱群而出"，开始饮水。为什么它敢于走入水中，是因为年幼无知，还是因为渴得受不了？那些大角马仍然惊恐地止步不前，直到角马群将它们挤到水里，才有一些角马喝起水来。不久，角马群将一头角马挤到了深水处，它恐慌起来，进而引发了角马群的一阵骚乱。然后它们迅速地从河中退出，回到迁移的路上。只有那些勇敢地站在最前面的角马才喝到了水，大部分角马或是由于害怕，或是无法挤出重围，只得继续忍受干渴。每天两次，角马群来到河边，一遍又一遍地重复着这种仪式。一天下午，一小群角马站在悬崖上俯视着下面的河水，向上游走100米就是平地，它们从那里很容易到达河边。但是它们宁可站在悬崖上痛苦地叫，却不肯向着目标前进。

生活中的你是否也像角马一样？是什么让你藏在人群之中，忍受着对成功之水的渴望？是对未知的恐惧，害怕潜藏的危险？还是你安于平庸的生活，放弃了追求？大多数人只肯远远地看着别人成功，自己却忍受干渴的煎熬。不要让恐惧阻挡你的前进，不要等待别人推动你前进。只有勇于冒险的人才可能成功。要知道，成就和风险是成正比的。世界上很少有报酬丰厚却不需要承担任何责任的便宜事。怕担风险，只会让自己和成功无缘。

第一章 苦难是人生的必修课

5

苹果电脑公司是闻名世界的企业。大家只知道乔布斯是苹果电脑的创办人，其实40多年前，他是与两位朋友一起创业的，其中有一名叫惠恩的搭档，人称美国最没眼光的合伙人。

惠恩和乔布斯是街坊，大家都爱玩电脑，两人与另一朋友合作，制造微型电脑出售。这是又赚钱又好玩的生意，三个人十分投入，并且成功地制造出"苹果一号"电脑。在筹备过程中，用了很多钱。这三位青年来自中下阶层家庭，根本没有什么资本可言，大家四处借贷，请求朋友帮忙，惠恩只筹得1/10的资本。不过，乔布斯没有怨言，仍成立了苹果电脑公司，惠恩也成为小股东，拥有1/10的股份。

"苹果一号"以660美元出售，原本以为只能卖出一二十台，岂料大受市场欢迎，总共售出150台，收入近10万美元，扣除成本及债项，赚了4.8万美元，惠恩只分得4800美元，但当时已是一笔丰厚的回报。不过，惠恩没有收这笔红利，只是象征性地拿了500美元作为工资，甚至连那1/10的股份也不要，他急于退出苹果电脑。

苹果电脑后来发展成超级企业，如果惠恩当年就算什么也不做，单单继续持有那1/10股权，今时今日，应该有上亿身家。乔布斯的另一位搭档，也是凭股份成为亿万富翁的。

为什么惠恩当年愿意放弃一切？原来他很怕乔布斯，因为对方太有野心了。后来他向传媒说："为什么我要马上离开苹果公司，要回500美元就算了？因为我怕乔布斯太过激进，日后可能会令公司负上巨额债项，那时我也要替公司负上1/10的责任！"一念之差，惠恩终生与财富绝缘。

有压力才能更好地激发动力

很多人觉得自己压力太大，活得很累。但如果没有压力，就不会有动力。压力并不可怕，关键是你如何去应对和化解。

有时候，成就一个人的往往不是外界的客观条件，而是压力。生物学家发现，鲨鱼之所以能成为海洋霸主，就是因为它没有鱼鳔，压力才成就了它。

有这样一则神话故事。

上帝在创造万物的时候造了一群鱼，为了让它们具有生存本领，上帝把它们的身体做成流线型，而且十分光滑，这样游动起来可以大大减少水的阻力。

待上帝把这些鱼放到大海中的时候，忽然想起一个问题：鱼的身体比重大于水，这样，鱼一旦停下来，它就会向海底沉下去，沉到一定深度，就会被水的压力压死。于是，上帝又给了它们一个法宝，那就是鱼鳔。鱼鳔是一个可以自己控制的气囊，鱼可以用增大或缩小气囊的办法来调节沉浮。这样，鱼在海里就轻松多了——有了气囊，它不但可以随意沉浮，还可以停在某地休息。鱼鳔对鱼来讲，实在是太有用了。

出乎上帝意料的是，鲨鱼没有前来安装鱼鳔。鲨鱼是个调皮的家伙，它一入海，便消失得无影无踪，上帝费了好大的劲儿也没有找到它。上帝想，既然找不到鲨鱼，那么只好由它去吧。这对鲨鱼来讲实在太不公平了，它会由于缺少鳔而很快沦为海洋中的弱者，最后被淘汰。为此，上帝感到很悲伤。

亿万年之后，上帝想起自己放到海中的那群鱼来，他忽然想看看鱼们现在到底怎样了。他尤其想知道，没有鱼鳔的鲨鱼如今到底怎么样了，是否已经被别的鱼吃光了。

当上帝将海里的鱼家族都找来的时候，他已经分不清哪些是当初的大鱼小鱼、白鱼黑鱼了。因为，经过亿万年的变化，所有的鱼都变了模样，连当初的影子都找不到了。面对千姿百态、大大小小的鱼，上帝问："谁是当初的鲨鱼？"这时，一群勇猛强壮、神气飞扬的鱼游上前来，它们就是海中的霸王——鲨鱼。

上帝十分惊讶，心想，这怎么可能呢？当初，只有鲨鱼没有鱼鳔，它要比别的鱼多承担多少压力和风险啊，可现在看来，鲨鱼无疑是鱼类中的佼佼者。这到底是怎么回事呢？

鲨鱼说："我们没有鱼鳔，就无时无刻不面对压力，因为没有鱼鳔，我们就一刻也不能停止游动，否则我们就会沉入海底，死无葬身之地。所以，亿万年来，我们从未停止过游动，没有停止过抗争，这就是我们的生存方式。"

鲨鱼没有鱼鳔才能够称霸海洋，人没有压力就只能走下坡路。记住：压力永远是前进的动力！

一艘货轮卸货后返航，在浩瀚的大海上，突然遭遇巨大风暴。惊慌失措的水手们急得团团转。老船长果断下令："打开所有货仓，立刻往里面灌水。"

水手们担忧地问："险上加险，不是自找死路吗？"

船长镇定地说："大家见过根深干粗的树被暴风刮倒过吗？被刮倒的是没有根基的小树。"水手们半信半疑地照着做了。虽然暴风巨浪依旧那么猛烈，但随着货仓里的水越来越满，货轮渐渐地平稳了。

船长告诉那些松了一口气的水手："一只空木桶，是很容易被风打翻的；如果装满水负重了，风是吹不倒的。当船上负重的时候，是最安全的时候；空船时，才是最危险的时候。"

其实，我们每个人都是一只在海洋中航行的船，生活中的各种压力就是我们的负担，这些压力虽然有时会令我们疲累、烦躁，但它同时也是保证我们前进的动力，若没有这些压力，我们很容易就被生活的波浪打翻。

每个人都有这样的体会：一个人饭后散步时可以背起手来，闲情漫步；如果让他挑上百斤重担，便会立刻小跑起来。这是为什么？是压力产生了动力。

当今是一个竞争激烈、充满压力的时代。学生有课业升学的压力，员工有工作业绩上的压力，公务员有升迁的压力，商家有市场竞争的压力，就连退了休的老人也有压力——健康的压力。压力如同"水可载舟，也可覆舟"一样，既有好的一面，也有坏的一面。如果能把压力变成动力，压力就是蜜糖；如果把压力憋在心里，让它无休止地折磨自己，那就是砒霜。

人有压力不可怕，可怕的是憋在心里，变成心灵的枷锁。这样，人就会失去理性的判断能力，失去激发潜能的自由。西方有句谚语："最后一棵草会压垮骆驼背。"同样的道理，工作生活中的烦心琐事，也会给人造成心理和精神上的压力，直接影响人的健康和生命。陈凡是个刚刚五十出头的教师，头一年体检时，发现肝上有点问题，从此心情沉重、精神不振，不到半年竟形容枯槁。来年过了春节，同事就听说他已经去世了。医生说他的生命不是因为肝病而结束的，而是被心理压力夺去的。

事情的本身并无绝对的压力可言，压力的真正原因是一个人对待问题的态度。只要你能够放开胸怀去面对，压力不但能化解于无形，更能成为成就你的动力。

海伦·凯勒在一岁多的时候，因为生病，眼睛看不见了，并且又聋又哑了。由于这个原因，海伦的脾气变得非常暴躁，动不动就发脾气摔东西。她家里人觉得再这样下去不是办法，便替她请来一位很有耐心的家庭教师沙利文小姐。海伦在她的熏陶和教育下，逐渐改变了。她利用仅有的触觉、味觉和嗅觉来认识四周的环境，努力充实自己，后来更进一步学习写作。几年后，当她的第一本著作《我的一生》出版时，立即轰动了全美国。

在她的《假如给我三天光明》一文中，更是表达出了她的坚强、乐观和向上的精神，而这一切都该归功于她对生活的认识。

当把失明仅仅当作压力的时候，她痛苦惆怅，所以不能真正面对生活；当她把压力化作动力的时候，生活就选择了她。

在人生的旅途中，虽然无法逃避生活和工作中的种种压力，但是人有办法战胜它。这便是，先放"心"面对，再用"心"解决。

挫折可以更好地促进成长

一个人的成长需要不断地战胜挫折。只有经历过挫折的生命，才能收获绚丽多彩的彩虹。

城里的儿子回农村老家，发现自家玉米地里玉米长得很矮，地已干旱，可周围其他地里的苗子已长得很高。当儿子买了化肥、挑起粪桶准备浇地时，却被父亲阻止了。父亲说，这叫控苗。玉米才发芽的时候，要旱上一段时间，让它扎深根，以后才能长得旺，才能抵御大风大雨。过了几个月，一个狂风骤雨的日子，儿子看到，果然除了自家地里的玉米安然无恙外，别人都在地里扶刮倒了的玉米。

种玉米的故事，告诉人们：年轻时苦一点，受一点挫折，没关系，它只会让人多一点阅历，长一点见识，并因此而坚强起来，因此而获取成功。

在生活中，挫折是不可避免的。但是，只要你正确地看待挫折，敢于面对挫折，在挫折面前无所畏惧，勇敢地克服自身的缺点，在困难面前不低头，那么，顽强的精神力量就可以征服一切。

李·艾柯卡毕业于美国利哈伊大学，获得了工程技术和商业学两个学士学位，后又在普林斯顿大学获硕士学位，其间还学过心理学。

当年，21岁的艾柯卡来到底特律，在福特公司当了一名见习工程师，从而开始了他在汽车业中的传奇生涯。然而实习尚未结束，艾柯卡就对整天同无生命的机器打交道的工作感到索然无味，他感兴趣的是到销售部门同人打交道。经过一番努力，福特公司宾夕法尼亚州的地区经理终于给了他一个机会，他当上了一名推销员。

推销员的工作充满了酸甜苦辣。艾柯卡虚心好学，竭尽全力，很快学会了推销的本领。不久，他被提拔为宾夕法尼亚州威尔克斯巴勒的地区经理。销售是汽车业的关键，艾柯卡从中明白了一个道理：想在汽车这一行获得成功，必须和销售商站在同一立场上。在以后的风风雨雨中他始终牢记这一点，因此深得销售商的拥护。

由于业绩出色，年仅32岁的艾柯卡又调到了福特公司总部，担任卡车和小汽车两个销售部的经理。在总部，他开始崭露非凡的管理才能，深得上司的赏识。36岁时，艾柯卡担任了副总裁和福特分部的总经理职务。艾柯卡发迹速度之快在世界上实属罕见。

之后，他亲自出马，夜以继日地研制出了一款专为年轻人设计的新车，定名为"野马"，第一年销售数量竟高达41.9万辆，创下了全美汽车制造业的最高记录。在两年的时间里，"野马"型新

11

车为公司创纯利11亿美元,他成了闻名遐迩的"野马之父"。后来"侯爵""美洲豹"和"马克3型"高级轿车的推出,更是大获成功。艾柯卡终于如愿以偿地登上福特汽车公司总裁的宝座,成了美国这家第二大汽车企业中地位仅次于福特老板的第二号人物。

一瞬间,整个世界好似都在他的脚下了,艾柯卡从来没有这么得意过。可是,由于"功高盖主",他被妒火中烧的大老板亨利·福特开除了。

当了8年的总经理,在福特工作已32年,一帆风顺,从来没有在别的地方工作过的艾柯卡,突然间失业了,他几乎无法承受住这个打击,这是梦还是现实,命运为什么要跟他开这个玩笑呢?但是,艾柯卡很快意识到:"艰苦的日子一旦来临,除了做个深呼吸,咬紧牙关尽其所能外,实在也别无选择。"艾柯卡是这么说的,最后也是这么做的,他并没有倒下去。

一时间,艾柯卡没有了朋友,没有了事业,仿佛他在世界上又不复存在了。"野马之父"一类的话再也听不到了,昔日的英雄好像成了麻风病患者,人人远而避之。

他被解雇之后,因他曾经的威名,许多大公司诸如洛克希德、国际纸业公司等都对他发出过邀请。但艾柯卡认为,54岁是个尴尬的年龄:退休太年轻,在别的行业里另起炉灶又太老;况且汽车的一切已经在他的血液里流动了。因此,他还是选择了汽车业这一老行当。他拒绝了很多知名大公司的优厚待遇,毅然接受了一个新的挑战——应聘到濒临破产的克莱斯勒汽车公司出任总经理。

为了度过危机,艾柯卡从自己做起,把36万美元的年薪降为1美元,他的做法在美国企业界没有先例,很自然地引起了轰动。

克莱斯勒人长期以来一直很铺张浪费,讲究奢侈,他们无不对此深感震惊,开始时很不理解。然而榜样的力量是无穷的,老总的表率作用是最好的动员令。从各级领导到普通员工,大家渐渐地达成共识,所有员工都毫无怨言,心甘情愿地勒紧裤腰带。

"共同牺牲"给克莱斯勒公司带来了生机,使广大员工看到了希望。艾柯卡率领高层领导班子对营销、信贷、财务、计划和人事等部门进行整顿改革,积极扶持新产品的开发,花大力气抓生产制造。

当年,"道奇400"新型敞篷车先声夺人,畅销市场,多年来第一次使克莱斯勒公司走在其他公司前面。K型车面市,也一下子占领小型车市场份额的20%以上。

艾柯卡曾经说过:"齐心协力可以移山填海"。一年后,艾柯卡把他生平仅见的面额高达8亿多美元的支票交给银行代表手里。至此,克莱斯勒还清了所有债务。而恰恰是5年前的这一天,亨利·福特开除了他。

从不名一文的推销员,到世界顶级企业美国福特汽车公司总经理的宝座,正当人生光芒四射时,却又莫名其妙地被老板炒了鱿鱼。这时的艾柯卡和常人一样痛苦不堪,满腔的屈辱、愤慨、沮丧几近疯狂,但是他没有垮掉。在将退休的年龄而受命于危难之际,终于获得了自己人生第二次创业的成功。

艾柯卡的事迹,在跌宕起伏之间给多少后人以深刻的警示:当人面临挫折造成的强大压力时,如果能够面对现实,认识到自己遭受挫折的原因,使自尊心、自信心、主观能动性和情感的自我控制都得到增强,从而战胜困境,就能成为生活的强者。挫折和困境本身并不都是坏事,它给人生带来害处,也带来福音,关键看能不能正确地对待它,勇敢地驾驭它。否则,就只能陷入困境中而不能自拔。

人活于世，谁不渴望成功呢？须知成功之路总是由挫折的脚步连缀起来的。世界上从来就没有轻而易举、一帆风顺的事情，得来全不费功夫总是以踏破铁鞋为前提的。挫折就是强者的机遇，挫折—总结—前进，再挫折—再总结—再前进，这才是强者走向成功的基本通道。只要我们摆脱挫折的包袱，善于把握挫折的良机，就能够成为驾驭人生航船的强者。

先要付出才会有收获

要想得到一些东西，你就必须付出一些东西，付出多少，你就能得到多少。毕竟是一分耕耘，一分收获嘛。当然，你无须刻意地追求回报，因为回报会悄悄地向你靠近。

有个人在沙漠里穿行，已经连续几天没喝水了。他饥渴难耐，马上就要支撑不住了，突然发现在前面一株巨大的仙人掌下面有一个压水井。

他欣喜若狂，马上走了过去。看见压水井上面放着一瓶水，他嗓子都要冒烟了，不管三七二十一拿起瓶子准备喝水，发现水井上有块醒目的警告牌子，他忍住干渴，只见牌子上写着这样一些字：

"这里距离沙漠的尽头，最近的距离是100英里。

如果你现在将这瓶水喝完，虽然能暂时解除干渴，但是绝对不可能走出沙漠。

如果你将瓶子里的水倒入压水泵，引出井里的水，那么就能畅饮清凉洁净的井水，使自己平安地走出这片沙漠。最后，享用完了别忘了为别人装满一瓶水。"

这个人心想，幸好我看了警告，不然会引起严重的后果。于是，他将瓶子中的水倒入水泵中，喝足了清凉的井水，安全走出了这片沙漠。

在取得之前，要先学会付出。只有懂得付出，才能引出生命之水，助你安然走过人生的沙漠。"种瓜得瓜，种豆得豆。""春种一粒粟，秋收万颗子。"没有付出，却想不劳而获，就同妄想天上掉馅饼是一样的道理。

一位从南方来的女乞丐与一位从北方来的男乞丐在路上相遇。女乞丐惊愕地说道："你多么像我，我也多么像你，你的神情、服装、举止，甚至那个碗，都和我的简直一模一样。"

男乞丐也兴奋地嚷着："我觉得在遥远的过去，似乎早就与你相识了。"这两位乞丐被彼此吸引，他们渐渐地爱上了对方。于是，他们不再去天涯海角流浪讨饭，彼此只想依偎在一起。

女乞丐问："我们已经在一起了，你还拿着碗乞求什么？"

男乞丐说："这还需要问吗？当然是乞求你的爱。我知道你是爱我的，除了我之外，还有谁跟我一样与你有这么多相同点呢？"

男乞丐继续说道："亲爱的，将你碗里满满的爱，倒在我的空碗里吧，让我感受你无比的温暖。"

女乞丐回答说："我端的也是空碗，难道你没瞧见吗？我也祈求你的爱倒入我的空碗，让我的空碗满满的都是你的爱。"

"我的碗是空的，又怎么给你呢？"男乞丐一脸狐疑。

女乞丐也说："我的碗难道是满的吗？"

两个乞丐互相乞讨，都期望对方能给自己一些什么，可是一直到最后，任何一方都没有得到对方的爱。

他们渐渐累了,各自叹息之后,走回自己原本的路,继续向其他人乞讨。

在期待别人的付出前,你要先学会付出。爱是相互的,建立在对对方予取予求基础上的爱,就像沙滩上的城堡,指望它能经得起海浪的洗礼是不明智的。因为事实告诉我们,只有靠双方真诚付出,才能使我们的城堡建立在坚实的岩石上,我们爱的城堡才可以在风雨中屹立不倒。

总之,想要得到一些东西,就必须要有付出的精神。当你付出了,回报自然也不会亏待你。

阳光总在风雨后

无论什么样的成功都会先经历艰辛的奋斗、痛苦的磨炼,只有经历了这些,阳光才会照耀在你的眼前。

乔伊·巴罗斯——世界十大拳王之一,是历史上最为成功的重量级拳击运动员,在长达12年的时间里,他曾经让25名拳手败在自己的拳下。

自从上学以后,乔伊·巴罗斯就成了同学嘲弄的对象。也难怪,放学后,别的18岁的男孩子进行篮球、棒球这些"男子汉"的运动,可乔伊却要去学小提琴!这都是因为巴罗斯太太望子成龙心切。20世纪初,黑人还很受歧视,母亲希望儿子能通过某种特长改变命运,所以从小就送乔伊去学琴。那时候,对于一个普通家庭来说,每周50美分的学费是个不小的开销,但老师说乔伊有天赋,乔伊的妈妈觉得为了孩子的将来，省吃俭用也值得。

但同学不明白这些，他们给乔伊取外号叫"娘娘腔"。一天，乔伊实在忍无可忍，用小提琴狠狠砸向取笑他的家伙。一片混乱中，只听"咔嚓"一声，小提琴裂成两半儿——这可是妈妈节衣缩食给他买的。泪水在乔伊的眼眶里打转，周围的人一哄而散，边跑边叫："娘娘腔，拨琴弦的小姑娘……"只有一个同学既没跑，也没笑，他叫瑟斯顿·麦金尼。

别看瑟斯顿长得比同龄人高大魁梧，一脸凶相，其实他是个热心肠的好人。虽然还在上学，瑟斯顿已经是底特律"金手套大赛"的上届冠军了。"你要想办法长出些肌肉来，这样他们才不敢欺负你。"他对沮丧的乔伊说。瑟斯顿不知道，他的这句话不但改变了乔伊的一生，甚至影响了美国一代人的观念。虽然日后瑟斯顿在拳坛没取得什么惊人的成就，但因为这句话，他的名字被载入拳击史册。

当时，瑟斯顿的想法很简单，就是带乔伊去体育馆练拳击。乔伊抱着支离破碎的小提琴跟瑟斯顿来到了体育馆。"我可以先把旧鞋和拳击手套借给你，"瑟斯顿说，"不过，你得先租个衣箱。"租衣箱一周要50美分，乔伊口袋里只有妈妈给他这周学琴的50美分，不过琴已经坏了，也不可能马上修好，更别说去上课了。乔伊狠狠心租下衣箱，把小提琴放了进去。

开头几天，瑟斯顿只教了乔伊几个简单的动作，让他反复练习。一个礼拜快结束时，瑟斯顿让乔伊到拳击台上来，试着跟他对打。没想到，才第三个回合，乔伊一个简单的直拳就把"金手套"瑟斯顿击倒了。爬起来后，瑟斯顿的第一句话就是："小子，把你的琴扔了！"

乔伊没有扔掉小提琴，但他发现自己更喜欢拳击，每周50美分的小提琴课学费成了拳击课的学费，巴罗斯太太懊恼了一阵后，也只好听之任之。不久乔伊开始参加比赛,崭露头角。为了不让妈妈为他担心,乔伊悄悄把名字从"乔伊·巴罗斯"改成了"乔·路易斯"。

5年以后,23岁的乔伊已经成为重量级世界拳王。1938年,他击败了德国拳手施姆林,当时德国在纳粹统治之下,因此乔的胜利意义更加重大,他成了反法西斯者心中的英雄。但巴罗斯太太一直不知道人们说的那个黑人英雄就是自己"不成器"的儿子。

在人生的跑道上,难免会有各种各样的坎坷。倘若你能坚强地挺过去,就能在风雨之后,收获美丽的彩虹。所以,无论在何时都要保持乐观的心态,并树立自己的信心和希望。如此,才能在挫折之后,迎来美好的人生。

第二章 正确面对人生的不幸

危机是人生不可避免的挫折

危机时刻潜藏在人们的生活中，当不幸的遭遇降临在你身上时，你要坚强地走下去，只有自己坚强，才有可能打败身边的危机。所以，不妨坚强点！

有的人因为做生意受了骗，发生了经济危机，其根源在于自己的轻信。有的人因为炒股折了大本，其根源在于自己眼光欠佳。有的人因为身体不适，吃的药久治不好，在于没弄清病根。所以，当一个人身处逆势时，一定要多问自己：到底是什么原因导致了失败？

"到底是什么原因导致了失败"，这是反躬自问。你应该知道导致灾难与不幸降临的人性弱点是什么，并抽丝剥茧般一点一点找出，层层剖析。这些人性弱点有的看似无关紧要，但正如蚂蚁溃堤，日积月累会给人带来巨大的损失。处于逆势中的人，如果正视这些人性弱点并采取相应措施，不仅有助于走出逆势，还有助于在日后减少逆势再度降临的概率。

人生的旅途上，谁没有面临过低潮？有哪一个国家，没有遭遇过危机？为什么大多数人不能成为强者，只是在低潮的漩涡中苦苦挣扎而毁灭或无奈地走向平庸？

成为强者与沦为弱者的分别在于——是否能够应对低潮。

时势也会有高潮与低潮，人生低潮有千种，应变之道有万法。每一种低潮都需要高超的智慧去应对。

请注意这些话——

低潮只不过是水烧开前的噪声
我们只需要有再添一把柴的耐心与行动就行了
危机却是十字路口的红灯
警告我们不要一意孤行
这时我们需要另找一条适合自己的路
低潮其实存在于我们的本性里
我们需要大胆地突破人性的牢笼
危机并不意味着我们永是困兽
而是意味着我们学到了教训与经验
低潮并不意味着我们是倒霉蛋
而是意味着我们要更加努力才能成功
危机并不意味着我们是笨蛋
而是意味着我们要有着坚定的信念
低潮并不意味着我们处境会永远被动
而是意味着我们必须采取不同的方式
危机并不意味着我们已不可救药
而是意味着我们已意识到自己并不完美
低潮并不意味着我们将永远处于低迷不振
而是意味着我们还需要一点点时间
危机并不意味着我们应该放弃
而是意味着我们必须更加学会迎头赶上
低潮并不意味着我们浪费了生命

而是意味着我们有理由重新认识人类的局限
危机并不意味着上帝已经抛弃了我们
而是意味着上帝让我们懂得珍惜与感恩

一头驴子不小心掉到一口井里，它哀怜地叫喊求救，期待主人把它救出去。

驴子的主人召集了数位亲邻出谋划策，但是都想不出好的办法搭救出驴子，大家倒是认定，反正驴子已经老了，"人道毁灭"也不为过，况且这口枯井迟早也要填上的。

于是，人们拿起铲子开始填井。当第一铲泥土落到枯井中时，驴子当然叫得更惨了——它显然明白了主人的意图。

又一铲泥土落到枯井中，驴子出乎意料地安静了。人们发现，此后每一铲泥土打在它背上的时候，驴子都做一件令人惊奇的事情，它努力抖擞背上的泥土踩在脚下，把自己垫高一点。

人们不断地把泥土往枯井里铲，驴子也就不停地抖掉那些打在背上的泥土让自己再升高一点。就这样，驴子慢慢地升到枯井口，在旁人惊奇的目光中驴子潇洒地走了出来。

假如你现在就身处枯井中，求救的哀鸣也许换来的只是埋葬你的泥土。

驴子的故事告诉人们，要想走出自己所处的危机，需要拼命地抖掉打在自己背上的土，这样一来，那些埋葬你的泥土便能成为搭救自己的平台。

不妨让你的思维转个弯

在国际经济形势不景气的大背景下，加上国内人民币升值、出口退税削减、原材料价格飞涨、劳动力成本提高等因素,不少企业正面临前所未有的困境。在国内,有的民营中小企业关门歇业,数以万计的企业业务量锐减,亏损面扩大,艰难维生;银根紧缩,一些企业资金困难,甚至出现资金链断裂……

经济冬天是个趋势,为准备过冬,必须用我们的信心和智慧缝制一件过冬的棉袄。每个人都应该备好过冬的粮食,这一方面是经济发展周期的力量,另一方面与目前现状密切相关。一些企业层次水平较低,虽然生产总量很大,但在整个国际价值链当中,还处于低端、被动的地位。在国际经济大背景对中国经济作用和影响日益加大的情况下,我们不可忽视,也无法左右,只能顺应规律。

如何缝制过冬的棉袄?我们不妨先听个故事。

有一日,一个寺庙的老和尚外出云游归来,路过寺庙旁边山脚下的一处集市,正好赶上有家专门卖香烛、佛龛、文房四宝的店铺新开张。老和尚在店里看了半天,看中了一尊做工很好的大如来的铜佛像。老和尚问:"店家,你这佛祖怎么请啊?"老板一看,正是来对了买主,心想,何不卖他个高价,张口就说:"50两银子。"老和尚喜欢这尊佛像,没办法,全身掏了个遍,只有30两。他问店家:"能不能30两?"老板把脸一沉,不理和尚了。老和尚气得只好悻悻地回了自己的寺庙。众徒弟看到师父一脸的不快,凑上来问个究竟,老和尚就把请佛像和老板要高价的事情说了。

当下惹恼了众徒弟,有个小和尚眼珠一转说:"师父觉得那尊佛像值多少银子?"老和尚回答说:"我看可以值10两银子,做工和质地还是不错的。"小和尚说:"师父放心,我有办法让你又得了佛像,还不用花那么多钱,只要5两银子,就让师父称心。"老和尚大喜,忙问小和尚用什么办法,小和尚说:"师父尽管放心,我和大家安排，九天后保证师父得宝。"第二天，有个徒弟化装成一个砍柴樵夫，来到那家店铺，愿意出45两买那尊铜佛像，老板说："我昨天50两都没有卖。怎会便宜你这等山野村夫！"第三天，又一个徒弟化装成赶脚的云游僧，来到店里愿出40两买铜佛像。

老板心想，看起来这个佛还是有不少人喜欢，马上说："40两太便宜了吧，昨天一个砍柴的还出了45两，我都没有卖。"

就这样，第四天35两，第五天25两，第六天15两，老板都没有卖，心里想，45两、40两都没有卖，为什么要15两卖，这几天这些人真可气，怎么一点不识货！

第七天10两，第八天5两，第九天1两，老板有点坐不住了，心里懊悔得不得了！唉，为什么不早点卖呢，早点卖我还能卖个好价钱，这尊佛像现在十天了都没有卖出去，恐怕是要折本了，还不知道有没有人要呢！

这天晚上，小和尚跑来和老和尚说："师父啊，明天请您下山，去那家店铺，您就给他5两银子，包您请回来佛像。"老和尚大喜。第十天一早，老和尚拿着5两银子下山了，一进店门，老板就高兴地接出来了："我这尊铜佛像一直给您老留着呢！"

老和尚说："俺今天来闲逛，只带了5两银子。"老板说："没关系，我这店里的香烛佛龛，还等着您老关照呢！"

老和尚高兴地只花了5两银子得了铜佛像，而店家老板也欢天喜地以为自己得了个大便宜！

小和尚只是在听完老和尚讲的事情后，动了动脑筋，让思维转了个弯，便帮老和尚以5两银子的价钱办到了他原本花30两银子也办不到的事情。

有时我们只要学会让思维转个弯，事情的结果就会截然不同。

正确对待生活这面镜子

有一个女孩被强暴了,虽然施暴者受到了惩罚,但她依旧非常痛苦,于是她就找心理学家去咨询。她一见到心理学家就哭了,并泣不成声地说:"我好惨啊,我多么的不幸啊,我这一辈子都忘不了这件事情……"

心理学家当场对她说:"这位小姐,你被强暴是你自愿的。"

听完这句话,这位小姐吓了一跳,说:"你说什么,我怎么可能自愿被强暴?"

心理学家对她说:"你被他强暴一次,但如果你的心里天天心甘情愿地被他强暴一次,那你一年下来,就会被他强暴365次。"

"这是怎么回事呢?"女孩不解地问。

"在你身边发生了一件不好的事情,你好像看了一场不好的电影一样,天天在回想,这不是很笨的事情吗?这与重蹈覆辙有什么区别呢?"

事实上,人的注意力是有限的。当你在注意一件事情的时候,你就注意不到其他事情。所以,从抑郁中摆脱出来的方法并不复杂。只要你脑海中的"电影"改变了,你不要再在脑海里放自己不喜欢的电影了,而去放一部新的、喜欢的电影,就很容易改变这种情况。

让我们来看一个发生在非洲的故事。

有位探险家到非洲一个尚未开发的地区去,他随身带了些小饰物要送给当地土著,礼物当中还包括了两面能照全身的镜子。探险家把这两面镜子分别靠在两棵树旁,然后席地而坐,与随行的人商议探险的事。这时,有个土著手持长矛走了过来,他望见镜子,并从中看到了他自己的影子,他立刻对着镜里的影子剌了过去,就像那是个真人一样,他发动各种攻势要置镜中人于死地,当然,镜子当场粉碎。

这时,探险者走了过来,问他为什么要打破镜子?土著答道:"他要杀我。我就先杀死他。"探险家告诉他镜子不是这么用的,说着把土著人带到另一面镜子前,示范道:"你看,镜子这个东西可以用来看看头发有没有梳整齐,看看脸上的油彩涂得好不好,看看自己的身体有多么魁梧强壮!"

土著人惊叹道:"哇,我不知道。"

成千上万的人也正像那个土著人一样。他们终其一生都与自己的生命为敌,认为无处不是艰苦的奋战,结果也真的弄得痛苦不堪。他们总是疑心有人与自己为敌,结果当然有;他们总是预期生活中有解决不完的问题,结果也真如其所料。所谓"人无远虑,必有近忧""困难永远存在"说的就是这个道理。

英国作家萨克雷有句名言:"生活是一面镜子,你对它笑,它就对你笑;你对它哭,它也对你哭。"确实,不管你生活中有什么不幸和挫折,你都应以欢悦的态度微笑着对待。

积极的信念创造人生的快乐

拿破仑·希尔家境贫困,家中的小朋友根本没有零用钱,所以小希尔用捡来的瓶罐来换取自己的零用钱。当他存够了钱,便可以买玩具。

父亲又终日为生活奔波,完全没有时间来照顾他。希尔生性好动,一刻也静不下来,这样的环境因素,终于使得小希尔成为令人们头痛的捣蛋鬼。而当他买了一支自己梦想已久的气枪之后,整个社区的噩梦才真正开始。小希尔拿着心爱的气枪四处游荡,所到之处的房子玻璃、邻居豢养的猫、狗等宠物,甚至连周围的小朋友,无不一一遭殃。

小希尔的父亲不断接到投诉,在无计可施的情况下,决定再婚,为小希尔找一位继母来照顾他。

新来的继母在了解小希尔的行径之后,却没有采取希尔父亲对于他顽劣行为的惩罚方式。她知道小希尔喜欢用气枪射击东西,索性找来一把真枪,带着小希尔在无人的空地上,摆设了许多小希尔捡来的空铁罐,教导小希尔拿着手枪对准铁罐射击。

有了正式射击经验的小希尔,了解到子弹可能造成的伤害,因而再也不玩那把气枪了。

经过继母的教育,小希尔决定努力让自己将来的职业能够成为作家。他继续存钱,下一次所买的心爱事物正是一本字典,从此奠定了他日后成为畅销书作家的深厚根基。

我们相信,任何一件事情的发生,一定存在着两个截然不同的方向——积极正面的影响,和消极负面的看法。人们得以决定自己要选择哪一种思维模式,正是成功者与失败者的差别之所在。

从拿破仑·希尔的继母充满智慧的教育方式中,我们可以学习到一项极为宝贵的成功法则——不断地用积极正面的想法去看待自己所遇上的每一件事情。

宇宙之间不变的法则本是如此,金钱的拥有、智慧的获得、人格的塑造等,皆是遵循这个法则。所以,我们要停止畏缩抱怨,保持积极思想来面对任何事物,让自己因潜能的发挥而拥有更多。

有一位青年在一位朋友的要求之下,加入一家并不喜欢的公司担任讲师的职务。之所以会在不得已的情况之下从事自己不喜欢的工作，主要的原因是生活上的困窘，以及在当时还欠着这位朋友一笔债款，在现实与人情的压力之下，只好暂时停止了热爱的写书工作，转而为这一家公司效力。

没想到这一停下来，整整过了三年，才又出版第二本新书，期间所经历的挫折与磨难，当真不是能用三言两语可以完整形容的。

幸运的是，在那一段不是很快乐的岁月当中，他结识了许多对他有着很大帮助的可爱的人们。通过这些协助，使他成为一个潜能训练工作的专业讲师，同时也通过在那段期间的人际关系，让他跟文化的接触越来越深入。

再次强调，哪怕你只是一个平凡得不能再平凡的普通人，所能依赖的，除了身边周围所有人们的大力协助外，最重要的是让正面的、积极的信息引导自己踏上成功之路。

自信让你快乐无限

人生最大的损失，除了丧失人格之外，就要属失掉自信心了。当一个人缺乏自信心时，任何事情都不会做成功，正如没有脊椎骨的人是永远站不起来的。

世上没有什么真正的困难障碍可以阻挡一个勇敢者、坚毅者的前进道路。弥尔顿被挖掉眼睛之后，依然写出了《失乐园》；帕克曼能写成《俄勒冈小道》，靠的也是他一往无前的决心；英国邮政总局长夫奥西特所以能有今天的地位，也必定是靠他的毅力。像这一类成功者的例子不知有多少，而他们的成功都是以沉着坚韧为基础的。

一个人的潜能就像蒸汽一样，其形其势无拘无束，谁都无法用固定形状的瓶子来装它。而要把这种潜能充分地发挥出来，就必须要有坚定的自信心。

眼光敏锐的人可以从路过身边的人中指出哪些是成功者。由于成功者走路的姿势和一举一动都会流露出十分自信的样子。从他的气度上，就能够看出他是一个自立自助、有自信和决心完成任意工作的人。一个人的自主自助、自信和决心就是他万无一失的成功资本。同样，眼光敏锐的人也能随时随地看出谁是失败者。从走路的姿势和气质上，能够看出他缺乏自信心和决断力；从他的衣着和气势上能够看出他不学无术。

世界上有许多的失败者，都是由于他们没有坚强的自信心，因为他们所接触的都是心神不定、犹豫怯懦之辈，由于他们自己三心二意，对事情缺乏果断的决策能力。但其实，他们体内分明包含了成功的因素，却硬是被自己驱走了。

不论你限于何种穷困的境地，一定要保持你那可贵的自信力！你那高昂的头不论如何不能被穷困压下去；你那坚决的心无论如何不能被恶劣的环境所屈服。你要作为环境的主人，而不是环境的奴隶，你无时无刻不在改善你的境遇，无时无刻不在向着目标迈步前进。你应当坚定地说，你自己的力量足以实现那件事业，绝对没有人可以抢夺你的内在力量。你要从个性上做起，改掉那些犹豫、懦弱和多变的个性，养成坚强有力的个性，快乐自然而来！

唯有努力才能获得成功

当失败重重地打击一个人时,最简单的解决方法就是放手不干,而去寻找新的出路,这是大多数人的想法。其实,这样未必会成功,而一个成功者的不同之处就在于不轻易放弃,就算在绝境中,也会穿过重重乌云,去看太阳。

在美国出现淘金热时,威廉的叔叔也在西部买到一块矿地。辛苦了一段时间后,他发现了闪闪发光的金矿,但他需要用机器把金矿弄到地面上来。他很镇静地把矿坑掩埋起来,除掉自己的脚印,然后火速赶回马里兰州威廉斯堡的老家,把找到金矿的消息告诉他的亲戚和几位邻居。大家凑了一笔钱,买来了所需的机器,托人代送。这位叔叔和威廉也动身回到矿区工作。

第一车的金矿挖出来,送到一处冶金工厂,结果证明他们已经挖到了科罗拉多州最富的一个矿源。只要挖出几车金矿,就可以偿还所有的买地欠下的债务,然后就可以大赚特赚。

叔叔和威廉高高兴兴地下坑工作,带着无限的希望出坑来。但在这时候,发生了他们料想不到的事,金矿的矿脉竟然不见了。他们已走到末端,黄金没有了。他们继续挖下去,焦急地想要挖出矿脉来,但是完全没有收获。威廉和他的叔叔非常沮丧,他们停止了继续向下挖,他们彻底地失望了、放弃了,他们把矿坑卖给了别人。然而根据一位工程师的计算,只要从威廉和他叔叔停止挖掘的地点再往前挖90厘米,就能找到金矿。

果然,就在工程师所说的那个地方找到了金矿。

买矿坑的人是一位售货员,他把从矿坑中挖出来的金矿出卖,获得了几百万美元。他能发财,主要因为他懂得寻找专家协助,而不轻易放弃。

这个事过了很久之后,威廉先生从失败中获得了成功,赚进了超过他损失的金钱的数倍。这是他在从事推销人寿保险以后取得的。

威廉记得他曾经在距离金矿不足1米远的地方停下,而损失了一大笔财富,所以他吸取了这个教训。他对自己说:"我在距离金矿不足1米远的地方停下来,如今,在我向人们推销人寿保险的时候,我绝不因为对方说'不'就停下来。"威廉后来成为少数每年推销出100万美元以上的人寿保险推销员中的一员。他锲而不舍的坚忍精神,应归功于他在挖矿时得到的不轻易放弃的经验。

开创了一番伟业的美国著名成人教育家戴尔·卡耐基出生于一个贫苦的农民家庭,从小就要帮助家里赶牛、挤牛奶,做杂务,还一度为别的人家割草、拣草莓。1小时挣5美分,全家人过的日子相当贫困。

如果说,卡耐基童年与一般农家子弟有什么不同的话,那就是他受过母亲的文化气息的影响。他母亲信教,婚前曾当过教员。所以母亲鼓励他一定要上学读书,希望他将来做一名教员或是传教士。家境的贫穷促使少年时代的卡耐基以艰苦奋斗的精神去读书求学。1904年,他高中毕业考了华伦斯堡的州立师范学院。每天放学回家,他还要帮助父母挤奶、伐木、喂猪。到了夜晚已经很累了,他就在煤油灯下刻苦读书,颇有中国古训所标榜的"头悬梁、锥刺股"的精神。为了赚取必不可少的学费书费,他还经常给人家干活。他不肯向现实屈服,总想寻求改变命运、出人头地的途径。他发现学校里的同学中有两种人最受重视:一种是口才出众的人,那些是在论辩和演讲比赛中的获胜者;再一种就是体育出色的人,如棒球队的球员。他知道自己的身体不够强壮,缺乏体育运动的才能,就决心在口才演讲方面下功夫,争取在比赛中获胜。他花了几个月的时间苦练演讲，但在比赛中一次又一次失败了。失望和灰心使他痛苦不堪，甚至使他想到自杀。然而他终究不肯认输，又继续努力，从第二年开始获胜了。这个突破为他以后的志向和事业埋下了成功的种子。一个教导人们如何演讲与交际的大师，想当初却在演讲比赛中屡遭失败，这个巨大的反差对于我们深刻领会卡耐基的思想内涵具有很重要的启示。

毕业后，卡耐基当过推销员，学过表演。推销工作使他赚到了钱，也锻炼了他的口才，但这种工作不是他的理想。他在大学里就梦想当一名作家或演说家，成就一番伟业。他认为只能赚钱谋生而不能实现人生理想的生活不是有意义的生活。于是，他决心白天读书写作，晚间去夜校教书。他很想教公开演讲课，因为他认识到口才与演讲对一个人走向成功极为重要，而他在这方面有经验。正是口才与演讲的训练和经验，扫除了他以往的怯懦和自卑心理，使他有勇气和信心跟各种人打交道，增长了做人处世的才能。他要把他的亲身体会告诉给人们，他要从事口才、演讲与交际艺术的研究和教育。于是，他说服了纽约的一个基督教青年会的会长，同意他借用一间房子在晚间为商业界人士开设一个实用演讲培训班。从此，他开始了为之呕心沥血、奋斗终生的成人教育事业。

卡耐基原本是一个很普通的人，而且曾经很自卑，但他后来终于觉醒了，依靠自己的奋斗改变了自己的命运。

总之，千万别让失败占领你的领土，进而使你畏缩不前。要知道，失败未必就是坏事，它的背后可能隐藏着巨大的成功。只要不向失败低头，成功就有可能向你靠近。

第三章 苦难是人生的一笔财富

大海上的船都经历过伤痛

失败和伤痛是人生的一段插曲，它是上帝送给人们的一份礼物。这份礼物的真实目的，是想让人们找出自己失败的原因。

痛苦、失败和挫折是人生必须经历的阶段。受挫一次，对生活的理解加深一层；失误一次，对人生的领悟便增添一级；磨难一次，对成功的内涵便透彻一遍。从这个意义上说，想获得成功和幸福，想过得快乐和充实，首先就得真正领悟失败、挫折和痛苦。

英国一个保险公司曾经从拍卖市场上买下一艘船，这艘船原来属于荷兰一个船舶公司，它1894年下水，在大西洋上曾138次遭遇冰山，116次触礁，13次失火，207次被风暴折断桅杆，但是却从来没有沉没过。

根据英国《泰晤士报》报道，截止到1987年，已经有1200多万人次参观了这艘船，仅参观者的留言就有170多本。在留言本上，留得最多的一条就是——在大海上航行没有不带伤的船。

在大海上航行没有不带伤的船。在生活中，也同样不可能一帆风顺，多少都会发生一些伤痛和挫折。失败和挫折其实本来就是人生不可或缺的一部分。当你意识到自己失败的原因时，就能很好地找到迈向成功的转折点。所以，人们的成功通常是由失败或挫折所决定的。

有这么一个人,他的人生简历如下:

22岁,生意失败;

23岁,竞选州议员失败;

24岁,生意再次失败;

25岁,当选州议员;

26岁,情人去世;

27岁,精神崩溃;

29岁,竞选州长失败;

34岁,竞选国会议员失败;

37岁,当选国会议员;

39岁,国会议员连任失败;

46岁,竞选参议员失败;

47岁,竞选副总统失败;

49岁,竞选参议员再次失败;

51岁,当选美国总统。

这个人就是亚伯拉罕·林肯,被认为是美国历史上最伟大的总统,经历了无数次的重大失败,终于获得成功。什么叫成功者?成功者不过是爬起来比倒下去多一次。就这样的一次,便是成功者与失败者的最大区别。

追求成功的过程中一定充满挫折与失败。你不打败它们,它们就会打败你。任何人在到达成功之前,没有不遭遇失败的。每一个成功的故事背后都有无数失败的故事。

伟大的发明家爱迪生在经历了一万多次失败后才发明了灯泡;而沙克也是在试用了无数介质之后,才培养出了小儿麻痹疫苗;约翰·克里斯在出版第一本书之前,曾写过其他564本书,并遭到了

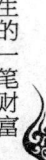

1000多次的退稿,但他并没有灰心放弃,终于在第565本书时获得了成功,成为英国著名的多产作家。

所以,接受失败,正确对待失败,危机就能成为转机,总会有云开雾散的一天。失误其实也是一种特殊的教育、一种宝贵的经验,换个角度去面对它,可能会有意想不到的收获。

一名德国工人在生产书写纸时,不小心弄错了配方,结果生产出一大批不能书写的废纸。他不但被扣工资,还被罚钱,最后遭到解雇。但他并没有灰心丧气,在朋友的提醒下,他想到,这批纸虽然不能作为书写纸来使用,但吸水性极佳,可用来吸干器具上的水。于是,他将这批纸切成小块,取名"吸水纸",上市后相当抢手。后来,他申请了专利,因此成为大富翁。

任何人的人生都不可能一帆风顺,挫折和失败,只是漫长人生中的一个短暂过程。只有承受住挫折的考验,一个人的未来才有可能走向辉煌。

痛苦也可以转化为一种动力

每个人都会遇到痛苦,有的人在面对痛苦时灰心丧气,还有的人在面对痛苦时会将其转化为动力。而后者的选择很显然是理智的,因为他们最终赢得了成功。

马峰是一个聪明的人,他将痛苦转换成为动力,将不幸牢牢记在心中,随时随地提醒自己去干好工作,终于战胜了挫折,逐步实现了自己的理想。

30年前,马峰是一个破产的电动机厂经理,在法院通知他上法庭听候破产判决的当天,太太领着孩子与他离婚了。

他破产之后失去了房子、汽车、女人、孩子，没有了维持他正常生存的一切，为此，他非常痛苦。因为昨天还向他微笑的银行，今天就从他手上冷冰冰地拿走了房子；昨天还向自己微笑的员工，今天就都拿了破产保证金走了；昨天还是自己的汽车，今天就上了拍卖会；昨天还和自己一块同床共枕的女人，今天就带着儿子、女儿成为别人的家人……

马峰需要去重新找一个能睡觉的地方，他起初不肯低就，最后还是睡在地铁的车站入口旁，从此在悉尼市又多了一位只能坐着"睡"在地铁入口处的男人。

面对这些现实，马峰选择了一条路，捡破烂生存！每天背一大袋可乐空瓶去卖，并且每天都要总结他一天的成功之处，分析这天的失败之处，久而久之就养成了一个很好的工作模式，而且一直保持到现在！

后来的马峰已成为某集团公司的总经理。令人惊奇的是，他起步所有的资金就是由他捡破烂换回的，而且是从10万元发展起来的，今天他是约有50亿个人存款的富翁。

他说："回顾我的成功，若没有那一次的破产打击，我是绝不会意识到一些决定我成功的因素，例如怎样面对打击和痛苦？怎样用痛苦与失败激励我明确奋斗的目标？怎样看待每一分钱？怎样很好和有效地利用好每一分钱，我需要弥补什么等等！"

经过事业的洗礼，马峰深有感触地说了一句："痛苦与失败是我的财富，尽管我不希望经常拥有这笔财富，但我要永远利用这笔曾属于我的财富去创造更多的经济资源！"

贫穷是磨砺意志的磨刀石

贫穷可以磨炼一个人的意志,这种意志既能战胜心理上的负担,冲破贫穷的堡垒,还能到达成功的彼岸。

也许你生来就很贫穷,但那并不能决定一生的命运。大部分成功者最初都是穷苦的孩子,贫穷给他们带来的并不是贫穷,而是一种催人上进的力量,这才是人生真正的财富。

威尔是美国路易斯安那州一个黑人佃农五个孩子中的一个。他在5岁时开始劳动,10岁之前主要是以赶骡子为生。这并不是什么特殊悲惨的事情,大多数佃农的孩子都是很早就参加劳动的。这些家庭认为他们的贫穷是命运的安排,因此,他们并不要求改善自己的生活。小威尔有一点同其他的小朋友们不同:他有一位不平常的母亲,他的母亲不肯接受这种仅够糊口的生活。过去,她时常同儿子谈论她的梦想:"威尔,我们不应该贫穷。我不愿意听到你说:我们的贫穷是上帝的意愿。我们的贫穷不是由于上帝的缘故,而是因为你的父亲从来就没有产生过致富的愿望,我们家庭中的任何人都没有产生过出人头地的想法。"

"没有人产生过致富的愿望",这个观念在威尔的心灵深处刻下了深深的烙印,以致改变了他整个一生。他开始想走上致富之路,他总是把自己所需要的东西放在心中,而把不需要的东西抛到九霄云外。这样,他的致富愿望就像火花一样迸发出来。他决定把经商作为生财的一条捷径,最后选定经营肥皂。于是,他就挨家挨户出售肥皂达10年之久。后来他获悉供应他肥皂的那个公司即将拍卖出售。这个公司的售价是16万美元。他在经营肥皂的10年中,一点一滴地积蓄了3.5万美元。双方达成了协议:他先交3.5万美元的保证金，然后在 10 天限期内付清剩下的 12.5 万美元。协议规定如果他不能在 10 天内筹齐这笔款子，他就要丧失自己的保证金。

威尔依靠自己在多年经商活动中培养起的良好的信誉，从私交甚好的朋友那里借到了款子，也从信贷公司和投资集团那里得到了帮助，他在第 10 天的前夜，筹集到了 11.5 万美元，也就是说，还差 1 万美元。

夜里 11 点钟，威尔驱车沿着芝加哥的大街驶去，驶过几个街区后，他看到了一家承包事务所的窗子里还亮着灯，威尔走了进去，他看见写字台的后面坐着一个因深夜工作而疲惫不堪的人，威尔直截了当地对他说："你想挣 1000 美元吗？"

这句话让那位承包商感到很意外，承包商立即恢复了理智，说："想，当然想。"

"那么，请你给我开一张 1 万美元的支票'，当我还这笔借款的时候，将另付 1000 美元利息。"威尔还向这位承包商详细地讲解了这次商业冒险的重要性，并且还将其他借款人的名单给他过目，那天夜里，威尔在离开这个事务所的时候，口袋里已经有了一张 1 万美元的支票。以后，他不仅在那个肥皂公司，而且还在其他 5 个公司和一家报馆取得了控股权。当有人要求与他一起探讨成功之道时，他就用他的母亲多年以前所说的那句话回答："我们是贫穷的，但不是因为上帝，而是因为我们的父亲从来没有产生过致富的愿望，在我们的家庭中，从来没有一个人想到改变现状。"

美国著名的服装设计师嘉拉蒂过去依靠在洗衣店赚取微薄的收入为生，这位 36 岁的离婚女人，在生活上并非一帆风顺。她离婚后，独立抚养年仅周岁的儿子，并把这种苦难的生活作为自身奋斗的动力。她曾说："贫穷就好像我们健身房里的运动器械，可以锻炼人，使体格强健。"

　　就这样，她用仅有的38美元购买针线衣料，缝制了第一套自己设计的时装，在达拉斯的精品店寄卖，结果证明，她确实具有设计时装的天赋。1986年，她与人合作，渐渐走进了服装设计行业。1987年，她加盟谢时利时装公司，嘉拉蒂的才华得以展示，后来谢时利公司的业务开始扩张，每周平均开设25家分店，营业额每年能达到1.1亿美元。嘉拉蒂设计的服装远销世界各地，不久也成立了一家新企业，开始了自己的事业，而她作为美国一家大型时装连锁店的设计师，每年得到的红利估计不会少于100万美元。

　　荷兰17世纪伟大的画家伦勃朗·范·雷恩也是一位从贫困中走出来的成功者。伦勃朗出生于一个贫穷的家庭，父亲是一位勤劳的磨坊主。伦勃朗从小就知道贫穷对他来说意味着什么。因此，他立志要做一个自立自强的人。父亲为了让他读书，省吃俭用积攒钱，最终把他送入了莱登大学。实践证明，伦勃朗并不是念书的料，他把所有的时间和精力都用到了画画上。于是父母又把他送到雅格布·范·斯瓦丁堡那里去学绘画。在这艰苦的时间里，伦勃朗只能依靠给先生太太们画像谋生。

　　也许是贫穷的环境给了他巨大的动力。在他负担越来越重的时候，他的作品也越来越多、越来越伟大。在苦难的年代里所创作的作品，则大多成了世界上最伟大的艺术珍品。

　　记住："穷则变，变则通"，这是一条永恒不变的真理。

失败是人生不可多得的财富

古埃及国王有一次举行盛大的国宴，厨工在厨房里忙得不可开交。一名小厨工不慎将一盆羊油打翻，吓得他急忙用手把混有羊油的炭灰捧起来往外扔。扔完后去洗手，他发现双手滑溜溜的，特别干净。小厨工发现这个秘密后，悄悄地把扔掉的炭灰捡回来，供大家使用。后来，国王发现厨工们的手和脸都变得洁白干净，便好奇地询问原因。小厨工便把自己的事情告诉了国王。国王试了试，效果非常好。很快，这个发现便在全国推广开来，并且传到希腊、罗马。没多久，有人根据这个原理研制出流行全世界的肥皂。

错误，绝对没有想象中那么可怕，它其实是一种特殊的教育、一种宝贵的经验。有时候，错误中往往孕育着机会。换个角度去面对错误，可能是另一个更圆满的成果。

2002年10月10日，一条消息在全球迅速传播开来——日本一位小职员荣获了2002年诺贝尔化学奖。一位小职员居然也获得如此大奖？没错，他就是日本一家生命科学研究所的田中。

他不是科学界的泰斗，也非学术界的精英，他甚至不是优等生，大学时还留过级；他找工作时未通过面试而被索尼公司拒之门外，后经老师的极力推荐才有机会走进现在的这家研究所。他是那样的平凡，获奖前，就连同事都不知道有田中这个人。当他接到获奖通知时，他还以为是谁在跟他开玩笑呢。

面对众多记者的追问，田中笑着说："说来惭愧，一次失败却创造了让世界震惊的发明……"

事实的确如此。当时，田中的工作是利用各种材料测量蛋白质的质量。有一次，他不小心把丙三醇倒入钴中，他没有立即推翻重来，而是将错就错对其进行观察，于是意外地发现了可以异常吸收激光的物质，为以后震惊世界的发明"对生物大分子的质谱分析法"奠定了成功的基础。

失败在悲观者眼里是灾难，在乐观者眼里却是一次改正的机会。有失败的痛苦，才有成功的欢乐；有失败的考验，才有做人的成熟。勾践被夫差打败后，卧薪尝胆十年才一雪前耻；史蒂芬孙发明的第一个火车又笨又慢，经过无数次改良，终于成功；爱迪生在经历过几千次的失败后，才得出炭丝才是当时最佳灯丝的结论；诺贝尔也是在经历了多次失败，自己险些丧命的情况下才研制出TNT炸药。所以，失败也是一种财富，因为通过它又一次磨炼了你自己，完善了自我，又一次体味到坚韧的宝贵价值。

失败可能使生活产生波折，但它更能增添生活的情趣。一个人经历的失败越多，他的经验往往就越丰富，做人就越成熟，能力也就越强。这样的人，只要他还能保持乐观，维持顽强的上进心，他就能成为一个成功者。

羞辱是人生的必修课

在人生的道路上，羞辱是一种伟大的力量，他能击溃弱者，更能成就强者。

20世纪80年代，年逾古稀的曹禺已是海内外声名鼎盛的戏剧作家。有一次美国同行阿瑟·米勒应约来京执导新剧本，作为老朋友的曹禺特地邀请他到家做客。

吃午饭时，曹禺突然从书架上拿来一本装帧讲究的册子，上面裱着画家黄永玉写给他的一封信，曹禺逐字逐句地把它念给阿瑟·米勒和在场的朋友们听。

这是一封措辞严厉且不讲情面的信，信中这样写道："我不喜欢你解放后的戏，一个也不喜欢。你的心不在戏剧里，你失去伟大的灵通宝玉，你为地位所误！命题不巩固、不缜密、演绎分析也不够透彻，过去数不尽的精妙休止符、节拍、冷热快慢的安排，那一箩筐的隽语都消失了……"

阿瑟·米勒后来详细描述了自己当时的迷茫："这信对曹禺的批评，用字不多却相当激烈，还夹杂着明显羞辱的味道。然而曹禺念着信的时候神情激动。我真不明白曹禺恭恭敬敬地把这封信帧在专册里，现在又把它用感激的语气念给我听时，他是怎么想的。"

阿瑟·米勒的不理解是可以理解的。毕竟把别人羞辱自己的信件装裱起来，并且满怀感激地念给他人听，这样的行为太过罕见，很难让人接受。但阿瑟·米勒不知道的是：在这种"傻气"的举动中，透露的是曹禺对"羞辱"的真诚的感激。这种"羞辱"对他而言已经是一笔鞭策自己的宝贵财富，所以他要当众感谢这一次"羞辱"。

生活永远源源不断地在制造羞辱，这是永恒的命题，没有人能一生不遭到羞辱，但是比这更重要的是你的态度。有人一辈子被羞辱淹没，自暴自弃；而有些人则因羞辱而奋发，成就一番功名，这才是人生的强者。

春秋战国时期，越王勾践被吴王夫差降伏，勾践佯装称臣吴国，为吴王夫差养马，并鞍前马后地侍候吴王，吴王患病，勾践亲口为吴王尝粪，获得了吴王的信任，后被放回国。勾践回国后，体恤百姓，减免税赋，并和百姓同吃同住。为了洗雪耻辱，报仇雪恨，他在自己头顶挂上苦胆，经常尝苦胆之苦，回忆自己在吴国所受的种种侮辱，以警示自己不要忘记过去。经过十多年的艰苦磨炼，勾践终于一举灭吴，杀死夫差。

心胸狭窄者把羞辱变成心理包袱，而豁达乐观者则会把它看作是"激励"的别名。所以，你应该感谢人生道路上的羞辱：是它刺激你用执著战胜了自己内心深处的失败感。感谢羞辱，你的斗志和毅力才能得以升华；感谢羞辱，你才能从羞辱中提炼出自身的短处与缺陷；感谢羞辱，你才能用羞辱激励完善自我……羞辱是人生道路上一种伟大的力量，它能击溃弱者，更能成就强者。

所以，当你遭遇羞辱的时候，任何的反击都是疲软无力的。你只有通过加倍的努力获得成功，才是对羞辱最有效的反击。

任何人都可能创造奇迹

任何人都拥有强大的力量，而这种力量便是顽强的意志。顽强的意志可以征服世界上任何高山，更可以创造任何奇迹。

在美国，有一个越战时期的军人，他是一个有手无腿的残疾人，却成为家喻户晓的英雄。他的名字任何一个美国人都耳熟能详——鲍勃·威兰德。他并不是靠越战时期作战的英勇和赫赫战功而成为美国人心目中的英雄的，在美国人的心目中，他是意志的化身、勇气的象征、奇迹的创造者。在教育后代的时候，人们会说，要以鲍勃·威兰德为榜样!

1969年,当鲍勃·威兰德刚刚23岁的时候,他以大学的棒球主力队员而闻名。这个时候,他接到了应征从军远赴越南战场的征兵令。不幸的是,在他刚到越南的第二个月,他就在越南西贡市近郊的亚热带密林中踩上了地雷,腰身以下顷刻间不复存在。他由一个高190厘米、体重90千克的魁梧男子变成了不足一米高,有手无腿的半截人。

面对这样的人生遭遇,灰心丧气以至轻生厌世都是可以想象的,但是鲍勃·威兰德没有,他选择了另外一种方式!

鲍勃·威兰德告诉关心他的人:"我是不会求助于别人的。"他对人们说:没有了双腿,我还有双手,我可以用双手代替双腿。在医院里,他拒绝护理人员给他更衣,上下楼梯他也拒绝护理人员搀扶。"我有双手,我什么都还能做。"他这样告诉护理人员。开始他很吃力,但不久就行动自如了。后来又学会了自己驾驶汽车,又重新踏进了洛杉矶的大学校门,甚至考取了体育教师的资格。

鲍勃·威兰德自强不息的精神感动了许许多多的美国人,也感动了一位时装模特的芳心,她冲破世俗的压力,与他相携走进结婚的殿堂,结为伉俪。

不久,鲍勃·威兰德又做出了一个令所有美国人瞠目结舌的举动,他要用手跑完从洛杉矶到首都华盛顿的5000千米路程。几乎所有的人都认为这是个不可思议的决定。

5000千米路程,沿途既有连绵起伏的山路,也有荒无人烟的戈壁沙漠,也有人迹罕至的原始森林。他的家人都极力劝阻他,舆论也在积极赞美的同时奉劝他为了身体三思而后行。但是鲍勃·威兰德下了决心,说:"我并不认为自己是个残疾人。只要是你想做的事情,那你就一定能够做到,就看你想不想做了。"

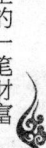

伟大的鲍勃·威兰德上路了。从一开始起程，他就成了美国舆论的焦点，几乎所有的美国报刊都始终关注着他的一举一动。所到之处，都受到了空前的欢迎。无以计数的家长带着自己的儿女到鲍勃·威兰德的经过之地等待他的到来，他们要告诉自己的孩子，这个人就是那个征服自己的人，就是那个从来都不知道什么是困难的人，就是那个从来也不求助别人的人。

他耗费了整整3年零8个月又6天的时间，用自己的双手，走完了从美国西部的洛杉矶到美国东部的华盛顿，跨越整个美国大陆的5000千米路程！其间，经历过45摄氏度的沙漠高温，经历过零下20摄氏度的严寒，爬上过海拔2400米的山路要塞。但坚强的鲍勃·威兰德都战胜了它们，他最终走到了华盛顿。

在他临近华盛顿的时候，整个华盛顿，或者说整个美国，万人空巷，像欢迎一支作战凯旋之师一样欢迎他的到来。

在美国，他的名字是勇气、坚强、意志的代名词。他的那句话已经深入人心，激励着每一个自强不息的人：我是不会求助于别人的，谁都能够创造奇迹。

威兰德凭借顽强的意志征服了高不可攀的高山，用自己超乎寻常的行动做出了有力的证明。你是否感到惊讶，顽强的意志竟然能创造一个奇迹。如果你将威兰德的精神学到手，那么，你也可以创造出另外一番奇迹！

第四章 痛苦是成功的催化剂

苦难是生命的一种荣誉

在人的一生中,会有无数次的机遇,也会面临无数次的挑战。倘若没有良好的心态和坚忍不拔的意念,将很难冲破黑暗的困境。值得一提的是,艰苦的环境能磨炼一个人的意志,从而不断进取。反之,安逸的环境会消磨一个人的意志,进而使人一事无成。

在格连·康宁罕8岁的时候,曾意外遭遇一场爆炸事故,致使双腿严重受伤,而且腿上没有一块完整的肌肤,医生曾断言他此生再也无法行走。然而,他并没有哭泣,而是大声宣誓:"我一定要站起来。"

格连·康宁罕在床上躺了两个月之后,便尝试着下床了,他总是背着父母,挂着父亲为他做的那两根小拐杖在房间里挪动。钻心的疼痛把他一次次击倒,格连·康宁罕跌得遍体鳞伤,却毫不在乎,因为他坚信自己一定可以重新站起来,重新走路奔跑,几个月后,他两条伤腿可以慢慢屈伸了,格连·康宁罕在心底默默为自己欢呼:"我站起来了,我站起来了。"

格连·康宁罕又想起了离家三千米的一个湖泊,他喜欢那儿的蓝天碧水和那儿的小伙伴。他一心想去湖泊,于是,格连·康宁罕更加顽强地锻炼着自己,两年后,他凭借自己的坚韧和毅力,走到了湖边。从此,他又开始练习跑步,他把农场上的牛马作为自己的追逐对象,数年如一日,寒暑不放弃,后来他的双腿就这样奇迹般地强壮了起来。再后来他通过不断地挑战,成了美国历史上有名的长跑运动员。

向命运低头,是懦夫的表现;而向命运挑战,才是强者。在生命的长河里,只有迎着风浪搏斗,才能迸出最美的浪花。请记住,命运掌握在自己的手中,你可以让它虚度一生,也可以让它忙碌一生,你可以承认失败但不可以向命运低头。

有一个渔夫,经常在潭边不远的河段里捕鱼,那是一个水流湍急的河段,雪白的浪花翻卷着,一道道的波浪此起彼伏。

一群经常钓鱼的年轻人感到非常奇怪。年轻人同时又觉得他很可笑,在浪大又那么湍急的河段里,连鱼都不能游稳,又怎么会捕到鱼呢?

有一天,有个好奇的年轻人终于忍不住了,他放下钓竿去问渔夫:"鱼能在这么湍急的地方留住吗?"渔夫说:"当然不能了。"年轻人又问:"那你怎么能捕到鱼呢?"渔夫笑笑,什么也没说,只是提起他的鱼篓在岸边一倒,顿时倒出一团银光。那一尾尾鱼不仅肥,而且大,一条条在地上翻跳着。年轻人一看就傻了,这么肥而大的鱼是他们在深潭里从来没有钓上来的。他们在潭里钓上的,多是些很小的鲫鱼和小鲦鱼,而渔夫竟在河水这么湍急的地方捕到这么大的鱼,年轻人愣住了。

渔夫笑笑说:"潭里风平浪静,那些经不起大风大浪的小鱼会自由自在地游荡在潭里,对他们来说,潭水里那些微薄的氧气就足够它们呼吸了。而这些大鱼就不行了,它们需要水里有更多的氧气。

所以，它们只有拼命游到有浪花的地方。浪越大，水里的氧气就越多，大鱼也就越多。"

渔夫又得意地说："许多人都以为风大浪大的地方是不适合鱼生存的，所以他们捕鱼就选择风平浪静的深潭。但他们恰恰想错了，一条没风没浪的小河是不会有大鱼的，而大风大浪恰恰是鱼长大长肥的唯一条件。大风大浪看似是鱼儿们的苦难，恰是这些苦难使鱼儿们茁壮成长。"

每一个成功者的背后，都有无数次的失败，都有难以回首的辛酸和血泪。但是，这些东西换回来的是最后的成功。而那些优柔寡断、意志薄弱者，却总是在抱怨和无奈中心态失衡地活着，在宿命论中寻找自己的安慰。

人的一生大悲大喜，起起落落，有许多偶然，但更有其必然。命运虽然总爱作弄那些意志薄弱的人，但幸运之神却常常青睐那些勇于进取、意志坚定的强者。意志坚强，做事从不服输者，虽然经常会饱受挫折，但最终却能领略成功的喜悦。

在人们的身边有一些普通人，他们虽然不像格连·康宁罕那样有名，但却用辛酸的汗水与泪水谱写着自己精彩的一生。

一个女孩叫胡春香，她生下来就无手无脚，手脚的末端只是圆秃秃的肉球。8岁时，有了思想的她就想到了死，但是，她无法找到死的方法。用头撞墙，因为没有四肢支撑，在碰得几个血疱、摔得一脸模糊后还是活着；绝食，又遭到母亲怒骂，"8年，我千辛万苦拉扯你8年了"。看着母亲辛酸的眼泪，她毅然决定要像人一样活下去。

她开始训练拿筷子，她先用一只手臂放在桌边，再用另一只手臂从桌面上将筷子滑过去，然后，两个肉球合在一起。她从用一根筷子开始，再到用两根筷子，日复一日，血痕复血痕。9岁那年，她终于吃到了自己用筷子夹起的第一口饭。

学会了拿筷子后，她又开始学走路，她将腿直立于地面，努力保持身体的平衡。和地面接触的部位从伤痕到血泡，从血泡到厚茧，摔倒爬起，爬起摔倒，血水夹汗水，汗水夹泪水。10岁那年，她学会了走路。

也就在这年，她有了想读书的念头，在父母及老师的帮助下，她成为村上小学的一名编外生，于是，她用胶布缠在腿上，不论寒暑和风雨，都是早早到校，她用手臂的末端夹笔写字，付出比常人多数十倍的努力，从小学到初中，再到自学财务大专。

1988年，云南的一家工厂破格录用她为会计，后来，她为了回报父母的养育之恩返回父母身边。回家后，她贩卖起了水果，再后来，她不仅成了远近闻名的孝女，而且还"贩回"一个高大健康的丈夫，还生了一对活泼可爱的儿女，一家人温馨、甜蜜，其乐融融。

人们钦佩那些家境贫寒，却能自强不息的人，更钦佩那些身体残缺，却能通过自己的不懈努力取得成就的人，从他们的身上能看到向命运挑战的精神。其实，人的一生会遇到很多的苦难，无论是与生俱来的残缺，还是惨遭生活的不幸，只要敢于面对苦难，自强不息，就一定会赢得掌声，赢得幸福，赢得成功！

学会为自己加油助威

为自己喝彩，不在意别人的目光，是一种精神。需要记住的是，自己才是自我生命最重要的欣赏者。

每个人来到世上，都希望演绎出辉煌的成就和个性的自我，希望自己的风度、学识、动人歌喉或翩翩身影能得到别人的认可和掌声，但并不是每个人都能神采飞扬地处于灯光闪烁的舞台上。作为平凡的个体，大多数人只能在舞台后呢喃自己的独白，没有人关注，没有人在意，没有人给予簇拥的鲜花和热烈的掌声与喝彩。

面对此景，有些人往往感叹自己的平庸，妒羡别人的优秀。其实，鲜花诚然美丽，掌声固然醉人，但它只能肯定某些人的成就，无法否定多数人的价值。只要真真正正生活，活出一个真真实实的自我，那么，即使所有的人都把目光投向别处，你还拥有最后一个观众，你还可以为自己喝彩。

人有责任成为你自己——真正的自己——而不是别的任何人。为自己喝彩，首先就要认清自己，看中自己。

一个男人昏迷了，正在弥留之际，忽然感到被接到天上去，站在那审判者的宝座前。一个声音问他说："你是谁？"

他回答："我是市长。"

"我没问你是什么官，我问你是谁。"

"我是一位百万富翁。"

"我并没有问你有多少钱，而是问你是谁。"

"我是我4个孩子的爸爸。"

"我并没有问你是谁的爸爸，而是你是谁？"

"我曾是一位教师。"

"我也没有问你的职业，而是你是谁？"

他们就这样对答下去，可是，不论他给予什么答案，似乎也没有答对那问题："你是谁？"

"我是一位佛教徒。"

"我并不是问你的宗教信仰,而是你是谁?"

"我是有一颗爱心,而且,时常都帮助穷苦和有需要者的那人。"

"我也不是问你做了什么,究竟你是谁?"

这个男人始终过不了这关,因此,他被送回地上来了。当他从病中康复过来后,他决意找出他究竟是谁。此后,他的生活全改变了,一改过去的盲目与劳顿,他的人生变得丰富而充实。

为自己喝彩,首先要从认识自己开始。要明白自己对自己的期望,为自己的人生而生活。

为自己喝彩,不必有半点的矜持和骄傲,完全可以大大方方,潇潇洒洒,只要你相信自己。为自己喝彩,不是自我陶醉,不是故弄玄虚,更不是阿Q主义,而是一种超脱高昂的人生境界。

也许你是一只煅烧失败,一面世就遭冷遇的瓷器,没有凝脂样的釉色,没有龙凤呈祥的花纹;可当你摒弃杂质,从泥坯变为瓷器的时候,你的生命已在烈火中变得灼人而美丽,你应为此而欣慰。

也许你是一块矗立于山中终生承受日晒雨淋的顽石。丑陋不堪并且平凡无奇,在沧海桑田的变迁中,被人恒久地遗忘在乱石蒿草之间;可你同样应该自豪,因为你毕竟仰视天宇傲对霜雪,站成了属于你自己的独立的姿态,不随意倒下也不黯然消失,便是你内在的价值。

也许你只是一朵日益凋零的小花,只是一片被秋风撩起的落叶,只是一张被人不经意揉皱的白纸,只是一片悠悠的云彩,只是一阵无形无影的清风,或者只是任何人眼中匆匆的一瞥和嘴角边轻轻地一声叹惋,但你仍可以为你曾经有过的存在而自慰,你仍然可以为自己喝彩。

曾获得世界冠军的羽毛球选手熊国宝有一次接受访问,记者照惯例问他:"你能赢得世界冠军,最感谢哪个教练的栽培?"

熊国宝想了想,坦诚地说:"如果真要感谢的话,我最该感谢的是自己的栽培。就是因为没有人看好我,只有我自己看好我自己,我才有今天。"

原来在熊国宝入选国家代表队时,只是个绿叶的角色,虽然球已打得不错,但从来没有被视为是能为国争光的人选。他沉默寡言,年纪又比最出色的选手大了些。没有一点运动明星的样子,教练选了他,并不是要栽培他,只是要他陪着明星选手练球。有许多年的时间,他每天打球的时间都比别人长很多,因为他是好些队友的最佳练球对象。拍子线断了就换上一条线,鞋子破了就补一块橡胶,球衣破了就补块布,零下十几摄氏度的冬天,他依然早上5点去晨跑练体力。他坚持做这些事,因为他知道自己一定能行。

有一年他垫档入选参加世界大赛时,第一场就遇到最强劲的对手,大家都以为他是去当"牺牲打"的,没有人在意他会不会打赢。没想到他竟然势如破竹般一路赢了下去,甚至赢了教练心中最有希望夺冠的队友,得到了世界冠军,一战成名。

没有伯乐,熊国宝一样证明了自己是千里马。无论别人怎么看他,他都一直在心里为自己喝彩,如果连他自己都不为自己喝彩的话,他又如何能够熬过通往冠军之路上的艰辛和痛苦呢?

从呱呱坠地,你便开始一路风雨、一路艰辛地走着。风雨总是时刻考验着你,有时它将你五彩缤纷的梦撞碎,有时它将你的苦心经营当作泡影放飞,有时路途中突下一阵苦雨,突刮一阵寒风,但无论对谁,生活都是公平的,人生的不同实际在于对自己的态度。

所以,为自己喝彩吧!铮铮地鼓起勇气,静静地梳理梦想,去完成你的使命,你的光荣。笑对沧桑,看云卷云舒;去留无意,观庭前花开花落。为自己喝彩,人生的旅途中终有一盏明灯指引着你走过水深火热、泥泞沼泽,走进繁花似锦、丽日阳春。

在生活中,人们总习惯于为别人喝彩,羡慕别人的点点滴滴的完美,而对自己一些突出的优点视而不见,不以为然。于是,喝彩也因耐于寂寞,而悄然离去,只剩下低头丧气的自己。与其如此,不妨激起自己对未来的热情与向往,敢于为自己美好的青春与活力高歌,让悦人的掌声为自己响起来,大胆地为自己喝彩!

人生的旅程,有时是寂寞的、坎坷的、孤零的。在百年的行程中,需要你对自己喝彩。倘若能为自己喝声彩,就会给自己带来一声号角,一杆旗帜,犹如一盏灯,一副拐杖,一对翅膀引领着你向前走,走过一个个的坎,经受过一次次的考验,重踏脚下的那方土,便能走出一条幸福的人生路。

困境有利于激发一个人的潜能

每个人都有可能成为天才,在这之前,你需要去激发自己沉睡的潜能,而潜能一旦被激发出来,你就会发现世界上并没有自己无法战胜的困难。事实上,每个人都有着巨大的潜能,只要善于发现和挖掘,它就能为你所用。

一位已被医生确定为残疾的美国人,名叫梅尔龙,靠轮椅代步已12年。他的身体原本很健康,19岁那年,他赴越南打仗,被流

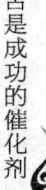

弹打伤了背部的下半截，被送回美国医治，经过治疗，他虽然逐渐康复，却没法行走了。

他整天坐轮椅，觉得此生已经完结，有时就借酒消愁。有一天，他从酒馆出来，照常坐轮椅回家，却碰上三个劫匪动手抢他的钱包。他拼命呐喊拼命抵抗，却触怒了劫匪，他们竟然放火烧他的轮椅。轮椅突然着火，梅尔龙忘记了自己有残疾，他拼命逃走，竟然一口气跑完了一条街。事后，梅尔龙说："如果当时我不逃走，就必然被烧伤，甚至被烧死。我忘了一切，一跃而起，拼命逃跑，及至停下脚步，才发觉自己能够走动。"现在，梅尔龙已在奥马哈城找到一份职业，他的身体已经健康，能够同常人一样走动。

人的潜能犹如一座待开发的金矿，蕴藏无穷，价值无比，而我们每个人都有这样一座潜能金矿。但是，由于各种原因，每个人的潜能从未得到淋漓尽致地发挥。潜能是人类最大而又开发得最少的宝藏！无数事实和许多专家的研究成果告诉我们：每个人身上都有巨大的潜能还没有开发出来。

1960年，哈佛大学的罗森塔尔博士曾在加州一所学校做过一个著名的实验。新学年开始时，罗森塔尔博士让校长把三位教师叫到办公室，对他们说："根据你们过去的教学表现，你们是本校最优秀的老师。因此，我特意挑选了100名全校最聪明的学生组成三个班让你们教。这些学生的智商比其他孩子都高，希望你们能让他们取得更好的成绩。"

三位老师都高兴地表示一定尽力。校长又叮嘱他们，对待这些孩子，要像平常一样，不要让孩子或孩子的家长知道他们是被特意挑选出来的，老师们都答应了。

一年之后，这三个班的学生成绩果然排在整个学区的前列。这时，校长告诉了老师们真相：这些学生并不是刻意选出的最优秀的学生，只不过是随机抽调的最普通的学生。教师也不是特意挑选出的全校最优秀的教师，不过是随机抽调的普通老师罢了。

可见，每一个人都能做到最好，你所要做的，就是充分发挥聪明的潜能，奔向自己的目的地。正如爱默生所说："我所需要的，就是去做我力所能及的事情。"

美国学者詹姆斯根据其研究成果说：普通人只开发了他蕴藏能力的1/10，与应当取得的成就相比较，我们不过是半醒着的。我们只利用了我们身心资源的很小很小的一部分。要是人类能够发挥一大半的大脑功能，那么可以轻易地学会40种语言、背诵整本百科全书，拿12个博士学位。这种描述相当合理，一点也不夸张。所以说，并非大多数人命里注定不能成为"爱因斯坦"，只要发挥了足够的潜能，任何一个平凡的人都可以成就一番惊天动地的伟业，都可以成为另一个"爱因斯坦"。

世界顶尖潜能大师安东尼·罗宾指出，人在绝境或遇险的时候，往往会发挥出不寻常的能力。人没有退路，就会产生一股"爆发力"，即潜能。

一位农夫在谷仓前面注视着一辆轻型卡车快速地开过他的土地。他14岁的儿子正开着这辆车，由于年纪还小，他还不够资格考驾驶执照，但是他对汽车很着迷，而且已经能够操纵一辆车子，因此农夫就准许他在农场里开这客货两用车，但是不准上外面的路。

但是突然间，农夫眼看汽车翻到了水沟里去，他大为惊慌，急忙跑到出事地点。他看到沟里有水，而他的儿子被压在车子下面，

第四章 痛苦是成功的催化剂

躺在那里，只有头的一部分露出水面。这位农夫并不很高大，他有170厘米高，70千克重。但是他毫不犹豫地跳进水沟，把双手伸到车下，把车子抬了起来，足以让另一位跑来援助的工人把那失去知觉的孩子从下面拽出来。

当地的医生很快赶来了，给男孩检查一遍，只有一点皮肉伤，需要治疗，其他毫无损伤。

这个时候，农夫却开始觉得奇怪了起来，刚才他去抬车子的时候根本没有停下来想一想自己是不是抬得动。由于好奇，他就再试了一次，结果根本就动不了那辆车子。医生说这是奇迹，他解释说身体机能对紧急状况产生反应时，肾上腺就大量分泌出激素，传到整个身体，产生出额外的能量。这就是他可提出来的唯一解释。

由此可见，一个人通常都存有极大的潜能。这一类的事还告诉人们另一项更重要的事实，农夫在危急情况下产生一种超常的力量，并不仅是肉体反应，它还涉及心智的精神的力量。当他看到自己的儿子可能要淹死的时候，他的心智反应是要去救儿子，一心只要把压着儿子的卡车抬起来，而再也没有其他的想法。可以说是精神上的肾上腺引发出潜在的力量，而如果情况需要更大的体力，心智状态还可以产生出更大的力量即潜能。

人的潜能是无限的，关键在于认识自己、相信自己，发挥自己的力量。其实，每个人对自己最大的才能、最高的力量总不能正确认识，只有在大责任、大变故或生命危难之时，才能把它呼唤出来，而这呼唤之人就是你自己。

爱迪生曾经说："如果我们做出所有我们能做的事情，我们毫无疑问地会使我们自己大吃一惊。"但是，在生活中很多人从来没有期望过自己能够做出什么了不起的事来。这就是问题的关键所在，正是因为我们只把自己钉在我们自我期望的范围以内，我们才无法发挥自己的潜力。

事实证明，只要人们能抱着积极心态去开发潜能，就会有无穷的能量。反之，如果你抱着消极心态，不去开发自己的潜能。最后，也只有叹息命运不公，令自己一蹶不振。

成功都是"逼"出来的

成功的前提，需要你来"逼"自己。在把自己"逼"上巅峰的过程中，一定要给自己一片没有后路的悬崖，这样才能发挥出自己最大的能力。

俗说话："背水一战。"人们常常用它来比喻决一死战。其实，背水一战，就是把自己的后路斩断，以此将自己逼上"巅峰"。

韩信是汉王刘邦手下的大将，为了打败项羽，夺取天下，他为刘邦定计，先攻取了关中，然后东渡黄河，打败并俘虏了背叛刘邦、听命于项羽的魏王豹，接着韩信开始往东攻打赵王歇。

在攻打赵王时，韩信的部队要通过一道极狭的山口，叫井陉口。赵王手下的谋士李左军主张一面堵住井陉口，一面派兵抄小路切断汉军的辎重粮草，这样韩信小数量的远征部队没有后援，就一定会败走。但大将陈余不听，仗着兵力优势，坚持要与汉军正面作战。韩信了解到这一情况，不免对战况有些担心，但他同时心生一计。他命令部队在离井陉30里的地方安营，到了半夜，让将士们吃些点心，告诉他们打了胜仗再吃饱饭。随后，他派出两千轻骑从小路隐蔽前进，要他们在赵军离开营地后迅速冲入赵军营地，换上汉军旗号；又派一万军队故意背靠河水排列阵势来引诱赵军。

到了天明，韩信率军发动进攻，双方展开激战。不一会，汉军假意败回水边阵地，赵军全部离开营地，前来追击。这时，韩信命令主力部队出击，背水结阵的士兵因为没有退路，也回身猛扑敌军。赵军无法取胜，正要回营，忽然营中已插遍了汉军旗帜，于是四散奔逃。汉军乘胜追击，以少胜多，打了一个大胜仗。

在庆祝胜利的时候，将领们问韩信："兵法上说，列阵可以背靠山，前面可以临水泽，现在您让我们背靠水排阵，还说打败赵军再饱饱地吃一顿，我们当时不相信，然而最后竟然取胜了，这是一种什么策略呢？"

韩信笑着说："这也是兵法上有的，只是你们没有注意到罢了。兵法上不是说'陷之死地而后生，置之亡地而后存'吗？如果是有退路的地方，士兵都逃散了，怎么能让他们拼死一搏呢！"

所以在生活中，当我们遇到困难与绝境时，我们也应该如兵法中所说的那样"置之死地而后生"，要有背水一战的勇气与决心，这样才能发挥自己最大的能力，将自己逼上生命的巅峰。在这种情况下，往往事情会出现极大的转机。

一位上海的中国留学生刚到澳大利亚的时候，为了寻找一份能够糊口的工作，他骑着一辆旧自行车沿着环澳公路走了数日，替人放羊、割草、收庄稼、洗碗……只要给一口饭吃，他就会暂且停下疲惫的脚步。

一天，在唐人街一家餐馆打工的他，看见报纸上刊出了澳洲电信公司的招聘启事。留学生担心自己英语不地道，专业不对口，他就选择了应聘线路监控员。于是，他过五关斩六将，眼看就要得到那年薪三万多的职位了,不想招聘主管却出人意料地问他:"你有车吗?你会开车吗?我们这份工作时常外出,没有车寸步难行。"

澳大利亚公民普遍拥有私家车,无车者寥若晨星,可这位留学生初来乍到还属无车族。为了争取这个极具诱惑力的工作,他立刻不假思索地回答:"有!会!"

"好,那么4天后,开着你的车来上班。"主管说。

4天之内要买车、学车谈何容易,但为了生存,留学生豁出去了。他在华人朋友那里借了500澳元,从旧车市场买了一辆外表丑陋的"甲壳虫"。

第一天他跟华人朋友学简单的驾驶技术;

第二天在朋友屋后的那块大草坪上模拟练习;

第三天歪歪斜斜地开着车上了公路;

第四天他居然驾车去公司报了到。

时至今日,他已是"澳洲电信"的业务主管了。

其实,这位留学生的专业水平并不是问题的关键,而问题的关键在于他的胆识。如果他当初畏首畏尾地不敢向自己挑战,绝不会有今天的辉煌。那一刻,他毅然地斩断了自己的退路,让自己置身于命运的悬崖绝壁之上。正是面临这种后无退路的境地,人才会集中精力奋勇向上,攀上生活的"巅峰"。

给自己一片没有退路的悬崖,把自己"逼"上巅峰,从某种意义上说,是给自己一个向生命高地冲锋的机会。如果你想改变自己的现状,改变自己的命运,那么首先应该改变自己的心态。只要有背水一战的勇气与决心,你就能突破重重障碍,走出绝境。

每个人都应保持这样的心态,在使自己处于不断积极进取的状态时,就能形成自信、自爱、坚强等品质,这些品质可以让你的能力源源涌出。所以,你若是想改变自己的处境,那么就改变自己身心所处的状态,勇敢地向命运挑战。一旦你决心背水一战,拼死一搏,你便可以把你蕴藏的无限潜能充分发挥出来,让自己创造奇迹,做出令人瞩目的成绩。

敢于"卧薪尝胆"才能获得成功

敢于卧薪尝胆,并能忍辱负重,就具备了成功者的必备素质。你要记住,伤痛与屈辱不是要将人打倒,而是要将人磨炼成为英雄!

在生活中,有时会出现不能承受的"重"。而这种"重"就真的不能承受了吗?当然,在意志薄弱、眼光短浅的人看来,也许这种"重"的确无法承受,但对意志坚定、胸怀大志的人而言,这种"重"往往是岁月的磨炼,他们将因此而成为他们想成为的人。

公元前496年,长江下游的吴国和越国因小怨而爆发了一场战争。战争在今浙江嘉兴的中积平原上进行。吴军是著有《三十六计》的孙子训练出来的精锐之师。而越军不仅人数少,且稚嫩年轻。但之前,越王勾践以范蠡为军师,神机妙算,曾使吴军大败,年老的吴王伤重而亡。后来,在吴国首辅大臣伍子胥的扶助下,夫差登上了王位。他发誓要消灭越国。

三年后,夫差率领雄兵攻伐越国。双方交战后,越败吴胜,吴国大军攻至越都会稽。而文种花重金买通吴国大臣伯,让其与夫差极力周旋,终于使夫差动了怀仁之心,没有灭掉越国。然后,勾践率王后与范蠡入吴为奴。勾践为存性命以图东山再起,放弃了自己曾为君主,甚至作为男人的全部尊严,从而博得了夫差的怜悯和同情，他不准伍子胥杀温顺如羔羊、木讷如农夫的勾践。

为奴三年后，夫差生病。勾践为夫差尝粪来寻找病源，此举彻底感化了夫差，从而释放了勾践。回到越国的勾践，搬进了一座破旧的宫室中居住。他睡在柴草上，每天醒来，第一件事就是先尝一口奇苦无比的苦胆，20年雷打不动，天天如此。此间，文种不断出使吴国，进贡财宝。而范蠡的情人西施，因美艳绝伦于世，勾践也劝其忍痛割爱，献与夫差。西施入吴宫后，获得夫差的专宠，夫差对越国的警惕也渐渐被麻痹了。

20年后，即公元前473年，勾践用藏在民间的三万雄兵，一举将姑苏城团团围困。虽然夫差有五万兵马，却因粮草难济而不敢出城一战。夫差竟想效仿20年前勾践的求和，然而勾践却不会重蹈覆辙。最终，吴国的版图被悉数并入越国，夫差也在流放途中难忍羞辱而自杀。卧薪尝胆、忍辱负重的勾践终于取得了最后的胜利。

卧薪尝胆20年！勾践忍人所不能忍之辱，受人所不能受之苦！他创下了人类君王史的奇迹。他苦心励志，发愤强国，创下了以小打大，以弱胜强的人间神话。"卧薪尝胆"的典故让人们懂得，即便你一下被打倒，也不应立刻放弃，只要有足够的毅力与耐心，重新站起来的那一天终会来临，在其间所受的痛苦与伤害，到那时将统统成为人生的荣誉勋章。

淮阴侯韩信忍胯下之辱的故事也体现出了这一点。

当初，在韩信还是平民时，家中贫穷，常在熟人家里吃口闲饭，很多人都讨厌他。在淮阴的屠宰户里，有位恶少，公然侮辱他道："韩信，你虽身佩宝剑，但看你的样子就知道你是个胆小鬼。如果你能不怕死，就用你的剑来刺杀我；如果你怕死不敢刺，就从我的胯下钻过去！"于是，韩信想了想，便低下头趴在地上，从那恶少的胯下钻了过去。从此，满街的人都讥笑韩信，认为他是胆小鬼，但韩信从不辩解。

后来，韩信助刘邦奠定汉业，被封为淮阴侯。汉王五年正月，改封齐王信为楚王，都城在下邳。韩信到了自己的封国，对他部下的各位将领说："那个人当年那样侮辱我，当时我难道不能杀了他吗？但杀了他又能如何，会有今日的韩信么，所以当时忍下了这口气，才能有我今天这样的功业。"

所以，虽说钻裤裆是奇耻大辱，但韩信不得不钻。如果不钻，只有两个结果，一是他被那屠夫杀掉，从此没有了韩信；二是他把屠夫杀掉，他赢得了暂时的胜利，但从此也没有了韩信，因为他杀人了，杀人者偿命，他会被法律杀掉。其中任何一个结果，历史上都不会有韩信这个人。韩信之所以能作为成就大业的形象在中国历史上千古流传，就因为他在忍辱负重时眼睛是看着未来的，心中有着远大的目标。

别让"小不忍"乱了"大谋"

一个人在经历伤害与痛苦时，可以选择忍耐，但忍耐不是唯一目的，而是为了使未来的生活变得更加光明。

人的一生是一个整体，不会因生活中事情的大小而划分为不同重要性的部分。经营人生，犹如布置一盘棋局，要兼顾眼前利益与长远利益。博弈的大忌就是"因小失大、顾此失彼"，人生的经营也是如此。

"小不忍则乱大谋",就是提醒人们在许多似乎无法忍受的情况下谨慎一点,多多分析情况,权衡得失,不要图一时的痛快或利益,就忘记了长远的目标,因小失大是最愚蠢的事情。只有等到条件成熟,该出手时再出手,才是明智之举。

隋朝的时候,隋炀帝十分残暴,各地农民起义风起云涌,隋朝的许多官员也纷纷倒戈,转向帮助农民起义军,因此,隋炀帝的疑心很重,对朝中大臣,尤其是外藩重臣,更是易起疑心。

唐国公李渊(即唐高祖)曾多次担任中央和地方官,所到之处,悉心结纳当地的英雄豪杰,多方树立恩德,因而声望很高,许多人都来归附。这样,大家都替他担心,怕遭到隋炀帝的猜忌。正在这时,隋炀帝下诏让李渊到他的行宫去晋见。李渊因病未能前往,隋炀帝很不高兴,多少产生了猜疑之心。当时,李渊的外甥女王氏是隋炀帝的妃子,隋炀帝向她问起李渊未来朝见的原因,王氏回答说是因为病了,隋炀帝又问道:"会死吗?"

王氏把这消息传给了李渊,李渊更加谨慎起来,他知道迟早为隋炀帝所不容,但过早起事又力量不足,只好隐忍等待。于是,他故意败坏自己的名声,整天沉湎于声色犬马之中,而且大肆张扬。隋炀帝听到这些,果然放松了对他的警惕。这样,才有后来的太原起兵和大唐帝国的建立。

看来,大唐帝国的建立也并非一开始就气势磅礴,如果没有李渊的忍耐,世界历史上最辉煌的大唐帝国就不会成为现实,李渊的一忍,真正影响了世界历史的进程。所以,在忍还是不忍之间,重要的一点是权衡局势与得失。

可是有不少人一碰到眼前的利益,为了所谓的"面子"和"尊

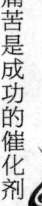

严",就会与对方强拼。结果一败涂地,有些人虽然获得"惨胜",却也元气大伤。

非洲生长着一种很小的吸血蝙蝠,专门叮在马身上吃马血,马恨透了蝙蝠,想尽一切办法要把蝙蝠除掉,但是除不掉,最后野马就在草原中狂奔,最后野马累死了。其实野马只要忍一忍,让它吃,蝙蝠也吸不了多少血,蝙蝠吃饱了就会飞走,何必因此搭上自己的性命。这个故事告诉大家,当你碰到对你不利的环境时,千万别逞一时之强,当一时之英雄,小不忍则乱大谋,只有能忍一时人所不能忍,再加上你适当的努力,那么最后你肯定会得到想要的一切。

吕杰是一家啤酒厂的经营者。有一家公司的采购员刘辉欠吕杰五万元啤酒款长期未付。

一次,刘辉来到啤酒销售部,对吕杰大发脾气,抱怨他出售的啤酒质量越来越差,并说社会上骂声一片,人们不会再买他们的啤酒。最后竟说出自己欠的那五万元钱也就免付了,原因是他出售的啤酒的质量一直就不怎么样,并表示他所在的公司及他本人不再购买对方的啤酒等。

吕杰压住火气,认真听完刘辉的唠叨后,却出乎意料地向刘辉赔礼道歉,声称啤酒质量确有不尽如人意之处,最后说:"对你的意见,我会尽快向厂部反映的。至于你欠的那五万元啤酒钱,你要不付,也就算了,谁让我的啤酒一直不争气呢!你说今后你们公司和你本人不再买我的啤酒,这是你们的自由,随你们的便。你说我的啤酒质量有问题,我现在给你介绍另外两家有名的啤酒厂……"

吕杰这一番话的艺术性表述,确实出乎了刘辉所料。欠账还钱,这是不成文的一种自然法规。刘辉本意不想付那所欠的五万元,以啤酒一向质量不怎么样为借口试图堵吕杰的嘴。然而,吕杰没有单刀直入地正面反驳刘辉，却用了巧妙的迂回战术，假装虚心承认并接受刘辉的意见，待刘辉发泄后，即刻展开了攻势，用诚挚的话语，向对方表明啤酒厂的现状及未来的发展前景等。

刘辉最后被吕杰的诚意和坦率所征服了，自此不但继续到啤酒厂为其所在的公司购买啤酒，而且还动员了另外几家兄弟公司及几个单位，常年向该啤酒厂购买啤酒。

可见，人们只有做到：先退一小步，才能前进一大步。所以，无论你做什么，心中都要有这样的信念。记住，暂时的退步就是为了将来的进攻。

第四章 痛苦是成功的催化剂

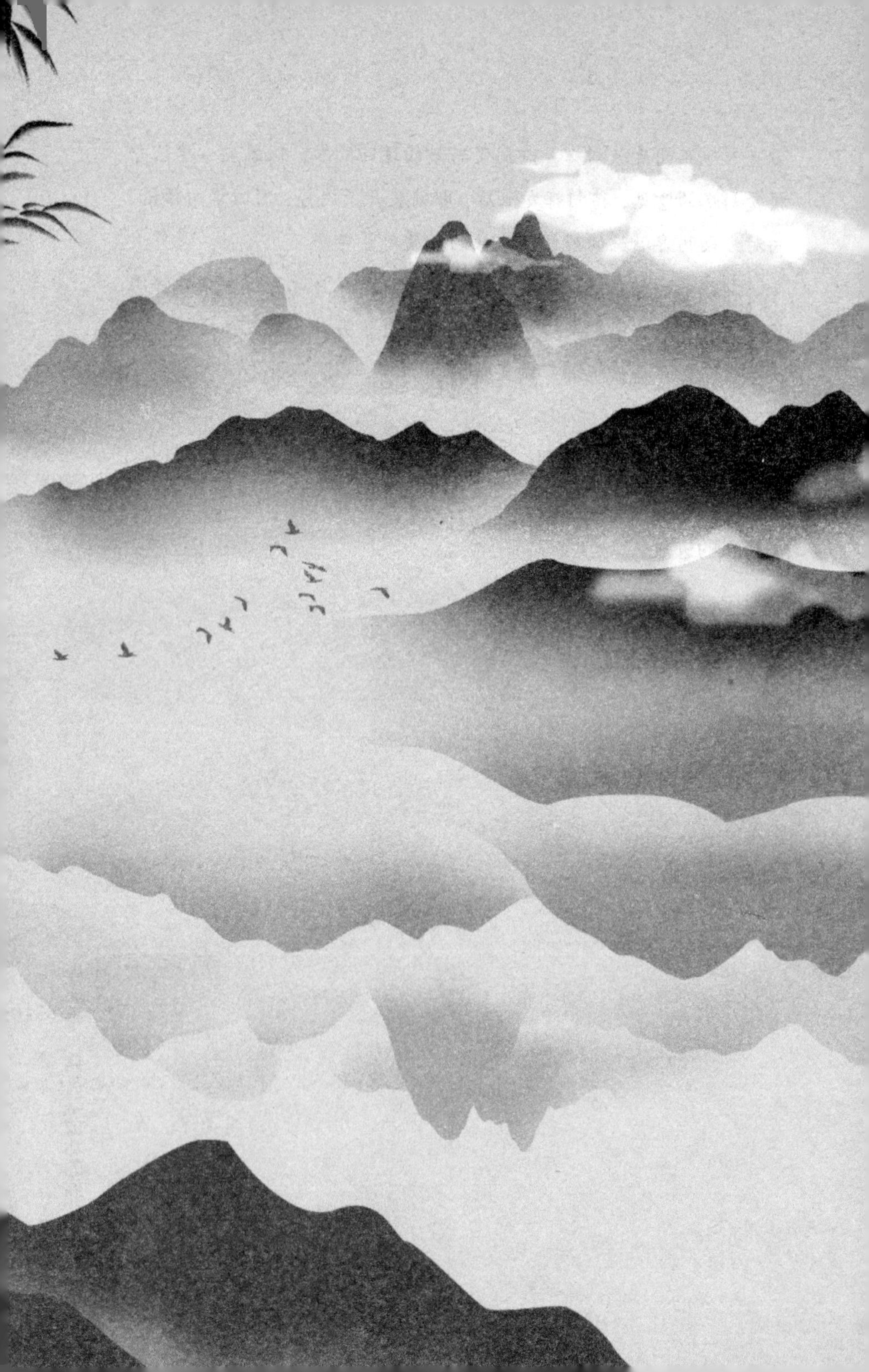

第五章 危机也是一种转机

困境有时也是一种机遇

在这个世界上,没有什么绝对的缺陷和绝对的弱点。只要你懂得扬长避短,就能使自己的未来多姿多彩。

一天,狮子来到了天神面前:"我很感谢你赐给我如此雄壮威武的体格、如此强大无比的力气,让我有足够的能力统治整座森林。"

天神听了,微笑着问:"但是这不是你今天来找我的目的吧!看起来你似乎被某事困扰着呢!"

狮子轻轻吼了一声,说:"天神真是了解我啊!我今天来的确是有事相求。因为尽管我是百兽之王,但是每天天亮的时候,我总是会被鸡叫声给吵醒。神啊!乞求您,不要让鸡在天亮时叫了!"

天神摊了摊手,无奈地说道:"你去找大象吧,它会给你一个满意的答复的。"

狮子跑到湖边找到大象,看到大象正在气呼呼地直跺脚。

狮子问大象:"你干吗发这么大的脾气?"

大象拼命摇晃着大耳朵,吼着:"有只讨厌的小蚊子,钻进我的耳朵里,我都快痒死了。"

狮子离开了大象,心里暗自想着:"原来体形这么巨大的大象,还会怕那么瘦小的蚊子,那我还有什么好抱怨的呢。毕竟鸡叫也不过一天一次,而蚊子却是无时无刻地骚扰着大象。这样想来,我可比他幸运多了。"

狮子一边回头看着暴躁的大象,一边想:"谁都会遇上麻烦事,但只要看看别人,这点麻烦就算不上什么了。以后只要鸡一叫,我就当作是鸡在提醒我该起床了,对我还有好处呢。天神要我来看看大象的情况,应该就是想告诉我:只要想开了,困境就不再是困境,而是机遇了。"

一个障碍,就是一个新的已知条件,只要愿意,任何一个障碍都会成为一个超越自我的契机。所以,有时候困境反而是一个机遇。

生活中,有很多人一旦碰上不顺心的事,就会习惯性地抱怨上天,希望老天能赐给他们更多的力量和幸运,帮助他们渡过难关。实际上,老天是最公平的,就像它对狮子和大象一样,每个困境都有其存在的正面价值。

有一个十岁的小男孩儿,在一次车祸中失去了左臂,但是他很想学柔道。

最终,小男孩拜柔道大师为师父,开始学习柔道。他学得不错,可是练了三个月,柔道大师只教了他一招,小男孩有点弄不懂了。

他终于忍不住问师父:"我是不是应该再学学其他招数?"

柔道大师回答说:"不错,你的确只会一招,但你只需要会这一招就够了。小男孩并不是很明白,但他很相信师父,于是就继续照着练了下去。"

几个月后师父第一次带小男孩去参加比赛。小男孩自己都没有想到居然轻轻松松地赢了前两轮。第三轮稍稍有点艰难,但对手还是很快就变得有些急躁,连连进攻,小男孩敏捷地施展出自己的那

第五章 危机也是一种转机

一招，又赢了。就这样，小男孩顺利地进入了决赛。

决赛的对手比小男孩儿高大、强壮许多，也似乎更有经验。一度小男孩儿显得有点招架不住，裁判担心小男孩儿会受伤，就叫了暂停，还打算就此终止比赛，然而柔道大师不答应，坚持说："继续下去！"

比赛重新开始后，对手放松了戒备，小男孩立刻使出他的那一招，制伏了对手由此赢了比赛，得了冠军。

回家的路上，小男孩和柔道大师一起回顾每场比赛的每一个细节，小男孩儿鼓起勇气道出了心里的疑问："师傅，我怎么凭一招就赢得了冠军？"

柔道大师答道："有两个原因：你几乎完全掌握了柔道中最难的一招；在我看来，对付这一招唯一的办法是对手抓住你的左臂。"

其实，小男孩的劣势也是他的优势。所以，世界上没有绝对的缺陷和困境。只要懂得扬长避短，就有机会收获胜利的果实。

不妨打开人生的另一扇窗

人生有打不开的死结吗？也许你想通了才会发现，人生不过就是：饥了餐、渴了饮、倦了眠。

谢建家里有一只盛水的瓦罐，用了十多年，父亲一直舍不得扔掉。一次，谢建在倒开水时，一不小心把瓦罐摔在地上，瓦罐被摔出了一条长长的裂缝。谢建想，这下父亲该把瓦罐扔掉了吧。可父亲没有，而是把它好好地搁起来了，说以后也许能派上用场。

过了一段时间，父亲在阳台上养了很多盆花，其中有一盆花长得特别艳丽。谢建一看花盆，正是那只有裂缝的瓦罐。父亲见他疑惑不解的样子，就说："瓦罐有了裂缝，不能用来盛水，但用来养花最合适。花盆里的雨水一旦多了，水就会顺着裂缝自动地渗透出来，使花盆不至于积水，花也就有了一个良好的生长环境。所以，长出来的花也就比其他的更美丽了。"

如果你在生活中不幸遭遇了失败或者挫折，千万别"破罐子破摔"，只要你灵活运用、发挥它们的能力，生命之花照样可以盛开。

人生的道路有很多条，当一条路不通的时候，你不要丧气，因为还可以尝试其他的道路。上帝总是在给你关上一扇门的同时，又会为你开启另外一扇，只要用心地去找寻，就一定会找到属于自己的出路。

这一天，49岁的伯尼·马库斯像往常一样，提着公文包去公司上班。在二十多年的职业生涯中，他勤勤恳恳，兢兢业业，才做到今天职业经理人的位置上，其中充满了艰辛困苦。他只要再这样工作11年，就可以安安稳稳地拿到退休金了。可是，他万万没有想到，这将是他在公司工作的最后一天。

"你被解雇了！"

"为什么？我犯了什么错？"他惊讶地问。

"不，你没有过错，公司发展不景气，董事会决定裁员，仅此而已。"

是的，仅此而已。他在一夜之间，从一名受人尊敬的公司经理成了一名在街上流浪的失业者。像所有的失业者一样，繁重的家庭开支迫使伯尼·马库斯必须找到生活来源。

那段日子，他常常去洛杉矶一家街头咖啡店，一坐就是几小时，化解内心的痛苦、迷茫和巨大的精神压力。

有一天，他遇到了自己的老朋友——和他一样，同是经理人现在也同样遭到解雇的亚瑟·布兰克。两个人互相安慰，一起寻求解决的办法。

"为什么不能有自己的一家公司呢？"

这个念头像火苗一样，在伯尼·马库斯心中一闪，点燃了压抑在他心中的激情和梦想。于是，两个人就在这家咖啡店里，策划建立新的家居仓储公司，两位失业的经理人为企业指定了一份发展规划和一个"拥有最低价格，最优选择，最好服务"的制胜理念，并制定出了使这一优秀理念在企业发展中得以成功实践的一套管理制度，然后，就开始着手创办企业。时值1978年春天。

这就是美国家居仓储公司。仅仅20多年的时间就发展成拥有775家分店，16万名员工，年销售额300亿美元的世界500强企业。成为全球零售业发展史上的一个奇迹。这个奇迹始于20年前的一句话：你被解雇了！

是的，"你被解雇了！"是每个人在人生旅途中最不愿听到的一句话，但正是这句话，改变了伯尼·马库斯和亚瑟·布兰克两个人的一生。如果不是被解雇，他们无论如何也不会跻身世界500强！如果不是被解雇，他们现在只是靠每月领退休金度日的老人。

人生就是一次旅行，当一扇门关上了，你千万不要把自己也关在里面。因为世界上不止一扇门，一定还有另外一扇门，你要做的就是去寻找并打开这扇门！

危机的背后就是转机

我们知道，事情的发展往往具有两面性，犹如每一枚硬币总有正反面一样，失败的背后可能是成功，危机的背后也有转机。

1974年，第一次石油危机引发经济衰退时，世界运输业普遍不景气，但当时美国的特德·阿里森家族却收购了一艘游轮，成立了嘉年华游轮公司，后来这家公司成为世界上最大的超级豪华游轮公司；世界最大的钢铁集团米塔尔公司，在20世纪90年代末世界钢铁行业不景气的时候，进行了首次大规模兼并，然后迅速扩张起来。所以说，危机中有商机，挑战中有机遇，艰难的经济发展阶段对企业来说是充满机会的，对企业如此，对个人、对民族、对国家也是如此。

2008年经济危机爆发后，美国很多商业机构和场所顿时萧条了，但酒吧的生意却悄悄地红火起来。原来，精明的酒商们发现美国人开始越来越喜欢喝战前禁酒令时期以及大萧条时期的酒品，比如由白兰地、橘味酒和柠檬汁调制成的赛德卡鸡尾酒。酒商们迅速嗅出了新商机，推出了一款改进的老牌鸡尾酒。美国一个酒业资深人士指出，人们在困难时期，往往会从熟悉的东西那里寻求安慰，老式鸡尾酒自然而然会走俏。这种酒品，不仅让酒商们大赚了一笔，而且还能使疲于应对经济危机的美国人民得到慰藉。

"危中有机，化危为机。"一些中外专家认为，如果危机处置得当，金融风暴也有可能成为个人、企业或国家迅速发展的机遇。所以，冬天里会有绿意，绝境里也会有生机。

危机之下，谁都不希望面临绝境，但绝境意外来临时，我们挡也挡不住，与其怨天尤人，还不如奋力一搏，说不定还会创造一个奇迹。

有人说过这样一句话"瀑布之所以能在绝处创造奇观，是因为它有绝处求生的勇气和智慧。"其实我们每个人都像瀑布一样，在

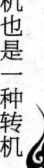

平静的溪谷中流淌时，波澜不惊，看不出蕴涵着多大的力量；往往当我们身处绝境时，才能将这种力量开发出来。

下面是一个在绝境里求生存的真实故事：

第二次世界大战期间，有位士兵小F驾驶一辆重型坦克非常勇猛，一马当先地冲入了德军的心腹重地。这一下虽然把敌军打得抱头鼠窜，但他自己渐渐脱离了大部队。

就在这时，突然轰隆隆一声，他的坦克陷入了德军阵地中的一条防坦克深沟之中，顿时熄了火，动弹不得。

这时，德军纷纷围了上来，大喊着："投降吧！"刚刚还在战场上咆哮的重型坦克，一下子变成了敌人的瓮中之鳖。小F宁死也不肯投降，但是现实一点也不容乐观，他正处于束手待毙的绝境中。突然，小F的坦克里传出了"乒乒乒"的几声枪响，接着就是死一般的沉寂，看来小F士兵在坦克中自杀了。

德军很高兴，就去弄了辆坦克来拉小F的坦克，想把它拖回自己的堡垒。可是德军这辆坦克吨位太轻，拉不动小F的庞然大物，于是德军又弄了一辆坦克来拉。

两辆德军坦克拉着小F坦克出了壕沟。突然，小F的坦克发动起来，它没有被德军坦克拉走，反而拉走了德军的坦克。

德军惊惶失措，纷纷开枪射向小F的坦克，但子弹打在钢板上，只打出一个个浅浅的坑洼，奈何它不得。那两辆被拖走的德军坦克，因为目标近在咫尺，无法发挥火力，只好像驯服的羔羊，乖乖地被拖到小F的阵地。

原来，小F并没有自杀，而是在那种绝境中，被逼得想出了一个绝妙的办法。他以静制动，后发制人，让德军坦克将他的坦克拖出深沟，然后凭着自身强劲的马力，反而俘虏了两辆德军坦克。

其实，每个人皆是如此，虽然我们的生活并不会时时面临枪林弹雨，但总有身处绝境的时候，每当此时，我们往往会产生暴发力，而正是这种爆发力将我们的力量激发出来了。所以，面临绝境的时候，不要灰心，不要气馁，更不要坐以待毙，勇往直前，无所畏惧，你我都可以"杀出一条血路"。

黎明前的夜是最黑的，只要我们在漆黑的夜中能看到一线曙光，那么，我们就要相信光明总会到来。事情总会有转机，不要消沉，不要一蹶不振，用阳光武装自己，相信船到桥头自然直，相信大雨过后天会更蓝。

没有忧患意识才是最大的忧患

头狼不仅面临着人类的大量捕杀，而且一生的大部分时间都处于饥饿状态，为了生存，它们不得不四处寻找食物，有时为了跟踪猎物，一连几天都不能休息；捕猎时还可能被拼死抵抗的猎物伤及生命；捕食成功后，由于体力消耗，还容易受到其他想不劳而获的动物的袭击等。

但是，头狼时刻都保持危机意识，凭着敏锐的嗅觉、视觉、听觉和快捷的反应速度逃过了一次次的危机，成为了草原上的强者。

有一个成语叫"杞人忧天"，它的意思是说人们不要为一些不着边际的东西忧愁。一般情况下，人们会把它与"庸人自扰"相提并论，难道"杞人忧天"真的就是"庸人自扰"吗？"杞人忧天"从某种意义上就是危机文化，就是企业家思想中的危机意识，以及如何规避和防范危机的文化战略。

纵观中国几千年的历史，但凡是治绩卓著、社会长治久安的执政者，无一不具有居安思危的忧患意识，总是"居之无倦，行之以忠"。唐太宗李世民之所以能够开创著名的"贞观之治",与他的忧患意识是分不开的。

　　唐太宗经常对侍臣说:"治理国家和养病没有区别:病人觉得身体有所好转,但是还需要保养调理,否则会旧病复发,有丧命的危险;治理国家也是如此,天下稍为安定,更应小心慎重,否则必然失败。现在天下安危,全在我一人身上,所以,我务必谨慎小心,该休息时也不敢休息。"

　　贞观二年,京城大旱,蝗虫滋生。太宗到禁苑视察庄稼,双手捧起几个蝗虫祈祷道:"粮食是百姓的生命,你吃了粮食,却坑害了百姓。百姓有过错,责任在我一人,你如果有灵性,该吃我的心,不要伤害百姓。"说完,太宗就要吞下蝗虫,左右的人急忙劝说:"吃下去怕要生病,不能吃。"太宗说:"我希望灾祸转移到我身上,还害怕什么病?"他毫不犹豫地把蝗虫吞吃了。李世民为求神灵赐福免灾而吞食蝗虫的行为是否科学,不必追究,但他体察民情、不顾个人安危的精神是值得后人称道的。

　　贞观十四年,唐太宗平定了高昌国,召见侍臣,在两仪殿设宴招待。太宗对房玄龄说:"高昌的国君如果不失掉臣下的礼仪的话怎么会走到灭亡的地步?我平定了这样一个国家,心中更是感到危惧,只有罢黜奸佞,选用贤良,力戒骄淫来谨慎守业,也许可以让国家获得安宁吧。"

　　魏征趁此良机,劝谏太宗说道:"自古以来的帝王在创业的时候,必定很谨慎,随时警戒自己,善于采纳下人的意见,听从忠诚正直的建议。天下已安定,他们就恣意放纵欲望,喜欢听阿谀奉承的话,厌恶率直的劝谏。张子房是刘邦出谋划策的大臣,当年刘邦做了皇帝,打算废掉嫡子刘盈而立庶子刘如意为太子。子房说:'今天的事，不是凭口舌可以争辩的。'始终不敢再去开导汉高祖。何况陛下功业、德义的盛大，用汉高祖来相比，他是比不上的。陛下即位至今已有十五年，如今又消灭了高昌，还时常将国家安危记挂在心，刚才又说想进用忠直贤良的人，大开直言规谏之路，这是天下人的幸运。"

通过唐太宗的这些感慨，我们可以得知他居安思危、勤政治国的决心，他不仅这样说，而且也确实有不少实际行动。

《贞观政要》中记载：臣子们认为宫中炎热潮湿，皇上休息和用膳的地方不合适，请求太宗在宽敞明亮的地方修建一座楼阁。但是，顾及修建楼阁需耗去十户人家的资产，李世民制止了臣子们的建议，不吝惜身受寒暑，安心地居住在低下简陋的地方。

正巧有几年霜灾歉收，普天之下饥荒严重，丧乱开始出现。李世民怜悯百姓，不断地救济抚恤，他自己也停止赏乐，撤除钟磬，说话凄婉动容，面庞消瘦了很多。其实，李世民平时心中就思劳忧虑，断绝游玩巡幸；每天清早设朝理事，听取和接受群臣的意见毫不懈怠；散朝之后，又召见有名大臣，共同探讨议论治国的得失；每天傍晚，一定会叫才学渊博的人进宫，畅谈古代典籍，写文咏诗，到深夜还不顾疲劳，夜半还不安寝。

以上种种，对于处于一国之尊的皇帝来说确实是难能可贵的。尽管唐太宗到了晚年不大检点，但总体来说，唐太宗对为政艰难的理解是深刻的，可谓是一个"居之无倦，行之以忠"的勤快皇帝。

国家如此，企业何尝不是这样呢？美国波音公司就具有一种居安思危的忧患意识。波音公司在对新员工入职教育的时候，播放波音公司倒闭的假想新闻,其目的是唤醒员工的危机意识。

当时,波音公司产量大幅下降,为走出经营低谷,波音公司决定"以毒攻毒",危机面前,自曝惨状,以刺激员工,获取员工支持,达到复兴的目的。为此,波音公司自己摄制了一部虚拟的电视新闻片:在一个天色灰暗的日子,众多的工人们垂头丧气地拖着沉重的脚步,鱼贯而出,离开了工作多年的飞机制造厂。厂房上面挂着一块"厂房出售"的牌子。扩音器传来:"今天是波音时代的终结,波音公司关闭了最后的一个车间……"画面反复播放。

这则企业倒闭的电视新闻使员工们强烈地意识到市场竞争残酷无情,市场经济的大潮随时都会吞噬掉企业,只有不断进取、创新、拼搏,企业才能在经济大潮中乘风破浪,在竞争中立于不败之地。否则,虚幻的模拟倒闭就会成为企业无法避免的事实。

波音公司总部告诫雇员们:如果本公司不进行彻底的变革,末日就是如此。正如波音公司的总裁菲利普·康迪特所说:"我们的根本目的是要确保10年后还能在电话簿上查到本公司。真可谓"假做真时真亦假,真做假时假亦真",这一计策实施后,波音公司很快就从"改革中尝到了甜头"。员工们由于充满危机感而努力工作,节约公司每一分钱,充分利用每一分钟,从而使波音公司的飞机制造变得迅速而有效益。仅此一项,当年波音公司就削减库存费用达1亿美元,经营成本也降低了20%—30%。

波音公司推行这个策略,使人人都有真正的危机感,真切感到"末日即将来临",警钟长鸣,以此激发员工的忧患意识和不懈奋斗的精神,促进企业更上一层楼。

由此说来,在管理实践中,管理者应该努力使每个员工都具有危机感，能意识到饭碗和乌纱帽都是捧在手上而不是锁在保险柜里，然后通过管理把这种危机感所产生的压力转化成生产力，从而激发和提高企业竞争能力。其实，对我们个人也是如此。

你需要重新审视生命的价值

对于自强不息、奋发向上者来说，身体的残疾不是障碍，只要信心不垮，仍能做出令自己心惊的成绩。

1967年夏天，美国跳水运动员乔妮·埃里克森在一次跳水事故中身负重伤，颈部骨折，全身瘫痪。

乔妮哭了，她躺在病床上辗转反侧。她怎么也摆脱不了那场噩梦，为什么跳板会滑？为什么她会恰好在那时跳下？不论家里人怎样劝慰她，亲戚朋友们如何安慰她，她总认为命运对她实在不公。出院后，她叫家人把她推到跳水池旁。她注视着那蓝盈盈的水波，仰望那高高的跳台。她，再也不能站立在那洁白的跳板上了，那蓝盈盈的水波再也不会溅起朵朵美丽的水花了，于是掩面哭了起来。从此她被迫结束了自己的跳水生涯，离开了那条通向跳水冠军领奖台的路。

她曾经绝望过，但后来拒绝了死神的召唤，开始冷静思索人生的意义和生命的价值。

她借来许多介绍前人如何成才的书籍，一本一本认真地读了起来。她虽然双目健全，但读书也是很艰难的，只能靠嘴衔根小竹片去翻书，劳累、伤痛常常迫使她停下来。休息片刻后，她又坚持读下去。通过大量地阅读，她终于领悟到：我是残疾了，但许多人残疾后，却在另外一条道路上获得了成功，他们有的成了作家，有的创造了盲文，有的创作出美妙的音乐，我为什么不能？于是，她想到了自己中学时代曾喜欢画画，为什么不能在画画上有所成就呢？这位纤弱的姑娘变得坚强起来了，变得自信起来了。她捡起了中学时代曾经用过的画笔，用嘴衔着开始练习画画。

这是一个多么艰辛的过程啊。用嘴画画，她的家人连听也未曾听说过。

他们怕她不成功而伤心，纷纷劝阻她："乔妮，别那么死心眼了，哪有用嘴画画的，我们会养活你的。"可是，他们的话反而激起了她学画的决心，"我怎么能让家人一辈子养活我呢？"她练得更加刻苦了，常常累得头晕目眩，汗水把双眼弄得咸咸地辣痛，甚至有时委屈的泪水把画纸也淋湿了。为了积累素材，她还常常外出，拜访艺术大师。好些年头过去了，她的辛勤劳动没有白费，她的一幅风景油画在一次画展展出后，得到了美术界的好评。

不知为什么，乔妮又想学文学。她的家人及朋友们又劝她了，"乔妮，你绘画已经很不错了，还学什么文学，那会更苦了你自己的。"她是那么倔强、自信，她没有说话，她想起一家刊物曾向她约稿，要她谈谈自己学绘画的经过和感受，她用了很大力气，可稿子还是没有写成，这件事对她刺激太大了，她深感自己写作水平差，必须一步一个脚印地去学习。

这是一条充满荆棘的路，可是她仿佛看到艺术的桂冠在前面熠熠闪光，等待她去摘取。

是的，这是一个很美的梦，乔妮要圆这个梦。终于，又经过许多艰辛的岁月，这个美丽的梦终于成了现实。1976年，她的自传《乔妮》出版了，轰动了文坛，她收到了数以万计的热情洋溢的信。又两年过去了，她的《再前进一步》一书问世了，该书以作者的亲身经历告诉残疾人应该怎样战胜病痛、立志成才。后来，这本书被搬上了银幕，影片的主角就由她自己扮演，她成了青年们的偶像，成了千千万万个青年自强不息、奋进不止的榜样。

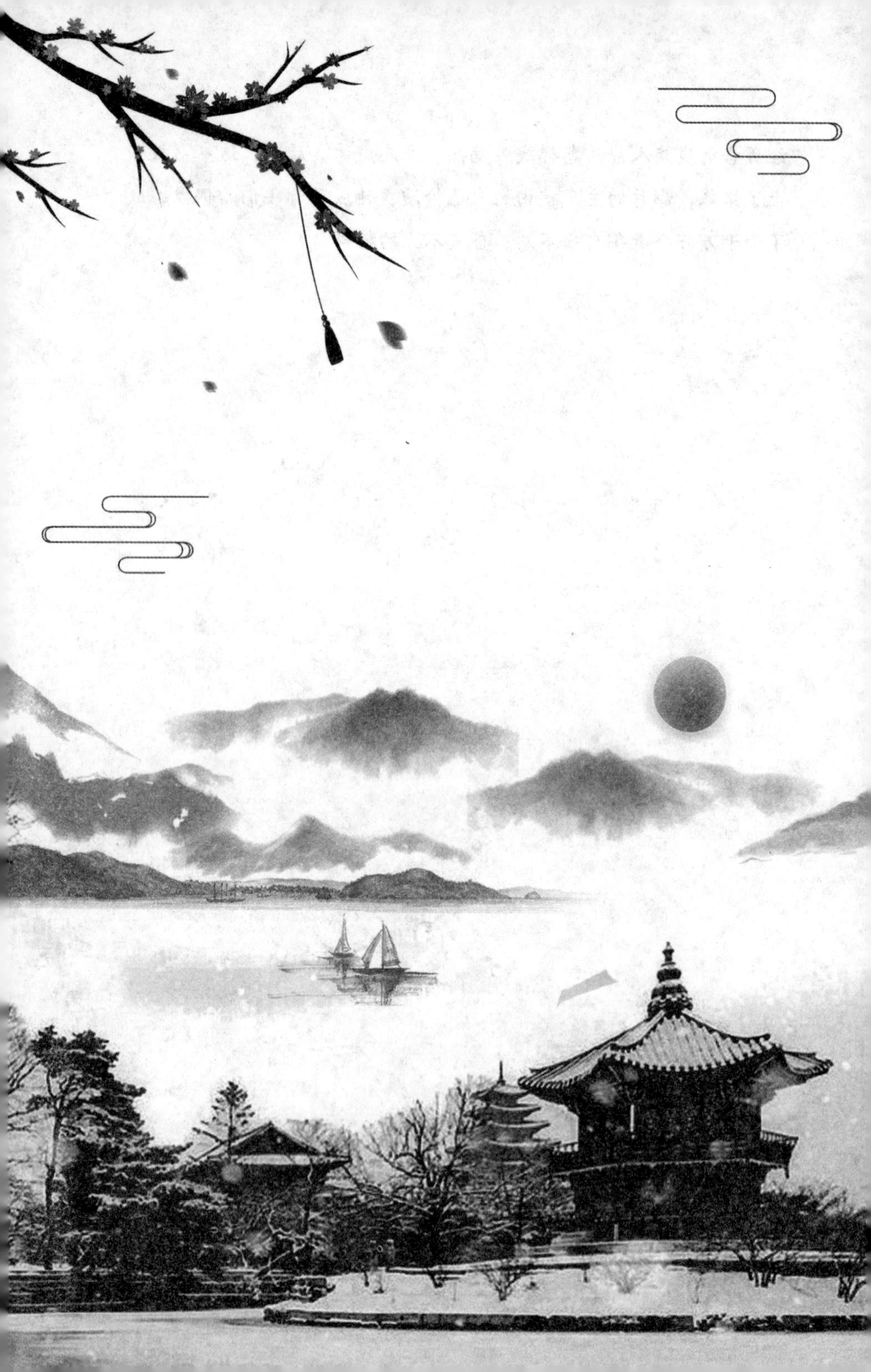

第六章 人生的真谛在哪里

人生应该是美好的

一个人的人生就好比旅行，在这过程中，不要去在乎目的地，而应该在乎旅途中的风景和看风景时的心情。

一个富人快要死了，他看见窗外有一群孩子在捉蝴蝶，就对他的三个未成年的儿子说："我很久没有见过蝴蝶了，你们给我捉几只回来吧。"

很快，大儿子就带了一只蝴蝶回来了。富人问："怎么这么快就捉到了一只啊？"大儿子说："我用玩具和其他的小孩换的。"富人点点头。

接着，二儿子也回来了，他带回了三只蝴蝶。富人很奇怪："你怎么这么快就捉到三只了？"二儿子说："我用钱买的，5毛一只。"富人笑着点点头。

最后到的是老三，他满头大汗，但两手空空，衣服也弄脏了。富人问："孩子，你怎么搞的？"小儿子说："我捉了半天，也没有捉到一只，怕你着急，我就赶回来了。"富人摸着小儿子的头，把他搂进了怀里。

富人语重心长地对儿子们说："孩子，其实我并不需要蝴蝶，我需要的是你们捉蝴蝶的乐趣。"

用钱或者东西，当然可以买到蝴蝶，但买不到的却是捉蝴蝶的乐趣。

生命的意义是在于结果还是过程？有句话说得好，人生就像旅行，不在乎目的地，在乎的是沿途的风景和看风景的心情！如果在乎结果的话，死亡是人生的共同结果。那么，何不好好享受人生的美好过程呢？

有个年轻人非常急躁，做什么事都安不下心来。有一次，他与情人约会，由于他来得早，而性子又急，在树下坐立不安，转来转去。

这时候，一位白眉垂肩的老道士来到他身边。老道士拿出一枚纽扣对年轻人说："你要是不想等待，只消将纽扣向右一转，你就能跳过时间，要多远有多远。"

年轻人想："我该不会真遇到罗汉大仙了吧？"他试着将纽扣一转，情人出现了，正向他频送秋波。他心里想："要是现在能进行婚礼，那就更好了。"他又转了一下：隆重的婚礼，丰盛的酒席，他和情人并肩而坐，周围管乐齐鸣，悠扬醉人。他抬起头，盯着妻子的双眸，又想："现在要是只有我俩该有多好。"他悄悄地转动了一下纽扣：立刻夜阑人静……

他飞速地转动纽扣，他有了儿子，后来又有了孙子，转眼间已是儿孙满堂。然后又四处为官，到处受人吹捧，年轻人真是喜上心来！

纽扣转到最后，年轻人已是老态龙钟，卧在病榻，几个不孝子把家产挥霍一空，还狠心地把他扔到荒郊野外。又饿又累的老人终于仰面跌倒，被乌鸦老鼠咬成一堆破烂……

年轻人看得头皮发麻，心底直冒冷汗。

"怎么样？"老道士问，"年轻人，你还想不想让时间再快些？"

"我都死了，还快个啥呢！"年轻人像泄了气的皮球。

正当他万念俱灰的时候，老道士收回了纽扣，于是年轻人又回到了那棵生机勃勃的树下，继续等待着他可爱的情人。这个时候，年轻人觉得沐浴在和煦的阳光下，听着鸟鸣，看着草际间蝴蝶在飞舞，等着自己的爱人，是多么幸福的一件事啊！

其实，人生的旅途是一个很快乐、很幸福的过程。如果只是一味地追求结果，而忽视了过程，就不可能领略到人生的美好。

人品是一个人最珍贵的财富

一个人的品格就如同树木，而名利就如同树荫。如果你常常考虑的是树荫，就会忽略树木。

中国有句老话："做事先做人。"的确，学会做人是成事之道，人品人格是谋事之基。我们既然以"人"的身份在人世间生活，首先从本质上讲是"人"，所以一个人若要成功，首要问题就是学会做人，如果连做人都不会，怎么能把事做好呢？比尔·盖茨曾说过："我把人品排在人所有素质的第一位，超过了智慧、创新、情商、激情等，我认为如果一个人的人品有了问题，这个人就不值得一个公司去考虑雇用他。"

正直的人能信守诺言，相互尊重，彼此帮助，从而把自己的事业做大做强。因此，不管遇到什么情况，你一定要记住做人之本：善良正直，坚持人品第一。

1860年，作为美国共和党的总统候选人，林肯参加了总统竞选。他独自一人四处发表巡回演讲，为自己做宣传——他没钱雇人为他服务。而林肯的最大对手民主党候选人道格拉斯则是个有钱人，拥有专用竞选列车，带着乐队，浩浩荡荡地在美国做巡回宣传，很是风光。火车上还配有礼炮，每到一地，便鸣放32响礼炮，发表演说，向人们炫耀显赫的贵族出身和雄厚的经济基础。

有人在林肯演说的时候问起他的家庭情况，林肯正色说道："我有一位值得我钟爱一生的贤妻，三个聪明的孩子，他们是我的无价之宝。此外，我还租有一间办公室，里面有桌子一张，椅子三把，墙角有书柜一个，书柜里的书，每一本都值得大家好好读读，我的大概情况就是这样，我实在没有什么可以依靠的，唯一可以依靠的，就是你们。"

林肯发自内心的演讲，深深感动了听众，赢得了万千美国人的心，他终于击败了财大气粗的道格拉斯，成为美国历史上第一位平民总统。

这个故事告诉人们，只有内在的美才可靠长久，值得你追求和尊崇。虽然外在的容貌、身材、风采和权位、财产等也很吸引人，可内在的品德、学识、才能和真诚、自信等给人的感受则更有魅力。

在职场上流传着这么一个关于求职者的离奇故事。

在这个人面试的最后关头，老板亲自问了一个问题——十减一等于几？参加面试的共有三个人，另外两位是研究生，只见第一位很快信心满满地说："你想等于几就等于几。"第二位则滔滔不绝："十减一等于八，那是消费；等于12，那是经营；等于15，那是金融；等于100，那是中奖。"望着神采飞扬的他们，这个求职者脑子里一片空白，最后只好黯然答道："十减一等于九。"并做好了落选的准备，谁知老板当场宣布他被录取了。事后问其缘由，竟是他的诚实，这个理由简单得让人吃惊。

在当今社会，企业用人的原则也越来越趋向于人品第一。

广东今日集团总裁何伯权说："我们用人的原则是德才兼备，以德为先。打个比方说，品德就像火车的方向、路轨，才能就像马力。如果方向、路轨偏了，马力越大，造成的危害也就越大。"

做生意要讲究产品品质，但更重视人品。被《福布斯》杂志称之为"美国销售大师"的美国菲利普·莫里斯公司总裁阿尔弗雷德·莱昂有句名言："要记住，你的顾客购买的不是你的产品，他们购买的是你个人的魅力，然后他们帮助你销售你的产品。"比如，和客户谈生意的时候，推销的不仅仅是商品，更多的是推销你的人品，如果他人认可了你的人品，自然也就信任你的产品。

日本企业家小池先生曾说过："做生意和做人一样，首先都要讲究品质，正直做人会给你带来一本万利的回报。"

小池出身贫寒，20岁的时候在一家机械公司当推销员。刚开始的时候，因为机器质量优良，一个月的时间就做成了30笔生意。后来，小池发现自己卖的机器比外面同样质量性能的机器贵了一点。

小池想："如果顾客知道了，以为我做生意不厚道，肯定会影响以后的合作。"于是深感不安的小池立即带着订单，逐家拜访客户，说明情况后，坚决要返回多出来的款项。

小池的举动使客户们都非常感动，都认为小池是一个值得信赖的人。慢慢地，由于人品可靠，小池的生意做得越来越好。一直到后来独立创业，这些客户还和他保持着合作关系。

因此，成功之路上一定要坚信先做人，后做事的信念。能力当然重要，人品同样不可或缺，人品好的人总是能赢得人缘和信任。有了人品做航标，你的人生之舟就能乘风破浪，到达成功的彼岸。

修养可以让人受益终身

关于修养,人们普遍认为最重要也最基本的就是尊重——尊重自己也尊重他人。白金法则是美国最有影响的演说人之一托尼·亚历山德拉博士与人力资源顾问迈克尔·奥康纳博士研究的成果。白金法则的精髓在于"别人希望你怎样对待他们,你就怎样对待他们"。

这启示我们:在社交中和处理人际关系时,一定要尊重他人。有许多人存在这样一种想法:值得我尊重的人我才去尊重,不值得我尊重的人,就没有必要尊重他。其实,尊重与某个人是否优秀能干完全是两码事,尊重不存在值得不值得的问题,我们应当尊重每一个人的人格,就像我们希望自己受到别人的尊重一样。尊重别人,就是尊重自己;尊重别人,给别人一个机会,同时往往也给了自己一个机会。

你怎么看一个人,那人可能就会因为你的看法而有所改变,你看他是宝贵的,他就是宝贵的;你看不起人家,人家也对你不理不睬。一份尊重和爱心,常会产生意想不到的善果。所以,不妨用心地看待这个世界,用心地去尊重每一个人,你将会发现,尊重别人带来的力量。

卡夏·内维尔牧师见人总是会热情地打招呼。内维尔每天都要经过一个叫米勒的农夫的土地,内维尔每次看到米勒都会说:"早上好,米勒先生。"

这样,年复一年。刚开始米勒不太搭理这个犹太人,在内维尔持续的热情和温暖的笑容的感化下,米勒也经常脱帽示意回礼,露出笑容:"早上好,内维尔先生。"这个习惯一直延续到几年后纳粹党上台为止。纳粹上台后,开始了对犹太人的迫害,这时候内维尔全家和村中的犹太人都被集合起来送往集中营。到达集中营之后，纳粹党人便开始发配犹太人，指挥官指向左边则意味着死路一条，指向右边则还有生还的希望。

马上轮到内维尔了，指挥官转过身来，两人目光相遇了。

内维尔习惯性地说了句："早安，米勒先生。"

米勒听到后，嘴角抽动了几下，静静地答道："早安，内维尔先生！"然后手指向代表生存的右边。

这是一个真实的故事，修养的力量，大到可以挽救一个人的生命。

著名 CEO 拉斯托姆吉说过："领导人有权力命令下级做事，但若用说服的办法，用尊重员工的态度去说，就会事半功倍。谁也不愿意被人指使，最好的办法是在布置工作任务时，加上'请你'，'如果不介意的话'，'不知道你是否愿意'这类的话语。这样做，定会产生理想的效果，下级也会心悦诚服。"

有比快乐、艺术、财富、权势、知识、天才更宝贵的东西值得人们去追求，这宝贵的东西便是修养，修养能让一个人享用终身，有修养做指南针，你永远不会在成功的道路上迷失方向。

一言九鼎重承诺

在做人和做事时，通常可信之人说的一个字，比不可信之人的千言万语更有用。

在中国传统文化中，诚信是一个非常重要的核心观念。《礼记》的"诚者，天之道也；诚之者，人之道也"，民间的"一言既出，驷马难追",都是在说诚信的重要。

那么,什么是诚信呢?"诚信"的含义其实是相当广泛的,都是人们人格因素中那些美好的东西,包括遵守诺言、实践成约、老老实实、诚实可信、讲真话、不虚饰、办实事、不撒谎、守信用、不食言等。通俗地表述,就是一诺千金,说到做到。

在繁华的纽约,曾经发生了这样一件震撼人心的事情。

星期五的傍晚,一个贫穷的年轻艺人仍然像往常一样站在地铁站门口,专心致志地拉着他的小提琴。琴声优美动听,时不时地会有一些人在年轻艺人跟前的礼帽里放一些钱。

不久,年轻的小提琴艺人的周围站满了人,人们都被铺在地上的那张大纸上的字吸引了,有的人还踮起脚尖看。上面写着:"昨天傍晚,有一位叫乔治·桑的先生错将一份很重要的东西放在我的礼帽里,请您速来认领。"

人们看了之后议论纷纷,都想知道是一份什么样的东西,有的人甚至还等在一边想看究竟。过了半小时左右,一位中年男人急急忙忙跑过来,拨开人群就冲到小提琴手面前,抓住他的肩膀语无伦次地说:"啊!是您呀,您真的来了,我就知道您是个诚实的人,您一定会来的。"

年轻的小提琴手冷静地问:"您是乔治·桑先生吗?"

那人连忙点头。小提琴手又问:"您遗落了什么东西吗?"

那个先生说:"彩票,彩票!"

小提琴艺人于是从怀里掏出一张彩票,上面还醒目地写着乔治·桑,小提琴手举着彩票问:"是这个吗?"

乔治·桑迅速地点点头,抢过彩票吻了一下,然后又抱着小提琴手在地上疯狂地转了两圈。

原来事情是这样的，乔治·桑是一家公司的小职员，他前些日子买了一张某家银行发行的彩票，昨天上午开奖，他中了50万美元的奖金。昨天下班，他心情很好，觉得音乐也特别美妙，于是就从钱包里掏出50美元，放在了礼帽里，可是不小心把彩票也扔了进去。小提琴手是一名艺术学院的学生，本来打算去维也纳进修，已经定好了机票，时间就在今天上午，可是他昨天整理东西时发现了这张价值50万美元的彩票，想到失主会来找，于是今天就退掉了机票，又准时来到这里。

后来，有人问小提琴手："你当时那么需要一笔学费，为了赚够这笔学费，你不得不每天到地铁站拉提琴，那你为什么不把那50万元的彩票留下呢？"

小提琴艺人说："虽然我没钱，但我活得很快乐；假如我没了诚信，我一天也不会快乐。"

面对诱惑，不为其所惑，而极力坚持自己的原则。小提琴手的语言虽平淡如行云，质朴如流水，却让人领略到一种山高海深的做人宗旨和成功智慧，这是一种闪光的品格——诚信。

我国古人很讲究言不在多、言出必行的道理，因为只有守信才能得到人们的信任。在今天，守信更成为一个人事业成功的重要因素。松下电器创始人松下幸之助说过："信用既是无形的力量，又是无形的财富。"信用是商人的生命，是人的立身之本，一个人如果失去信誉，在社会上是很难立足的。

信守承诺，说到做到是你受人尊重的基础。今天的社会，人心浮躁。随便就答应他人，轻易地做出承诺，但是最后却不能兑现，这样的事情比比皆是。

杰克·韦尔奇在《赢》这本书里面，大篇幅地讲述了"信守承诺"。法国的皮尔·卡丹因为有良好的品牌信誉做保障，皮尔·卡丹的名字通过授权就能每年获得数亿美元的收入，这样看来，诚信简直是个无价之宝。

事实上，诚信是个人立身之本，社会运行之规。美国第一任总统华盛顿说："自己不能胜任的事情，千万别轻易答应别人，一旦答应了别人，就必须实践自己的诺言。"

该承担责任时就不能退缩

一个人一旦受到责任感的驱使，就能创造出奇迹。

《迈阿密先驱报》的幽默专栏作家戴夫·巴里讲述了他年轻时的一个故事。

17岁时，我在一个营地里担任辅导员，主要负责管理一群10到12岁的孩子，让他们在一起时不要闹事。此外，我还要带着他们到森林里郊游。能够到迷宫一样的森林里玩自然令人兴奋，可是当你要带着一群比自己小的孩子同行时，你的兴奋感一定会跑到九霄云外。因为他们的生命安全似乎全部系了你一个人身上，你必须运用自己所有的能量和胆量，帮助他们应付遇到的突发情况，这对向来有些胆小的我不是一件容易的事情，可是我必须这么做。

我带着一群孩子在湖边安营扎寨，当时我是这群人中唯一的白人。我们在湖里游泳时，碰上了一艘载着白人孩子的摩托艇，艇上的白人孩子向我们的队伍叫嚷着带有种族歧视的话语，并企图用水溅湿我们的帐篷。

当时，我也不知哪儿来的勇气，和自己的助手一起警告他们：

"如果你们再敢靠近这些孩子,我们将抄下你们的艇号,打电话叫警察来。"那些挑衅者最后还是离开了。

那个夏天,我回学校后,发现自己似乎不再像以前那么胆小了,而且忽然间明白了责任感是什么。

一个人真正成熟的标志就是有责任感。克雷格·霍尔说过:"财富意味着责任,唯其承担了无穷的责任,才会获得无尽的尊敬。"

我们每一个人从诞生那天起,就生活在复杂的社会关系中,和他人、集体、社会之间存在着这样那样的责任关系。因此,在生活中当我们做出某种行动的时候,都应该考虑对个人、对家庭、对他人、对社会甚至对整个人类所应当承担的责任。这种高度的责任感是我们应该具备的基本品德,是我们学会做人的根本。

大连公交汽车司机黄志全,以自己的行动让世人记住了他的名字。

在行车中黄志全心脏病突然发作,在人生的最后一分钟,他做了三件事。

——把车缓缓停在路边,并用最后的力气拉下了手动刹车闸。

——打开车门,让乘客安全下车。

——将发动机熄火,确保了车和乘客的安全。

做完这三件事,黄志全趴在方向盘上停止了呼吸。

黄志全心脏病发作的时候依然体现出强烈的责任感,不能不让人感叹。

美国杜鲁门总统,在他的办公桌上摆着一个牌子:责任到此,不能再推!责任感不仅是你立足于社会的必要条件,也是至关重要的人格品质。

成功到来之前必须学会忍耐

一个追求更大成功的人,往往在关键时刻,践行着"忍耐"的品质。

坚忍是构成性格的最重要的基石之一。拿破仑有一句豪言壮语:"不经艰险而征服,胜利也是不光荣的。"这句话充分流露出一个坚忍不拔的人的那份豪气!一个坚忍的人,会永远含着微笑,从容迎接人生旅程上的风吹雨打。

有些生活,你永远也不会习惯,但只要你活着,这样的日子你还得一天一天过下去,所以你就得学会克制,学会忍耐。你不习惯黑夜,但黑夜每天适时而来,你忍耐着,天就亮了;你不习惯寒冷的冬季,但冬天的脚步渐渐逼近,你忍耐着,那春天还会远吗?面对日子,把最坏的都挨过去,剩下的也就是好的了。在成功到来之前,我们必须学会忍耐。

忍耐,是一个人必备的基本品质之一,历史上有很多人就是靠忍耐最终成就了大业。比如说韩信能忍胯下之辱而最终成为汉朝的开国功臣,越王勾践能受尝便之耻而最终报仇雪恨。战国时期,燕昭王也是靠着忍耐而报了仇的。

忍耐是一种理智,是一种美德,是一种成熟。忍耐是一种追求的策略,一个追求更大成功的人,往往在关键时刻,不得不忍气吞声。唐宣宗李忱,就是其中最出众的一个。他装痴呆36年,成功骗过世人,最终坐上了皇位。

李忱是宪宗的第13子,本被封为光王,住于长安城中专门给王子居住的"十六宅"。其实无论怎么样也不会轮到他做皇帝,只是他的前任武宗英年早逝,其长子只有几岁。

但是,最重要的是,在光王登基之前,任何人都觉得他是低能儿。光王长到几岁后人们就发现，他的心智有严重的缺陷，与同龄的幼儿简直不能相比。随着年岁增长，也没有多大的改观，无论哪一方面，都比常人逊色。到他成年后，变得更加沉默寡言，就算是天大的事情，他也是一言不发，平时四处游乐，总是一副毫无野心的姿态，让人毫不设防。

那时是宦官势力膨胀，把持朝政的时代。当武宗去世之后，宦官首先想到的是找一个听话的皇帝。身为三朝皇帝的皇叔，终于轮到他了。而这一年，他36岁，当他登基的那一天出现在大明宫的时候，所有人都惊呆了。在他们面前的，哪里是什么低能儿，明明就是一个聪明睿智的人。当时，在场的人都被皇帝的不凡气度所笼罩，惊呆于当场，仿佛如梦中。宣宗开始处理政务，一件件一条条地清晰裁断，无比明白合理。对国家制度和政务礼仪的熟悉程度犹如一位登基已久的天子。这时，宦官们才知道自己看错了。

足足隐藏了36年，为的就是登上皇位的那一天。宣宗的坚忍不拔，令人佩服。

现在，你是否也见识到忍耐的强大的力量。如果你也想有所作为，不妨也去尝试着"忍耐"。

做人做事不能没有原则

一个人需要技巧和智慧，但不能缺少的是原则和信念。没有自己的原则，往往会把自己葬送在深渊中。

一个寒冬的夜晚，有位主人正坐在自己的帐篷中，外面是呼啸的寒风，里面则比较暖和。

一会儿,门帘轻轻地撩起来了,原来是他的那头骆驼,它在外面朝帐篷里看了看。

主人很和蔼地问它:"你有什么事吗?"

骆驼说:"主人啊,外面太冷,我冻得受不了了,我想把头伸到帐篷里暖和暖和,可以吗?"

仁慈的主人说:"没问题。"

骆驼就把它的头伸到帐篷里来了。过了不久,骆驼又恳求道:"能让我把脖子也伸进来吗?"主人想想反正也占不了多少地方,又答应了它的请求,骆驼于是把脖子也伸进了帐篷。它的身体在外面,头很不舒服地摇来摇去,很快它又说:"这样站着很不舒服,其实我把前腿放到帐篷里来也就是占用一点地方,我也可以舒服一些。"

主人说:"说得也对,那你就把前腿也放进来吧。"主人挪动一下身子为骆驼腾出一点空间来,因为帐篷实在是太小了。

一会儿,骆驼又摇晃着身体,接着说话了:"其实我这样站在帐篷门口,外面的寒风引进来,你也和我一起受冻,我看倒不如我整个儿站到里面来,我们都可以暖和了!"可是帐篷实在是小得可怜,要容纳一人一驼是不可能的。但是,主人非常善良,保护骆驼就好像保护自己一样,说:"虽然地方小了点,不过你可以整个站到里面来试试。"骆驼进来的时候说:"看样子这帐篷是容不下我们两个的,你身材比较小,你最好站到外面去。那样这个帐篷我就住得下了,而且空间能被充分利用。"

骆驼说着,进来的时候挤到了主人,这位主人打了一个趔趄就退到了帐篷外面,主人就这样被骆驼挤了出去。

相信很多人进入社会后,有这么一种感觉,做人要有明确的原则。只有原则搞清楚了，做人做事才会更有方向感，才会更清楚自己到底应该做什么和怎样去做！做人毫无原则的人总是没有自己的主见，总怕得罪人。这是非常不明智的，有时候甚至会把自己搭进去。而有原则的人，在他人眼里总是可靠成熟和富有魅力的，所以，这样的人活得最轻松，还往往会被赋予重任。

有一个流亡海外的女孩子，因为能讲一口流利的英语和法语被英国特工组织看中，加入了英国的特工组织。其实，她并不适合特工工作，性情急躁，所有同事都不看好她，认为她做间谍，无疑是为敌国送上一座秘密的宝矿。

正在这时，英国在法国的一个秘密电台被纳粹分子破坏，因为电报员奇缺，她被暂时派遣到法国从事电报收发工作。果然，正如大家所预测的，所有的训练过程都对她没有丝毫用处。组织上让她拿一份敌国驻军图送给地下交通员。她到了接头地点后，怎么也想不起接头暗号，情急之下，索性把地图展开，对着来来往往的人群进行试探："你对这张地图感兴趣吗？"幸运的是，她很快遇上了两位地下交通员，他们扮作精神病人迅速地掩盖了这个可怕而致命的错误。

不仅如此，她认为越是繁华的地段越安全。于是，自作主张把秘密电台搬到了巴黎的闹市区，可是她不知道，盖世太保的总部就在离她一街之远的地方，如果在晚上，盖世太保们甚至能听见她发报的声音；终于在一天夜里，盖世太保们把这个胆大妄为正在发报的间谍逮捕了。英国特工得知她被捕之后，都后悔不已，如果这个天真的姑娘在盖世太保的刑具下毫无保留地说出一切，那么对在法的特工组织将是一个重创。出乎意料，盖世太保们用尽了种种残酷的刑罚，都无法撬开她的嘴。盖世太保对这个外表柔弱被折磨得半死的女孩简直肃然起敬了。

她的名字叫努尔，曾是一位印度王族的娇贵女儿。"二战"结束后，英国政府追授她乔治勋章和帝国勋章。

这样一个不称职的间谍获得英国政府的最高奖赏，官方的解释是：对敌国而言，梦寐以求的是间谍的背叛，这等于无形的巨大宝藏。但这个很笨的女孩儿，始终都没有吐露一个字。一个人也需要技巧和智慧，但最不能缺少的是原则和信念。这就是一个间谍最出色的地方，所以我们从没怀疑过她是一位优秀的间谍。

专家列出了十条基本的做人原则，大家不妨作为参考。

1. 拥有乐观、积极、平和的态度。
2. 成熟，稳重，低调不能太张扬。
3. 不多嘴，但要有主见。
4. 经常赞美别人，有一颗感恩的心。
5. 对工作负责，勇于承担责任。
6. 真诚有爱心，能帮助别人。
7. 为自己好好地去活，努力地去拼搏。
8. 善于聆听，诚恳。
9. 有是非观念和标准，知道什么能做，什么不能做。
10. 知道自己想要什么。

不难看出，原则是一个人该坚持的，它在任何时间都不会晚！也许，有原则地去做人，并不能很快看到效果，只要你能坚持下去，那么，你坚持的原则就能给你带来莫大的好处。可见，坚持原则，其收益终究会大于损失。

第七章 找到属于自己的幸福

理解幸福的真正含义

很多人都在孜孜不倦地追求幸福。那么,幸福究竟是什么呢?经过实践的证明,幸福就是需要的时候而得到的满足,这便是人生追求的幸福。

有一次,天使遇见一个农夫,农夫的样子非常苦恼,他向天使诉说:"我家的牛刚死了。没它帮忙犁田,我怎能下田作业呢?"于是,天使赐农夫一只健壮的水牛,农夫非常高兴,天使在他的身上感受到幸福的味道。

又有一次,天使遇见一个诗人,诗人年轻英俊,有才华而且非常富有,妻子貌美而温柔,但他却过得不快乐。天使问他为什么不快乐,诗人对天使说:"我缺少幸福。"

天使想了想,然后拿走了诗人的才华,毁去了他的容貌,夺取了他的财产和他妻子的性命。一个月后,天使看见诗人饿得半死,衣衫褴褛地躺在地上挣扎。于是,天使把他的一切还给了他。半个月后,天使再去看望诗人。这次,诗人搂着妻子,向天使道谢。因为,他得到幸福了。

人很奇怪,每每要到失去的时候,才懂得珍惜。其实,幸福早就在你的面前了。累得半死的时候，铺上软软的床，是幸福；肚子饿坏的时候，有一碗热腾腾的拉面放在你的眼前，也是幸福；哭得要命的时候，旁边的人温柔地递来一张纸巾，更是幸福。幸福本来没有绝对的意义，平常一些小事也往往能撼动你的心灵，幸福与否，只在于你的心态。

原来幸福如此简单！它也正如一位诗人在诗中所写的那样像一匹鬃马，它是从每个人身边经过的。懂得生活、理解幸福的人总能用一万个理由将它留住。只有那些不懂生活、曲解幸福的人才会让它从自己的身边飞奔而过，感慨自己所谓的"悲惨命运"。直至最后，才捡起地上的一根鬃毛，惊呼："原来幸福是来过的啊！"

老榕树告诉人们，活着就是一种难能可贵的幸福；蜜蜂告诉人们为人民服务，尽管累点，但确实是幸福的；蚂蚁告诉人们团结一致、共同奋斗是幸福的……

简单是一种幸福。因为简单，你可以省去许多麻烦和烦恼，本身就是幸福；因为简单，你可以保留一种轻松、平静的心态轻装上阵，快意人生，成就幸福；因为简单，在你生命即将重新轮回的时候，你可以因为没有虚掷光阴而最后一次品味幸福。

平安是一种幸福，你可能日出而作、日落而息，整日辛苦奔波，但付出却与收入大相径庭，你可能为此耿耿于怀，闷闷不乐。想想看：有多少人再也看不到新一天的阳光，有多少人再也不能在日落之时推开早起亲手关闭的家门时，你会感到疲惫不堪也是一种幸福。你可能在寒风中抑或是烈日下在你孩子所在的校门前徘徊了很久，可能为此耽误了朋友的聚会抑或是一场精彩的足球比赛，你可能为此恼怒不已，想一想：那些被恐怖分子当作人质的学生再也不能回到亲人的怀抱时，你会感到孩子被老师留在学校改作业也是一种幸福。

在生活中，人们总是有满腹牢骚，总是不断地怨天尤人。为何不能将心态调整一下呢？你可能没有更多的金钱去游览名山大川，但你可以透过窗口去看世界上的那些人们，你骑上单车奔驰在原野，感受到麦苗黄、豆花香，享受阳光的心情。其实，这也是一种幸福！也许，你没有更多的金钱去购买宽敞的住房或名牌的服饰，但想一想那些每天躺在病床上深受病痛折磨的人们，就会感到身居陋室也可以得到幸福！

时刻怀有一颗感恩的心

感恩是一种伟大的情操，它体现在宽容和豁达上。世上的一切，都有值得你感恩的地方，只有心怀感恩，你的生活才会更加美好。

1620年，一些饱受宗教迫害的清教徒，乘坐"五月花"号船去北美新大陆寻求宗教自由。他们在海上颠簸折腾了两个月之后，终于在酷寒的11月里，在现在的美国马萨诸塞州的普利茅斯登陆。

在第一个冬天，半数以上的移民都死于饥饿和传染病。幸存下来的人们生活十分艰难，他们在第一个春季开始播种，为了生存，整个夏天他们都祈祷着上帝保佑并热切地盼望着丰收的到来，因为他们深知秋天的收获决定了他们的生死存亡。

后来，庄稼获得了大丰收，大家非常感激上帝的恩典，决定要选一个日子来永远纪念。

这就是美国感恩节的由来。感恩是热爱生活最基本的情怀，是良好的心态的基础，时常拥有感恩之情，我们便会时刻有报恩之心，有了报恩之心，就会把成就归功于大家，失误归于自己，这样社会才会和谐发展。

感恩是让人们懂得珍惜上天的赐福。上天赐予我们生命、健康、财富,上天赐予人们的东西太多太多……这些都是人们值得感恩的。

刘岩、刘微和刘蓉还小的时候,每当他们要向人家致谢,就口述感谢词句,由他们的妈妈记下来。但是到孩子长大一些时,他们有能力自己写谢柬了,他们却必须在再三催促之下才肯动笔。

有一年,妈妈在圣诞节过后催促了几天,儿女们竟一直毫无反应,她大为气愤,便宣布:"在谢柬写妥投寄之前,谁也不准玩新玩具或穿新衣。"但他们依旧我行我素的,还出言抱怨。

妈妈忽然灵机一动地说道:"大家快上车。""要去哪里呀?"刘微问,觉得好奇怪。妈妈回答:"去买圣诞礼物。""圣诞节已经过去了。"她反驳道。

"快上车!"妈妈斩钉截铁地说。

待孩子们都上了车,妈妈说:"我要让你们知道,人家为了送你们礼物,要花多少时间。"妈妈对刘蓉说:"麻烦你记下我们离家的时间。"

来到镇里,刘蓉记下了抵达的时间。三个孩子随妈妈走进一家商店,帮助她选购礼物送给她的姊妹,然后他们回家。

三个孩子一下车便向雪橇走过去。妈妈说:"不许玩,还要包礼物。"孩子们垂头丧气地又回到屋里包礼物。

"刘蓉,记下我们到家的时间没有?"

刘蓉点了一下头。

"好,请你记录包礼物的时间。"

孩子们包礼物时,妈妈替他们冲泡可可。终于,最后一个蝶形结也系好了。

"一共花了多长时间?"妈妈问刘蓉。

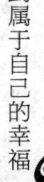

刘蓉说:"到镇上用了28分钟,买礼物花了15分钟,回家用了38分钟。"

"包这几个盒子用了多少时间?"刘岩问。

"你们俩都是3分钟包一个。"刘蓉说。

"把礼物拿去邮寄,要花多少时间?"妈妈问。刘蓉计算了一下,答道:"一来一去用了50分钟左右,加上在邮局排队的时间,大概需要70分钟。"

"那么,送别人一件礼物总共花了多少时间?"

刘蓉又计算了一阵,说:"2小时34分钟。"

于是,妈妈在每个孩子的可可杯旁放一页纸,一个信封和一支笔。

"现在请写谢柬,写明礼物是什么,说已经拿来用了,用得很开心。"

妈妈带着孩子用行动让孩子们体验礼物的分量,让孩子们意识到了感恩的重要。平时我们过惯了衣食无缺的日子,往往忽略了别人的努力和付出,认为生命中的一切都是那么的理所当然,因而忘了感恩。

殊不知,世界上除了父母之外,还有许多有恩于自己的人。比如农人耕种供人们的粮食、商人卖布给人们衣穿、工人造屋让人们居住、司机开车使人们便利,甚至当人们问路时,那素昧平生的路人,也不厌其烦地告诉人们路线,或热心地陪人们走一程,等等。因为社会上有这么多人不断地努力和付出,才能使人们的生活方便、幸福、顺畅、满足。想想这些,人们能不感恩吗?

世界对任何人都是公平的。在每个人诞生的那一天,都会收到一件极其贵重的礼物,那就是全世界。这里面装满了作为人所需要的一切，既有美好的东西，也有许多丑陋的事情，既有许多的奇迹，也有许多的无奈。但是，这正是它的意义所在，这就是生活。

在生活中，每个人都不能否认阳光与风雨同在，也不能否认鲜花与荆棘相伴，更不能否认成功与失败并存。因此，人生并不是一帆风顺的，有时你会四顾茫茫陷入绝境、孤立无援。面对这种状况，有的人因此怨天尤人、满腹牢骚，而有的人甚至从此意志消沉、萎靡不振。

常怀一颗感恩的心，是一种美好的情感，是道义上的净化剂，是事业上的原动力和内驱力。人生在世，不可能一帆风顺，种种失败、无奈都需要自己勇敢地面对，旷达地处理。这时，是一味地埋怨生活，从此变得消沉、萎靡不振？还是对生活满怀感恩，跌倒了再爬起来？感恩，会使你在失败时看到差距，在不幸时得到慰藉。就像换一种角度去看待人生的失意与不幸，对生活时时怀感恩的心，则能使自己永远保持健康的心态、进取的信念。

给别人掌声，自己周围掌声响起；给别人机会，成功正在向自己走近；给别人关照，就是关照自己。感恩组织、感恩社会、感恩父母、感恩他人……

在感恩中，你能不断提升自身的修养和境界，不断服务社会、回报人民、担当责任，做一个让他人尊敬、令亲人自豪、受社会称道的人。

常怀一颗感恩的心，是平凡生活中的小小期待，是人生奋斗的远大目标。常怀一颗感恩的心，是生命之舟的原动力，是补充能源的加油站。常怀一颗感恩的心，可以把你引向辉煌。感恩之心使人警醒并积极行动；感恩之心使人更加热爱生活，创造力更加活跃。

感恩是一种境界，感恩的人，经常想的是自己应该如何奉献；不懂感恩的人，经常想的是别人欠自己的，如何去索取。学会感恩，这是立身做人的要求。感恩不同于一般的知恩图报，而是跳出狭隘的视野，追求健全的人格，坚定崇高的信仰，树立远大的理想。不但关心自我，注重个性发展，更关心他人、社会、国家、民族和人类的进步事业。感恩让人砥砺德行，自觉培养良好的道德和高尚的情操，从而最终走向成功。

在人的一生中，无法改变和预测的事情的确太多了。然而，只要人们常怀一颗感恩的心，坦然接受命运的挑战，勇敢地面对生活中的坎坷，豁达处理，坚持再坚持，就会让自己在"山重水复疑无路"时，体会到"柳暗花明又一村"的惊喜。

为自己的拥有而高兴

活着一天，就是一种福气，就应该懂得珍惜。

有一位青年，总是埋怨自己时运不济，发不了财，终日愁眉不展。这一天，走过来一位须发皆白的老人，问："孩子，你为何如此闷闷不乐呢？"

青年看了一眼老人，叹了口气："我是一个名副其实的穷光蛋。我没有房子，没有工作，没有收入，整天饥一顿饱一顿地度日，像我这样一无所有的人，怎么能高兴得起来呢？"

"傻孩子，"老人笑道，"其实，你应该开怀大笑才对！"

"开怀大笑？为什么？"青年不解地问。

"因为你其实是一个百万富翁啊！"老人有点诡秘地说。

"百万富翁？你别拿我这穷光蛋寻开心了。"青年不高兴了，转身欲走。

"我怎敢拿你寻开心？孩子，现在能回答我几个问题吗？"

"什么问题？"青年有点好奇。

"假如，现在我出20万金币，买走你的健康，你愿意吗？"

"不愿意。"青年摇摇头。

"假如，现在我出20万金币，买走你的青春，让你从此变成一个小老头，你愿意吗？"

"当然不愿意！"青年干脆地回答。

"假如，我现在出20万金币，买走你的容貌，让你从此变成一个丑八怪，你愿意吗？""不愿意！当然不愿意！"青年头摇得像拨浪鼓。

"假如，现在我再出20万金币，买走你的智慧，让你从此浑浑噩噩，度此一生，你愿意吗？""傻瓜才愿意！"青年一扭头，又想走开。

"别慌，请回答完我最后一个问题——假如现在我再出20万金币，让你去杀人放火，让你从此失去良心，是否愿意？"

"天哪！干这种缺德事，魔鬼才愿意！"青年愤愤地回答道。

"好了，刚才我已经开价100万金币了，仍然买不走你身上的任何东西，你说你不是百万富翁，又是什么？"老人微笑着问。

青年愕然无言，豁然开朗。

人生的悲哀，不在于没有拥有财富，而在于没有意识到自己所拥有的财富。如果你早上醒来发现自己还能自由呼吸，你就比在这个星期中离开人世的人更有福气。

欧洲某国家的一位著名的女高音歌唱家，30多岁就已经红得发紫，而且郎君如意，家庭美满。

一次她到邻国来开独唱音乐会，入场券早在一年前就被抢购一空，当晚的演出也受到极为热烈的欢迎。演出结束之后，歌唱家和丈夫、儿子从剧场走出来的时候，一下被早已等在那里的观众团团围住，人们七嘴八舌地与歌唱家攀谈着，其中不乏赞美和羡慕之词。

有的人恭维歌唱家大学刚刚毕业便开始走红入了国家的歌剧院，成为主要演员；有的人恭维歌唱家有个腰缠万贯的某大公司老板做丈夫，而膝下又有个活泼可爱、脸上总带着微笑的小男孩……

在人们议论的时候，歌唱家只是在听，并没有表示什么。等人们把话说完以后，她才缓缓地说：“我首先要谢谢大家对我家人的赞美，我希望在这些方面能够和你们共享快乐。但是，你们看到的只是一个方面，还有另外的一个方面没有看到。那就是你们夸奖活泼可爱、脸上总带着微笑的这个男孩，不幸的是他是一个不会说话的哑巴，而且，在我的家里他还有一个姐姐，是需要长年关在铁窗房间里的精神分裂症患者。"

歌唱家的一席话使人们震惊得说不出话来，你看看我，我看看你，似乎很难接受这样的事实。

这时，歌唱家又心平气和地对人们说：“这一切说明什么呢？恐怕只能说明一个道理：那就是上帝给谁的都不会太多。"

上帝给每个人的欢乐与痛苦都与他的付出成正比。有时我们所拥有的，别人不一定拥有，每个人有他的长处，也都有他自身的不足，因此，我们不必为别人的拥有而失意，应该多为自己的拥有而开怀。并不是我们所拥有的东西使我们快乐，而是我们所喜欢的东西才能给我们带来欢乐。

哲人们特别知道珍惜"拥有"，晚年的鲁迅先生痛感岁月易逝，时光不在，常常鞭策自己"要赶快做"，把短促的生命拥有化为不朽的巨著。人生苦短，青春易逝。想让你的人生亮丽多彩吗？想让你的青春无悔吗？请珍惜你的拥有。

其实，这个世界有很多值得你肯定的地方，可是自己却看不见生活的美丽，怨天尤人，时常感到失落。要得到快乐，请记住这条规则："我只看到我所有的，我会为自己的拥有而开怀。"

不要活在别人的眼光中

不必介意别人的流言蜚语，不必担心自我思维的偏差，坚信自己的眼睛、坚信自己的判断、执著自我的感悟。用敏锐的视线去透视这个世界，用心去聆听、抚摸这个多彩的人生，给自己一个富有个性的回答。

四个不同的几何图形，有人看出了圆的光滑无棱，有人看出了三角形的直线组成，有人看出了不对称图形独到的美，有人看出了半圆的方圆兼济；同是一个甜麦圈，乐观者品味到它的味道，而悲观者却看见一个空洞；同是对待赤壁，苏轼高歌"雄姿英发，羽扇纶巾，谈笑间樯橹灰飞烟灭"，杜牧却低吟"东风不与周郎便，铜雀春深锁二乔"；同是"谁解其中味"的《红楼梦》，有人听到了封建制度的丧钟，有人悟到了曹雪芹的用心良苦，有人看见了宝黛的深情，也有人只津津乐道于故事本身。测量一栋大楼的高度，有人利用太阳下的阴影，通过三角函数的关系简单算出；有人用气压计，从楼底到楼顶，通过气压变化来计算；有人用绳子与楼房比较，然后测绳子长度，也有人询问楼房管理员……

不妨引用诗句"横看成岭侧成峰，远近高低各不同"。生活是一个多棱镜，总是以它变幻莫测的每一面反照生活中的每一个人。

问题的出现是一个起点，问题的解决则是终点，过程则是多样的，认识事物的角度、深度不同，解决问题的方法自然不相同。正所谓，有什么样的世界观，就有什么样的方法论。

爱默生在一篇谈论自信的文章中这样写道："要成为一名顶天立地的男子汉，就不能随波逐流。"成为自己想成为的人，做自己认为对的事，无论成败与否，你都会获得一种无与伦比的成就感和自我归属感。

一个人要想发现自己一生的优势，就必须具有独立的性格，勇敢地成为自己。而具有独立性格的人，都不会活在他人的眼光中。一个人活着，是为自己的精彩而活着，是为自己的蓝图而活着。只有这样，才能永远做自己命运的主人，拥有一个快乐而又充实的人生。

每一个人在攀登人生顶峰的旅途中，可以听取别人的意见，接受别人的帮助，但一定要记住——自己才是人生之船的掌舵者，人要为自己而活！绝不可以人云亦云，做别人意见的傀儡；否则，你不但会在左右摇摆、不知所往中身心疲惫，失去许多可贵的成功机会，有时还会失去自我。

只要一个人做好应该做的事情，就值得称赞。在每做完一件事情的时候，都能够使自己无愧于人，都知道自己能够做些什么，他就可以义无反顾地去实现自己的目标，而用不着在乎别人的看法和眼光。勇敢的心不会惧怕孤独，心灵的充实更胜过虚假的繁荣。每个人都可以用自己喜欢的生活方式，做自己喜欢做的事，宠爱自己。

生命匆匆，不要委曲求全，更不要给自己留下遗憾，做一个独特的自己才是最重要的。你不必将缺点或弱点暴露在你所处的社会中，但是谨慎之余，也许你会过分在乎别人的存在。如果你始终怀疑别人是否会在背后批评你，因此不敢相信朋友和社会大众，这也是一件令人遗憾的事。

不要过分在意别人的言论，一个重要原因，是别人众多，而你只有一个，如果处处照顾别人的看法，必将无所适从。所以我们必须洒脱一些，勇敢地走自己的路。何况，在社会生活中，有卓见者总是少数，孤独寂寞、不被理解是很自然的事情。

人生本来就是丰富多彩的，每个人的人生正是因为独特而变得与众不同、璀璨夺目。真正能够活出自己风采的人是最幸福的人，也是最成功的人。因为他们挖掘了自己的所有爱好和潜能，他们无愧于自己，活得真实，活得自然，活得坦荡。

给自己的定位要合理

老是把自己当珍珠，就时常有怕被埋没的痛苦。把自己当泥土吧！让众人把你踩成路。

唐代文学家柳宗元说过一个故事：他看到一位木工，连自己家里的木床坏了也不会修理，可见他凿、锯、刨、雕的技艺平平。但木工却声称自己能够建造房子，这令柳宗元难以相信！

后来，柳宗元在另一个地方，又看到这位木工，只见他发号施令，有条不紊，工匠们在他的指挥下，井然有序地工作着。可见，这位木工也许并不是一位好的木工，却是一位出色的领导者。"垃圾，是放错了位置的财富。"我们的生命就像是行星一样，放在什么样的位置，就能在什么样的位置发光，在我们生命的力量中，唯一可以成就的事，只不过是尽力地发挥个人的特质而已，承认生命中的完美与不完美，也就是选择那些最适合我们发展的职位、职业以及我们想要的生活方式。

找到一个适合自己的位置，比去寻找如何才能成功更具有意义。

在一家工厂中，有一天临下班时，一个男孩找到郭坤，说是机器上的一个螺母掉了，让郭坤去装一下。郭坤随口答应，然后拿着扳手、钳子等工具和一大铁盒新旧不一、型号各异的螺母，去了男孩所在的那个操作间。刚要动手时，下班的铃声骤然响起。郭坤想，机器并没有什么大毛病，只不过是需要换一个螺母，还是不要把手弄脏了，明天上班时再换吧。

次日刚上班，郭坤便带着所有的工具到了那个男孩的操作间，意外地，他看到那个男孩的机器旁边正站着工厂的老板。

"你必须在两分钟之内让机器恢复运转！"老板发怒道。

郭坤心想："两分钟换一个螺母，这实在是太容易了，其实连一分钟都用不到。"却不料，一盒子的螺母竟没有一个是与螺丝的尺寸、型号搭配得当的，他陷入了尴尬的沉默之中。

老板一字一顿地说："对于这台机器而言，只有那个与螺丝吻合得天衣无缝的，才能叫作螺母，其他的只能叫作废铁，现在你盒子里的全是一块一块的废铁，没有一个'螺母'，工厂就好比这台机器，工人就如同一个简单而不可或缺的'螺母'。"

在适合的工作岗位上工作的员工就是一颗公司的"螺母"，反之，对公司而言，也不过是一块毫无用处的废铁。因此，在生活中一定要给自己定好位。

那么，定位指的是什么？定位就是人或事归于适当的位置并做出的某种评价。一位心理学博士就曾经感慨："我从事心理学研究十几年,一个最真切的感受就是做人要有清晰的定位感。"一个人在社会生活中,总要处于一定的社会位置。社会对处于不同位置的人有不同的要求。当这个社会个体按照社会对他的要求履行其义务、行使其权利时,他就扮演了一定的社会角色。在这个过程中,人往往是被动的,难免会出现这样那样的不平衡。人人都羡慕那些成功的人,却很少有人记得他们背后浸透了奋斗的汗水。

布朗在高中读书时,校长对他的母亲说:"布朗或许不适合读书,他的理解能力差得让人无法接受。甚至弄不懂两位数以上的计算。"母亲很伤心,她把布朗领回家,准备靠自己的力量把他培养成才。但是布朗对读书不感兴趣。一天,当布朗路过一家正在装修的超市时,他发现有一个人正在超市门前雕刻一件艺术品,布朗产生了浓厚的兴趣,他凑上前去,好奇而又用心地观赏起来。

不久,母亲发现布朗只要看到什么材料,包括木头、石头等,必定会认真而仔细地按照自己的想法去打磨和塑造它,直到它的形状让他满意为止。母亲很着急,她不希望他玩弄这些耽误学习。

布朗最终还是让母亲失望了,没有一所大学肯录取他,哪怕是本地并不出名的学院。母亲对布朗说:"你已长大,走自己的路吧!"

布朗知道他在母亲眼中是一个彻底的失败者,他很难过,决定远走他乡去寻找自己的事业。许多年后,市政府为了纪念一位名人,决定在政府门前的广场上放置名人的雕像。众多的雕塑大师纷纷献上自己的作品,以期望自己的大名能与名人联系在一起,这将是难得的荣耀和成功。最终一位远道而来的雕塑大师获得了市政府及专家的认可。

在开幕式上,这位雕塑大师说:"我想把这座雕塑献给我的母亲，因为我读书时没有获得她期望中的成功，我的失败令她伤心失望，现在我要告诉她，大学里没有我的位置，但生活中总会有我一个位置，而且是成功的位置，我想对母亲说的是，希望今天的我至少不让她再次失望。"

这个人就是布朗。在人群中，布朗的母亲喜极而泣。她终于明白自己的儿子不笨，只是当年她没有把他放对位置而已。

其实，人们经常说的不能眼高手低，指的就是这个意思：不能将自己定位高于本身实际所处的位置。对本属于自己的位置的不屑一顾，只会换来不断的碰壁。尤其在自己处于低谷的时候，更应该正确认识到自己所处的环境，正确估量自己，然后才能一步一个脚印地往上攀登。

是轮胎你就奔跑，是火柴你就发光，是音箱你就歌唱。每一样东西每一个人都有自己的特点和使命。只有找准了自己的位置，人生才有成功的可能。历史上许多伟大的人物之所以成功，是由于他们给自己定好了位，在现实世界中找到了属于自己的最佳人生位置，并由此设计和塑造了自己。

人活在世上，要有方向，要有目标，就得给自己定位。否则，难免出现徒劳空耗、心高命蹇、得不偿失的结果。

人在许多时候的自卑感产生并不是你真的很失败，只是你定位不准确罢了。并不是定位越低，越有自信，而是应该准确定位。准确定位的目的是为了能使你接受自己，在这个位置上，使自己有成功的体验，这是一个人建立自信的因素。如果你的位置定得太低了，你没有继续上进的内驱力，结果可能使你因后悔而自卑。但定位太高，你会觉得自己常常失败，不能认同自己，更没有成功的可能。

有一句警句非常好："许多时候认识别人容易，认识自己难。"

有的人明明水上功夫好，但想陆上草莽逞英豪；有的人明明是做大刀的料，却朝思暮想成为子弹。所以，一个人给自己定好位了，人生就不会有那么多的烦恼，人生也将从此而精彩。

俗话说："人贵有自知之明。"这句话告诉我们：不必有过高的心态，让自己陷入自卑的泥潭中，只有定位好自己，才能在成功时体会到那种只属于自己的自信。

第八章 快乐的决定权在你手上

改变环境还不如改变自己

有很多人总想凭着自己的愿望去改变一些什么，因为觉得自己所处的环境让自己不舒服。于是，他们极力地去做一些改变，但到最后，这些环境也没因他们的改变而有所改变。所以，他们变得心灰意冷，对什么都不再抱有希望。其实，大可不必这样，当你改变不了环境时，也可以适当地调节一下自己，只有让自己适应这个环境，才是智者的作为。

南美洲有一种会走动的树——卷柏，由于它的生存需要充足的水分，当地下水分不足时，就会自己连根拔起，缩成一个圆球状，体轻，只要有微风，它就会随风在地面上滚动，一旦到了水分充足的地方，圆球就会迅速打开，根也重新扎到土里，等到下次水分不足时再走。

这种方式不断给它的生存创造了好的环境，但也正是这样，它的成活率低，因为在游走时有被风吹起挂在树上枯死的，有被车压扁的，甚至有被小孩拿做球踢的……难道卷柏不走真的就不能生存了吗？植物学家为此做了试验。将它圈养在一个水分不多的地方，他们发现，它在经过几次行走都未成功后，在原地将根深深地扎入了泥土，并且长势比任何时候都好。

很多时候不光树是这样，人也是如此。要知道，别人不会因为你而改变自己。而你没有能力去改变环境时，就只有改变自己了。

只有通过自己的努力让大家认可，才能真正融入一个新的环境中。当你用一种良好的心态，去面对周围的事物时，就会发现自己所处的环境挺好的，并且已经完全适应了这个环境，你也会在这个环境中过得更好。

在美国新泽西州的一所小学里，有一个由26个孩子组成的特殊班级，他们都是一些曾经失足的孩子。家长、老师和学校对他们非常失望，甚至想放弃他们，一位名叫菲拉的女教师主动要求接手这个班。菲拉的第一节课，并不像以前的老师那样整顿纪律，而是在黑板上给大家出了一道选择题，让学生们根据自己的判断选出一位在后来能够造福于人类的人。她列出三个候选人。

A. 笃信巫医，有两个情妇和多年的吸烟史，而且嗜酒如命。

B. 曾经两次被赶出办公室，每天都要睡到中午才起床，每晚都要喝大约1升的白兰地，而且有过吸食鸦片的记录的人。

C. 曾是国家的战斗英雄，一直保持素食的习惯，不吸烟，偶尔喝一点啤酒，年轻时从未做过违法的事。

结果大家都选择C。菲拉公布答案，A是富兰克林·罗斯福，连续担任过四届美国总统；B是温斯顿·丘吉尔，英国历史上最著名的首相；C是阿道夫·希特勒，法西斯恶魔。

大家都惊呆了，菲拉满怀激情地告诉大家："孩子们，过去的荣誉和耻辱只能代表过去。真正能代表一个人一生的，是他现在和将来的作为。从现在开始，努力做自己一生中想做的事，你们都将成为了不起的人。"菲拉的这番话，改变了这26个孩子一生的命运。其中，就有华尔街最年轻的基金经理人——罗伯特·哈里森。

这个故事告诉人们，自己过去所处的环境并不重要，自己的过去也不重要，只要你在新的环境中愿意做出改变，通过自己的努力可以改变自己不光彩的历史，走出一条崭新的道路。

其实，与其让环境来适应自己，不如让自己去适应环境更为有效。如果你总是抱着一种环境要适应自己的心态，就会发现没有一个地方会适合自己。当然，你在每一个地方也不会快乐。反之，如果你抱着一种"既来之，则安之"的心态，就会发现自己的适应能力越来越强。你的人际关系会变得更加和谐，做事情也会变得更加顺利。这一转变不仅让你产生了自信，还能让你对自己的人生充满了希望。

我的快乐我做主

当你不能控制生命的长度时，可以控制生命的宽度；当你不能左右天气时，可以改变心情；当你不能改变容貌时，可以展现笑容；当你不能控制别人时，可以掌握自己；当你不能预知明天时，可以利用今天；当你不能要求结果时，但你可以掌握过程。虽然你不能样样顺利，但你可以事事努力。

自己的快乐是由自己控制的，你可以在自己的生活过程中寻求到属于自己的快乐。真正的快乐，是在有限的生命中做出无限有意义的事情；是让自己的心情五彩斑斓，如彩虹般美丽灿烂；让自己笑容充满温暖；让自己的今天比昨天更精彩；让自己追求理想的过程更有意义；让自己在通往梦想的路上体会付出与收获的快乐。这一切，都是你可以带给自己的。

一群学生在到处寻找快乐,却遇到许多烦恼、忧愁和痛苦。

他们向大哲学家苏格拉底请教:"老师,快乐到底在哪里?"

苏格拉底说:"你们还是先帮我造一条船吧!"

这群学生暂时把寻找快乐的事儿放在一边,找来造船的工具,用了七七四十九天,锯倒了一棵又高又大的树,挖空树心,造出一条独木船。独木船下水了,他们把苏格拉底请上船,一边合力划桨,一边齐声唱起歌来。苏格拉底问:"孩子们,你们快乐吗?"他们齐声回答:"快乐极了!"

苏格拉底说:"快乐就是这样,它往往在你为着一个明确的目的忙得无暇顾及其他的时候突然来访。"

快乐就是你在为实现自己的目标过程中,收获的最好礼物,当你把自己所想的事情,慢慢变成现实的时候,那是怎样一种满足感呢?最大的快乐莫过于把自己的理想变为现实,实现自己的人生意义。

快乐,是一种感受,它取决于自己的态度,就算你拥有亿万财富,如果没有善于快乐的心态,依然不会快乐;即使你并不富有,但是自己具有善于发现快乐的心,那么依然会变得很快乐。

应邀访美的女作家在纽约街头遇到一位卖花的老太太。这位老太太穿着相当破旧,身体看上去又很虚弱,但是她脸上满是喜悦。女作家挑了一朵花说:"你看起来很高兴。"

"为什么不呢?一切都这么美好。"

"你很能承担烦恼。"女作家又说,然而老太太的回答令女作家大吃一惊。"耶稣在星期五被钉在十字架上的时候,那是全世界最糟糕的一天,可三天后就是复活节。所以,当我遇到不幸时,就会等待三天，一切就恢复正常了。"

"等待三天"，这是一颗多么普通而又不平凡的心。的确，人生并非尽是莺歌燕舞，四季如春，总是伴随着几多不幸，几多烦恼。其实，每个人的心，都好比一颗水晶球，晶莹闪烁。然而一旦遭遇不测，背叛生命的人，会在黑暗中渐渐消殒；而忠实于生命的人，总是将五颜六色折射到自己生命的每一个角落。只要我们有善于发现快乐的心，在困境中依然保持一份积极的心态，那么依然可以过得很快乐。

快乐，是需要付出才能体会到的。有的人经常会想："要是有一天自己什么都不用做，就能有好吃的好喝的，那才叫真正的快乐呢。"但是实际上这样的生活是最无趣的，也是最可怕的。人最怕的就是空虚的心灵，真正的快乐是建立在充实的有意义的生活中。

总之，你应该保持一颗善于发现快乐的心，用自己的努力去实现自己的梦想。在实现梦想的路上体会痛苦，体会欢乐，体会人生百味，最终你才会得到属于自己的快乐。

你的世界需要赞美

有的人不相信世界上有美好的东西，可能因为自己曾经被伤害过，所以变得怀疑一切。如果你想在世界上获得多一点快乐，就要学会用赞美的眼光去看待这个世界，不要总是看到世界的黑暗面，要善于赞美世界，在不尽人意之外，还是有很多东西值得你去赞美和珍惜的。

一座山，在诗人的眼中是诗，在画家的眼中是画，在军事家的眼中是战略要地，在地质学家的眼中是藏宝之地，在懦弱者的眼中是不可逾越的障碍，在勇敢者的眼中是考验自己胆略的阶梯，在凡夫俗子的眼中是平平常常的一座山，这就是观赏的角度不同，看问题的方式不同，得出的结论也就不同。

一条河，在农民眼中是一条灌溉良田的甘泉，在航运者眼中是一条可带来财富的坦途，在水产者眼中是一个饲养鱼虾的好地方。这就是观赏者的角度不同。一棵树、一枝花、初升的月亮、落山的太阳、广袤的原野、幽深的沟壑，都有它们的美丽，它们的神韵，问题是我们能否发现它。

善于发现美，是一种境界，是一种能力；善于发现美，就是要做生活的有心人，美随处可见：大山的雄伟是美、河流的温柔是美、都市的喧嚣是美、乡村的宁静是美；麦苗青青是美、稻谷金黄是美、农夫负重是美、孩童天真是美；大海的澎湃是雄浑的美，小溪的潺潺是恬淡的美。重要的是我们要能发现它，感悟它。

学会赞美世界，就要善于发现世界的美好，就要积极地看待世界。美和丑都是相对的，只要你善于发现总会发现闪光点。

一天，美和丑相约一起去海边游泳，美穿的是美丽的外衣，而丑穿的则是丑陋的外衣。两人游泳完后，丑先上的岸，随便拾起一件外衣就穿上了，随后美也上了岸穿上了外衣，二人就回家了。但回到家中才发现衣服穿错了。此时，丑发现自己很美，而美发现自己很丑。其实，美和丑都是相对而言的。

这个故事说明美和丑有时只需要一件外衣就可以改变，关键是自己有没有发现。世界也是这样，只要你换一种眼光去看待它，即使在丑陋的事情里也能找到一个让人赞美的地方。

在一节体育课上，有一个学生要老师帮他换一个漂亮的舞伴，老师听后，觉得很好笑，觉得现在的学生真是太早熟了。跳完进教室之后，老师问他为什么要换舞伴呀。他说："现在这个舞伴跳得不好，不能很好地和我配合起来。所以，体育课上没有受到老师的表扬，心里有些不舒服。"这个在各方面比较突出的学生，听惯了老师的表扬。所以，在体育课上受了冷落就想换舞伴了。他的舞伴是一个接受能力比较差的女孩。所以，学这个舞蹈比较慢，动作不到位，节奏踩不准，这是事实。但她已经尽力了。

老师说："虽然你的舞伴跳得不是很好，但老师知道她很努力，她在一天天进步，你不觉得吗？"男孩点了点头。"她努力做到最好来配合你，你不觉得这一点是她最美丽的地方吗？"这次男孩不好意思地低下了头。他这时已经明白了，一个人的美丽有很多方面，懂得去努力，去配合人家的人才是最美丽的。经过这次事后，他们跳集体舞的时候特别用心，尤其是女孩，真的一天比一天跳得好。

有时，善意的称赞，能够给人以温暖的阳光；一个不经意的赞许，能够给人以难忘的印象；一个真诚的赞赏，能够像一缕春风那样吹暖人心；一个优雅的赞美，能够带来别人的信任和希望。

在生活中，请不要吝啬于把自己的赞美送给生活，送给身边的人，你在赞美世界，赞美生活，赞美他人的时候，你收获的是快乐。

每天给自己一个希望

在人生的道路上，前途比现实重要，希望比现在重要。任何时候，都不应该放弃希望。因为它是创造成功、创造未来的"点金石"。每天都要给自己一个希望，让自己在希望中充满热情地度过每一天。

亚历山大大帝远征波斯之前,他将所有的财产分给了臣下,其中一个大臣问:"陛下,你带什么启程呢?""希望,我只带这一种财宝。"亚历山大回答说。是的,希望是一种宝贵的财富,在顺境中,他让你更有激情,在逆境中,他是你坚持下去的理由,人生因为有了希望而变得更有意义。

有两个盲人靠说书弹弦谋生,老者是师父,幼者是徒弟。徒弟整天唉声叹气,也无法学好手艺。因为眼盲,他甚至常常失去生活的勇气。一天,师父病了,在临终前,他对徒弟说:"我这里有一张复明的药方,我将它封进你的琴槽中,当你弹断1000根琴弦的时候,你才能取出药方。记住,你弹断每一根弦子时必须是尽心尽力的。否则,再灵的药方也会失去效用。"徒弟牢记师父的遗嘱,他一直为实现复明的梦想而弹弦不止。

50年过去了,徒弟已皓发银须,一声脆响,徒弟终于弹断了第1000根琴弦,他直向城中的药铺赶去。当他满怀期望地等着取回草药时,掌柜的告诉他,那是一张白纸。他明白了师傅的用意,他学到了手艺,这就是药方,有了手艺他就有了生存的勇气。他努力地说书弹弦,成了名艺人,受人尊敬。直到95岁高龄时,他才抱着三弦含笑告别人世。

徒弟在开始的生活中,因为自己的眼盲而对生活没有信心,常常失去生活的勇气,老师给了他一个希望,这个希望支撑着他学成了弹琴的手艺,他最后也找到了解救自己的秘方,那就是带着希望生活的人生才有奔头。

在逆境中，希望有时候比食物和水更容易让你生存下来，要知道心灵的力量是最强大的。在逆境中，当生命受到了威胁，当人生走到了深渊的时候，千万不要忘了自己还可以拥有更宝贵的财宝——希望。

在一个阴暗潮湿的牢房里，蜷缩着几个骨瘦如柴的随时都可能被死神掳去的人。他们中间有一个是让人眼红的，因为他在包裹里藏了一根长长的白蜡。几乎所有的难友都见到过他饥饿难耐的时候像吃香肠一样吃那蜡烛。一天晚上，阴风怒号，星月都隐匿了。黑暗中有人鬼一般呻吟叹息，突然，一个发颤的声音说："今天是圣诞节吧？"大家便莫名地兴奋起来——这些早已被时间遗忘了的人无一例外地认同了"圣诞节"的说法。在这个本应是火树银花、酒馔飘香的节日之夜，他们却只能用记忆饲养渴望。兴奋过后，一个毒蛇般的念头更是固执地盘踞在每个人的心头。恐怕，这是今生最后一个圣诞节了吧？一阵窸窸窣窣的低响，是打开包裹的声音。大家厌恨地猜想，一定是那个有"香肠"的家伙要独享圣诞美餐了。然而，他们猜错了，那人一声不响地点亮了蜡烛，气息奄奄的难友被这突如其来的烛光召唤起来，刚才还是死寂的牢房歌声骤起！大家在这久违的奢华的烛光中，真切地看到了美色无敌的自由的曙光。

在纳粹集中营里，在生死关头，饥肠辘辘的画家需要的是太阳，哪怕那仅仅是画出来的；圣诞节的夜里，一缕烛光就可以让死难临头的囚徒唱起歌，看见自由的曙光。在远离了硝烟和饥饿的今天，我们的心里有时也会陷入种种无形的泥淖。在这个时候，人们需要借助一支可以充饥的画笔和半截能够取暖的蜡烛，馈赠给自己一份不缺乏色彩与诗意的礼物；让自己用精神的芳香去染香生命中的每一个时刻，让无私的照耀引领着平凡的心灵抵达阳光的殿堂。

原来苦中也可作乐

人生在世，不如意的事十有八九。要是你没有一个积极的心态去调整自己的话，生活会很辛苦，在压抑的情绪下生活久了就会失去信心。面对人生的不如意，你不能消极面对，只有通过一种方式将自己心中的不快化解，才能让自己活得轻松。

在不尽如人意的生活中，幽默能帮助你排解愁苦，减轻生活的重负。用幽默的态度对待生活，你就不会总是愤世嫉俗，牢骚满腹，你也能通过这种幽默的方式学会苦中作乐。

美国成功的剧作家考夫曼，20多岁的时候就挣到了1万多美元，这在当时对他来说是一笔巨款。为了让这1万美元产生效益，他接受了自己的朋友——悲剧演员马克兄弟的建议，把1万美元全部投资在股票上，而这些股票在1929年的经济大萧条中全部变成了废纸。但是，考夫曼却看得很开，他开玩笑似地说："马克兄弟专演悲剧，任何人听他的话把钱拿去投资，都活该泡汤！"

考夫曼面对自己的损失，真的可以说是做到了黄连为哨，苦中寻乐了。他用一种非常幽默的方式表达了自己的看法，他不是不心痛自己的损失，但是他没有消极地面对这件事情。所以这样就不会整天为自己的损失痛哭了，这不失为一种好方法。

谁都希望自己的相貌受到别人的赞美，即使得不到赞美，谁也不希望自己的容貌成为别人取笑的对象，但是就有那么一个人从来不在乎别人说自己的容貌丑陋，甚至自己还经常拿这个事情来开

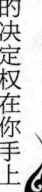

玩笑。

美国第16任总统林肯貌不惊人,他常通过拿自己的容貌开玩笑的方式来与周围的人沟通。有一次,他讲了这样一则故事:"有时候我觉得自己好像一个丑陋的人,我在森林里漫步时遇见一个老妇人。老妇人说:'你是我所见过的最丑的一个人。''我是身不由己。'我回答道。'不,我不以为然!'老妇人说,'长得丑不是你的错。可是你从家里跑出来吓人就是你的不对了!'"

他的这种心态应该说保持得非常乐观,他不介意拿自己的弱点来开玩笑,这就是一种坦然的心态,如果你在生活中也能用这样一种心态去面对自己的弱点和不幸的话,生活会比现在美好很多,你的快乐也会比现在多很多。

你的身边可能有很多朋友和同事,由于他们的心态不同,所以,所过的生活也是完全不同的。有一部分人很懂得调整自己的心态,他们虽然也是要付出劳动去解决自己的物质生活,但是他们始终在用一种乐观的态度看待自己的辛苦,他们有着良好的人际关系,有着健康的身体和美满的家庭,他们大多快快乐乐地过着高品质的生活;而有的人则是一天到晚忙碌也只能维持生计。

他们的区别在哪儿呢?"比别人过得好"的人,其实总能保持良好的心态。这一部分人很会苦中作乐。其实,这一部分人也会有烦恼、有困难,但是他们能够自我调节,他们的乐观精神甚至会影响他们身边的人,成功对于他们来说,也会变得很容易了。反之,那些忙碌的人,他们也付出了很多,但是,他们总认为自己的命运就是劳碌的,再怎么努力也不会成功。所以,他们总是为自己找借口,甚至怨声载道,这样的人又怎么会取得成功呢?

其实,苦中寻乐是一种生活态度,能够让你保持一份自信和希望,让你从痛苦、贫穷和难堪中走出来,而乐观是生命保鲜的良药。

路边的美景也藏着快乐

人生之路该怎样走？有的人说："走荆棘蔽空的小径那是通往终点的捷径。"他虽然节约了时间，可是，错过了人生路上的朝霞与彩虹。有的人说："要急速奔跑，即使有风雨的阻力，也不能停步。"有的人说："我认清目标在前方，还要细细欣赏路边的风景。"其实，对未来充满希望，更加注重生活点滴的美好，这样，旅程才充满新奇与绮丽。

生活在一个忙碌的繁华世界的人们，琐碎的生活让他们无暇去欣赏路边的风景，即使驾车行驶在路上，大多数的时间也都花在了埋怨交通堵塞、怎样才能避开人流高峰这些琐碎的事情上，也没有时间向窗外看看路边的风景。高节奏的生活让他们身心疲惫，但是却没有想到给自己的心灵放个假，在路边休憩一下。

要知道长期的忙碌嘈杂的生活，容易让人变得心情烦躁，这样怎能有快乐可言？如果你在工作之余，拿出一些闲暇时间去路边走走，看看周围的风景，在一些小事中寻找到一点乐趣，不仅能够让自己的心情变得更舒畅，还能给自己带来更多的灵感。有时候，生活中的一段小插曲一样可以成为你生活中的一道风景。

有一个作家，一次过马路时看到一个小男孩东张西望不专心走路。小男孩儿一步跨前，手拉着他的胳膊，大概把他当成了自己的爸爸。走了好几步路抬头一看，呀，是个陌生大个儿，男孩便红着脸飞快地跑走了。这件事让他心里美滋滋的。这样的小乐趣让他的写作相当有灵感。试问，如果他对小男孩的"错误"不以为意，或者甚至很反感，那么他怎么会成为一个有修养且善于捕捉生活细节的好作家呢？美丽的情境犹如一段小提琴独奏，而只有你善于欣赏它，你才会从中受益。

有的人很会在休息中收集对自己有用的信息，他们会休息更会工作。罗伯特先生是一家地理杂志社的专栏作家。他觉得自己的工作是需要走出去观察的，不应该在屋里干坐着，这样对自己毫无帮助。所以他经常花时间出去旅游，到各地去感受风土人情，他会跟各地的人们交谈，从他们那里获取有用的信息，他用心观察各地的新奇事物，然后用照片和文字把他们记录下来。在出版工作不景气的时候，他的专栏仍然是最受欢迎的，最后成了这家杂志社的主编，用自己的方式把杂志救活了。

有时，在欣赏风景的同时也可以抓住自己的工作灵感，这是一种很好的方法。在工作中，只要你能保持一份快乐的心情，就能保证更高的效率。然而，在疲倦的时候，不妨去看看路边的风景，不仅能放松眼睛，还能放松人的心灵。

苦尽了才能等到甘来

在生活中，只有经历过暴风雨洗礼的人，才能感受到人生风景的美丽。只有在经历挫折之后，一个人的心才会变得坚强。毕竟，温室里的花朵无法经受起暴风雨的冲击，只有经历过恶劣环境的人，人生才会有更强的生命力。

阿拉伯有一位著名的驯马师，他驯出来的马被称为神马。每天早上，驯马师会指挥着一群马绕圈子跑，这其中有雄健的大马，也有很小的幼马，驯马师的助手，则一边呵斥着马，一边抓着马鞍左右跳跃，看起来活像马戏团的特技表演。到了中午，沙漠的太阳正毒，驯马师却和他的助手骑马向沙漠深处奔去。下午四点，当他们返回时，人们才发现他们每人手上都拿着一把弯刀，仿佛出征归来的样子。有人问驯马师:"你为什么要叫许多马绕圈子呢?"驯马师说:"因为我教那些小马,跟在大马身后,学习听口令和顺服,没有大马的带领,小马是很难教的,如果我是老师,大马就是家长,我在学校教导,父母在家中带领。任何一方都不能少。""那你的助手为什么要抓着马鞍左右跳跃呢?""那是教马学会均衡,维持稳定。至于中午的时候骑马出去,"驯马师接着说,"是因为中午天气最为炎热,让马在一望无际,其热如焚的沙漠里奔跑,这是一种磨炼,经得起的才能成为千里马。而弯刀,是我们故意舞给马看的,用刀光闪烁刺激马的眼睛,发出强烈的声响,经历这种场面,还能镇定自若的,才能成为最好的战马。"

驯马师在驯马的过程中,就是人为给马设置了那种刺激的场面,让马能够适应看起来很恶劣的环境。只有经过这样的考验的马,才能成为真正的神马。

人也是这样,经过苦难的洗礼之后,人会成长很多,即使以后再经历什么磨难也会很好地处理。

2002年3月24日,辽宁省大石桥市博洛铺镇詹屯村女孩王洋的命运在这一天发生了改变。那天,王洋的父亲王兆仁为了弄烧柴,爬上村边的大杨树,不小心从6米多高的树上摔了下来,后背硌在地上的一根粗树枝上,失去了知觉,直到被村里人发现送往医院。医生说,父亲脊椎错位,需要赶紧做手术,否则下肢会瘫痪。妈妈何丽华从小患小儿麻痹症,勉强能够自理简单的生活,如今,家里顶梁柱又倒下了。住院第7天时,王兆仁坚持要回家。

王兆仁的腿始终没有知觉,可是会突然抽筋,抽起来一直疼到胸口,全身扭曲成一团。王洋常给父亲按摩双腿,帮父亲减轻痛苦。女儿的懂事让王兆仁心里很不是滋味,最让他感到不是滋味的是女儿给他洗肠。摔伤后,他大小便完全失禁,在医院每洗一次肠要二三十元。为此,他每天少吃饭,少喝水,尽量减少排泄。即使这样,时间一长,他的肚子还是会膨胀起来。女儿看了难受,偷偷看大夫怎样洗肠,此后,承担起了为父亲洗肠的工作。

自从父亲遭遇不幸后,王洋就没上学,一直在家照顾父亲。老师们通过电视台向社会呼吁来帮助这个不幸的家庭,在老师们的劝说下她再次回到了校园,医生们给他的父亲进行了有效的治疗。

王洋用自己单薄的身躯为父母撑起了一片天。三年中,王洋饲养的肥猪共出栏两批,果树年年结果,玉米没有减产,大鹅也下了蛋,有近万元的收入。虽然不够还清债务,但一家人已经看到了希望,她的学习成绩也始终排在全班前5名。

年纪小小的王洋在苦难面前没有低头,苦难让她比同龄人多了一分成熟,她不会向父母索要什么漂亮的衣服,自己想得更多的是怎样才能让爸爸早点好起来,怎样才能让这个家撑下去。经过好心人的帮助,经过王洋无微不至的照顾,她的父亲后来已经能够下地走路了。王洋很高兴,在自己家的门上写下了"幸福之家"四个字。

这个小女孩,因为突降的苦难,让她比同龄的孩子更懂事,更成熟,在某种意义上来说,是苦难让她变得成熟。

很显然,苦难是人们最好的老师。它能让一个人从弱小变得强大,从脆弱变得坚强。同时,经历过苦难的人,不仅能体会到生活的不易,还会更加珍惜生活的美好。

第九章　苦日子也可以过甜

敞开心灵接受不幸

在生活中,会不可避免地出现一些逆境,面对这些逆境需要及时处理。这样,才能对不幸进行有效地控制。

如何面对问题?如果不能坦然面对它、接受它,就谈不到如何放下它、处理它。而事实上,一旦事情出现后,你要做的不是去发牢骚,而是要能够设法改善它。需要你的是行动,而不是抱怨。若不能改善,你也要面对它、接受它,绝不能逃避。逃避责任,损失依然在那里,是不合算的,改善与处理已出现的糟糕局面才是最聪明的。

经过一番周密计划的事物也不一定完全可靠,也会发生意料之外的情况,这时候就更应该接受它,然后想办法处理它。

所以,如果计划之中的事在进行过程中发生问题,不必伤心也不必失望。应该继续努力,争取将损失减到最小,不要轻易放弃希望;如果事先经过详细的考虑,判断预先的结果不可能成功,那也只好放下它,这和未经努力就放弃是截然不同的。

这一切,都需要你的冷静。你要告诉自己:任何事物、现象的发生,都有它一定的原因。在紧急的情况下,你无法追究原因,也无暇追究原因,唯有面对它、改善它,才是最直接、最要紧的。也就是说,遇到任何困难、艰辛、不平的情况,都不要逃避,因为逃避不能解决问题，只有用自己的智慧和勇气把责任担负起来，才能真正从困扰的问题中获得解脱。

日本的船井先生大学毕业后，曾在几家经营公司工作过。由于他秉性倔强，经常和上司产生矛盾，最后总是愤然离去。

船井先生充满自信而且有着卓越的才能，因而开始独立创业。但是，他主办的经营研究班开课了也没有人来听。后来他才深切体会到，别人依据的是招牌而不是个人实力。接着，他结了婚有了孩子，却突然发生了妻子撒手而去的惨剧，抱着还在吃奶的孩子，他绝望了，感到自己已无路可走。

过了一段时间他又有缘再婚，在开朗大度的妻子的支持下，研究班在流通行业中重新开始活动。针对当时刚刚崭露头角的超市等流通行业，船井先生开始着手使其正规化的顾问工作，终于取得了连战连捷的战果。

船井先生劝告大家："即使是经历了自己最爱的人因某些事故死亡的痛苦，也请把它想成是命中注定的、必然的或能使你转运的最佳事情。"

仔细想想就能明白，一味地悲伤是改变不了现状的，一切都不可能再复原，与其一味悲伤导致第二次不幸，不如振奋精神，转换思路，积极向前开拓自己的人生。除此之外没有其他更好的可以改变现状的办法。

如果是工薪阶层，他们通过人事调动、升职、降职的变化，很多人都会有"祸中有福，福中有祸"抑或是"塞翁失马，焉知非福"的感受吧。例如，日本丸红社的社长春名和雄先生，原作为董事准备升任大阪分公司经理，由于发生了著名的洛克希德飞机公司（行

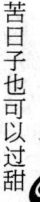

贿）事件，社长、下任社长候选人以及与此相关的董事都被牵连其中，最后，和此事件毫无关联的春名先生意外地坐上了社长的交椅。

春名先生的人生警句中有这样一段话："幸运女神总是从你的身后慢慢地向你走来，因此，自己也和着幸运女神的脚步慢慢地向前奔去。其间，幸运女神追上了自己并和自己并肩前行。然后，她会抓起你的身体负在背上一口气向前飞奔。"

1945年8月，日本终于宣告投降。玛丽·布朗太太坐在位于加拿大渥太华的家中，静听一室的寂静与空虚。

几年前，她的丈夫死于车祸。接着，与她同住的母亲也因病去世。最后，根据布朗太太的描述，其悲剧的发生经过是这样的：

"当许多钟声和汽笛声都在宣告和平再度降临的时候，我唯一的儿子达诺，却在此时牺牲了。我已失去了丈夫和母亲，如今儿子一死，我是完全孤孤单单的了。

"孩子的葬礼结束之后，我独自走进空荡荡的屋子里，我永远也不会忘记那种空虚、无助的感觉，世界上再也没有一处地方比这儿更寂寞的了。我整个人几乎被哀伤和恐惧所充斥，害怕今后将独自一人生活，害怕整个生活方式将完全改变。而最可怕的，莫过于我将与哀伤共度余生——这才是最让我感到恐惧的。"

接下去的几个星期，布朗太太完全生活在一种茫然的哀伤、恐惧和无助的包围里。她迷惑又痛苦，全然不能接受眼前发生的一切。

她继续描述道："我渐渐地明白了时间会帮助我治疗伤痛，只是感到时间过得实在太慢了，因此，我必须做些事来忘记这些遭遇，我要再度回去工作。

"随着时间一天天过去，我也逐渐对生活再度发生了兴趣——如我的朋友、同事等。一天清晨，我从睡梦中醒过来，忽然发现所有不幸均已成为过去，我知道今后的日子一定会变得更好。而'用头撞墙'的举止是愚蠢可笑的，是不能面对现实的表现，对于那些我无法改变的事实，时间已教会我如何承担下来。

"虽然整个改变进行得十分缓慢，不是几天或几个星期，而是逐渐来临，但是，它确实已经发生了。

"现在，当我回过头去观看那段生活，就会感到好像一条小船在经历一场巨大的风浪后，如今又重新驶回风平浪静的海面上。"

许多似布朗太太这样的悲剧，往往很难让我们理解为什么它偏偏会发生在自己的身上，因此最好先面对它们、接受它们。当布朗太太强迫自己接受失去家人的事实，便已预备要让时间来治疗心灵的痛楚。她清楚如果抗拒命运，就像对抗把毒药倾倒在伤口上。

有一个方法可以让你面对逆境——接受它。当你的生活被不幸遭遇分割得支离破碎的时候，只有时间的手可以重新把这些碎片捡拾起来，并抚平它。但是你要给时间一个机会，在刚遭受打击的时候，整个世界似乎停止了运行，你的苦难也似乎永无止境。但无论如何，你总得往前走，去完成自己生命计划中的种种目标。而一旦你完成了这些生命中的一项一项的工作，痛楚便会逐渐减轻。终有一天，你又能唤起以往快乐的回忆，并且感受到被新的生活护佑着，而不是被伤害。要想克服不幸的阴影，时间是最好的盟友，但唯有把心灵敞开，完全接受那不可避免的命运，才不会沉溺在痛苦的深渊里。

生命并不是一帆风顺的幸福之旅，而是时时摇摆在幸与不幸、沉与浮、光明与黑暗之间的模式里。你不能像鸵鸟一样把头埋在沙堆里面，拒绝面对各种麻烦，而麻烦也不会因你的消极悲观获得解决。逆境不过是人类生活的一部分，只有客观现实地去面对，才是真正成熟的表现。

美国 21 岁的士兵麦克奉命参加以色列和阿拉伯之间的战争，他在一次战斗中受了严重的眼伤，眼睛因此看不见东西。虽然他遭受了这么大的伤害和痛楚，但表现的个性仍然十分开朗。他常常与其他病人开玩笑，并把分配给自己的香烟和糖果分赠给好朋友。

医生们都尽心尽力想恢复麦克的视力。一日，主治大夫亲自走进麦克的房间向他说道：

"麦克，你知道我一向喜欢向病人实话实说，从不欺骗他们，麦克，我现在要告诉你。看来你的视力是不能恢复了。"

时间似乎停止下来，这一刻病房里呈现可怕的静默。

"大夫，我知道。"麦克终于打破沉寂，平静地回答道，"其实，这些天来我也知道会有这个结果，非常谢谢你们为我费了这么多心力。"

几分钟之后，麦克对他的朋友说道：

"我觉得自己没有任何理由可以绝望。不错，我的眼睛瞎了，但还可以听得很好，讲得很好啊！我的身体强壮，不但可以行走，双手也十分灵敏。何况，就我所知，政府可以协助我学得一技之长，让我维持今后的生计。我现在所需要的，就是适应一种新生活罢了。"

这就是麦克，一名拥有明亮视野的盲眼士兵，由于他忙着计算和梦想自己拥有的幸福，因此他没有时间去诅咒自己的不幸。这便是百分之百的成就，也就是我们要面对逆境的方法。每个人在有生之年都要面对这样的考验，你、我或者还有住在我们隔壁的那个邻居。

对那些叫喊"为什么这会发生在我身上"的人来说，这里只有一个答案："你为什么不能这样面对逆境呢！"

生活本身迟早会教育人们：接受苦难的生活经历和磨炼，对每个人都是平等的。无论是国王或乞丐、诗人或农夫、男人或女人。当他们面对伤痛、失落、麻烦或苦难的时候，他们所承受的折磨都是一样的。无论是任何年纪，不成熟的人会表现得特别痛苦或怨天尤人，因为他们不了解，诸如生活中的种种苦难，像生、老、病、死或其他不幸，其实都是人生必经的磨炼阶段。

很多人都会经历磨难。面对磨难，不要害怕，因为磨难是人生必修课，而磨难带来的不幸可以教会人们成长。其实，只有经历过磨难和不幸的人，才是真正的强者。

大方地对自己说声"不要紧"

一位教育学教授在班上说："我有三字箴言要奉送各位，它对你们的学习和生活都会大有帮助，而且这是一个可使人心境平和的妙方，这三个字就是——不要紧。"

不让挫折感和失望破坏平和的心情，是享受生命的重要一课。人们往往会自我夸大失败和失望，以为那些事都非常要紧，以至于每次都好像到了生死关头。然而，许多年过去后，回头一看，自己也会忍不住笑自己，为什么当初竟把那么点儿的小事看得那么重要呢？时间是治疗挫折感的方式之一，只有学会积极地面对挫折，才能避免长时间的漫长而痛苦的恢复过程，并且能使这个过程变成一段快乐享受的时光。

小雅爱上了英俊潇洒的刘显，她确信找到了自己的白马王子。

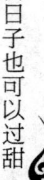

可是有一天晚上，刘显温柔婉转地对她说，他只把她当作普通朋友。小雅心中以刘显为中心构想的爱情大厦顷刻土崩瓦解了。那天夜里小雅在卧室整整哭了一夜，她甚至感到整个世界都失去了意义。但是，随着时光一天天过去，她发现没有刘显她也能生活得很幸福。并相信将来肯定会有另一个人成为她的白马王子。果然，一个更适合她的小伙子来了，他们结婚生子，日子非常快乐。但是，有一天，小雅和丈夫得到一个坏消息：他们把自己的储蓄投资做生意的钱赔掉了。小雅想：今后一家人的生活将怎样维系呢？这时，她听到了屋子外面孩子玩耍发出的兴奋的喊叫，她扭头看去，正好看到孩子冲她笑着。孩子灿烂的笑容使她立刻意识到，一切都会过去，没有什么要紧的。于是，她又打起精神来和一家人平安地渡过了那个难关。她说："人生在世，有许多要紧的事情，也有许多使我们的平和心情和快乐受到威胁的事情，冷静地想一想实际上这一切也许都是不要紧的，或者不像我们所想象得那样要紧。"

经常对自己说"不要紧"，这种心理调节方法实际上是建立在一个很深刻的哲学思考上的，即：人的生命是什么。对这个问题的回答决定着你对生活价值的判断、生活的行动，当然也就决定着你生活的心态。有的人把生命看作是占有，占有金钱，占有权力，占有财富，占有名利，占有……这样的生命，总是把人生的意义定在一个点上，当这个点实现后，就开始追逐下一个点。也许当他到达一个具体的点时，会有一个瞬间的快乐，但很快就会被实现下一个点的焦虑所代替。在这样的人生中，人本身只是一个不断地追逐目标的工具，而不是生活本身。所以，人生总是被忙碌、焦虑、紧张所充斥，争名夺利患得患失，到死也没能放松地享受一下生命的美好。而有的人则把生命看作是上帝给予的礼物，是一个打开、欣赏和分享这个礼物的过程。因此，这样的人坚信生命本身是快乐，是爱，无论处在什么样的环境中，即使是非常恶劣的环境中，他们也能泰然处之，就像是在迪士尼乐园中那样，兴趣盎然地去寻找、发现、享受生命中的每一个乐趣。对于这样的人来说，重要的不是去拥有什么，因为他们知道他们已经拥有了一切；重要的是他们应该如何去生活，是不是真的享有了自己的生命。

美国心理学专家理查·卡尔森博士就是看到了对待生命不同的态度。他说：“做了十几年的压力学心理顾问，我所见过的最普通、最具毁灭性的倾向，就是把焦点放在我们想要什么，而非我们拥有什么。不论我们多富有，似乎没有差别，我们还是不断扩充我们的欲望购物单，确保我们难以满足的欲望。你的心理机制说：'当这项欲望得到满足时，我就会快乐起来。'可是，一旦欲望得到满足之后，这项心理作用却又在不断地重复。如果我们得不到自己想要的某一件东西，就不断想着我们没有什么，仍然会感到不满足。如果我们如愿以偿得到我们想要的东西，就会在新的环境中重复我们的想法。所以，尽管如愿以偿了，我们还是不会快乐。"

卡尔森博士针对这个问题，提出了他的解决办法："幸好，还有一个方法可以得到快乐，那就是将我们的想法从我们想要什么，转为我们拥有什么。不要奢望你的另一半会换人，相反的，多去想想她的优点。不要抱怨你的薪水太低，要心存感激你有一份工作可做。不要期望去夏威夷度假，多想想自家附近有多好玩。可能性是无穷无尽的！当你把焦点放在你已拥有什么，而非你想要什么时，反而会得到更多。如果你把焦点放在另一半的优点上，她就会变得更可爱。如果你对自己工作心存感激，而非怨声载道，你的工作表现会更好，更有效率，也就有可能会获得加薪的机会。如果你享受了在自家附近的娱乐，不要等到去夏威夷再享乐，也许会得到更多的乐趣。由于你已经养成自娱的习惯，因此如果你真的没有机会去夏威夷，反正你也已经拥有美好的人生了。"

最后，卡尔森博士建议道："给自己写一张纸条，开始多想想你拥有什么，少想你要什么。如果你能这么做，你的人生就会开始变得比以前更好，或许这是你这一辈子第一次知道真正的满足是什么意思。"

对自己说"不要紧"，不是要使自己变得麻木不仁，对逆境无动于衷，而是要你变得更敏锐、更智慧，从中看到生命的快乐，使自己在逆境中看到祝福，享受到爱。

补偿一下自己失衡的心理

在现代竞争日益激烈的生活中，心理失衡的现象时有发生。但凡遇到成绩不如意、高考落榜、竞聘落选与家人争吵、被人误解讥讽等情况时，各种消极情绪就会在内心积累，从而使心理失去平衡。

消极情绪占据内心的一部分，而由于惯性的作用使这部分越来越沉重、越来越狭窄；而未被占据的那部分却越来越空、越变越轻。因而心理明显分裂成两个部分，沉者压抑，轻者浮躁，使人出现暴躁、轻率、偏颇和愚蠢等难以自抑的行为。这虽然是心理积累的能量在自然宣泄，但是它的行为却具有破坏性。

这时你需要的是"心理补偿"。纵观古今中外的强者，其成功之秘诀就包括善于调节心理的失衡状态，通过心理补偿逐渐恢复平衡，直至增加建设性的心理能量。

有人打了一个颇为形象的比喻：人好似一架天平，左边是心理补偿功能，右边是消极情绪和心理压力。你能在多大程度上加重补偿功能的砝码而达到心理平衡,就能在多大程度上拥有了时间和精力,信心百倍地去从事那些有待你完成的任务,并有充分的乐趣去享受人生。

那么,应该如何去加重自己心理补偿的砝码呢?

首先,要有正确的自我评价。情绪是伴随着人的自我评价与需求的满足状态而变化的。所以,人要学会随时正确评价自己。

有的青少年就是由于自我评价得不到肯定,某些需求得不到满足,此时未能进行必要的反思,调整自我与客观之间的距离,因而心境始终处于郁闷或怨恨状态,甚至悲观厌世,最后走上绝路。由此可见,青年人一定要学会正确估量自己,对事情的期望值不能过分高于现实值。当某些期望不能得到满足时,要善于劝慰和说服自己,不要为平淡而缺少活力的生活而遗憾。遗憾是生活中的"添加剂",它为生活增添了发愤改变与追求的动力,使人不安于现状,永远有进步和发展的余地。生活中处处有遗憾,然而处处又有希望,希望安慰着遗憾,而遗憾又充实了希望。正如法国作家大仲马所说:"人生是一串由无数烦恼组成的念珠,达观的人是笑着数完这串念珠的。"没有遗憾的生活才是人生最大的遗憾。

为了能有自知之明,常常需要正确地对待他人的评价。因此,经常与别人交流思想,依靠友人的帮助,是求得心理补偿的有效手段。

其次,必须意识到你所遇到的烦恼是生活中难免的,心理补偿是建立在理智基础之上的。

人都有七情六欲,遇到不痛快的事自然不会麻木不仁。没有理智的人喜欢抱屈、发牢骚,到处辩解、诉苦,好像这样就能摆脱痛苦。其实往往是白花时间,现实还是现实,明智的人勇于承认现实,既不幻想挫折和苦恼会突然消失,也不追悔当初该如何,而是想到不顺心的事别人也常遇到，并非是老天跟你过不去，这样你就会减少心理压力。使自己尽快平静下来，客观地对事情做个分析，总结经验教训，积极寻求解决的办法。

再次，在挫折面前要适当用点"精神胜利法"，即所谓"阿Q精神"，这有助于我们在逆境中进行心理补偿。

例如，实验失败了，要想到失败乃是成功之母；若被人误解或诽谤，不妨想想"在骂声中成长"的道理。

最后，在做心理补偿时也要注意，自我宽慰不等于放任自流和为错误辩解。

一个真正的达观者，往往是对自己的缺点和错误最无情的批判者，是敢于严格要求自己的进取者，是乐于向自我挑战的人。

法国文学家雨果说："笑就是阳光，它能驱逐人们脸上的冬日。"

敢于肯定自己的能力

托尔斯泰的长篇小说《安娜·卡列尼娜》的结局是不幸的，安娜最后卧轨自杀。这是一出典型的悲剧：一个处于上层社会的女子爱上了一位年轻伯爵，当象征爱情的火花刚刚擦亮时，又被象征现代文明的火车轮熄灭。时至今日，对于安娜爱情悲剧的启示可谓是"仁者见仁，智者见智"，但万"辩"不离其宗：安娜的悲剧不仅仅是一个贵族妇女的悲剧，而且是当时整个社会的悲剧。

一个人有多大的勇气肯定自己呢？一个妇女又有多大的勇气肯定自己"悖于社会道德"的行为呢？

从封建社会"夫字天出头"，到资本主义社会男人至上，妇女都被置于社会中受人任意摆布的地位，甚至是男人的附属品。古今中外例子不胜枚举，被枪杀的苔丝德梦娜，香消玉殒的茶花女，怒沉百宝箱的杜十娘，青春夭折的林黛玉……一个个想逾越雷池的女人把历史染得血迹斑斑。历史曾这样评价过她们：她们就好像是一棵脆弱的藤萝，紧紧依偎在大树的身上，没有权利说话也没资格思考，而这棵青藤本可以长成大树，却因为世俗的狂风摧残使其夭折。然而李清照、武则天、慈禧她们应该庆幸，虽然她们最终还是社会与男人的牺牲品，但毕竟历史还是将她们记住。西施、赵飞燕、貂蝉，她们在哭泣之后应该欢笑，几经曲折她们的故事还是走出了似海的宫门，烟锁的重楼。

安娜虽有勇气去冲破世俗，但是依据世俗评论的态度来看待自己的行为的矛盾心理，却始终困扰着她那颗勇敢的心。在她的观念中抛夫弃子绝对是罪恶堕落的是不可饶恕的，不管丈夫是不是自己的爱人，那个家有没有快乐，有没有属于自己的那份爱情。因此她在对伯爵表明心迹时，从内心产生了一种重压，摧残了她深爱伯爵的强有力的心理力量，严重扭曲了她的性格。可见世俗观念在她心中的影响，也可以说她的意识从未脱离过她所生活的上流社会。她有勇气为爱情迈出大胆的一步，却没有勇气肯定自己。她成了世俗观念的维护者，也成了世俗观念的牺牲品。在她病危时，她并没有对生命、对伯爵表现出眷恋，只是一味地忏悔："我要的是你的宽恕。"安娜永远都不会去怀疑这个世界。后来在生命弥留之际，她以"上帝，宽恕我的一切吧"来告别人世。

安娜内心世俗的意识对自己行为做出判决，造成了一个悲剧，但你的判决完全可以和她不一样。尽管我们现在的社会观念已经相当开明，但精英人物的思维理念总是不被大众所轻易接受，一个叛逆者与先行者要承受比普通人更大的压力。在这种情况下，唯有你自己给自己支撑，给自己自信，自己肯定自己。坚信自己的理念与行动是正确的，让时间来检验它正确与否，而不是听凭众人的评价与判决。

所以，你应该对自己说：我现在的生活，今后的一生，不管遇到什么事，不仅不会像过去那样毫无意义，而且还具有让自己走向新生活的明确意义，这绝对是你能够做到的。

弱者也有自己的天空

在通常情况下，强者都有自己的一片天，这是理所当然的事。但你也要知道，弱者也要生存，弱者也会有自己的一片天。

在黄昏的草原上，一只孤单的野鹿不安地四处张望着。

黄土丘上的老虎发现了这只野鹿，它站起身子，跃下土坡，借着草丛的掩护，潜行到野鹿的后面。此时野鹿还没发觉，老虎突然像子弹般窜出，冲向那只野鹿，野鹿这才意识到危险已经到来，本能地闪躲老虎的攻击。老虎第一回合扑了个空，转身再度扑来，野鹿拔腿狂奔，闪进一处灌木丛里。在灌木丛里追逐不是老虎所长，它在外面逡巡了一会，低吼几声，蹒跚地回到原来的土丘上。

这只老虎已经饿了一天了……

这种弱肉强食的草原竞争，虽然饿虎没有得逞，但这仍是事实——老虎是草原上的强者，以它的威猛和速度，很多动物根本不是它的对手，更有些动物一看到它就四肢无力，瘫在地上等它来吃！

可是，有时候老虎也会抓不到野鹿。和老虎比起来，野鹿是弱者，除了野鹿之外，草原上还有许多弱者，像兔子、老鼠、羊……可是，这些弱者至今仍然大量存在，反而老虎永远就那几只，可见动物的世界里，没有绝对的强者和弱者，只有相对的强者和弱者。

在动物世界里，弱者也有一片天，这是一种生态平衡。

和动物世界一样，在人类的世界里，也没有绝对的强者和弱者，只有相对的强者和弱者！也就是说，强或弱，是比较出来的。例如在田径场上，跑得快的便是强者，跑得慢的便是弱者；在考场上，书读得好的便是强者，读得差的便是弱者。可是，田径场上的强者并不一定是考场上的强者，考场上的强者也不一定是商场上的强者。

事实上，人的世界也有一种"生态平衡"，和很多人形成一种"相生相克"的关系，换句话说，别人某方面的"强"并不会威胁到你的"弱"，而他的"强"和你其他方面的"强"一比，可能就成为"弱"了。因此，在人性丛林里，人如果知道自己何者为强何者为弱，别人又是何者为强何者为弱，并尽量避免以己之弱去面对他人之强，而是积极地以己之强去面对他人之弱；如果还能运用第三者与他人的强弱关系，来强化自己的"弱"，或避免自己遭到别人"强"的侵犯，那么你就是一个"强者"，而不是"弱者"了。

人性舞台上的悲剧，都是因为不了解自己及别人的强弱在哪里，以及不知道如何趋长避短所造成的。

弱者也有一片天，我们所有人都应明白这个道理。

成功锦囊之身心修炼

1 有一种境界叫舍得

高海红◎编著

河北出版传媒集团
河北科学技术出版社

图书在版编目（CIP）数据

成功锦囊之身心修炼．1，有一种境界叫舍得 / 高海红编著．— 石家庄：河北科学技术出版社，2020.9
ISBN 978-7-5717-0540-4

Ⅰ．①成… Ⅱ．①高… Ⅲ．①人生哲学－通俗读物 Ⅳ．①B821-49

中国版本图书馆 CIP 数据核字（2020）第194352号

CHENGGONG JINNANG ZHI SHENXIN XIULIAN.1,YOU YIZHONG JINGJIE JIAO SHEDE

成功锦囊之身心修炼．1，有一种境界叫舍得
高海红　编著

出版发行		河北出版传媒集团
		河北科学技术出版社
地	址	石家庄市友谊北大街 330 号（邮编：050061）
印	刷	河北远涛彩色印刷有限公司
经	销	新华书店
开	本	880×1230　1/32
印	张	20
字	数	450 千字
版	次	2020 年 9 月第 1 版
印	次	2020 年 9 月第 1 次印刷
定	价	78.00 元（全 4 册）

前 言

　　舍得既是一种处世的哲学,也是一种做人做事的艺术。舍与得就如水与火、天与地、阴与阳一样,是既对立又统一的矛盾概念,相生相克,相辅相成,存于天地,存于人世,存于心间,存微妙的细节,囊括了万物运行的所有机理。万事万物均在舍得之中,才能达至和谐,达到统一。你若真正把握了舍与得的机理和尺度,便等于把握了人生的钥匙和成功的机遇。要知道,百年的人生,也不过就是一舍一得的重复。

　　人生就如一道舍得题!我们唯有舍得旧我心、执著心、自私心、懒惰心、自卑心、虚荣心、贪婪心、仇恨心、抱怨心、名利心、计较心、不悦心,才能拥有一个越来越完美的自己,一份越来越称心的工作,一种越来越惬意的生活,一个越来越满意的人生。

　　会活的人,或者说那些有所成就的人,他们都是因为懂得了两个字:舍得。不舍不得,小舍小得,大舍大得。

　　舍得是一种大智慧。它既包含了朴素的辨证思维,渗入日常生活的方方面面,同时又蕴含着为人处世的精妙智慧"上善若水""水善利万物而不争""唯不争,故天下莫能与之争"……《道德经》中这些广为推崇的处世原则,正是舍得智慧的精髓所在。水润万物,是慷慨赠予的舍得之道;不争而胜,是超脱于功名富贵,内心却收获丰盛的成就与满足。

目录 CONTENTS

第一章　坦然面对生活中的得与失

用理智克制自己贪婪的冲动 / 2

有时放弃也是一种收获 / 4

忘掉得失，心情更自由 / 8

忘掉过去的辉煌，开启希望的明天 / 11

放下得失，做正确选择 / 15

用理性的眼光看待得失 / 19

贪婪让你丧失正确判断 / 21

第二章　舍得中成就自我

与人为善，共享快乐 / 28

善的付出，收获爱的回报 / 29

善良让你的人格无限高尚 / 32

奉献让生命完美无瑕 / 36

包容提升你的人格魅力 / 38

伸出援手，让心灵升华 / 42

回报社会成就自己的人生价值 / 46

真心的付出才知快乐的真谛 / 50

第三章　看淡舍得才能活出精彩

懂得放下让你收获更多 / 56

吃苦是为了获取更甜的幸福 / 58

奥斯卡影后的得失智慧 / 60

让人敬佩的"海绵女郎" / 62

舍去抱怨，获得伟岸人生 / 64

忘记得失才能理性做事 / 67

第四章　舍得之间诠释人生智慧

把握舍得，给人生一个方向 / 72

拥有多少不是幸福的关键 / 74

舍弃抱怨，笑对人生 / 77

付出自然会有回报 / 82

把握舍得，培养良好心态 / 84

进退有据，把握命运 / 87

能屈能伸的力量 / 91

举手投足间的舍得抉择 / 97

第五章　放下舍得享受快乐

忘掉过去，做自己想做的事 / 102

放弃浮华，选择信仰 / 105

舍弃贪婪，换取成功 / 108

乐于付出，回报反而更多 / 111

舍弃想象，脚踏实地 / 114

平常心看待失去的东西 / 117

第六章　退一步的智慧

让人一步的人生智慧 / 122

退一步并非软弱 / 127

暂时忍耐是为了明天的成功 / 131

退一步是自我品格的完善 / 138

退一步是心灵平和的良方 / 140

得理饶人是一种美德 / 143

宽容待人是一种财富 / 146

退一步想问题能够化险为夷 / 149

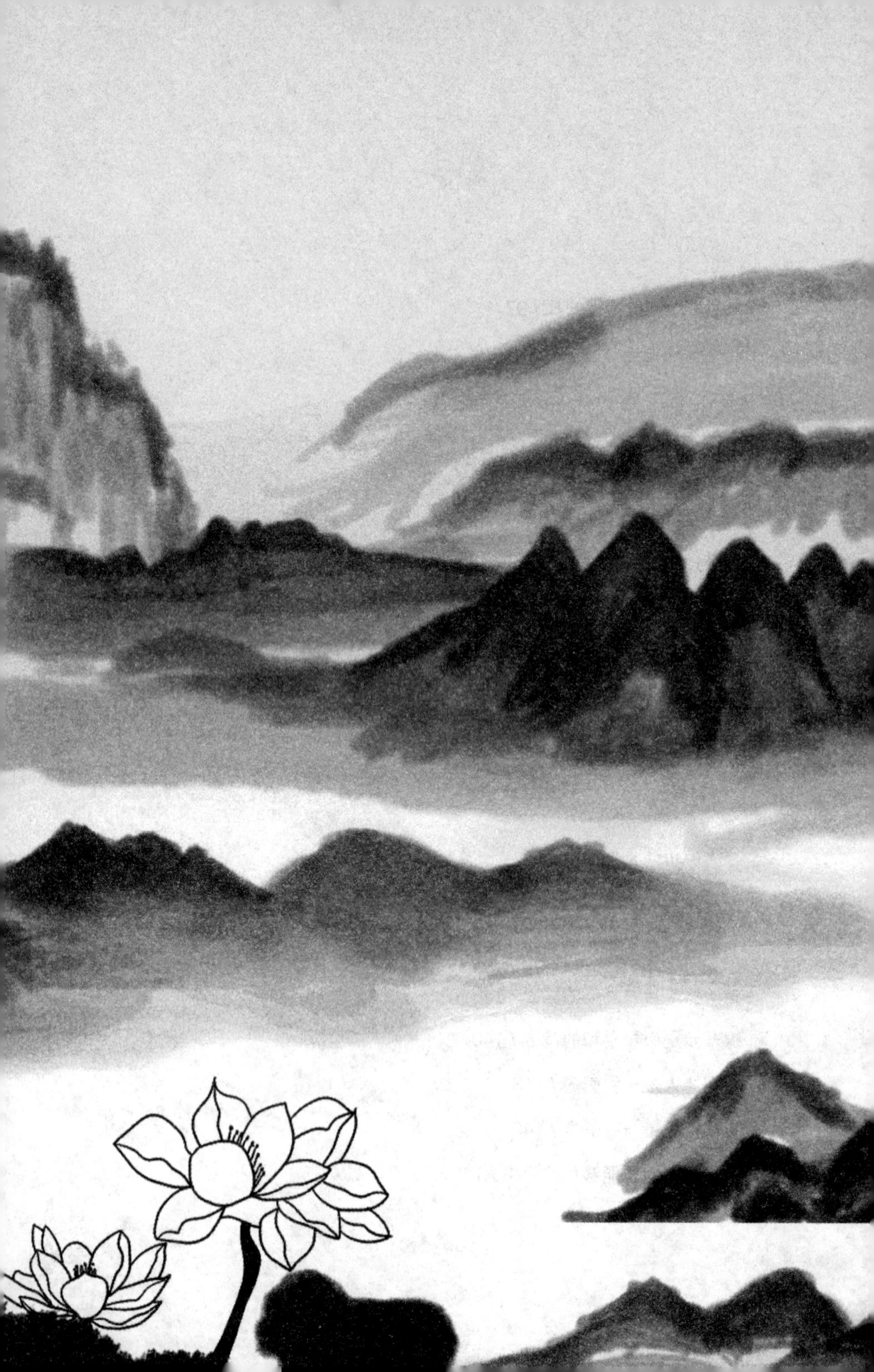

第一章　坦然面对生活中的得与失

用理智克制自己贪婪的冲动

每个人都有自己的理想,都有自己的抱负,谁也不想默默无闻地活一辈子,每个人都想成就事业,青史留名。但是,这并不意味着这些理想、这些抱负就是你生活的全部,除去这些,你的生命中还有更重要的东西。在求取功名利禄的过程中,还是要少一点欲念、多一点洒脱才行。

求名要付出一定的代价。客观地说,求名并非坏事。一个人有名誉感就有了进取的动力;有名誉感的人同时也有羞耻感,不会玷污自己的名声。但是,什么事都不能过分追求,如果过分追求,又不能一时获取,有时就容易误入歧途。结果名誉追求不来,只是白白浪费时间、浪费生命。

那些头脑不理智的人,由于不能清晰、透彻地看清纷繁复杂的事物,往往做出错误的决定。缺乏理智的人目光短浅,不懂得适应形势,不能深刻认识事物的发展,因此很难做出正确的判断,一旦发生突发事件,缺乏理智的人很难自控,连基本的责任感都很少有。这种人最大的弱点是不冷静,因此,即使面对大好机会,他们也会白白错失。

有一位厂长,人很正派且富有同情心,唯一的缺点是缺乏理智,就是这一个缺点，就使他彻底失败了。这位厂长所在的工厂规模一般，勉强能够运转。他心里很着急，想找个好项目让工厂经济好转，于是到处打听。

一天，厂长在一家餐馆吃饭，无意间听两个商人打扮的人谈论赚钱的话题，他就在一旁仔细听。原来，由于艾滋病在一些国家的蔓延，乳胶手套很流行，听说还能出口，而且利润很高。厂长听完兴奋无比，饭都没顾上吃，坐车就赶回工厂，和全体员工一说，大家都觉得这个想法很好。

来不及多想，他又去请示当地领导，领导一听有好项目，更是大力支持，于是批示银行给贷款60%。同时职工们纷纷主动凑钱。就这样，在盲目的创业热情中，不到两个月，就引进来一套生产乳胶手套的全自动设备。起初确实赚了点钱，可不到三个月，这种手套就滞销了。看着一箱箱的手套，厂长后悔不已，但是一切都晚了。

可以说，正是这位厂长的不理智，没有对市场进行深入的分析，才导致了生产的产品的滞销。

追求是人类的天性。我们赞美追求者，是因为他们的努力，使我们领略到收获的欣喜。但是人生在世，更多的，也是最重要的，其实还是那些成色一般的玉石和奇石，比如生命，比如亲情。而绝世美玉，我们只能不断接近，但永远可望而不可即！比如金钱，比如权力。为追求名利而浪费生命的人，何其愚蠢啊！

人生在世，不要被名利所累，不要把你的生命浪费在积累那些终究要化为灰烬的东西上面。不能像追求思想那样追求物质，因为只有思想才能赋予生活以意义，并具有永恒的价值。

放弃那些不适合自己去充当的社会角色，放弃束缚你的世故人情，放弃伪装你的功名利禄，放弃徒有虚荣的奉承夸奖，放弃各种蒙住你眼睛的遮羞布。只有这样，你才能够腾出手来，用足够的精力和智慧来赢取你真正应该拥有的东西。

因此，在求取功名利禄的过程中要少一点欲念，多一点洒脱。只有这样，我们才能实现自己的目标，才能实现自己的人生价值。

有时放弃也是一种收获

每一个生活在当今社会中的人，在人生的追求中，对荣誉和权力的追求都应该注意节制，不然，把荣誉和权力看得过重，不惜一切代价地想把它们追求到手，那就无异于害人害己了。其实，人生的目的，不在于成名、成家，而在于面对现实，去努力为之，去尽情享受生命，去细心体验生活的美好。

在现实生活中，名誉和地位常常被看作衡量一个人成功与否的标准，所以追求一定的名声、地位和荣誉，已成为人们一种极为普遍的心态。在很多人的心目中，认为只有有了名誉和权力才可以算是实现了自身的价值。

争名夺利不但不会使你流芳千古，甚至会让你身败名裂。

焦耳，这个名字在我们中学学物理时就很熟悉，人们为了纪念他所作出的贡献，将物理学中功的单位命名为"焦耳"。焦耳提出"机械能和热能相互转换，热只是一种形式"的新观点，打破了沿袭多年的热质说，促进了科学的进步。从1843年起，他前后用了近40年的时间来测定热功当量，最后得到了热功当量值。

事实上，与焦耳同时代的迈尔才是第一个发表能量转化和守恒定律的科学家。1848年，当迈尔等人不断地证明能量转化和守恒定律的正确性，终于使得这一定律被人们承认的时候，名利欲望的膨胀驱使焦耳向迈尔发起了攻击。焦耳发表文章批评说，迈尔对于热功当量的计算是没有完成的，迈尔只是预见到了在热和功之间存在着一定的数值比例关系，但没有证明这一关系，首先证明这一关系的应该是他焦耳。随着焦耳发起的这场争论的扩大化，一些不明真相的人也一哄而上，纷纷对迈尔进行了不负责任的错误指责。迈尔终于承受不住这一争论和批评带来的压力，特别是焦耳以自己测定热功当量的精确性来否定迈尔的科学发现权，使得迈尔陷入了有口难辩的痛苦境地。此时，迈尔的两个孩子也先后不幸夭折，内外交困中的迈尔跳楼自杀未遂，后来得了精神病。

即使是当年的迈尔被逼进了疯人院，但今天人们仍然将他的名字与焦耳并列在能量转化和守恒定律奠基者的行列。焦耳为争夺名利而导致的悲剧，也为人们世世代代所遗憾和谴责。

由于权力地位与名利连在一起，所以自古以来就有争夺权力地位的斗争。这种斗争往往环环相扣，一旦投入其中，便会越滑越快、越陷越深，乃至不能自拔。所以说人生诸多烦恼，多由贪婪权势引起；人间诸多祸患，也多由贪婪权势招致。因此追求名誉和权力的时候，更应该铭记的是"君子爱财、爱名、爱权"都得"取之有道"。

小仲马是法国著名小说家大仲马的私生子。受父亲影响，他也热爱文学创作。不过一开始，小仲马寄出的稿子总是碰壁。大仲马得知后，便对儿子说："如果你能在寄稿时，随稿附上一封短信，或者只是一句'我是大仲马的儿子'，情况也许会好些。"

"不，我不想坐在您的肩膀上摘苹果，那样摘来的苹果没有味道。"小仲马固执地说。后来，他不露声色地给自己取了十几个其他姓氏的笔名，以避免编辑们把他与鼎鼎大名的大仲马有所联系。

接下来很长一段时间，小仲马收获最多的仍是一封封退稿信。但他始终没有沮丧，仍然笔耕不辍。后来，他的长篇小说《茶花女》以绝妙的构思和精彩的文笔震撼了一位资深编辑。这位编辑与大仲马合作多年，他发现寄稿人的地址正是大仲马家的地址，便怀疑大仲马另取了笔名。可是为什么写作风格也变了呢？带着疑问，编辑迫不及待地来到大仲马家。当他得知作者竟是名不见经传的小仲马时，不禁疑惑地问道："您为什么不在稿子上写上您的真实姓名呢？"

"我只想拥有真实的高度。"小仲马说。

小仲马可以接受父亲的建议，早一些品尝成功、享受胜利，但是那样，他将失去独立的人格尊严，更无法品尝到那个最甜的苹果。只有暂时放下那些虚伪的赞赏，用自己的能力去打拼一个"真实的高度"，才会体验真正意义上的成功。

每个人都有自己不同的活法，对个人而言，各有各的追求；对社会而言，各有各的贡献。一个快乐的人不一定是最有钱的、最有权的，但一定是最聪明的，他的聪明就在于懂得人生的真谛：花开不是为了花落，而是为了灿烂。功成名就从一定意义上来讲并不难，只要用勤奋和辛劳就可以换取，就是需要把别人喝咖啡的时间都用来拼搏。

世间有许多诱惑：桂冠、权贵……但那些都是身外之物，只有生命最美、快乐最贵。我们想要活得潇洒自在，要想过得幸福快乐，就必须做到学会淡泊名利享受、割断权与利的联系，无官不去争，有官不去斗；位高不自傲，位低不自卑，欣然享受清心自在的美好时光。这样就会感受到生活的快乐和惬意。否则，太看重权力地位，一生的快乐都会毁在争权夺利中，那就太不值得，也太愚蠢了。

子楚是秦孝文王的儿子，被作为人质送到了赵国。他在当地的生活并不宽裕，不方便乘车，居所也很狭小，住得很不舒服。

当时吕不韦正在邯郸做生意，见到子楚后，就打起了他的主意，认为子楚是一个可以囤积起来、留待日后发财的宝贝。于是他就前去拜见子楚，说："我可以帮你光大你的门户。"

子楚听后笑着说："你还是先光大你自家的门户，然后再来帮助我吧！"

吕不韦说："你有所不知，我家的门户要等你家的光大了之后才可能光大。"

子楚听懂了吕不韦话中隐含的深意，于是忙请他入座细谈。

吕不韦说："现在的秦王已经年迈体衰了，安国君被封为太子。我听说安国君十分宠爱华阳夫人，而华阳夫人自己没有生育。所以，将来决定立谁为王室继承人的大权就握在华阳夫人手中。现在你们兄弟有20多个人，你排行在中间，并不怎么受到宠爱，平时还长时间地作为人质被送到别的国家。所以等到秦王去世，安国君继承王位之后，你根本没有资本与长子及其他那些整日围绕在安国君身旁的兄弟们竞争，被立为太子的机会很小。"

子楚说："是这样的。那我应该怎么办呢？"

吕不韦说："你生活清贫，又是客居在这里，所以没有资财可以用来奉献给双亲或是结交朋友。我虽然也不是很富有，但仍愿资助你一笔财产，以供你回到秦国讨得安国君和华阳夫人的欢心。这样你就有机会被立为太子了。"

听得子楚连连叩谢说："如果一切真如您所说的，那么等我成了秦国国君之后一定把秦国的土地与您共同分享。"

在大商人吕不韦的资助和帮助下，子楚后来终于即位为王，即秦庄襄王，是秦始皇的父亲。当然，吕不韦的"生意"就做得更大了：子楚当上秦国国君后，他受封为闻信侯，担任秦国的相国。

在舍与得之间权衡利弊，为的是用较小的舍换取最大的得。这也可以说是一种投资行为。而说到投资，恐怕古往今来无人能比得上战国时期的赵国商人吕不韦了。吕不韦之所以能赚得盆满钵满，是因为他舍得在子楚身上花钱。

忘掉得失，心情更自由

在日常生活中，对于不用的物品的处理上往往体现出一个人的思维方式。随着人们生活水平的提高，家家都有不少已被更新淘汰但并未完全丧失功能的物品，有些人家舍不得丢弃，日积月累，无用之物越积越多，等到堆放不下了，只能惋惜地扔掉，并同时慨叹着"早知今日，何必当初"。

有些人随时淘汰那些不再需要的东西，省去了集中处理的精力，平时家中也显得简洁明快。其实人生又何尝不是如此，即便过着平凡的日子，也依然会不断地积累，大到人生感悟，小到一张名片，都是从无到有，积少成多。无论你的名誉、地位、财富、亲情，还是你的烦恼、忧愁都有很多该弃而未弃或该储存而未储存的。人类本身就有喜新厌旧的癖好，都喜欢焕然一新的感觉，不学会放弃就不会得到，学会放弃也就成了一种境界，大弃大得、小弃小得、不弃不得。于是在生活中应该学会遗忘不如意的时候，学会放弃生命中可有可无的东西，心胸自会坦然。

有一个聪明的年轻人，很想在一切方面都比他身边的人强，他尤其想成为一名大学问家。可是，许多年过去了，他的其他方面都不错，学业却没有长进。他很苦恼，就去向一位大师求教。

大师说："我们登山吧，到山顶你就知道该如何做了。"

那山上有许多晶莹的小石头，煞是迷人。每见到他喜欢的石头，大师就让他装进袋子里背着，很快，他就吃不消了。"大师，再背，别说到山顶了，恐怕连动也不能动了。"他疑惑地望着大师。"是呀，那该怎么办呢？"大师微微一笑，"该放下，不放下，背着石头怎能登山呢？"大师笑了。

年轻人一愣，忽觉心中一亮，向大师道了谢走了。之后，他一心做学问，进步飞快……其实，人要有所得必要有所失，只有学会放弃，才有可能登上人生的最高峰。

我们很多时候羡慕在天空中自由自在飞翔的鸟儿，人，其实也该像鸟儿一样的，欢呼于枝头，跳跃于林间，与清风嬉戏，与明月相伴，饮山泉，觅草虫，无拘无束，无羁无绊。这，才是鸟儿应有的生活，才是人类应有的生活。

然而，这世上终还有一些鸟儿，因为忍受不了饥饿、干渴、孤独乃至于"爱情"的诱惑，从而成为笼中鸟，永永远远地失去了自由，成为人类的玩物。

与人类相比，鸟儿面对的诱惑要简单得多。而人类，却要面对来自红尘之中的种种诱惑。于是，人们往往在这些诱惑中迷失了自己，从而跌入了欲望的深渊，把自己装入了一个个打造精致的所谓"功名利禄"的金丝笼里。

这，是鸟儿的悲哀，也是人类的悲哀。然而更为悲哀的是，鸟儿被囚禁于笼中，被人玩弄于股掌之上，仍欢呼雀跃，放声高歌，甚至于呢喃学语，博人欢心；而人类置身于功名利禄的包围中，仍自鸣得意，唯我独尊。这，应该说是一种更深层次的悲哀。

人生在世，有许多东西是需要我们学会放弃的。在仕途中，放弃对权力的追逐，随遇而安，得到的是宁静与淡泊；在淘金的过程中，放弃对金钱无止境的掠夺，得到的是安心和快乐；在春风得意、身边美女如云时，放弃对美色的占有，得到的是家庭的温馨和美满。

古人云：无欲则刚。这其实是一种境界，一种修养。没有太多的欲望，就会活得更加简单，更加洒脱，更加自由。

于是，在滚滚红尘中，怀一颗平和心，抵挡各种诱惑；做一件平常事，学会放弃许多；当一个平凡人，简简单单生活。

据说有一种小虫，每遇一物便取来负于背上，越积越重，又不愿放下一些，终于被压趴在地上。有人可怜它，帮它取下一些负重，它爬起来继续前行，遇物又取之背负如故。它的目的是越过一堵高墙，却因气力不支——坠地而死。

紧闭的窗户前有一只蜜蜂，它不断地振起翅翼向前冲去，撞上玻璃跌落下来，又振翅飞起撞过去……如此反复不断，直至力竭而死。

人有时也是这样。我们总喜欢给自己加上负荷，轻易不肯放下，自谓为"执著"。执著于名与利，执著于一份痛苦的爱，执著于幻美的梦，执著于空想的追求。数年光阴逝去，才嗟叹人生的无为与空虚。我们总是固执得很，由"我想做什么"到"我一定要做到什么"，理想与追求反而成为一种负担。

适当的放弃何尝不是一种美德。或许有另一扇窗户开着，蜜蜂掉头就能飞出去。外面是自由的天，自由的地，自由的空气，自由的心。

忘掉过去的辉煌，开启希望的明天

人生就像一场赛跑，在没有跑到终点之前，谁也不能说是最后的赢家。即使你过去曾经取得过不凡的成就，那也只能代表过去的荣耀，而不能说明现在的辉煌。如果你自认为很了不起，永远了不起，那么就是你人生危机的开始。即使暂时不被组织和团队淘汰，也会立刻被时代所淘汰。

如果把荣誉比喻成一簇鲜花，那么它终会有枯萎的一天。如果你只是躺在过去荣誉的鲜花里长睡不醒，那么你就可能走进枯萎的季节。

你过去取得的荣誉只是对你曾经一段时间工作成绩的肯定，而时代是不断向前发展的，过去的东西迟早会被现在和未来的东西所取代。

荣誉对我们每个人来说都有两种作用，它既能够给人们带来满足感和成就感，同时也可能麻痹人的精神，消磨人的意志，成为人进步的障碍和阻力。

正如英国诗人雪莱所说："过去属于死神，未来才属于你自己。"如果你只是在过去的辉煌当中止步不前，那么，你即使活着，也同行尸走肉没有什么两样。

今天的成就是昨天的累积，明天的成功则有赖于今天的努力。如果你今天不努力，今天就停止了前进的脚步，那么，明天你一定会丢掉发展的可能，甚至丧失生存的权利。

当刚刚创业四年的海尔在全国电冰箱评比中，获得中国电冰箱史上的第一块金牌后，全厂上下兴奋不已，等着张瑞敏开庆功会。但出乎所有人的意料，张瑞敏召集了所有中层干部，并在会上宣读了一封用户来信。

在那封信里，一位匿名用户对海尔冰箱提出了一些问题和改进的建议。为此，张瑞敏当场点名批评了有关部门的负责人。点名批评之后，所有中层干部都开始自查工作中存在的问题，分析原因，找出差距。

一场意料中召开的"庆功会"变成了"批评会"，这件事在管理者和员工中产生了很大的反响。对此，事后张瑞敏对大家解释说："骄兵必败。既然我们的产品要做到零库存，那成功也应该是'零库存'。只有时刻让自己处在最低的位置，忘掉那些过去的成绩，我们才能有机会把成功的道路拓得更宽。"

此后，大家不仅在金牌面前找差距，在取得成就后也处处找差距，最终迎来了海尔的飞速发展。

大凡成功者，他的特征，就是永不停止随时随地地追求进步，永不满足于目前取得的荣誉，不断地向着下一个更新更好更大的目标前进。成功人士深深懂得，如果自己停下脚步就会被别人赶上，所以他总是自强不息地力求进步。一件事情总是在昨天的基础上做得更好，而不是停留在昨天的成就上止步不前。

一个人的身体之所以能够保持健康活泼，是因为人体的血液随时都在更新。同样，一个人之所以才华出众，是因为他不停留在过去的荣誉上，永远都在吸收新的东西，争取新的突破。这样，他的事业才能一天天地发展起来，最后取得持久的成就。

成功的时候，我们往往自视很高，看不到自己的缺点，也看不到别人的长处，只有等到危机来临时，才发现自己错失得太多。而真正优秀的人，总能把每一次成功看成新的开始。即使功成名就，也能倒空功名，重新给未来定位。荣耀是我们的奠基石，但千万不要抱住不放，否则奠基石就会变成绊脚石。

古人说，物满则溢，月满则亏。这其实是一个很朴素的道理。当一个容器被装满的时候，就无法再装进任何东西。比如一个水杯，空的时候可以倒进去水，可是倒满后，多一滴水就会溢出来。人也是一样，如果你脑子里装满了利益、权力、业绩、荣耀、骄傲……便很难容纳进新的东西，自然也就谈不上超越和进步了。

生活中，常会有一些集过度自信自满甚至自负于一身的人，这些人对于自己总是自我感觉良好，认为自己比别人强，别人不如自己。过度自信自满的人，他心中的"杯子"已经是满满的，已无法再装进其他东西。

人的一生中随时需要知识更新，不断吸取养分，所以心中的"杯子"一定要倒空。

海纳百川，有容乃大。江海之所以能成为百川之王，是因为身处低下。要想拥有江海的事业和辉煌，首先要拥有容得下百川的心胸和气度。人要想不断进步，有所成就，就必须放低自己的身姿，倒空自己，用空杯的心态接受新的知识。

很多人最容易犯的错误就是骄傲自满。当拥有一些知识和经验或取得了一点点成就时就沾沾自喜，就接受不了其他的意见，不肯再接受新的东西。

其实，这个世界上有许多东西是永远学不完的，一些先进的思想和理念也是永远不可能学完的。

有一个博士生，在他毕业后的两年里，一连换了好几家单位，每次都在不长的时间里被公司辞退。

这位博士毕业时，找工作进行得非常顺利。刚开始时，应聘单位一听说他有博士头衔，都争相聘请他。于是，他选择了其中一家不错的单位。但刚到单位第一天，他就颇为不满。因为没有专人接待，领导只让一位同事帮他安排了住宿。他有种受冷落的感觉，觉得自己一个博士生，理应受到相当的重视。

带着这种情绪工作，自然处处挑剔，什么都看不上眼。这样一来，心思根本就没有放在工作上，自然什么也干不好。就这样过了三个月，因为没有创造出他本该创造的价值，领导对他的能力产生了怀疑。不仅如此，因为顶着光环，过于骄傲的他，同事关系处理得很差，常常流露出瞧不起他人的样子，大家都疏远他，不愿和他一起做事。后来被分派到分公司，他还是管理不善，因没有创造效益而最终被公司辞退。

之后他又去过几家单位，每次都是因为无法拿出业绩，自己又埋怨不受重用，过不了几个月就被辞退。

他之所以坐"冷板凳"，是由于他的心太满了，整天活在"博士"的光环中，不懂得谦虚学习，不懂得听取他人正确的意见。这样自大的人怎能得到组织的赏识和重用？

要知道，任何一个用人单位只会对职员的"使用价值"埋单，而不是你自认为所谓的"价值"，如学历、文凭、荣耀、经验等。你的学历，你的光环，仅仅代表你自身的价值；而使用价值，则是你利用自己的能力，为组织创造效益的那一部分。如果总觉得自己了不起，有学识，理所当然应该得到组织的重视，可是你却没有得到重视，是因为你的价值观没有建立在为组织创造效益的基础上。同时也说明你"太满"，无法接受新东西。

一个人只有勇于"倒空"自己，轻装上阵，才能不断地学到更多东西。只有做一个彻底的"空杯"，才能以淡然的心态待人做事。这样，你就不会有怀才不遇、怨天尤人的抱怨心态。你的杯子不但不会越来越满，还会溢出来。这时，无论是生存，还是打拼事业，你都会如鱼得水。

当你肯"舍弃"背在身上的"光环"，就会"得到"一身轻松。

这样的你，不仅能学到更多的东西，也能创造更多的价值。

放下得失，做正确选择

人生的许多烦恼都来源于得与失的矛盾。如果单纯就事论事，两者泾渭分明，水火不容，但是，从人的生活整体而言，得与失又是相互联系、密不可分的，甚至在一定的程度上，我们可以将其视为同一件事情。不唯得失如此，诸如福祸、利弊、进退、成败、贵贱等也都像孪生姐妹一样彼此相倚相扶、难分难舍。这是中国人对于生活的一个普遍感受。我们不妨动动脑子认真想一想，在生活中有什么事情纯粹是利，有什么东西全然是弊？显然没有！所以，凡是明白人都晓得，天下之事，有得必有失，有失必有得，得失同生。

春秋战国时期的宓子贱，名不齐，是孔子的弟子，鲁国人。有一次齐国进攻鲁国，战争迅速向鲁国单父地区推进，而此时宓子贱正在做单父宰相。当时正值麦收季节，大片的麦子已经成熟了，不久就能够收割入库了，可是战争一来，眼看到手的粮食就会让齐国抢走。当地一些父老向宓子贱提出建议，说："麦子马上就熟了，应该赶在齐国军队到来之前，让咱们这里的老百姓去抢收，不管是谁种的，谁抢收了就归谁所有，肥水不流外人田。"另一个也认为："是啊，这样把粮食打下来，可以增加我们鲁国的粮食，而齐国的军队也抢不走麦子作军粮，他们没有粮食，自然也坚持不了多久。"尽管乡中父老再三请求，宓子贱坚决不同意这种做法。过了一些日子，齐军一来，把单父地区的小麦一抢而空。

为了这件事，许多父老埋怨宓子贱，鲁国的大贵族季孙氏也非常愤怒，派使臣向宓子贱兴师问罪。宓子贱说："今天没有麦子，明年我们可以再种。如果官府这次发布告示，让人们去抢收麦子，那些不种麦子的人则可能不劳而获，得到不少好处，单父的百姓也许能抢回来一些麦子，但是那些趁火打劫的人以后便会年年期盼敌国的入侵，民风也会变得越来越坏，不是吗？其实单父一年的小麦产量，对于鲁国的实力的影响微乎其微，鲁国不会因为得到单父的麦子就强大起来，单父也不会因为失去这一年的小麦而衰弱下去。但是如果让单父的老百姓，以至于鲁国的老百姓都存有这种借敌国入侵能获取意外财物的心理，这是危害我们鲁国的大敌，这种侥幸获利的心理难以整治，那才是我们几代人的大损失呀！"

宓子贱自有他的得失观，他之所以拒绝父老的劝谏，让入侵鲁国的齐军抢走了麦子，是认为失掉的是有形的、有限的那一点点粮食，而让民众存有侥幸得财得利的心理才是无形的、无限的、长久的损失。得与失应该如何取舍，宓子贱做出了正确的选择。要忍一时的失，才能有长久的得，要能忍小失，才能有大的收获。

天下万事万物都是双刃剑与两面刀，正面固然锋利，反面同时能够伤人。看惯了人世间上演的一幕幕福祸纠缠、庆吊相随的悲喜剧，一个成熟的人觑探了其中道理，便得亦不喜，失亦不忧，此所谓"得失两便"。生活就是这样，似得却失，似失还得，失中有得，得后有失。任何一件事情，都有正反两个方面，且随时相互转化。

古人在论及得失时说："自古以来，通达的贤者一般不存有什么得失的念头。古时候子文三次被免去令尹的职位，柳下惠三次被国君免官，这两人都处之泰然，未曾怨怒。银杯飞升仙，斛米被鼠雀损耗，柳公权、张率都恬淡不怒，只是一笑了之。有得有失，这是事物的常理。担心得不到，得到了又担心失掉，则被人鄙视。塞翁丢失骏马，祸与福同在，得失和荣辱，哪里用得着放在心上。"

很多先哲都明白得失之间的关系。他们看重的是自身的修养，而非一时一事的得与失。柳下惠，姓展名禽，是鲁国的大夫，曾任士师，三次被国君免官，可他却不走。故此《鲁论》上记载说："柳下惠，担任士师，三次被罢免。"有人对他说："你怎么不离开鲁国呢？"他回答说："正直清白地做官，到哪里去不会被多次罢黜？没有正义感地做官，那又何必离开自己的国家？"孟子说："柳下惠被免了官也没有怨言，穷困了也不显出可怜的样子。"柳下惠明白，要做一个清白正直的人，势必会遭到邪恶势力的嫉恨，也会使自己的利益受到损失。但即便是个人利益遭受损失，也不能放弃自己的主张，所以他能够坦然对待自己所处的环境。

对于得失问题，古人还认识到：自然界中万物的变化，有盛便有衰；人世间的事情也同样如此，总是有得便有失。

《论语》中记载孔子的言论："愚钝的人可以让他做官吗？如果让这样的人做官的话，还没有得到官位的时候，害怕得不到；做了官以后又害怕失去。既然怕失去官位，那就什么都做得出来。"同样庸人在没有得到富贵与权力的时候，就是害怕得不到；得到富贵与权力的时候，则又唯恐失去。这就是我们常说的患得患失。

患得患失的人是把个人的得失看得过重。其实人生百年，贪欲再多，官位权势再大，钱财再多，也一样是生不带来死不带走。处心积虑，挖空心思地巧取豪夺，难道就是人生的目标？这样的人生难道就完美，就幸福吗？过于注重个人的得失，使一个人变得心胸狭隘，斤斤计较，目光短浅。而一旦将个人利益的得失置于脑后，便能够轻松对待身边所发生的事，遇事从大局着眼，从长远利益考虑问题。

16世纪初，有很多科学家都面临着困难的处境，意大利天文学家及数学家伽利略也面临同样的困难。有时候，他把自己的发现和发明当作礼物送给当时最重要的赞助者，从他们那里得到资助从事研究。然而，不管发现多么伟大，这些赞助人通常都是送他礼物，而不是赠予现金，因此他常常没有安定的生活。

1610年，他发现了木星周围的卫星。这一次他把这个发现呈献给麦迪西家族。他在寇西默二世登基的同时宣布，从望远镜中看见一颗明亮的星星（木星）出现在夜空上。他表示，卫星有4颗，代表了寇西默二世与其三个兄弟；而卫星环绕木星运动，就如同这4个儿子围绕着王朝的创建者寇西默一世一样。将这项发现呈献给麦迪西家族之后，伽利略委托他人制作一枚图案——天神来比特坐在云端之上，四颗星星围绕着他——徽章献给寇西默二世，象征他和天上所有星星的关系。

1610年，寇西默二世任命伽利略为其宫廷哲学家和数学家，并给予全薪。对一名科学家而言，这是人生中最辉煌的岁月，伽利略四处乞求赞助的日子终于结束了。

伽利略仅靠一个简单的举动就摆脱了以前四处求乞的日子。理由很简单：贵族们实际上并不关心科学和真理，他们在意的是名声与荣耀。人们都希望自己看起来比其他人更为显赫出众，伽利略就将他们的名字连接上宇宙的力量来满足他们的虚荣。能和宇宙联系在一起，这样的荣耀有谁不想得到呢？

伽利略的策略让这些贵族们觉得自己不只是在做提供财源这样简单的工作，而是让他们觉得自己富有创造力并权倾一世，甚至比以前创造的伟业更崇高。

由此可见,你不能让他人感到不安,尤其是位居己上的人,在必要的时候给予他们荣耀会给自己带来许多便利。伽利略不但没有以自己的发现挑战寇西默二世的权威,或者让他们在某一方面感觉自己有不足之处,反而把他们比拟为行星,让整个家族在意大利的王室之间璀璨夺目。他没有抢资助者的风头,而是把荣耀的桂冠戴在别人头上。

不论什么时候,位居高位的人总是希望自己的地位安稳,并在智力、机敏度及魅力方面优于其他人。这样,他们才觉得平衡,那些认为展露并吹嘘自己的天赋和才华可以赢得上司欢心的想法是绝对致命而又愚蠢的。你的上司很可能会假装欣赏你,等到一有机会就用聪明才智、吸引力及威胁性都比不上你的人来取代你。

也许有人会认为伽利略过于逢迎这些贵族,而失去了作为一名科学家应具有的品质。但是,科学家也不能逃避生活的反复无常,他们也需要有足够的经济支撑。如果仅仅用一个小策略就能获得更多的支持,又何乐而不为呢?

丢掉心理上的患得患失,摆脱观念上的物我对立,"天生我材必有用,千金散尽还复来""以前种种,譬如昨日死;以后种种,譬如今日生",只要找到心理上的平衡,找到一条适合自我心灵快乐的生活之路,便是顺其自然。

用理性的眼光看待得失

我们把握不住得失,是因为有的得失过于深刻,我们缺乏洞察它的远见卓识;有的得失似是而非、亦真亦假,我们少了一些辨析

与思考；有的得失虽然一目了然，我们却又因一时冲动，而做出了错误的选择。得失不会顾及我们的感觉，它需要与理性为伍。

隐性的得失容易被人忽视。人们难以驾驭、反而被它所左右的，往往是隐性得失。所谓隐性得失，就是那些非显而易见的或是容易混淆的得失。有的得失藏匿很深，而且潜伏期很长，一般人是很难把握的。把握如此长远而深刻的得失是需要有远见卓识的。但有的隐性得失隐藏得并不深，我们把握不住它，是因为我们的忽视，或是欠缺了一些思考。古人告诫我们：凡事三思而后行。我们每做一件事情，实际上都在播撒着得失的种子，但我们又常常处于无意识的漫不经心之中，直到它开了花甚至结出果来，才大吃一惊。比如，有的人爱发牢骚，发牢骚的时候并没有影响到自己什么，但到了关键的时候，发牢骚便成了罪状，现实中吃这个亏的人已经很多了。有的人做好事，仅仅出于良心、道义，压根儿就没想过得到回报，可喜出望外的事情偏偏就发生了。俗话说："有心栽花花不开，无心插柳柳成荫。"人的不理智就在于：只有心栽花，而无心插柳。想到有利可图的事便去做，而做事情的时候从不考虑会失去什么。如果我们换一种态度去做事又将会怎样？

为什么上当受骗的事屡屡发生？并不是骗子有多高明，许多骗局根本用不着多想，只要稍微想一想就能看破它，但我们在利欲熏心的时候，眼睛只会盯着"得"，如同看魔术表演，只看表演者的精彩之处，而不会去注意他的破绽。如20世纪80年代的连锁信，莫名其妙的来信中说："你一定要给来信的人寄去20元钱，并按同样的方法给其他人写一封信，要不然你就大难临头了。"如此笨拙的骗局居然也有不少人相信。再后来发展到传销、出名人录、中奖、手机和网络诈骗，其实都是傻乎乎的游戏，居然还有那么多的人傻乎乎地乖乖地把钱塞进骗子的口袋。更愚蠢的是某些人，明知是后患无穷的事，偏要赌一把。前不久，看到一则关于车辆事故的电视报道，在行驶下坡路段之前司机就知道刹车失灵了，如果能够理智地停下，最多就是不赚这趟跑车的钱，但他还是要赌赌运气，挂着一挡下坡，结果想停也停不住了，车上所有的人都眼睁睁看着自己走向坟墓。得失是有条件的。同样一件事，人家能办成，你也可以办成，但人家办成了是"得"，你办成了却是"失"。比如说打"擦边球"，人家能打，你也能打，但人家打了是"得分"，而你打了就要"失分"。因为人家打"擦边球"的时候"裁判"视而不见，你打的时候，"裁判"早已死死盯着你。

眼前的利益容易让人动心。人之所以目光短浅，并不见得都是"视力"太差，而是因为我们太现实了：眼前的"得"，我们不能放弃；眼前的"失"，我们又不能忍受。其实，我们面对的种种得失绝大多数不需要用远见卓识来判别，有的明知是不可为的，只是因为我们对眼前的诱惑或失落过于冲动，才不计后果。只要我们理智一些，少一些冲动与侥幸，是能够冷静对待眼前的得失的。

贪婪让你丧失正确判断

生命如舟，载不动太多的物欲和虚荣，要想使之在抵达彼岸前不至于中途搁浅，就必须轻载，取只需要的东西。

一天，一个拥有无数钱财的吝啬鬼去他的牧师那儿祈求祝福。牧师让他站在窗前，看外面的街上，问他看到了什么，他说："人们。"

牧师又把一面镜子放在他面前，问他看到了什么，他说："我自己。"

窗户和镜子都是玻璃做的,但镜子上镀了一层水银。单纯的玻璃让我们能看到别人,而镀上水银的玻璃只能让我们看到自己。

有一个地方,人们都善于游泳。

一天,江水突然暴涨,有五六个人同乘一只小船渡江。但在渡到江中心时,船却突然破了,于是船上的人都跳到江中往岸上游。

其中有一个人使出了全身的力气,却远没有平常游得快。在他旁边游的一个同伴问:"你是我们中间最善于游泳的,为何今天却游得这样吃力呢?"

那人答道:"我腰里缠着一千大钱,非常重,所以游不动。"

同伴劝他说:"快把它扔了吧,现在逃命要紧!"

那个人不说话,只是一个劲儿地摇头。

又过了一会儿,这个人更加没有力气了。已经上了岸的同伴们站在江边大声训斥他:"你这人真是太糊涂了!太愚蠢了!命都快没有了,你还要那些钱干什么呢!快把它扔了!"

那个人还是舍不得,很快便沉下去淹死了。

人的眼睛也常常被金钱所蒙蔽,只见自己而不见别人。这样的人怎么能得到别人的认同、支持和拥戴呢?怎么能获得地位、身份和幸福呢?

《菜根谭》中提道:贪婪的人,身上富有了,但人心却一贫如洗;知足的人,身上虽然贫穷,但内心却很知足。人只要有一点贪恋私利,就会销熔刚强变为软弱,阻塞智慧,变得昏庸;仁慧变为狠毒,高洁变为污浊,败坏一生的品行。

三百年前,被康熙誉为"天下第一廉吏"的两江总督于成龙,为官二十载。每次升迁离任时，只用坛子装些当地的泥土留作纪念，每日粗米旧衣，形如樵夫，不贪不占不巧取，戒奢戒骄戒招摇。这与"三年清知府，十万雪花银"那种腐败的封建官场，形成了鲜明对照。他的品德为人所称颂，使当时江宁一带一改奢靡之风，以至在其病逝20年后，康熙再下江南时，当地百姓仍念念不忘他的清廉之名。

舍得，就是要舍"得"，就是要敢于舍去自己已有的，只有这样，才能得到幸福。关于舍"得"的真理，以下就是个典型的例证：

有一个年轻的基督徒，他的虔诚感动了上帝。这天，上帝突然在他面前现身，并且要奖励他一些宝贝。年轻人非常高兴，便带上行囊，和上帝一起来到一个神秘的仓库里。

年轻人简直看花了眼，因为仓库里装满了五光十色的宝贝，每件宝贝都让人爱不释手。仔细看，宝贝上还刻着清晰的文字，有"正直""美丽""勇敢"……

"我的孩子，你可以随便拿。"上帝微笑着告诉年轻人。年轻人赶紧回过神来，抓起宝贝就往行囊里装，只恨自己的行囊太小，装得宝贝太少。

但是在回家的路上，年轻人发现装满宝贝的行囊是那么的沉。没走多远，他便感觉两腿发软，气喘吁吁。

"我的孩子，我看你还是丢掉一些宝贝吧！回家的路还远着呢！"上帝说。

是啊，年轻人恋恋不舍地在行囊里翻来翻去，最后咬咬牙丢掉了两件宝贝。

但是行囊里有数十件宝贝，丢掉两件显然不能轻松多少。不一会儿，年轻人不得不再次停下来，咬咬牙又丢掉了一些宝贝，有"痛苦"、有"烦恼"、有"骄傲"……

重量显然轻了不少,但年轻人一开始装得实在太多,更何况他的双腿已经累得好像灌了铅。

"孩子,"上帝又一次劝道,"你再翻一翻行囊,看看还能不能丢点什么?"

经过反复翻找,年轻人长叹一声,终于扔掉了两件沉重的宝贝——"名"和"利"。这下,口袋里只剩下了"谦虚""正直""快乐""爱情""健康"……年轻人再去提行囊时,感觉说不出的轻松。

但是,就在离家还有两百米的地方,年轻人突然感到前所未有的疲惫。这一次,他一步也走不动了。

"我的孩子,"上帝心疼地对他说,"你再看看还有没有可以丢掉的宝贝。你可以暂时把它放在路边,等明天恢复了体力再来拿。如果它是你的,明天它一定会在。如果它不是你的,以后我还可以再给你。"

年轻人实在不想再舍弃什么了,但是那样,他根本回不了家。最后,他拿出了"爱情",恋恋不舍地放在了路边。

年轻人终于走回了家,可是他并没有想象中那么快乐,尤其是那个放在路边的"爱情"让他担心不已。上帝走过来说:"我的孩子,'爱情'虽然可以给你带来幸福和快乐,但它有时也会成为你的负担。你现在最需要的是休息,等明天恢复了体力再把它拿回来,可以吗?"

第二天一早,年轻人来到路边,拿回了带着露珠的"爱情"。那一瞬间,他感到无比的幸福和快乐。这时,上帝走过来,微笑着说:"我的孩子,你终于学会了放弃,终于感受到了放弃的幸福!"

懂得放手和舍去是明智之举,照民间的说法是吃饱了要晓得放碗。所以,舍得是一种人生哲学。舍是一种本领、一种态度、一种境界。舍得舍得,先舍后得,"舍"在前,"得"在后,也就是说,

"舍"与"得"虽是反义,却是一物的两面。舍得是对等的,你先"舍",然后才能"得"。这就是"舍得"的本意,能"舍"方能"得"。当然,这种"得"更多的是指精神的丰润、境界的升华。舍得之间暗藏玄妙,意境很深,只能靠自己去琢磨,去感悟。

第一章 坦然面对生活中的得与失

第二章 舍得中成就自我

与人为善,共享快乐

乐于助人者都明白:施与爱,同样都幸福。当你施恩于他人,你也相对地成为更好的人。行善所带给你的正面影响,能作用得很久,就算受惠的人已经忘了,对你的助益仍在。善行不在乎大小和代价,和善的言辞和贴心周到的礼貌都会让人感激且难以忘怀。

从前有一个国王,他有一个为他所钟爱到极点的儿子。这位年轻的王子,没有一件欲望和要求得不到满足。因为他父王的疼爱与权力,使他可以得到一切他所向往的东西,然而他仍常常眉头紧锁,面容愁苦。

有一天,一位大魔法师走进王宫,对国王说,他有方法可以使王子快乐,能把王子的愁容变成笑容。国王听了大为高兴,对魔法师说:"如果你能办到这件事,你要求的任何赏赐,我都可以答应你。"

魔法师于是将王子领入一间密室中,用一种白色的东西在一张纸上涂了一些字迹。他把那张纸交给王子,让王子走入一间暗室,然后燃起蜡烛,注视着纸上呈现出的东西。说完魔法师就离开了。

这位年轻的王子遵命而行,在烛光的映照下,他看见那些白字化成美丽的绿色。而变成的一行字是"每天为别人做一件善事!"王子遵照了魔法师的劝告,很快就成为一个快乐的少年。

一个人的生命,只有有助于他人,才能称得上是喜悦与快乐的。我们必须有所"给予",才能有所获取,我们的生命才能生长。

一颗善良的心,一种爱人的性情,可以说是我们最大的财富。虽然我们给予他人以爱、同情和鼓励,然而我们本身却并未因为给予而有所减少,反而会由于给予而获得更多。我们把爱、同情、善意给人愈多,则我们所能收回的爱、同情和善意也愈多。

与人为善,同时你也会得到善;而与人为恶,总是相互指责与猜忌,那么带给人的也只有误解和怀疑。"如果你握紧一双拳头来见我,"威尔逊总统说,"我想,我可以保证,我的拳头会握得比你的更紧。但是如果你来找我说:'我们坐下,好好商量,看看彼此意见相异的原因是什么。'我们就会发现,彼此的距离并不是那么大,相异的观点并不多,而且看法一致的观点反而居多。你也会发觉,只要我们有彼此沟通的耐心、诚意和愿望,我们就能沟通。"

与人为善,并不是只有大富翁才能做的事,我们每一个人都可以做到。怀着好心情、好精神的人,虽然没有一文钱可以施舍给别人,但是他能比那些慷慨解囊的富翁行更多的善事。

善的付出,收获爱的回报

如果人人都献出一颗爱心,那么,生活的大地上就不会长出仇恨的杂草和魔鬼的庄稼。因为爱心是善行的种子,种豆得豆,种瓜得瓜。

关于人性本善与本恶的争论,几乎响彻了历史的整个甬道,至今仍未休止。我却认为:人是自然界的一分子,呱呱坠地的时候,无所谓好坏，无所谓恶善。人的善恶不是先天的赐予，而是后天养成的。

黎巴嫩大哲学家纪伯伦说："当你努力奉献自己的时候，你便是善。"引而申之，当你不择手段寻求私利满足私欲的时候，你便离恶的深渊不远了。善与恶作为两种界限分明的行为，每个人都有选择的权利和机遇。或者说，人降生到这个充满物欲的世界上，其一举一投足都深刻着善与恶的印迹。

有一个医生名叫杨传礼，久事按摩，自成一派，曾以手法独到而应召中南海。这也应算作当代御医了。杨医生声名在外，却非常谦和热忱，不像有些人偶有所成便端着一副架子，专向上边看。杨医生对病人一视同仁。他的按摩室的墙上，挂满了锦旗，有杨成武将军送的，更多的是不知名的黎民百姓送的。按摩如同踢足球，技术和体力同等重要。但还有一种无形的力量不可或缺，那便是精神，一种敬业和奉献的精神。杨医生从医几十年，他的两只手，不知使多少人恢复了健康。当他六十有余时，仍站在病榻前，一遍一遍地按、摩、摁、压，常常是半日未竟，早已汗流浃背。但只要有病人到来，他就不会歇息。只要那双健劲有力的大手从病人身上碾过，病人便立刻感到如释重负，浑身轻爽。

选择善行，其实是选择一种人生态度。大自然很公平，它给予每个人的生存空间、时间和物质大致相同，谁也不能占有谁。占有即是剥夺。大自然又太不公平，它常常将一些人推向生命的绝境，使之苟延残喘于饥饿、贫穷和凄凉、悲惨的旷野。这就需要爱的相助。人们相聚一处或邂逅异国他乡，都应视为一种天赐的缘分。

颜回是孔子最得意的门生。在颜回将死时，孔子几乎痛不欲生。

颜回居陋巷不改其乐，是安贫乐道的圭臬；颜回不迁怒，是宽恕忠厚的典范。选择善行，其实也是选择一种品格。品格是道德风范的外化。中国传统道德的核心是儒家学说的"仁"，剔除其糟粕，吸取其精华，概括起来，大约不外乎是为官要爱民、忧国，为民要爱人、尚义；穷而不坠其志，富而乐善好施；对己严格自律，对人宽厚真诚；忠于信仰，威武不屈，富贵难惑；忠于朋友，胸怀坦荡，不藏不匿；商海无涯，信誉为岸；世风险恶，廉洁是帆……有一位哲人说："爱虽给你们加冠，也将你们钉在十字架上；他虽栽培你们，也将修剪你们。"我们既然选择了善行，也将受到道德的约束，每时每刻都要反省自己，鞭策自己。这就是品格的修养。一个品格高尚的人，其善行的脚步如同流水向东，是不需要号令推动的。

这一年的圣诞节，保罗的哥哥送给他一辆新车作为圣诞节礼物。圣诞节的前一天，保罗从他的办公室出来时，看到一个小男孩在他闪亮的新车旁走来走去，触摸着，满脸羡慕的神情。

保罗饶有兴趣地看着小男孩，从他的衣着来看，他的家庭显然不属于自己这个阶层。就在这时，小男孩抬起头，问道："先生，这是你的车吗？"

"是啊，"保罗说，"我哥哥给我的圣诞节礼物。"

小男孩睁大了眼睛："你是说，这是你哥哥给你的，而你不用花一角钱？"

保罗点点头。小男孩说："哇！我希望……"

保罗认为他知道小男孩希望的是什么，有一个这样的哥哥。但小男孩说出的却是："我希望自己也能当这样的哥哥。"

保罗深受感动地看着这个小男孩，然后他问："要不要坐我的新车去兜风？"

小男孩惊喜万分地答应了。

逛了一会儿之后，小男孩转身向保罗说："先生，能不能麻烦你把车开到我家前面？"

保罗微微一笑，他理解小男孩的想法，坐一辆大而漂亮的车子回家，在小朋友的面前是很神气的事。但他又想错了。

"麻烦你停在两个台阶那里，等我一下好吗？"

小男孩跳下车，三步两步跑上台阶，进入屋内，不一会儿他出来了，带着一个显然是他弟弟的小男孩，他因患小儿麻痹症而跛着一只脚。小男孩把弟弟安置在下边的台阶上，紧靠着坐下，然后指着保罗的车子说：

"看见了吗，就像我在楼上跟你说的一样，很漂亮对不对？这是他哥哥送给他的圣诞礼物，他不用花一角钱！将来有一天我也要送给你一辆一模一样的车子，这样你就可以看到我一直跟你讲的橱窗里那些好看的圣诞礼物了。"

保罗的眼睛湿润了，他走下车子，将小弟弟抱到车子前排的座位上，小男孩眼睛里闪着喜悦的光芒。于是三人开始了一次令人难忘的假日之旅。

这个圣诞节，保罗明白了一个道理：给予比接受更令人快乐。

选择付出，我们这个世界将会更加美好。选择善行，虽然我们不会太富有，心灵世界却可以与世界融为一体。

善良让你的人格无限高尚

善良，是人类生存和社会发展最基本的精神力量。爱心能融化人的孤独感和分离感，它能使人与人的关系和睦温馨，它能打破人们心中的"围墙"，它是建立和谐人际关系的纽带。

世界不能没有爱，爱对于我们就像空气、阳光和水。爱是一宗大财产，是一笔宝贵的资源，拥有了这种财产和资源，人生就会变得富有、幸福，人生就会步向成功的顶峰。

真正的爱乃发源于心。换言之，爱是从圣洁之心、善良之心、无伪之心生长出来的，是从高尚人格中生长出来的。

一个人的生命，只有有助于他人，充满了喜悦、快乐，才有价值和意义。那种对人人付出爱心的习惯，和对人人抱着亲爱友善的精神所产生的喜悦和快乐，才能称为幸福。我们必须有所"给予"，才能有所取得，我们的生命才能生长。

一位哲学家问他的学生："人生在世，最需要的是哪一件事？"答案有许多，但最后一个学生说："一颗爱心！"那位哲学家说："在这'爱心'两个字中，包括了别人所说的一切话。因为有爱心的人，对于自己则能自安自足，能去做一切与己适宜的事，对于他人，他则是一个良好的伴侣和可亲的朋友。"

一颗善良的心，一种爱人的性情，一种坦直、诚恳、忠厚、宽恕的精神，可以说是一宗财产。百万富翁的区区财产，若与这种丰富的财产相比较，则是不足挂齿的。有这种好心情、好精神的人，虽然没有一文钱可以施舍他人，但是他能比那些慷慨解囊的富翁行更多的善事。

假使一个人能够大彻大悟，能尽心努力地为他人服务，为他付出爱心，那他的生命就更有意义。最有助于人的生命发展的，莫过于从早年起，就养成有爱心以及懂得爱护人的"习惯"。

我们把爱心、善意、同情、扶助给人愈多，则我们所能收回的爱心、善意、同情、扶助也愈多。

人生一世，所能得到的成绩和结果常常微乎其微。此中原因，就是在爱心的给予上显然不够大方。我们不轻易给予他人爱心与扶助，因此，别人也"以我们之道，还治我们之身"，以致我们也不能轻易获得他人的爱心与扶助。

常常向别人说亲热的话，常常注意别人的长处，说别人的好话，能养成这种习惯是十分有益的。人类的短处，就在于彼此误解、彼此指责、彼此猜忌，我们总是盯着他人的不好、缺憾、错误的地方而批评他人。假使人类能够减少或克服这种误解、指责、猜忌，能彼此相互亲爱、同情、扶助，那么梦寐以求的欢乐世界就能够实现了。

我们大多数人都是因为贪得无厌、自私自利的心理，以及无情、冷酷的商业行为，以至于爱心被蒙蔽，只能看到别人身上的坏处，而看不到他们的好处。假使我们真能改变态度，不要一味去指责他人的缺点，而多注意一些他们的好处，则于己于人均有益处。假使人们彼此间都有互爱的精神，这种氛围一定可以使世界充满爱和阳光。

仁慈的爱心是世界上最伟大的情感力量，它要求无条件地全然付出，在不断地臻于完美的同时，也为你迎来了最为可贵的幸福。

人要有仁爱之心，热爱一切，爱心能唤醒人类的善良，唤起人类最美好的情感。与此同时，你的幸福感也会油然而生。

我们的一生中有时会在刹那间猝然醒悟。我们发现，每一件事情都遵循着一个模式发展，而那个模式在美妙地契合之间，成为一个整体。

当然，我们并不总会有这种感觉。我们都偶然会有"那样的一天"，在那些日子、时刻和钟点，我们发现所有的好事全都发生了，我们的生活进展得顺理成章,而我们得到的正是我们所需要的。

让我们所爱的人去和我们以外的一些人建立密切的关系,去爱他们、支持他们和抚育他们,把我们的爱升华到一个更高的层面。

张开我们的关系网络,将之与人分享,这违背了我们内心占有欲的那个神话的核心:我把我们所爱的人视作禁忌,他人不得染指。然而,控制和占有同爱心恰恰背道而驰。尽管我们与人分享的时候会冒风险,可是,在让我们周围的人分享我们遇到的好事时,也会使我们从中感觉到令人难以置信的愉悦。

幸福的产生与否就在于一个人的心态如何,那种善良的心、仁慈的爱能产生巨大的威力,迎来盼望的幸福。毕竟在这个地球上,只有充满着爱心的角落、家庭,才能得到幸福光芒的照耀。

世界著名的精神医学家亚弗烈德·阿德勒曾经发表过一篇令人惊奇的研究报告。他常对那些孤独者和忧郁病患者说:"只要你按照我这个处方去做,14天内你的孤独忧郁症一定可以痊愈。这个处方是——每天想想,怎样才能使别人快乐,让别人感到人世间的爱心力量。"

有一个50岁的女人,在丈夫去世不久,儿子又坠机身亡,她被悲伤和自怜的感情所包围,久而久之得了忧郁症,甚至产生了自杀的念头。好心的邻居带她去找亚弗烈德·阿德勒,阿德勒问清病情后劝她去做些能使别人快乐的事。50岁的她能做些什么呢?她过去喜欢养花,自从丈夫和儿子去世后,花园都荒芜了。她听了亚弗烈德·阿德勒的劝告后,开始整修花园,施肥灌水,撒下种子,很快就开出鲜艳的花朵。从此,她每隔几天都将亲手栽培的鲜花送给附近医院里的病人。她给医院里的病人送去了温馨,换来了一声声"谢谢您!"这美好的"谢谢您"轻柔地流入她的心田,治愈了她的忧郁症。她还经常收到病愈者寄来的贺卡、感谢信，这些卡和信帮助她消除了孤独感，使她重新获得人生的喜悦。

无论一个人的生活多么平凡，即便生理上有这样那样的缺陷，都应该学会这个精神处方——多想想，怎样才能让别人感到快乐。

有一个盲人在夜晚走路时，手里总提着一个明亮的灯笼，别人看了很好奇，就问他："你自己看不见，为什么还要提灯笼走路？"

那个盲人满心欢喜地说："这个道理很简单，我提上灯笼并不是给自己照路的，而是为别人提供光明，帮助别人。我手里提上灯笼，别人也容易看到我，不会撞到我身上，这样既可以保护自己的安全，也帮助了别人。"

在漫漫的人生道路上，你如果觉得自己孤寂，或者觉得道路艰难，那你就照着阿德勒的话去做，只要心中有一盏温暖的灯，就将照亮你暗淡的心灵，你将获得温暖，度过寒冷的冬季，跨过每一道障碍。这样你会逢凶化吉，因祸得福，获得快乐，使你远离精神科医生。因为爱的表现是无条件地付出，奉献出来，而最终结果是无偿地索取。

你在送别人一束玫瑰的时候，自己手中也留下了最持久的芳馥。

奉献让生命完美无瑕

只要我们将自己奉献给他人，爱对我们而言便是随手可得的。

我们的爱给予他人，我们会因此得到更多的爱。

我们用一个故事来证明这个伟大的信念，这是最动人心弦也最具说服力的故事：

琳达是个美国女孩，她作为一名老师，只要有时间，便从事一些艺术创作。在她28岁的时候，医生发现她长了一个很大的脑瘤，他们告诉她，做手术存活概率只有2%。因此他们决定暂时不做手术，先等半年看看。

她知道自己有天分，所以在6个月的时间里，她疯狂地画画及写诗。她所写的诗除了一首之外，其余的都被刊登在杂志上；她所有的画，除了一张之外，都在一些知名的画廊展出，并且以高价卖出。

6个月之后她动了手术。在手术前的那个晚上，她决定要将自己奉献出来——完全地、整个身体地奉献。她写了一份遗嘱，遗嘱中表示如果她死了，她愿意捐出身上所有的器官。

不幸的是，琳达的手术失败了。手术后，她的眼角膜很快地就被送去马里兰一家眼睛银行，之后被送去给在南加州的一名患者，使一名年仅28岁的年轻男性患者得以重见光明。他在感恩之余，写了一封信给眼睛银行，感谢他们的存在。他说他还要谢谢捐赠人的父母，他们一定是一对难得的好父母，才能养育出愿意捐赠自己眼角膜的孩子。他得知他们的名字与地址之后，便在没有告知的情况下飞去拜访他们。琳达的母亲了解了他的来意之后，将他抱在怀中。她说："孩子，如果你今晚没有别的地方要去，爸爸和我很乐意和你共度这个周末。"

他留下来了。他浏览着琳达的房间，发现琳达曾经读过柏拉图，而他以前也读过柏拉图的点字书；他发现她读过黑格尔，而他以前也读过黑格尔的点字书。

第二天早上，琳达的母亲看着他说："你知道吗，我觉得我好像在哪儿见过你，可是就是想不起来。"突然她想到一件事，她上楼抽出琳达死前所画的最后一幅画，那是她心目中理想男人的画像。画上的男人和这个年轻人几乎一模一样。

然后她母亲将琳达死前在床上所写的最后一首诗读给他听：
两颗心在黑夜里穿梭。
坠入爱河，
但却永远无法抓到对方的眼神。

最彻底的、最善良的爱让琳达以奉献她的生命超越了物质实体，在精神世界中，仁爱赢得了永生。

包容提升你的人格魅力

有包容心的人，胸襟自然开阔。胸襟是否开阔也是衡量一个人能否成大事的重要标准。胸襟狭小的人，只能看到蝇头小利和眼前利益；胸襟开阔的人，往往眼光高远，不计小利，以大局为重。

一个人要成大事，要开创一番事业，就一定要有开阔的胸怀。只有以爱心包容一切，才会取得事业上的成功与辉煌。

一个人的胸襟如果足够开阔，那么他所做的事情和他的做人原则一定是很有特点的。胸襟开阔的人对什么事都能够看得开，因此他们会处乱不惊，他们不存报复心理，他们的心里无极端倾向。这是一个人不断修养出来的美德和品质。做人，就应该养成这种良好品德。

在历史上，曾有很多战争的发生，其导因却是对一些小事的不宽容而致。

作为普通人，不可能因为一件小事就引发一场战争，但可能会因小事而使周围的人不愉快。因此说，一个人为不大的事发怒，也就说明了他的胸襟是多么狭隘。

一个没有宽容之心、只为自己打算盘的人，会到处受人鄙弃。其实，人们完全可以将自己化作一块磁石，来吸引自己所愿意吸引的任何人到自己的身旁——只要自己能在日常生活中处处表现出博爱与善意，以及乐于助人、愿意帮忙的态度。

如果常常对别人吹毛求疵，对于别人行为上的失误常常冷嘲热讽——这样的人大多是危险的人物，这样的人往往不太可靠。

具有宽大心胸的人，看出他人的好处比看出他人的坏处更快。反之，心胸狭隘的人，目光所及都是他人的过失、缺陷甚至罪恶。他们的心态是极端的，他们的心理是报复性的。轻视与嫉妒他人的人，心胸是狭隘的、不健全的。这种人从来不会看到或承认别人的好处。而胸襟开阔的人，即使憎恨他人，也会竭力发现对方的长处，并由此来包容对方。

一个人如果只关心自己，他很难成为一个被他人喜欢的人。要想成为一个令人敬重的人，必须将自己的注意力从自己的身上转到别人身上。哲学家威廉说："人性中最强烈的欲望便是希望得到敬慕。"如果人只是过度地关心自己，就没有时间及精力去关心别人。别人想获得你的关心，却无法从你这里得到，当然也不会去注意你。

记住爱默生所说的话："每一个我所碰到的人，都在某个方面比我优秀；而在那个方面，我可以向他学习。"

得到别人的喜欢和敬重是一种幸福，爱别人、关心别人也是一种幸福。要真正地去关心别人、爱别人，激励他们展现最好的一面，那样，正如不求报酬做善事终有所回报一样，别人也会加倍地关心你、爱护你。

你希望那些和你来往的人都赞赏你，你希望人家赞赏你真正的价值，我们许多人都希望这样。因此，我们也要以希望别人待我们之心去对待别人。

我们每个人心中都有一种自己重要的感觉，一旦别人帮助他实现了或让他体验到了这种感觉，他当然会对这个人感激不尽的。当别人超过我们，优于我们时，可以给他一种超越感。但是当我们凌驾于他们之上时，他们内心便感到愤愤不平，有的产生自卑，有的则嫉恨在心。所以，让我们都谦虚地对待周围的人和事物，鼓励别人畅谈他们的成绩，自己不要喋喋不休地自吹自擂。

世界上没有什么比人更重要。称赞和尊重别人，欣赏别人，使他们觉得很受重视，不花一分钱，却能对别人产生意想不到的作用。同样，别人反过来也会尊重你，以积极的态度对待你。

尊重和赞扬别人能够让他人感到受到了重视，受到了礼遇。纽约"瓦瓦公司"的负责人马克先生，替一位据称性格极其古怪的、著名的鉴赏家做庭园设计。有一次，他对鉴赏家说："先生，我知道你有个雅好，就是养了许多漂亮的好狗。听说每年在麦迪逊广场花园的展览里，你都能拿到好几个蓝带奖。"鉴赏家听了之后很高兴，后来还提出送给马克的儿子一只小狗，并且打印一份血统谱系和饲养说明给他，告诉他怎样养狗。这就是让对方得到重视的报酬。鉴赏家不仅送给马克先生一只价值好几百元的小狗，而且在百忙中抽出了1小时15分钟的时间指导小狗的饲养。在双方愉快的接触交流中，马克先生顺利地完成了自己的工作。

你怎样对待别人，别人就怎样对待你；你要使自己得到重视，你就得以同样的态度对待别人。一个小故事是这么说的：

法国19世纪的文学大师维克多·雨果曾说过这样的一句话："世界上最宽阔的是海洋，比海洋宽阔的是天空，比天空更宽阔的是人的胸怀。"宽容需要自我修炼，当你为了某些人或某些事情而感到痛苦烦恼的时候，不妨看看下面这个小男孩的做法。

有一个小男孩平时脾气非常坏，总是因为一些小事与朋友们乱发脾气，还经常说出一些很伤人的话语，这让他的身边几乎没有了朋友。他的父亲看在眼里，便给了他一袋钉子，告诉他每当想发脾气的时候，就在后院的围篱上钉一根钉子。

小男孩照做了。第一天，男孩一共钉下了56根钉子，第二天，他钉下了34根。慢慢地，他发现每天钉下的数量已经少了许多了。他越来越能控制自己的情绪了。

终于有一天，这个男孩再也不会向围篱钉钉子了，他高兴地去给父亲说，他现在已经有足够的宽容心来对待周围发生的事情，并且不会乱发脾气了。于是父亲告诉他，从现在开始，每当他能控制自己的脾气的时候，就拔出一根钉子。

日子一天天地过去，最后男孩把所有的钉子都拔出来了。

父亲将他带到围篱前对他说："你做得很好，我的好孩子，我知道总有一天你能够将这些钉子全部拔出来。但是你现在仔细看看围篱上留下的洞，这些围篱将永远不能再像从前一样平整了。从前在你无法控制脾气的时候，你伤害了你的朋友，就如同这些钉子在围篱上留下了疤痕一样。不论你对被伤害的人说多少次对不起，那个伤口都将永远存在。因此，我的好孩子，你以后要时刻记得，待人要宽容，要有一颗包容的心。"

与人交往时，你需要别人知道你的价值，需要别人的认同，需

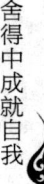

要受到重视，那么，你必须让你遇到的每个人倍感自己的重要和被赏识、被感激。

伸出援手，让心灵升华

在这个物欲横流的时代，人们在情感上更需要新的支柱，不是利益，而是对他人的关心，对社会的责任感。

济难救急，助人为乐，可以说是人世间最美好的情感。在帮助他人、造福民众的义举、善举中，助人者、造福者无疑会有一种情感的升华，得到一种精神上的慰藉，获得一种心理上的满足，这应该算是心灵上最大的幸福。

富翁们大都是乐善好施者，他们常常热心于公益活动和慈善事业，常常投资或提供赞助资金，修建育婴堂、孤儿院、老年福利院，为残疾者办福利工厂等。在各种捐资助款的慈善活动中，在各种赈灾义演的场合里，我们随时都可以看到他们活跃的身影，富翁们往往会慷慨解囊，一掷千金。这一切，似乎与一些人心目中富翁们大都是些精明的理财鬼的形象大相径庭，因为巴尔扎克笔下的葛朗台那种什么都舍不得吃、什么都舍不得穿、什么都舍不得用，满脑子只是攒钱想法的吝啬鬼形象，至今还存留在个别人的头脑里。

其实，现代富翁们的行为是很容易理解的。理财的精明与乐善好施并非必然的矛盾，这是两种完全可以统一起来的优秀品质。前者表现的是致富能力上的品质，后者表现的是对待金钱的使用态度。前者不能决定后者，但可以为后者提供财富上的支持；而后者则体现出一种博大的仁爱之心，为前者寻找到一条使用金钱的最好出路。

当然，我们并不否认也有为富不仁的富翁，但这毕竟是个别现象。

在斯坦利博士的调查报告里，我们就可以看到，在733位百万富翁一年的30项活动的排序表中，"参加社区或城市活动"和"为慈善事业筹集资金"就高居第三位和第五位。这说明了什么呢？说明公益活动、慈善事业在他们的生活中占据着相当重要的地位。

以现代企业集团的首脑郑周永来说，从一个一无所有的穷小子，赤手空拳打下503亿美元资产的江山，一跃而成为世界瞩目的超级大亨、财界巨头，但他在日常生活中却出奇地"小气"：一条裤子可以穿上好几年；衬衫直到领子、袖口磨破了才换新的；一只旅行皮箱能用十几年，直到把手坏了才换新的。他没有自己的专用餐厅，经常在员工餐厅里与职员们一起用餐。他的办公室朴实无华，墙上只挂了一幅韩国国花的绘画和一幅"淡泊以明志"的字轴。他对六个弟妹、九个子女的管教也非常严格，要求他们都像他那样，过一种俭朴的生活。

然而，就是这样一位严于律己，如此崇尚俭朴的亿万大富翁，在对待公益事业、慈善事业上却是豪气冲天，大把大把的钱花起来毫不痛惜。1977年，他把自己拥有的"现代建设"的50%的股票捐了出来，建立了"峨山社会福利事业基金会"，还出资创办了医院、幼儿园等社会福利机构，充分显示出了他的仁爱之心。

有人或许会说："不能以钱的多少来衡量爱心，很多并不富裕的人也有爱心，也在以他们微薄的财力帮助别人。"我们完全承认这样的说法，也丝毫没有在爱心上区别高下的意思。普通人的爱心和富翁的爱心一样，都是值得人们称道的。然而，我们不得不指出的是，要助人之多、助人之众，并形成一种规模和组织形态，那是需要很多钱来保证的。正是在这个基点上，富翁们比普通人有太大太多的优势，说白了，就是钱的优势。拥有很多很多的钱才可以办很多很多的公益事业、慈善事业，对此，富翁们的贡献之大，是足可以引以为豪的。

这些看起来似乎都是出于一种功利的目的，许多热心于公益事业的富翁的举动当时是否是出于功利的目的才这样行动，还是因为有了这种举动才带来这种功利的结果呢？这一切并非我们所讨论的核心。其实，世界上许多东西都是义利分不清的。作为一个有眼光的人，应该把这两者很好地结合起来，而不是取其一端，因为无论取哪一端，作为商人，他都不是成功的。

这个道理在现在应该是被许多商人看清了，所以许多大商人往往又是大慈善家，他们到处捐款救济孤老，兴办学校，受到社会的好评，他们的商业机构或产品也因之受到更多人的认可。

一个跨国公司的总裁曾如此说道："我们可以不要广告部，但却不能不要慈善事业。广告让人们觉得想赚他们的钱，但慈善事业却使他们丢失了防备心理而不自觉地接受我们。"

当慈善家并非是富人的专利，我们每一位普通人都可以成为慈善家。请看下面一个真实而感人的故事：

在一个寒冷、漆黑的夜晚，漫天雨雪，在昏暗的笼罩下，城市的灯光才显得有一些明亮。此时此刻，钱包鼓鼓的购物者正准备回家享受美味的晚餐，商店也正要打烊，而女店员们站着工作了一天之后是如此的疲惫，她们没钱坐车，只好拖着沉重的步伐走回家去。

一个女店员在忙完了一天的工作后，踏着路上的积雪，正急匆匆地往家赶。她看起来是一个纤弱的女孩，穿着极为简朴，她身上那一件薄薄的秋装根本无法抵挡冬天的寒冷。显而易见，这个女孩十分害羞，她正全神贯注地想着什么。

有一个盲人坐在人行道旁的小巷子里，面对行色匆匆的路人，默默地卖着铅笔。寒风夹着雨雪敲打在他的身上,他没有穿御寒的衣服,他的手瘦如枯柴,然而他还是用冻得发紫的手指紧紧地抓住那些铅笔,潮湿的铅笔上已经沾满了飘落的雪花。

和其他匆忙赶路的行人一样,女孩从这个盲人的身边经过。但当她已经走过了半个街区时,突然,笨拙地掏了掏自己的衣服口袋,然后掉头往回走。

女孩注视着这个卖铅笔的人好一会儿,但当她发现这个盲人真的没有任何表情时,女孩拿出自己的钱包,一个极其干瘪的钱包。钱包里只有两枚银币,这是她连续几个星期努力工作所得的1/3,然而却是她现在所拥有的全部财产。女孩将其中的一枚银币放到男子手中,对他说:"看在上帝的面上,请你收下,然后回家去吧!在这样恶劣的雨雪天气,你不应该坐在这里。"

怀着对那个不幸男子的怜悯,女孩继续走上了回家的路,她希望没有任何人看到她的所作所为。但一种希望他人得到祝福的渴望,可以让人体验到天堂的感觉。

在美国南北战争的弗雷德里克堡战役中,成百上千的北方联邦军伤兵在正在激烈交战的战场上躺了一天一夜。伤员那折磨人心的呻吟声此起彼伏——"水,水,水……"但回答他们的只有枪炮的轰鸣。最终,一个南方的士兵实在无法忍受伤兵们的哀吟,请求长官让他出去给这些伤员送水。长官对他说,如果现在在战场上出现,那将必死无疑。但对那士兵来说,可怜的伤员们的哀号已经淹没了呼啸而过的枪炮声,于是他冲了出去,背负着供水这项仁慈的使命,在遍地的伤员与濒死之人中穿行。双方军队的视线都被这个勇敢的战士所吸引。枪声依旧接连不断,他经过了一个又一个的伤兵,慢慢地把他们的头抬起来,并将那清凉的水杯放到他们干裂的嘴唇边。

他怀着一颗仁慈的心，为了满足濒死伤员最后的乞求他竟然冒着生命的危险给他们送水，他们怀着崇敬的心情暂时停火了。随后，整个北方联邦军也停火了……

在别人处于危难之时，君子能够挺身而出，伸出援助之手。面对伤员最后的愿望，这名战士冒着生命的危险去帮他们完成心愿，这是人性的闪光，不管战争哪一方都被这种精神所震撼。仇人之间尚且如此，更何况大多数人是我们的朋友，因此，保持一颗同情心至关重要。救人一时之急，会得到他人一世之爱戴，何乐而不为？

当然，救助或帮助他人是要暂时付出代价的，但是如果从长远利益来看，这点个人利益的牺牲是微不足道的。

大家都知道"马歇尔计划"，它的计划一方面帮助了欧洲各国，更重要的是它开拓了国际市场，繁荣了国内市场，使其本国的经济有了良性发展的大环境。如果当时美国只考虑自己的眼前利益，不拿出那么多钱来振兴西欧，它会长时间保持霸主地位吗？

俗话说"与人方便，与己方便"，今天你投别人以桃，他可能不会马上报之以李，但他早晚会记住你的好处，也许会在你不如意时给你以回报。退一万步来说，你好心帮助别人，他即使不会报答你的厚爱，但有一点可以肯定，他日后不会做于你不利的事情。如果大家都不做不利于你的事情，对你不也是一种极大的帮助吗？

回报社会成就自己的人生价值

我国著名的近代儒商、实业家卢作孚办企业的宗旨是："服务社会，便利人群，开发生产，富强国家。"这一宗旨充分体现了儒家"以民为本"的服务观，它对企业的指导意义是超时空的，具有普遍性。作为一个企业家,"经营之神"王永庆取得了巨大成功,台塑的崛起为台湾的经济腾飞作了很大的贡献,王永庆每年的纳税额都排在台湾纳税额排行榜的前十名之内。除此之外,王永庆还在各方面回报社会。

王永庆的生活非常俭朴,对铺张浪费十分反感,但对于回报社会则很大方,他曾经说过:"假如有一天钱赚得多了,你就会感到钱实在很没有用。"

1966年,王永庆悟透了生与死的道理,他说:"一个人永远不能回忆自己出生时的情形,一个人也永远想不到自己何时死亡。所以我们在活着的时候,要时时提醒自己。这样我们就可以放开胸怀,趁活着的时候,多做一点对社会大众有意义的事,等我们死了以后,会有活着的人想念我们,赞许我们,才算对一场人生有了交代,没有辜负此生此世。"

1972年,一次演讲时,有人问王永庆说:"以你现在的财富,生活不愁,何必还那么辛苦工作呢?"

王永庆回答,他的事业虽是个人创造的,可是和社会的关系很密切。即使先进国家的经营者,企业有了基础,也一再扩展,没有听说赶快安排自己享受的。

1981年,有人问他拼命工作的原因,王永庆回答说:"这是一个社会责任问题,我要负责任。如果企业没有使经营走上轨道,我今天外出万一被车子一撞,或两架飞机一碰,死掉了,我死没关系,害了好多投资大众怎么办呢?人家把辛苦积下来的血本交给你,你一走掉,搞得不三不四,社会就混乱了。为了道义与责任,我不能不努力工作。"

王永庆认为,个人的成功有赖于社会提供有利的条件,成功人士有责任对社会作出回报,强者应该扶助弱者,有能力的应该帮助没能力的。

基于对人生的最基本认识，王永庆把服务社会作为人生的重要义务。

王永庆对社会捐献甚多，最为人知的有创办明志工专和长庚医院。另外还有不少捐赠，据说，他每年固定的捐赠不下数千万台币。

1970年，在明德基金会的支持下，王永庆成立了"生活素质研究中心"，定期举办讲座，请有关专业人士主持，帮助提高民众的生活素质。王永庆认为，随着台湾经济的发展，人们的生活水平也迅速提高，但只是物质方面的提高，人们的生活素质并没有质的提高。而人们在追求物质条件的方面，应该是以生活素质的提高为最终目标。如果只求物质生活的提高而忽略了精神生活的调理，那么人与人之间的关系就得不到重视；同时人们也会变得懒惰，甚至巧取豪夺，不问耕耘，只问收获。

王永庆认为，在一些人的心中，住洋房、开汽车就是他们追求的生活目标，精神生活则极为空虚，这样会导致物欲横流，挥霍无度，最后的结果是社会动荡，人民受难。

建立"生活素质研究中心"，其目的就是要设法改善因经济发展衍生出来的生活上的问题，希望通过各项提高生活素质的专题研究，提供有说服力的证据，引导社会向更健康、更公平、更和谐的方向发展。

1986年，当时，台湾岛内的器官移植手术需要大量的人体器官，但人们受传统全尸观念的影响，不肯把死后的器官捐出来，使得很多病患者得不到所需的器官。为此，王永庆公开宣布，在5年内，所有在死亡后捐出器官遗爱人间的人，他将赠送10万元新台币作为丧葬补助费。这一举措，对提倡捐赠器官的风气起了很好的作用。

同年10月31日，王永庆又捐建一所高15层、可容纳1.5万名观众的体育馆，该体育馆价值7.8亿元新台币。

1985年，为了帮助中小企业改善经营，提高岛内的工业水平，王永庆自己出钱，通过讲习的方式，把台塑的管理经验和管理制度，毫无保留地传授给台塑的下游企业。

在此之前，王永庆早就有把自己的管理经验向中小企业转移的想法了。原来，南亚有一任公司协理人，名叫伍朝煌，他在台塑工作了21年，在1983年离开台塑，自创了台育企管顾问公司，以其在台塑积累的经验为企业界作顾问服务，结果大获成功，一年之后，其营业额超过新台币1亿元。有人问及王永庆对此事的想法，王永庆回答说："他能从台塑学到企业管理的知识，在外面发挥，我很高兴，是求之不得的事。一个公司培养出来的人，可以在外面讲学，有贡献，是很好的，也是社会的责任。"

经过这一件事，王永庆受到启发，他想，近年来，台湾的经济迅猛发展，但经营管理的方法却比较落后，在企业界普遍面临激烈竞争的情形之下，如做不好管理工作，企业的成长就会受到极大的限制，甚至遭到被淘汰的命运。台塑拥有丰富的管理经验，如能把其传授给下游的中小企业，则大家都会得到好处，真正做到共存共荣。因此，台塑决定出钱出力，举办讲习班，传授电脑化管理经验。

1985年7月，台塑企业总管理处成立了一个辅导小组，对下游企业进行电脑化管理的经验传授。首先将生产、物料、采购、销售等制度教给他们；然后教他们怎样利用电脑把管理和会计制度联结起来；最后教导他们怎样建立起"异常管理"制度，并利用它来发现和解决问题。

王永庆说："购买电脑很简单，使用电脑也不难，但是如何发挥电脑功能，利用电脑做好本身所需的管理，则是一件最重要的工作。"

中国传统文化讲求"富以德行"。这四个字不仅包含着在经商时要"见利思义"，而且还要求我们在收入丰裕的情况下尽可能地忧民之所忧，乐施天下。司马迁在《货殖列传》中记载了范蠡"三致千金"后，不忘亲朋好友与乡亲，把钱财分发给穷苦的朋友，因而善名远播，信誉日增，不久又积累了财富。"十九年中三致千金"因而获得了"富而好行其德"的好名声。所以后人以他的居住地为名尊之为"陶朱公"，这就是由于他"以德经商，富以德行"而赢得了后人尊敬，成了商人的楷模。

真心的付出才知快乐的真谛

生活中慷慨的行为总是难以得到真诚的感恩。事实上，我们每个人每天的生活都在仰赖着他人的奉献，只是很少有人会想到这一点。

世界上最大的悲剧要算一个人大言不惭地说："没有人给过我任何东西！"这种人不论在物质上贫穷还是富有，他的灵魂必然是贫乏的。

有良知的人，当他们意识到生活的赐予有多丰厚时，他们会真正地谦卑起来。他们感激别人对他们的生活所做的贡献。当一个人认识到信心、梦想和希望是促使他生活下去的动力时，他就会伟大而谦卑。任何人以自己的成功为荣时，都应该想起他从别人那里接受的东西有多少。

不错，感激是培养出来的，许多人从未真正感觉到它或将它表示出来。由于我们只注意我们需要什么，导致我们很少去注意这些东西是从哪里来的。如果你要拥有美好的生活，就应培养感恩的心。

见义勇为似乎超越了施恩的范畴，但事实上，见义勇为有更广泛的含义。见义勇为首先要求的不是他人，而是自身。它要求自己立身方正，刚正不阿，"勿以恶小而为之，勿以善小而不为"，敢行直道，敢担道义，一方面要和自己的恶欲贪念相抗争，另一方面对他人的不义行为不屈从、不苟且。

见义勇为,是中华民族千百年来最为崇尚的美德之一,人们对见义勇为的行为总是给予应有的颂扬,官方甚至给予当之无愧的荣誉和奖赏。没有哪一个朝代不倡导"见义而为"之风尚的。从某种意义上讲,"见义而为"是一种最大的施恩,是对国家、社会上的大多数人的施恩。

孔子说:"见义不为,无勇也。"所以,君子应当见义而为。又说:"仁者必有勇,勇者未必有仁。"也就是说,具有仁义德行的人,必定有勇。勇于什么呢?勇于仁,勇于义。但有勇的人却不一定具有仁义的德行,因为有些所谓勇者,只是勇于做坏事,为非作歹,或者只是不问青红皂白的勇。所以孔子强调说:"君子以义为上。君子有勇而无义为乱,小人有勇而无义为盗。"君子应把义作为至高无上的准则。如果只是有勇而无义,就会犯上作乱。只有把义与勇相融相合统为一体才能真正做到见义而为。

墨子怀抱"救世"的情怀行义天下,认为只有义才能利民、利天下。所以,他以一个苦行僧的形象周游列国,不仅极力宣传他的学说主张,而且尽力制止非正义的、给天下百姓带来无穷灾祸的战争,达到了见义勇为的至高境界。

天下有名的巧匠公输班,为楚国制造了一种叫作云梯的攻城器械,楚王将要用这种器械攻打宋国。墨子当时正在鲁国,听到这个消息后,立即动身,走了十天十夜直奔楚国的都城郢,去见公输班。

公输班对墨子说:"夫子到这里来有何见教呢?"墨子说:"北方有人侮辱我,我想借你之力杀掉他。"公输班很不高兴。墨子又说:"请允许我送你锭黄金作为报酬。"

公输班说:"我以义行事,绝不去随意杀人。"墨子立即起身,向公输班拜揖说:"请听我说,我在北方听说你造了云梯,并将用云梯攻打宋国。宋国又有什么罪过呢？楚国的土地有余，不足的是人口。现在要为此牺牲掉本来就不足的人口，而去争夺自己已经有余的土地，这不能算是聪明。宋国没有罪过而去攻打它，不能说是仁。你明白这些道理却不去谏止，不能算作忠。如果你谏止楚王而楚王不从，就是你不强。你义不杀一人而准备杀宋国的众人，确实不是个明智的人。"公输班听了墨子的一席话后，深为其折服。墨子接着问道："既然我说的是对的，你又为什么不停止攻打宋国呢？"公输班回答说："不行啊，我已经答应过楚王了。"墨子说："何不把我引见给楚王？"公输班答应了。

于是，公输班引墨子见了楚王，墨子说道："假定现在有一个人舍弃自己华丽贵重的彩车，却想去偷窃邻舍的那辆破车；舍弃自己锦绣华贵的衣服，却想去偷窃邻居的粗布短袄；舍弃自己的膏梁肉食，却想去偷窃邻居家里的糟糠之食。楚王你认为这是个什么样的人呢？"楚王说："一定是个有偷窃毛病的人。"墨子于是继续说道："楚国的国土，方圆五千里，宋国的国土，不过方圆五百里，两者相比较，就像彩车与破车相比一样。楚国有云楚之泽，犀牛、麋鹿遍野都是，长江、汉水又盛产鱼鳖，是富甲天下的地方。宋国贫瘠，连所谓野鸡、野兔和小鱼都没有，这就好像梁肉与糟糠相比一样。楚国有高大的松树、纹理细密的梓树，还有梗楠、樟木等。宋国却没有，这就好像锦绣衣裳与粗布短袄相比一样。由这三件事而言，大王攻打宋国，就与那个有偷窃之癖的人并无不同，我看大王攻宋不仅不能有所得，反而还有损于大王的义。"楚王听后说："你说得太好了！尽管这样，公输班为我制造了云梯，我一定要攻取宋国了。"

鉴于楚王的固执，墨子转向公输班。墨子解下腰带围作城墙，用小木块作为守城的器械，要与公输班较试一番，公输班多次设置了攻城的巧妙变化，墨子都全部成功地加以抵御。公输班的攻城器械已用完而攻不下城，墨子守城的方法却还绰绰有余，公输班只好认输，但是却说："我已经知道该用什么方法来对付你了，不过我不想说出来。"墨子也说："我也知道你用来对付我的方法是什么，我也是不想说出来罢了。"楚王在一旁不知道他们两个人到底在说什么，忙问其故，墨子说："公输班的意思不过是要杀死我，我死后，宋国就无人能守住城，楚国就可以放心地去攻打宋国了。可是，我已经安排我的学生禽滑厘等300人，带着我设计的守城器械，正在宋国的城墙上等着楚国的进攻呢！所以，即便是杀了我，也不能杀绝懂防守之道的人，楚国还是无法攻破宋国。"楚王听后大声说道："说得太好了！"他不再固执地坚持攻宋，而是对墨子表示："我不进攻宋国了。"

墨子成功地劝阻楚王放弃了进攻宋国的计划，便起程回鲁国。途经宋国时，适逢天降大雨，于是想到一个闾门内避避，看守闾门的人，却不让他进去。殊不知，正是墨子刚刚挽救了宋国，是宋国的恩人。

施恩不图报，凡符合自己道德标准的事就乐于去做，不为回报、不求名利，不为青史留名，这些被那些精明人看来是傻子做的事，是糊涂人乐于去做的。所以，只要自己觉得这样做是快乐的，糊涂也无妨。

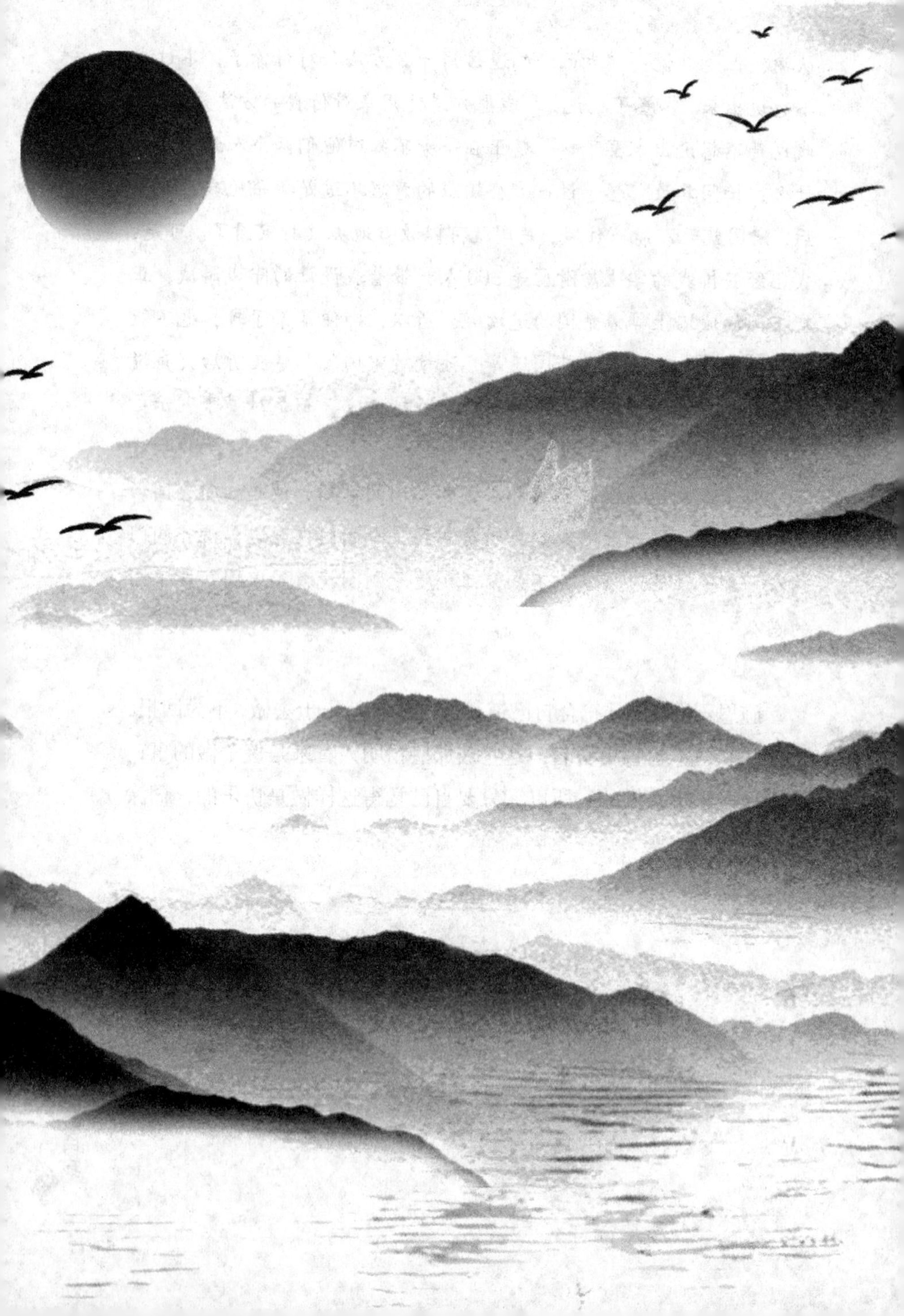

第三章 看淡舍得才能活出精彩

懂得放下让你收获更多

从古至今,有无数风流人物留名青史,而他们的成功无不得益于对"舍得"二字的把握和体悟。

昭君舍弃了锦衣玉食的宫廷生活,踏上了黄沙漫天的西域之路,得到了天下太平与后世流芳。

祝英台舍弃了世间的一切繁华,化作一只蝴蝶,却得到了坚贞不渝和天长地久的爱情。

李白舍弃了富贵,却留住了"安能摧眉折腰事权贵,使我不得开心颜"的傲骨。

越王勾践在被吴王夫差打败后,舍弃了君王一时的尊严,忍辱负重,卧薪尝胆,经过十年的反思、十年的历练,又重新夺回了江山。

东晋的陶渊明,毅然放弃了当时世人竞相追逐的功名利禄,回到了山间,过上了"晨兴理荒秽,戴月荷锄归"的隐士生活,获得了那种"采菊东篱下,悠然见南山"的悠闲。

司马迁受到了凌辱后,舍弃了尊严,没有选择体面地死去,而是怀着更为强烈的忧愤之情写成了《史记》,完成了任何一部历史书籍都难以超越的恢弘史书。

钱学森舍弃了美国优厚的待遇,克服重重阻碍,毅然回国,为新中国的"两弹一星"建立了不可磨灭的功勋，得到了国人的高度赞颂；德国前总理勃兰特，在访问捷克和波兰两国时，面对犹太死难者的纪念碑，他放弃了总理的身份，双膝跪下，虔诚地为纳粹德国的罪行赎罪，最终赢得了世界人民的赞誉。

舍弃是一种智慧，也是一种境界，懂得舍弃的人往往会有大收获。

对于经历过漫长革命岁月的中国来说，关于革命以及英雄的记忆尤其丰富。即便是被称为"垮掉的一代"的80后，也大都能流畅背诵出《钢铁是怎样炼成的》中的男主人公保尔·柯察金那段著名的警世名言："人最宝贵的是生命。生命对于每个人只有一次。人的一生应当这样度过：当他回首往事的时候，不会因为虚度年华而悔恨，也不会因碌碌无为而羞愧。这样在临死的时候他能够说：'我的整个生命和全部精力，都已经献给了世界上最壮丽的事业——为人类的解放而斗争。'"

而类似关于人生意义的警句我们耳熟能详的还有："人生自古谁无死，留取丹心照汗青。""鱼，我所欲也；熊掌，亦我所欲也；二者不可得兼，舍鱼而取熊掌也。""死有轻于鸿毛，有重于泰山，重于泰山者值得尊敬。"

活在城市，不断上涨的房价和物价让人望而生畏；活在农村，"靠天生活"依然是一个不争的事实。在哪里生活，我们选择的空间很小，但是如何生活，却全由我们自己选择。没有人能随随便便获得自己想要的生活。如今世界电子商务行业首屈一指的阿里巴巴，在十年前其创始人马云先生还在北京四处找投资；如今中国搜索引擎界当仁不让的"老大"百度，最初也曾为寻找一个可以容纳搜索条的空间而处处碰壁。

因此，对于每个人来说，我们所处的都既是最好的时代，也是最坏的时代。这个时代是我们活在其中并参与其中的,但是如何在时代中寻找自己的位置,没有人可以告诉你怎样选择、怎样取舍。你想过的那种生活总有人提供了通往彼岸的方向,而道路,你要自己走。怎样更好更快更顺利地通过,则需要自己判断、自己总结。

作家周作人曾给命运下过定义:"我说命,这就是个人先天质地,今云遗传;我说运,就是后天的影响,今云环境。两者相乘的结果就是数。"香港知名作家亦舒也曾说:"一个成熟的人往往发觉可以责怪的人越来越少,人人都有他的难处。"

要想取之,必先予之。可是,世人常常只想取之,不想予之;只想得,不想舍,贪得无厌,最后的结果是失去更多。

"得"有鱼和熊掌之分,有利与义之别。追求"鱼"还是"熊掌",选择"利"还是"义",决定了"舍"的性质是舍得其所、舍得崇高,还是舍得不值或舍得让人不齿。

对于任何人来说,取舍都不是一件容易的事,虽然人生百年不过一舍一得的重复,但是做好这件事的人并不多。而当翻看过众多名人的奋斗故事和他们留下的经验总结之后,我们明白了取舍的一个通俗易懂的标准:不抱怨所处的环境,不责怪旁人,在任何环境下尽可能地历练、尝试,然后你会发现,不经意间已拥有了自己的"理想生活"。

吃苦是为了获取更甜的幸福

没有当初的默默忍受、默默努力,回忆便是苦涩的;没有当初的拼搏奋斗,如今的一切便还只是"空中楼阁"。年轻时舍去焦躁和盲目，年老时才能"忆往昔峥嵘岁月"。

幸福是个"相对论"，一无所有的人会觉得自己不幸，而一出生什么都有的人也并不那么确定自己的生活品质，所以，才会屡屡爆出富二代飙车求刺激，法拉利、宝马火拼的新闻。少了一边放弃、一边求取的过程，一无所有和不劳而获在心灵体验上是等同的。就如同我们会想当然地认为在一望无垠的沙漠里到处都是无助和死亡，但是在最残酷的地方反而凝聚着最坚定不屈的拼搏精神。

就像仙人掌因为生长在沙漠中而让人赞叹，雪莲因为开在峭壁峻岭中而珍贵，凯莉·米洛因为不断自我修炼顽强对抗癌症而成为澳大利亚国宝级艺人一样，因为舍去了普通才成就了非凡，因为舍去了一般才拥抱了不同。

正如美国著名导演伍迪·艾伦所言："如果你不是经常遇到挫折，这表明你做的事情没有很大的创新性。"我们大多数人都不甘于日复一日的机械而雷同的生活，但是更多的人却拒绝挫折，逃避"想当年"，而你给了生活什么，生活通常便反馈给你什么。

一个人的出生情况在某种程度上可以决定你的起点，甚至可以争取到更多的机会，但是对于漫长的人生来说，历练是每个人都无法逃避的。

无论是先苦后甜，还是先甜后苦，虽然理论上只是顺序不同，但为什么更多的人会倾向于选择先苦后甜，是因为曾经的挣扎、曾经的放弃因为后来的"甜"都有了意义，而先甜后苦则大多产生的是"后悔"。

世上万物，生命最为宝贵，人生的乐趣在于奋斗和创造，不断克服困难、不断前进的过程会使人产生成就感和荣誉感。倘若你的心境因凡尘变得支离破碎，请别消极，尝试着站在新的角度，以一颗积极健全的心去对待生活中的点点滴滴。

舍得舍得，有舍才有得，看淡生活，心平气和。就像徐志摩的那首诗里的一句话："得之，我幸；不得，我命。如此而已。"

所以如果你还处在"彷徨的过去"，不必担心，因为当你仍然明确自己的目标并为之锲而不舍的时候，你也将拥有一个"想当年"。

奥斯卡影后的得失智慧

2009年2月22日，在美国柯达剧院举行的奥斯卡颁奖典礼上，身着宝蓝色斜肩礼服的凯特·温丝莱特在获得6次奥斯卡提名之后，终于摘得奥斯卡影后桂冠。在此之前的1月，她还获得了金球奖最佳女主角和最佳女配角两个奖项，这在好莱坞历史上还无先例。

这个世界总是趋利的。如果没有大红大紫的《生死朗读》，或许我们早已淡忘那个在风靡全球的《泰坦尼克号》中扮演Rose的演员。这部获得前所未有的全球最高票房的影片让英伦玫瑰——凯特·温丝莱特一夜之间成了好莱坞最红的女星。她本可以借着这股大热之风毫不费力地铺开一条平坦华丽的演艺之路，但凯特显然是一个十分清醒并自律的人，她毫不犹豫地拒绝了《红磨坊》《莎翁情史》《指环王》等众多豪华制作。用凯特自己的话说，便是："是的，我主演了世界上最昂贵最成功的电影，但这并不意味着我得离开英国，搬去美国成为一个超级明星，决不。出名给我带来的最大好处就是，如果我不愿意的话，就可以不去演那些大块头的角色了。"于是，在《泰坦尼克号》之后，凯特便几乎远离了大众的视野,直到她凭借《生死朗读》和《革命之路》乘誉而来。

在我们看来,这一切似乎一帆风顺,顺理成章。但是,除了趋利之外,这个世界还有另外一个属性:没有免费的午餐。

就像提名6次才最终成为奥斯卡影后一样,如今的英伦玫瑰走过的同样是条曲折成名路。当她11岁接拍一个麦片广告并由此确信自己对表演的热爱之后,凯特不顾家人反对向外婆借钱进入了一所戏剧学院就读。那时身材肥胖但演艺天分高的凯特因为老师们的喜欢而受到了同学的排挤甚至羞辱。肥胖问题让她习惯了受人排挤,但并没让她自卑,相反,她对自己的演艺道路更加明确而执著。《泰坦尼克号》中的 Rose 一角并不是从天而降的,而是凯特自己一次次不厌其烦地给导演詹姆斯·卡梅隆写信毛遂自荐而最终被认可的。

正如她明确地知道自己该演哪类影片一样,选择回归家庭生活时,凯特同样目标清晰而没有丝毫犹豫。对她而言,好莱坞镁光灯下的锦衣华服,远不如和家人享受宁静生活来得美妙。自始至终,凯特都在近乎倔犟地选择自己与众不同的人生,作为一个闻名全球、性感丰腴的美女演员,她更喜欢过普通人的生活。没有私人助理、厨师、司机、保镖和保姆,经常给家人做饭、洗衣服,出门也经常坐地铁。

这是一个很有"自知之明"的演员,她的人生历程或许让我们觉得遥不可及,但是,她所经历的每一次选择和我们面对的状况却是如出一辙的。她得到的机会众多,受到的诱惑同样不少。功成名就之后,她选择了回归平凡。

我们可以从凯特身上借鉴的是,你首先要明确对自己而言最重要的是什么，什么可以让你快乐，让你安然。她也肥胖，但她从不自卑。她认为，做自己最重要。而她全部的辉煌经历也正基于这些清醒而理性的认知和坚持。

凯特书写的是有关"坚持并认识自我"的故事：你可以肥胖，周围所有的女孩子嘲笑你也没有关系，错过很多华美的机会不可惜，只要你的选择是你自己内心做出的取舍，而你又为这个取舍付出了自己的坚持和努力。

凯特告诉我们，成长的过程中要有取舍，要懂得忽略，忽略那些迷人眼的"乱花"，而寻找那些可以让内心平和且舒适的事做。

凯特正是明白了这样一个道理，才让自己生活得舒适随意。世间最珍贵的不是"得不到"和"已失去"，而是现在能把握的幸福。

能否舍弃人生路上必须舍弃的东西，这或许是衡量一个人是否成熟、是否具有智慧的一个重要标准。因为只有当一个人能够冷静而准确地认识自己、认识环境，能够理性、客观地规划自己的理想与生活的时候，他才敢舍弃，他才能够舍弃。舍弃是大自然的规律，舍弃是生存的一种方式，舍弃是勇敢者的行为。

凯特的有所选有所不选成就了她的不凡人生。而我们在日常生活中同样可以参考的是堂堂正正、安安心心地做好自己的每一次选择和决定。

让人敬佩的"海绵女郎"

"海绵女郎"是一类女性群体的总称。她们未必拥有出众的美貌，但气质过人，情商高。像吸水性强的海绵，善于抓住人生的每一个机会，在看似普通的恋爱或婚姻关系中，从男人那里偷师学艺。

"海绵女郎"粗看上去难免让人觉得是工于心计的，但是，从另一个角度分析，"海绵女郎"无疑都是不乏智慧和谋略的。她们清楚知道自己需要什么，并可以为自己的目标舍去一些东西。所以，她们后来丰厚的收获和自己曾经的付出是成比例的。"海绵女郎"清楚地知道没有不劳而获这件事，没有舍得，一定没有收获。

以舍为得，妙用无穷。舍给别人好的，会得到好的；舍去性格上坏的，也会得到好的。当我们把烦恼、悲伤、妄想都舍了，自然就会得到人生另外的一番新境界。

舍，看起来是给人，实际上是给自己。给人一句好话，你才能得到别人的赞美；给人一个笑容，你才能得到别人对你的"回眸一笑"。"舍"和"得"的关系就如"因"和"果"，因果是相关的，舍与得也是互动的。能够"舍"的人，一定拥有广阔的心胸，如果他没有一颗感恩、乐于结缘的心，他怎么肯"舍"给人，怎么能让人有所"得"呢？他的内心充满欢喜，他才能把欢喜给你；他的内心蕴藏着无限的慈悲，他才能把慈悲给你。自己有财，才能舍财；自己有道，才能舍道。所以，不要把烦恼、愁闷传染给别人，因为"舍"什么，就会"得"什么，这是必然的因果。

生活中，我们总是会拥有很多东西，但同时也会失去一些东西。人不可能毫不失去就能完全拥有，那不是真正的生活，也没有了生活的意义。有时，失去意味着另一种获得，它让我们发现还有其他美好的事物存在，对此更加珍惜。

舍，在佛教里是布施的意思。布施，就如播种，种一收十、种十收百、种百可以结果千千万万。所以无论是谁，如果希望安康长寿、荣华富贵、眷属和谐、名誉高尚、身体健康、聪明智能，先要问：你播下了春时的种子了吗？

"舍"，要能以慈、以利，亦即要能给人善，又要能给人利益。

如果我们失去了太阳的照耀，还有星星和月亮的拥抱；如果我们失去了山的磅礴雄伟，还有海的博大深远；如果我们失去了金钱的享受，还有亲情和友情的温暖；如果我们失去了权利，还有人性的淳朴；如果我们失去了雨露的滋润，还有江河的灌溉；如果我们失去了生命，还能和大地亲吻，在微笑中笑看新生命的诞生……

让我们坦然对待生活中的拥有与失去，凡事看得淡泊一点儿，会让自己的生活轻松愉快，如果太贪心，总想得到很多又无法面对失去，那会让你疲惫不堪并逐渐失去人生的乐趣。我们还是选择平常与淡泊吧，好好珍惜自己拥有的，正确面对已经失去的，给自己一份快乐的好生活。

舍去抱怨，获得伟岸人生

肖恩·斯蒂芬森成长于芝加哥市郊区的拉格兰奇村庄，他一生下来就被确诊患上了成骨不全病——一种罕见的疾病，患者的骨头非常容易折断和碎裂，甚至一个咳嗽就能让肋骨折断。医生曾预言说："斯蒂芬森最多只能存活24小时。"能将生命延续到30岁，是斯蒂芬森创造的第一个奇迹，目前他的身高只有3英尺，体重大约47英镑。他不能跟其他人一样走路；坐车得坐在婴儿座位；要借助棍子才能按电梯按钮；如果不用轮椅，步行时就像只企鹅；18岁时，全身已有超过200根骨头曾经折断。

任何一个健全人看了这份病历，都会觉得是一个完完全全的苦难史，甚至怀疑是上帝在捉弄斯蒂芬森。

如果没有后来，我们看到的将只是一份病历，但是，斯蒂芬森后来所做的让这一切发生了改变。

一次过万圣节，他因为碰到门槛弄断腿而变得歇斯底里时，妈妈问他："这将成为你的礼物还是重担？"自此，斯蒂芬森开始了自己的蜕变过程。11岁时，他做了"成骨不全病"的病友会发言人。17岁时，他成了一个励志演讲者。后来在美国德保罗大学主修政治学，做过美国前总统克林顿的实习生，克林顿在一段录像中对斯蒂芬森的工作表示了认可，美国共和党议员威廉·利平斯基在2001年斯蒂芬森大学毕业时给予他高度评价。

他出版了《远离你的"但是"》一书，目的是告诉读者"如何结束自我摧毁，如何坚持你自己"；美国A&E电视网络公司为他拍摄了电视纪录片；他攻读了临床催眠专业的博士学位；他开办了孤儿院，收留残疾儿童；他办有一个夏令营，目标是消除孩子们中的"自我摧毁"；他还想竞选美国国会议员……

我们看到的是故事，但其实人可以到达的程度远远超过人的极限。斯蒂芬森也可以肆无忌惮地去埋怨命运不公，当然如果他那样做了，便没有了这个传奇。

他舍去了抱怨，将埋怨的时间用在了自我发现和自我提高上。而他的努力也获得了一次又一次的尊重和钦佩。他自信地宣布："3英尺高，坐在轮椅上，只是我人生的2%，我可以更能干，我在做大事。"斯蒂芬森用自己切身的生命体验告诉我们人生真正重要的是什么。

我们要做一个懂得"取舍"的人，舍得，并非什么都舍。世间有许多舍不得的，比如爱情、亲情、友情，等等。舍不得，偏要舍得，必然为人所不齿。

舍得，并非什么都能"得"。舍弃的，有可能永远失去。舍弃此时此刻，就不会再有此时此刻；舍弃真正的朋友，就不会拥有真正的友情。

事情的结果往往是这样：舍得，可使人得到许多回报；舍不得，可能使人遗憾终生。舍去对现实残酷的不断抱怨，才能看清残酷之外的风景。也才能真正去欣赏。

一个流传已久的故事：

沙滩的水洼里有成百上千条小鱼被困，一个小男孩捡起小鱼，把它们放回大海。别人说："孩子，这水洼里小鱼成百上千条，你救不过来的。""我知道，"男孩头也不回地回答。"哦，那你为什么还在扔，谁在乎呢？"孩子一边捡鱼一边回答："这一条鱼在乎，这一条也在乎……"是的，有时候看起来坚持下去意义不大。斯蒂芬森在一路成长的过程中，肯定不止一次地想放弃，其辛苦程度不亚于以一己之力挽救整个水洼的鱼。但是他没有停下来，因为他知道，自己必须比别人付出更多，才能收获活着的价值。

正如伟大导师马克思在17岁时认定的择业观那样，舍去浮华享受，如果我们选择了最能为人类福利而劳动的职业，那么重担就不能把我们压倒，因为这是为大家献身；那时我们所感到的就不是可怜的、有限的、自私的乐趣，我们的幸福将属于千百万人，我们的事业将默默地但是永恒发挥作用地存在下去，而面对我们的骨灰，高尚的人们将洒下热泪。

只有你踏踏实实努力的足迹才可以赢得你想要的尊重，而决非投机取巧。在别人玩乐的时候你在努力，在别人努力的时候你依然在努力，成就的自然是非凡人生。

忘记得失才能理性做事

　　有个笑话，说的是一个人偶然得了把紫砂壶，非常喜欢。睡觉时，他把紫砂壶放到床头的小柜子上，梦里一个翻身，紫砂壶的盖子不慎跌落。被惊醒后，他既心疼又气急败坏，没有了盖子的紫砂壶还有什么用处？于是一甩手将茶壶丢到了窗外去。第二天早晨起床，却发现茶壶盖子完好无损地落在拖鞋上。想起已经丢到窗外的茶壶，他又悔又恼，一脚踏上去把盖子踩碎了！吃完早饭，扛着锄头出工，一眼看见窗外的石榴树上那把没盖子的茶壶正完好无损地挂着。

　　一个年轻人，到城里做工，投奔到一个做大学教授的亲戚门下。他不过初中毕业，找份工作并不容易，东奔西跑地忙了一个月，工资没发，家里突然来了电话："父亲病了，急需用钱。"穷途末路之际，他在亲戚家里偷了500块钱寄回去。忐忑不安地从邮局回来，扒着门缝看到亲戚正在打电话，隐隐约约说到钱还有自己的名字。他马上着了慌，揣测着偷钱的事情已经败露，心乱如麻，于是冲进去就把亲戚杀害了。后来这个人被逮捕归案，事情的真相却令他大为意外。原来那个亲戚并不知道他偷钱的事情，他是打电话给另外一个亲戚，他听说了年轻人父亲的病，正和对方合计给他家里寄点钱去。

　　得到紫砂壶的人误以为盖子碎了，于是气急败坏地把壶也扔了，就凭一般的经验想当然地认为壶一定也碎了，当看到盖子并没有碎时，想到已经被扔了的壶再一次想当然地认为壶肯定也碎了，于是毫不犹豫地把盖子踩碎了。等到他出门却看到了挂在树上完好无损的壶。按照一般的情况看，这个人的判断并没有错，看到这样的结果很多人都会认为真的是背到家了，运气实在太坏，或者这只壶是真的和他没有缘分，但其实造成我们这样的想法都是经验主义。而经验主义的产生一部分是因为小时候大人的灌输，另外一部分则是因为自身的经历，若干次以后我们便按既定想法去判断了，总以为没有例外，但是偏偏生活总是在不经意间转弯。

而那个在亲戚家帮忙做工的年轻人的故事则更是让人欷歔了。一部分因为心虚，一部分则因为以己之心度人之腹，所以做了一个慌不择路的选择，犯下了一个后悔莫及的错误。而生活的丰富与歧义在于，许多表象上貌似的必然，其结果却往往是非然的。许多时候，只有坚持到了最后一步，生活的真相才会水落石出。

人的一生总是会经历许多类似的十字路口，有大的有小的，有的时候应该左拐，有的时候需要右转，有的时候在左拐了之后还有机会回头，但是有的时候只有一次机会，错了就要付出代价，这样的抉择不简单。正确的选择可以造就生命中灿烂的前程，错误的选择可以毁掉生命中的梦想而使人尝尽遗憾的苦果。因此，选择需要高深的思维功底，选择需要切合实际的判断能力，选择需要谨慎的态度，选择需要充足的时间。因此，在人生的每个十字路口，我们都应尽可能地去避免因为"想当然"而做出的令自己追悔莫及的选择。

一老一少两个朋友，误入深山老林，几乎弹尽粮绝。夜里，年轻人正昏昏欲睡，忽然看到老者悄悄在石头上磨匕首。他一下子惊在那里，想起了过去听说过，人饿到一定程度，会吃掉同类。一阵凉气从心底冒出来，除了恐惧之外，如今又增添了被杀的危险。年轻人不想坐以待毙，于是，他也开始一有时间就磨自己的匕首。水和干粮越来越少了，两个人开始互不避讳磨匕首的急迫。偶尔年轻人看一眼老者，发现对方正若有所思地看着他，他就更加使劲地磨起自己的匕首来，一边磨一边想：什么时候动手合适，我一定要抢在他前面下手。当最后一块干粮吃净之后，年轻人看着睡在另外一侧的老者，悄悄举起了匕首。老者却突然一个翻身，跑出了山洞。年轻人正犹豫着不知道该不该追出去，忽然听到一声惊喜的呼喊。"有人来救咱们了！"年轻人跑出去一看，一小队探险队员正从丛林深处走来。得救的年轻人把匕首远远地抛出去，没想到老者亲自给他捡了回来，他拉着年轻人的手颇动感情地说："我知道你的想法，但是，你还这么年轻，怎么可以自杀来成全我，实在万不得已，我会先你动手杀掉自己，让你有充足的食物。"

和那个错杀亲戚的年轻人比起来，迷失在深山的年轻人是幸运的，因为他等来了真相，少了一份为盲目的莽撞所付出的代价。其实，真相面前人人都是平等的，只要你有足够的耐心，只要你肯眼见为实后再做出决断。

开创出电脑时代的比尔·盖茨曾经说过这样一句激动人心的话："人生是一场大火，我们每个人唯一可做的就是从这场大火中多抢救一些东西出来。"

经济学家亚当·斯密曾经说过："国王会羡慕在路边晒太阳的农夫，因为农夫有着国王永远不会有的安全感；而要有农夫那样的安全感就不能拥有国王的权势。做人是需要成本的，有好的人生选择，也有坏的人生选择，却没有不要成本的选择。付出的成本太高，就可能影响我们的选择，给我们的人生留下太多的缺憾。相反，如果一开始就能做出正确的选择，就能降低个人选择的成本，创造更多的'利润'，得到更多的人生价值。"

第四章 舍得之间诠释人生智慧

成功锦囊之身心修炼 1 有一种境界叫舍得

把握舍得，给人生一个方向

在以财富水平为衡量成功与否的主要因素的当下，大概很多人不止一次地想过，假如我买彩票中奖了该怎么花？甚至还有一首歌唱道：等我有钱了，买两碗豆浆，喝一碗倒一碗；等我有钱了，买两幢房子，住一套租一套……

英国的卡尔·普兰斯大叔就遇到了这种"好事"。卡尔·普兰斯是一名普通的英国火车司机，和所有的工薪族一样，卡尔大叔每天早上5点就得准时起床，匆匆扒拉几口早餐后，赶往自己的铁路公司工作。为此，他能够获得600英镑的周工资，这是他养家糊口的钱。他已经这样工作了整整30年，就像一架机器，日复一日、朝五晚九地奔驰在自己的轨道上。如果不是天上掉下的馅饼砸中了他，卡尔大叔可能就这样一直工作下去，直到退休。一次，他和家人去度假，顺手购买了一张彩票，没想到幸运之神突然降临，他们中了690万英镑的大奖！

他首先辞掉了火车司机的工作，卡尔大叔再也不需要为了那区区600英镑而起早贪黑了。然后，他将自己住的那套三居室的房子送给了女儿，又帮助两个儿子还清了住房抵押贷款。富裕起来的卡尔大叔拿出6.4万英镑，在海边买了一幢活动住房。住在海边，每天看海上日出，这就是卡尔大叔儿时的梦想。

紧接着，和大多数富人一样，曾经的火车司机卡尔大叔想到了周游世界。以前，他只能在大不列颠的土地上驾驶火车奔驰；今天，他要乘着别人开的飞机、火车和轮船，到全球各个角落去度假。希腊、大加那利岛、特内里费和西班牙，很快都留下了卡尔大叔和卡尔大婶快乐的身影。巴黎、罗马、纽约、东京、北京、马尔代夫群岛、地中海……这些著名的景点，都张开了热情的怀抱等待着卡尔大叔和卡尔大婶。

然而让人意想不到的是，卡尔大叔在去过几个地方之后开始厌倦了旅行生活，后悔自己辞去了安稳的火车司机的工作。于是卡尔大叔向原来的铁路公司递交了申请报告，他的申请很快获得了许可，他又回到了自己工作了30年的铁路公司。

这个决定让很多人百思不得其解。当卡尔大叔回到铁路公司以后，公司发言人的话给了我们提示：一旦工作融入员工们的血液，他们会甘愿"留在正确的轨道上"。卡尔大叔在火车司机的岗位上工作了30年，他熟悉自己的岗位，也习惯了日复一日、年复一年在这个岗位上安身立命。有这样一份工作，他知道自己每天要做什么、可以做什么。突然中的690万英镑虽然短暂地满足了他的儿时梦想和一些基本生活需求，但是当这些需求得到满足、这些梦想逐一实现之后，卡尔大叔失去了方向，他觉得自己每天的旅行漫无目的，在旅行中他无法找到自己被社会需要的感觉，换言之，就是他觉得自己失去了人生的目标，他脱离了原来的轨道之后不仅没有适应，而且也觉得新的生活方式不适合自己。

所以，卡尔大叔做出了这个让人费解的决定。而在他重新回到工作岗位之后，卡尔大叔重新充实起来。中奖所获得的奖金则可以让他较为自由地调节自己的生活节奏。

卡尔大叔的选择其实是对鱼和水这个寓言的现实阐释。离开了水的鱼很难成活。因为鱼所有的身体构造和功能只有在水里可以实现，在水里鱼才能成为鱼。正如游山玩水的卡尔大叔没有了每天生活的环境之后如此怀念原来的生活一样。在自己熟悉的工作岗位上，卡尔大叔觉得自己活得安心踏实。所以卡尔大叔舍去了很多人羡慕的"中奖生活"，而坚定幸福地留在了正确的轨道上。

世间万物，凡有所舍就能有所得；凡舍不得"舍"，一毛不拔者，往往会损失更多。弘一法师说："无论做什么事情，都不要想着占便宜。便宜，天下人都争相拥有。如果我一个人占便宜，则他人皆与我结怨；我不占便宜，则别人对我的怨气便消除了。"

会生活的人或是成功的人，最懂得的就是"舍得"。"舍得"几乎囊括了人生所有的真知妙理，只要我们能真正把握舍得的尺度，便掌握了人生成功的钥匙。

拥有多少不是幸福的关键

哈佛一项持续 6 个月的调查发现，学生正面临普遍的心理健康危机。调查称，过去的一年中，有 80% 的哈佛学生至少有过一次感到非常沮丧、消沉。47% 的学生至少有过一次因为太沮丧而无法正常做事，10% 的学生称他们曾经考虑过自杀……

而说到自杀，我们就不得不提到韩国了。2008 年崔真实在家自缢身亡引发了韩国全社会的关注。崔真实是韩国的著名演员，因为牵扯进了一桩高利贷事件而承受不住压力最终走上了绝路。2009 年，韩国前总统卢武铉被发现跳崖身亡。从演员到总统，都选择了同样的生命轨迹。韩国在最新的统计中已成为全球自杀率最高的国家。

夏哈尔教授认为:"人们衡量商业成就时,标准是钱。用钱去评估资产和债务、利润和亏损,所有与钱无关的都不会被考虑进去,金钱是最高的财富。但是我认为,人生与商业一样,也有赢利和亏损。具体地说,在看待自己的生命时,可以把负面情绪当作支出,把正面情绪当作收入。当正面情绪多于负面情绪时,我们在幸福这一'至高财富'上就赢利了。长期的抑郁,可以被看成是一种'情感破产'。整个社会,也有可能面临这种问题,如果个体的问题不断增长,焦虑和压力的问题越来越多,社会就正在走向幸福的'大萧条'。"

一项有关"幸福"的研究表明,人的幸福感主要取决于三个因素——遗传基因、与幸福有关的环境因素以及能够帮助我们获得幸福的行动。而积极心理学,可以帮助人们活得更快乐、更充实。幸福,是可以通过学习和练习获得的。

我们的很多课程,都在教学生如何更好地思考、更好地阅读、更好地写作,可是为什么就不该有人教学生更好地生活呢?把深奥的积极心理学学术成果简约化、实用化,教学生懂得自我帮助,这是本·沙哈尔开设"幸福课"的初衷。

为了更好地记住"幸福课"的要点,本·沙哈尔还为学生简化出 10 条小贴士:

(1)遵从你内心的热情。选择对你有意义并且能让你快乐的课,不要只是为了轻松地拿一个 A 而选课,或选你朋友上的课,或是别人认为你应该上的课。

(2)多和朋友们在一起。不要被日常工作缠身,亲密的人际关系,是你幸福感的信号,最有可能为你带来幸福。

（3）学会失败。成功没有捷径，历史上有成就的人总是敢于行动，也会经常失败。不要让对失败的恐惧绊住你尝试新事物的脚步。

（4）接受并直面自己的全部。失望、烦乱、悲伤是人性的一部分。接纳这些，并把它们当成自然之事，允许自己偶尔的失落和伤感。然后问问自己，能做些什么来让自己感觉好过一点。

（5）简化生活。更多并不总代表更好，好事多了也不一定有利。你选了太多的课吗？参加了太多的活动吗？应求精而不在多。

（6）有规律地锻炼。体育运动是你生活中最重要的事情之一。每周只要3次，每次只要30分钟，就能大大改善你的身心健康。

（7）睡眠。虽然有时"熬通宵"是不可避免的，但每天7~9小时的睡眠是一笔非常棒的投资。这样，在醒着的时候，你会更有效率、更有创造力，也会更开心。

（8）慷慨。现在，你的钱包里可能没有太多钱，你也没有太多时间，但这并不意味着你无法助人。"给予"和"接受"是一件事的两个面。当我们帮助别人时，我们也在帮助自己；当我们帮助自己时，也是在间接地帮助他人。

（9）勇敢。勇气并不是不恐惧，而是心怀恐惧，却依然向前。

（10）表达感激。生活中，不要把你的家人、朋友、健康、教育等这一切当成理所当然的。它们都是你回味无穷的礼物。记录他人的点滴恩惠，始终保持感恩之心。每天或至少每周一次，请你把它们记下来。

通过上面内容我们可以看出，幸福的10个秘诀中有7个都是关于如何做减法，如何简化自己的要求的。这个要求包括对自己的，也包括对他人的。这些秘诀所指向的都是并不是获得越多，你就越幸福。最重要的是，对自己的现状要有舍有取，接受自己的不足，但更要肯定自己的长处，时时鼓励自己，也常常调节自己。

舍弃抱怨，笑对人生

这是一个关于母爱的故事，母爱的故事成千上万，每一段母爱都是传奇，这段母爱尤为温馨动人。

女儿出生15天时被蚊子咬了一个包，之后就一直发着低烧。夫妻俩觉得不对劲，抱去医院一检查才知道女儿得了脑炎。

幼小的生命被医生抱进了重症监护室，医生直言相告："你女儿的病不容乐观，治好的可能性并不大，也许花再多的钱都无济于事。"她泪雨滂沱地求医生："我不能眼睁睁地看着女儿刚刚来到这个世上就离去，只要能救活她，我们一家就是砸锅卖铁也要把她治好。"以后，人们总能看见一位身体虚弱的母亲踮起脚尖把脸贴在重症监护室的窗口上，看着里面可怜的女儿。她一刻也不愿远离监护室，医生不得不提醒正在坐月子的她要小心身体吃不消，但她还是不管不顾。令大伙儿奇怪的是，不管女儿哭得多凶，她贴在玻璃窗上的脸都是笑着的。因为害怕女儿在一转眼间就没了，她总想着能听到女儿的哭声，就是一件高兴的事儿！

经过医生的努力，她女儿的病情得到了控制。但家里的积蓄用完了，还欠了医院不少药费，有好心人劝她："你女儿的病再怎么治也会留下后遗症，花钱是个无底洞呢。"人们劝她不要白费心机，不如听天由命，趁自己年轻再生一个。

她不是不知道现实的残酷。走出医院，她大哭一场后，又笑了起来。她在心里告诉自己，不管女儿以后是什么样子，自己都要笑着陪在女儿身边。当天,她从亲戚那儿借来3000块钱,为女儿办了出院手续。

和丈夫商量后,她辞了工作,在家专心照顾女儿。一家人的生活全靠丈夫微薄的工资维持,女儿三天两头要跑医院,生活的窘迫可想而知,一家人的一日三餐只能靠咸菜泡饭来对付。可就是这样,人们看见的也总是她那张微笑的脸。

她不厌其烦地教女儿发声,也不管女儿能不能听懂。经常很晚了,邻居还可以听到她一个人在和女儿说话,那声调和节奏就像老师在读课文。而每一天的白天,她都要把女儿抱到屋外,花一样的笑脸从来就没有收敛过。别人觉得她精神不正常,隔壁的邻居甚至不敢接近她。

女儿3岁多才开口说话。慢慢地,除了她脸上那无忧无邪的笑没变,女儿的言谈举止竟然和正常孩子无异,邻里和熟人都为她长吁了一口气,她的笑里,也多了一份轻松。

一晃女儿5岁了,有一天,她带女儿出去玩,一位专为企业拍广告的导演被她女儿无邪干净的笑吸引住了。人们看见导演追上她,和她说了很久的话。半个月后,女儿的笑脸出现在了电视上,那无忧无邪、清甜干净的笑令观众过目难忘,一件儿童产品很快就被女儿"笑"火了……就这样,女儿很快成了广告童星,不久,她还出演了几部戏,而在学校里,她的成绩也是名列前茅……

有一次,女儿的老师问她:"你就没有不开心的时候吗?你怎么总是笑得这么甜?"女儿回答老师说:"因为我有个笑妈妈呀。"老师又问:"难道你就没有遇到过不开心的事?"女儿又微笑着答:"我妈妈遇到不开心的事情,也是笑着的呀。"

她去上一档母亲节的节目,忆起艰难时,泪水突然夺眶而出……像是突然意识到了什么,她赶紧揩干眼泪向主持人和现场观众道歉："实在对不起，我不应该这么失态……不过还好，我知道我女儿这时已经睡着了，她睡觉的时候，比平时笑得还甜。"

这是用笑创造出来的一个奇迹，这个笑让我们看到了母爱的强度和韧度。关于母爱，共同的特性都是牺牲。很多演员在讲述自己表演哭戏的时候，都提到一个最管用的方法，想想自己的父母，尤其是母亲操劳的身影和殷切的嘱咐，每当想起来，泪水便会不由自主流下来。

上文中的女儿如果没有母亲的坚持，如果没有母亲如此强烈的信念——一定要在任何时候都笑对女儿，我们几乎可以断言这个女儿是没有未来可言的。在最初女儿被诊断出那么严重的病情之后，她做出任何选择都是无可厚非的。然而众多的路，她偏偏选择了最难的那一条。生活给她的回报当然也是最丰厚的，女儿成了无忧无虑、天真无邪的"笑娃娃"。

人生的舍与得其实不是那么明显的。很多人，都只看到了一时，而忽略时间流逝之后选择的价值和意义。而无论什么时候，对生命的珍惜和尊重，不抱怨，不愤怒，不仇恨，微笑着面对每一段体验，我们所获得的都将是奇迹。

圣母抱着圣子耶稣决定降临人间并参观一座修道院。所有的神父都深感自豪，他们排成一列长队，逐个来到圣母面前表示敬意。一位神父朗诵了动听的赞美诗，另一位展示了他为《圣经》所绘制的彩画，第三位念了所有圣徒的名字。就这样，神父们一个接一个地向圣母和圣子表示了敬意。排在队伍最后的是该修道院里最贫穷的一位神父，他从来没有读过那个时代的充满智慧的著作。他的父母都是普通人，在附近的一个马戏团里工作，他们教给他的全部东西就是向空中抛球以及其他一些杂耍。

轮到他的时候，其他神父便想结束这场活动，因为这位老杂耍艺人没有任何要事可讲，可能会损坏修道院的形象。但是在这位老神父的内心深处，同样也有要把自己的某种东西献给耶稣和圣母的强烈渴望。他有些羞愧，因为他感到了同伴们责备的目光。他从口袋里掏出几个橙子，开始把它们抛向空中，玩起了杂耍，这是他唯一会做的事情。恰恰是在这个时候，圣子耶稣笑了，并开始在圣母的怀里鼓起掌来，于是圣母将胳膊伸向老神父，让他摸了一下圣子。

这个老神父幸运地被选中为使者。看起来是神话，单纯的老神父博得了圣母、圣子的欢心。但是，我们不妨比较一下，前面的神父向圣母和圣子所展示的无疑是表演和刻意而为的成分居多，更多的是表现自己的才能。而老神父的抛橙子虽然也是为了展示和表现自己的才能，但是他没有刻意地去伪装自己这一项为其他神父所鄙夷、所不屑的才能，而是大大方方地将其展示出来，反而赢得了圣子的喜欢。圣母和圣子的这一肯定，无疑是对老神父的最大鼓励，它提示我们无论多么微小的才能都不应该被埋没，也不应该被忽视，不要轻易否定自身的长处，哪怕这个长处为世俗所不容。

大多数人都曾抱怨过自己是被上帝咬过一口甚至咬烂了的苹果，觉得自己的人生简直像是抽到了下下签，前途一片黑暗。但是，我们会的东西至少比只会抛球的老神父多，我们的条件也不会比王宝强差，如果机会总是错过你，你需要去想一想，你和他们一样在所有的过程中都曾"不抛弃，不放弃"吗？

在我们整个成长的过程里，谁教过我们怎么去面对痛苦、挫折、失败？它不在我们的家庭教育里，它不在小学、中学、大学的教科书里，它更不在我们的大众传播里。家庭教育、学校教育、社会教育只教我们如何去追求卓越，从砍樱桃树的华盛顿、悬梁刺股的孙敬和苏秦到平地起高楼的比尔·盖茨，都是成功的典范。即使是谈到失败，目的也只是要你绝地反攻，再度追求出人头地，譬如越王勾践的卧薪尝胆，洗雪耻辱；譬如那个战败的国王看见蜘蛛如何结网，不屈不挠。我们拼命地学习如何成功冲刺一百米，但是没有人教过我们：你跌倒时，如何跌得有尊严；你的膝盖破得血肉模糊时，如何清洗伤口、如何包扎；你痛得无法忍受时，以什么样的表情去面对别人；你一头栽下时，如何治疗内心淌血的伤口，如何获得心灵深处的平静；心像玻璃一样碎了一地时，你怎么收拾。

我们大多数人一遇到失败肯定就会运用那种原始的、孩子气的思维方式去做出反应。对小孩子来说，一犯错误，一看到要受惩罚，他本能地就会抱怨哥哥和姐姐："是他叫我干的"，甚至还会告密："是他干的。"要是学生学习不好，就会抱怨老师："她总找我的茬儿，挑我的刺。"司机会抱怨车祸"是另一个家伙的错"，丈夫会对着妻子嚷嚷："你干吗总想吵架？"员工也会常常抱怨："公司不重用我。"我们人类的大脑经常遭遇的"迷惑"就是："究竟是'谁'让我这么倒霉？"

大约有一半的失败都源自习惯性的抱怨，因为我们能从抱怨中寻得安慰，所以对自己的问题视而不见，当然更不会从失败中汲取经验教训。其实，真正的对手就是我们自己。如果有勇气、有智慧、有胆略，坚持自己的选择，并且为之努力，这场仗我们是不会输的。

付出自然会有回报

一位普通的年轻母亲说起过一次朋友来访的经历：

朋友来访的时候正遇上她的丈夫出差，孩子感冒，她忙得不可开交。几天下来，朋友感慨道："看见你这样忙忙碌碌、身不由己，我是不敢要孩子了。看见你一日三餐，洗煮烧煎，比保姆做得还辛苦；看见你冲锋陷阵，又接送孩子上学，又忙工作，几乎变成机器人；看见你凌晨两点还不能安歇，要给孩子喂药喂水，像个苦役犯；还看见你的皱纹与眼袋，看见你无穷无尽的付出。女人最好的年华就这样交付掉了，人生还有什么乐趣？你看我，工作时无忧无虑，出游时无牵无挂，多好。"

她笑了，对朋友说："你什么都看见了，可唯独没有看见我的快乐和幸福。"朋友以为她是自欺欺人。她告诉朋友，儿子刚上幼儿园，第一次吃到了鸡翅，才两岁半的他将鸡翅藏在白衬衣的袖子里，晚上带回来要与妈妈分吃。她至今记得，他津津有味地吸吮那半截鸡骨头的馋相。每每想起他衣袖上留下的那片鹅黄油渍，心里就会有一股淡淡的温暖。走在路上，小小的儿子懂得让自己的妈妈走在他的右边。他说："妈妈是近视眼，我是千里眼，我来保护你！"过马路的时候，他会冲着车流大喊："你们通通地快让开，我妈妈要过马路了！"仿佛自己的妈妈是至尊至贵的女王，所有人都得谦恭礼让。母亲，就是孩子心灵的国度里最值得敬爱的女王。还有一个中午，儿子很晚还没回来。后来在外环路上被找到了。这一路，槐花开得纯白如雪，幽香扑鼻，儿子正专心致志地往树干上写字，一棵一棵地写着。他对妈妈说："今天是母亲节，我没能买到康乃馨，就来到了这里。"花开得那么好，却有人采摘，儿子就用水彩笔写下了这些稚拙的留言:"这是我送给妈妈的花,请让它好好地开,不要摘。"她和儿子一起去医院验血,当医生宣布儿子和她是相同血型的时候,他一下子欢呼起来:"太好了,如果以后妈妈生病需要输血,就可以抽我的了!"听完这些,朋友才看到了她忙碌背后的那些幸福。

如果走在崎岖的小径上,就用崎岖小径的心去欣赏它;如果走在林荫大道上,就从林荫大道的角度去品尝。林荫大道并不优于崎岖小径,一旦真正了解了生命的意义,事物就没有好坏之别。

象棋是中国的发明,其中蕴藏着中国人的人生智慧。高手往往能从大局出发,不争一子之得失,着眼于长远,走一步看三步,甚至更多,有战略布局造势,有策略设圈埋伏;而低手者,只能从局部出发,走一步看一步,无长远之眼光,为争一子之得失往往陷于对手之圈套,损城失地,直至输棋。

眼睛看到的"得"和内心所体会到的"得"很多时候是无法比较的。正如买椟还珠的人,他以为自己获得了精美华丽的包装盒,而不知道自己还掉的那颗珠才是真正价值连城的宝物;刻舟求剑的人以为只要在船上做出标记,他就可以找回自己的剑,而不清楚随着船越行越远,他的剑根本没有找回来的可能性。

就像这位朋友一样,一看到年轻母亲成日的忙碌便得出了结论:这是一个吃力不讨好的活,不但在操劳中失去年轻美貌,失去原本属于自己的时间,甚至都没有了自我。但是她没有看到在母亲终日操劳的背后是以怎样的一份幸福和安慰作为动力。

在这个世界上,舍和得的评判标准到底是怎样的呢?小时候觉得很多是对的东西到了现在却让人十分怀疑,现在的社会好像也和小时候不一样了,小的时候看东西,对就是对,错就是错,很容易区分，现在却不明白了。

很多时候，一件事情本身的是是非非其实并不重要，重要的是我们所要达到的目的。顾客和售货员为谁应负责任而争得脸红脖子粗；走了冤枉路的乘客和司机为谁没说清楚而大动干戈，事情越闹越大。该退的货没退成，该节约的时间没节约，双方都憋了一肚子的气。这是何苦呢？有人说，我就要争这个理儿。是，争一个"理"，的确有一种胜利的感觉，但你想没想到过争得这个理的代价呢？你确定你得到的这个胜利就是你去争理的目的吗？

我们要懂得去欣赏和享受生命中的感动和满足，积少成多才会发现这是一个充盈的过程，而且你可以为此怡然自得。

把握舍得，培养良好心态

有人曾就财富与人的话题提出过这样一个假说：在一个系统内，初始状态有富人也有穷人。然后，我们把系统内的所有财富重新平均分配给系统内的每一个人，结果会怎样？只需要一个小时这样的平均状态就会被打破。比如：有的人拿着分到的钱去下馆子，而有的人用分到的钱去开馆子，一个小时之后，财富就又不平均了。一年以后，也许时间会长一点，五年以后，原来的富人还会是富人，原来的穷人还会是穷人，又回到了初始的状态。

经济学理论最大的特点是不能够做一个完全条件下的模拟试验，但我们身边的每个人和每件事又都在不完全条件下做着检验。上述的假说永远只能够是假说，但我们身边点点滴滴的事例都告诉我们这个假说是有一定道理的。

这个假说告诉我们一个人最终是贫穷还是富裕不是因为运气，

也不是因为所谓的机遇，而是选择——一种生活方式和价值体系的选择。如果你选择了富人的生活方式，选择了富人的价值体系，你就会成为富人，所以有人说富人是有基因的，也就是说一个人会不会成为有钱人是天生的。这其实有一定道理，一个人的生活方式和价值体系往往在很早的时候就已经形成。所谓三岁看大、七岁看老也是这个道理。

我们还可以再提出一个假说：在一个完全公平合理的社会中，一个人拥有的财富的多少恰恰代表了他对社会的贡献的多少。比如一个人工作了一个月，获得了 10000 元收入。在公平合理的条件下，这 10000 元的收入是他工作的报酬，也就是他在过去的一个月中对社会作出了 10000 元的贡献。在这个月中他又消费了 5000 元，而一个人消费的过程其实是向社会索取的过程。收入减去消费则是他的节余，而节余恰恰是他对社会的净贡献。所以一个人积累的财富正好是其对社会作的净贡献。

成为富人之后，你将过的是这样一种生活：

生活更加自律。上述假说告诉我们富人意味着付出更多、索取更少。一个人拥有的财富等于他获得的减去他支出的。一个不懂得控制自己欲望的人，一个在生活上缺少自律的人，他对社会的索取就会失去控制，他的支出也将会失去控制，那么再多的财富也会被挥霍一空。

承受更大的风险。投资学告诉我们收益与风险成正比。承担风险是创造财富的基本要素。要成为富人必须创造更多的财富，而要创造出超过常人的财富必须承担超过常人的风险。承担风险的同时也意味着要承受更大的生命的磨难。

承担更大的责任。蜘蛛侠的伯父告诉蜘蛛侠，能力越大意味着责任越大。现代社会财富其实意味着社会资源，拥有更多的财富意味着占有更多的社会资源，也就意味着更大的责任。所以一个人拥有的财富越多也就意味着其对社会的责任越大。

对于选择成为富人的人，你应该明白，选择成为富人绝不意味着你一定会更加开心，也不意味着你一定会更加幸福，或者更加荣耀。而是意味着你将付出更多、承受更多、承担更多。

在我们做出这些经济学上的计算之后，再来看看你成为富人的愿望是否还一如既往地强烈？你看，如何成为富人和如何做富人都并不神秘，这些道理和知识或许还是你耳熟能详的。但是，在看到这些盘算之后，选择成为富人的比例一定会大大减少。

在美国汽车业声名显赫的卢茨先生曾经举过一个例子：如果两款新车型让消费者打分，在满分是10分的情况下，一款车得7.5分，另一款得5分，你该投产哪一款呢？做选择的时候要理解数据背后的含义。得5分的车型可能是一半人打了9分和10分，而另一半打了0分和1分，有人狂热喜欢，有人极度厌恶。得7.5分的车型可能是每个人都打了7分或8分，没有人讨厌，但也没有人有激情。卢茨的回答是："在拥挤的市场上，你所需要的正是那些打9分、10分的人。"

成不成为富人从理论上和实践上看来都是你的自由，而无论你做出哪种选择，关键是要清楚在你选择了这条路之后，等于你接受了这条路上的所有意料之中和意料之外的好与坏。机会是均等的，在每次得失之中要学会寻找平衡，然后将这些经验用在你可以得9分、10分的人和事上。

进退有据，把握命运

进退是为人处世的技巧，也是一种做人的谋略。人生中处处都会遇到进退两难的境地，这时候究竟是进还是退，在紧要关头，要靠自己来把握。把握得好，人生就会朝好的方面发展，把握不好，人生可能朝反方向发展，甚至有可能碰钉子。进退之道关键在于权衡利弊，这样就能趋利避害，走向人生的辉煌。

然而，在人生的紧要关头，有些人不知道是该进还是该退。当你处于迷惘的时候，你就要果断选择，在短时间内做出取舍才行，否则，你会失去良机。中国历史上赫赫有名的一代女皇——武则天就是这样，权衡利弊后，果断做出选择，以退为进，起死回生。

武则天14岁时被唐太宗召入宫中，被唐太宗昵称为"媚娘"。

当时，宫中观测天象的大臣纷纷警告唐太宗，说唐王朝将遭"女祸"之乱，有一个女人将取代李姓为唐朝皇帝。种种迹象表明此女人多半姓武，而且已入宫中。唐太宗为子孙后代着想，把姓武的人逐一检点，做了可靠的安置，但对武媚娘，由于爱之刻骨，始终不忍加以处置。唐太宗受方士蒙蔽，大服丹丸，虽一时精神陡长，纵欲尽兴，但过不多久，便身形枯槁，行将就木了。武媚娘此时风华正茂，一旦太宗离世，便要老死深宫，所以她时时留心另择新枝的机会。恰太子李治见武媚娘貌若天仙，仰慕异常。两人一拍即合，山盟海誓，只等唐太宗撒手，便可仿效比翼鸳鸯了。

当唐太宗自知将要离开人间时，仍不忘如何确保李家江山的长久万代，想让颇有嫌疑的武媚娘跟随自己一同去见阎罗王。临死之前，李治和武媚娘都在他床边，他当着太子李治的面问武媚娘："朕这次患病，一直医治无效，病情日日加重，眼看着是起不来了，你在朕身边已有不少时日，朕实在不忍心撇你而去。你不妨自己想一想，朕死之后，你该如何自处呢？"

武媚娘是冰雪聪明之人，哪还听不出自己身临绝境的危险！怎么办？

她心里清楚，只要现在能保住性命，就不怕将来没有出头之日。于是她赶紧跪下说："妾蒙圣上隆恩，本该以一死来报答。但圣躬未必即此一病不愈，所以妾才迟迟不敢就死。妾只愿现在就削发出家，吃斋拜佛，到尼姑庵去日日祝圣上长寿，来报效圣上的恩宠。"

唐太宗一听，连声说"好"，并命她即日出宫，"省得朕为你劳心了"。

唐太宗本来是想赐死武媚娘，但毕竟自己很喜欢她，心里多少有些不忍。

现在武媚娘既然提出抛却一切杂念，脱离红尘去当尼姑，那么对于子孙皇位而言，就不会再有什么危害了。

武媚娘拜谢而去。

李治也借机溜了出来，对武媚娘呜咽道："卿竟甘心撇下我吗？"媚娘满脸无奈的忧伤。她回身仰望太子，叹了口气说："主命难违，只好走了。""了"字未毕，已泪如雨下，泣不成声了。太子道："你何必自己说愿意去当尼姑呢？"武媚娘镇定了一下情绪，把自己的担心告诉了李治："我要不主动说出去当尼姑，只有死路一条。留得青山在，不怕没柴烧。只要殿下登基之后，不忘旧情，那么我总会有出头之日……"

太子李治佩服武媚娘的才智，当即解下一个九龙玉佩，送给媚娘作为信物。太子登基不久，武媚娘很快又被召入宫中。

武则天的聪明之处在于能识别事情的真相,在危难面前能迅速做出决定,并能果断地"退"出,从而保全自己的性命。待风头过去,再果断回府。后来的事实证明,武则天的决定是正确的。如果她当时不先进尼姑庵,保全一下自己的性命,也许就没有中国历史上赫赫有名的一代女皇。

世事凶吉,人情欢戚,常有意想不到的反复。失之东隅,或许收之桑榆,得之无益,反而弃之有利。

有这样一个故事:

从前,有位商人和他长大成人的儿子一起出海远行。他们随身带上了满满一箱子珠宝,准备在旅途中卖掉。他们没有向任何人透露过这一秘密。一天,商人偶然听到了水手们在交头接耳。原来,他们已经发现了他的珠宝,并且正在策划着谋害他们父子俩,以掠夺这些珠宝。

商人听了之后吓得要命。他在自己的小屋内踱来踱去,试图想出个摆脱困境的办法。儿子问他出了什么事情,父亲于是把听到的全告诉了他。

"同他们拼了!"年轻人断然道。

"不,"父亲回答说,"他们会制伏我们的!"

"那把珠宝交给他们?"

"也不行。他们还会杀人灭口的。"

过了一会儿,商人怒气冲冲地冲上了甲板,"你这个笨蛋!"他冲儿子喊道,"你从来不听我的忠告!"

"老头子!"儿子也同样大声地说,"你说不出一句中听的话!"

当父子俩开始互相谩骂的时候，水手们好奇地聚集到周围，看着商人冲向他的小屋，拖出了他的珠宝箱。"忘恩负义的家伙！"商人尖叫道，"我宁肯死于贫困，也不会让你继承我的财富！"说完这些话，他打开了珠宝箱，水手们看到这么多的珠宝时都倒吸了口凉气，而商人又冲向了栏杆，在别人阻拦他之前将他的宝物全都投入了大海。

又过了一会儿，父子俩都目不转睛地注视着那只空箱子，然后两人躺倒在一起，为他们所干的事而哭泣不止。后来，当他们单独一起待在船舱里时，父亲说："我们只能这样做，孩子，再没有其他的办法可以救我们的命了！"

"是的，"儿子答道，"您这个法子是最好的了。"

轮船驶进了码头后，商人同他的儿子匆匆忙忙地赶到了城市的地方法官那里。他们指控了水手们的海盗行为和犯了企图谋杀罪，法官派人逮捕了那些水手。法官问水手们是否看到商人把他的珠宝投入了大海，水手们都一致说看到过。法官于是判决他们都有罪。法官问道："什么人会弃掉他一生的积蓄而不顾呢，只有当他面临生命危险时才会这样做吧？"水手们听了羞愧地表示愿意赔偿商人的珠宝，法官因此饶了他们的性命。

故事中这个久经商场磨炼的商人见识确实高人一筹，而这种绝处求生的应变智慧，使他和儿子既保住了命，又使钱财失而复得。

在现实生活中，摆在每个人面前的诱惑实在太多，特别是在权力、金钱面前，更要保持清醒的头脑，舍得放弃。如果抓住想要的东西不放，就会带来无尽的压力，甚至毁灭自己。

人生在世，有得也有失。你得到了名利，你就会失去做普通人的自由；你得到了巨额财富，你就会失去淡泊的欢愉；你得到了成功，也许就会失去眼前的奋斗目标，从而停滞不前。我们每个人如果能认真地思考一下自己的得与失，就会发现，在得到的过程中同时也在经历着不同程度的失去。

其实，整个人生就是一个得而复失、失而复得的过程。明白了这一点，我们在人生的道路上是进是退，就要权衡利弊，这样就能趋利避害，走向人生的辉煌。

能屈能伸的力量

在动物界，有一种蛰伏行为。蛰伏就是指天气转凉，动物冬眠了，是指部分动物为在特殊环境下生存而采取的潜伏储备的行为。

在许多时候，动物是人类的老师。比如说，人类通过观察动物捕猎的动作，体会到进攻时要注意隐蔽，或装出病态，显示出无能力进攻的样子，来蒙蔽对方。而后在对方毫无警觉和防范之时，突然出击，置敌于死地。不只是在动物界，就是在人类社会这也是最厉害的一着狠棋。

动物界的刺猬可以说是能伸能屈的智慧化身了。你看它身处顺境时拱着小脑袋，凭借着满身的硬刺，横冲直撞；当它身处险境时，则缩回脑袋，把自己滚成一个刺球，让敌人无懈可击。

动物都有这样的智慧，以此来保全自身，更何况人呢？每个人都应该学会保护自己，做到能屈能伸，这样才能更长远地发展自己。

东汉末，曹操挟天子以令诸侯，势力大；刘备虽为皇叔，却势单力薄，为防曹操谋害，不得不在住处后院种菜，亲自浇灌，以蒙蔽曹操。但是关云长和张飞被刘备蒙在鼓里不知情，所以，他们认为刘备不留心天下大事，却学小人之事。

一天，刘备正在浇菜，曹操派人请刘备，刘备只得胆战心惊地一同前往拜见曹操。曹操不动声色地对刘备说："在家做得大好事！"说者有意，听者更有心，这句话将刘备吓得面如土色。曹操又转口说："你学种菜，不容易。"这才使刘备稍稍放下心来。

曹操接着说："刚才看见园内枝头上的梅子青青的，想起以前一件往事，今天见此梅，不可不赏，恰逢煮酒正熟，故邀你到小亭一会。"刘备听后心神定。随曹操来到小亭，只见已经摆好了各种酒器，盘内放置了青梅，于是就将青梅放在酒樽中煮起酒来了，二人对坐，开怀畅饮。

酒至半酣，突然阴云密布，大雨将至，曹操大谈龙的品行，又将龙比作当世英雄，问刘备当世英雄是谁。刘备装作胸无大志的样子，说了几个人，都被曹操否定。曹操此时正想揣摩刘备的心理活动，看他是否想称雄于世，于是说："夫英雄者，胸怀大志，腹有良谋，有包藏宇宙之机，吞吐天下之志者也。"刘备问曹操谁是当世英雄。曹操单刀直入地说："当今天下英雄，只有你和我两个。"

刘备一听，吃了一惊，手中拿的筷子也不知不觉地掉在地上。正巧突然下大雨，雷声大作，刘备灵机一动，从容地低下身拾起筷子，说他是因为害怕打雷才掉了筷子。

曹操此时才放心地说："大丈夫也怕雷吗？"刘备说："圣人对迅雷烈风也会失态，我还能不怕吗？"刘备经过这样的掩饰，使曹操认为他是个胸无大志、胆小如鼠的庸人，曹操从此再也不疑刘备了。

"屈"其实是一种"退"，"退"只是为了换一个角度、换一个方向，或腾出一些空间，好比两车相逢，有时必须自己先退让，才有前进的可能。表面上的退，其实质上是为了更大的进。当正面对战已无取胜可能，而且将耗损自己的实力时，可暂时屈从，保存实力以利再战。

智慧地让步，避免一切无价值的纠缠，不是胆怯，不是懦弱，不是无能，而是一种大度、智慧和勇敢。

妥协是一种明智的让步。我们生活在一个复杂的社会之中，各种情况、各种类型的人都可能遇到。当双方相持不下时，最好有一方要主动提出一个折中的办法，在有些情况下，妥协对双方都有利。否则，如果撕破脸皮，双方都有损失。

妥协不是软弱，它是一种智慧的让步。这种让步于人于己都有好处。如果双方都想争强好胜，或者为了争权夺利，互不相让，也许会落得个两败俱伤；相反，妥协反而能实现双赢。

克里斯托弗·雷恩爵士是英国17世纪著名的建筑大师，他一生设计了很多有名的建筑，西敏斯特市的市政大厅就是他的不朽杰作。1688年，雷恩爵士为西敏斯特市设计了这个富丽堂皇的市政厅。当时市长住在二楼，他不懂得建筑的原理，看了设计图之后，非常担心三楼会掉下来，砸到他的办公室。于是，他要求雷恩再加两根石柱作为支撑，加固房子的结构。雷恩很清楚市长的恐惧是杞人忧天，没有什么道理，但是他没有同市长争辩，也没有跟他解释其中的原理，而是按照市长的要求建造了两根石柱，市长为此感激万分，工程也得以顺利进行。

多年以后，人们才发现这两根石柱其实根本没有顶到天花板。这位杰出的建筑师为了满足市长的要求，在他的设计中加了两个并不起实际作用的石柱。他没有跟市长争辩，因为他知道争辩是没有用的，有可能还会激怒市长，使得整个建筑工程无法进行，所有的设计都前功尽弃了。实际上多出来的两个石柱并没有影响到他的设计艺术，相反，当人们看到这两根柱子没有顶到天花板的时候，明白了他的苦心，更加赞赏他了。

有理也要让人三分，只要不是原则问题，就没有必要凡事都争个对错，比个高下，证明自己更聪明更正确。这其实是没有任何意义的。话有时并不需要多说，行动则更有力得多。在雷恩的设计中，石柱只是一个摆设，是虚假的，但是双方都从中得到了满足。市长可以松一口气，不用担心三楼掉下来砸到自己的办公室，而后世也将会了解雷恩的设计是成功的，加建石柱其实并没有必要。

留一步，让三分，是一种谨慎的做人方法，适当地谦让不仅不会招致危险，反而是寻求安宁的有效方式。生活中，除了原则问题必须坚持外，对于一些小事，对于个人利益，妥协、谦让会带来身心的愉快以及和谐的人际关系。有时，这种"退"即是"进"，"舍"就是"得"。

1502年，伟大的艺术家米开朗琪罗来到佛罗伦萨，他要用一块别人认为已经无法使用的石头雕出手持弓箭的年轻大卫。他的赞助人是当时的执政官索德里尼。

工作进行了一段时间之后，雕像快要完成了，索德里尼进入了工作室。他自以为是行家，在仔细地"品鉴"这项作品后，开始对这座雕像品头论足。他站在这座大雕像的正下方说："米开朗琪罗，你的这个作品诚然是个杰作，很了不起，但它还是有一点缺陷，就是鼻子太大了。你来看看是不是？"

米开朗琪罗知道索德里尼没有鉴赏水平，并且他得出这样的结论是因为观察的角度不正确，但是米开朗琪罗什么都没有说，而是拿着工具，让索德里尼跟着他爬上支架。他在雕像鼻子的部位轻轻敲打，一边敲打一边让手里事先拿好的石屑一点一点掉下去，还不时地征求索德里尼的意见，表面上看起来他是按照索德里尼的意见在修改，但事实上他根本没有改动鼻子的任何地方。

几分钟后，他站到一边，问道："现在怎么样？"

索德里尼端详了半天，得意地微笑着回答道："我比较喜欢现在这个样子，更加栩栩如生了。这才是最完美的艺术！"

很明显是索德里尼不对，但他是米开朗琪罗的赞助人，米开朗琪罗知道冒犯他没有任何意义。如果他不听从赞助人的意见跟他争辩起来，最后可能会胜利，但结果是除了逞一时的口舌之快，不会有任何收获，并且还可能因此而得罪这个赞助人，使自己面临资金短缺的困境，最后可能连这个雕像都无法完成。米开朗其罗的妥协可以说是明智的，他口头上忍让，没有据理力争，但是并不是因此而对索德里尼言听计从，因为如果改变鼻子的形状，很可能就毁了这件艺术品。对此，他的解决办法是让索德里尼在无意中调整自己的视野——让他靠近鼻子更近一点，而不是让他意识到自己的错误。

每个人都有自己的个性，都可能在某些方面与别人不同。人与人相处常常会出现大大小小的矛盾，当我们面对这些矛盾时，不可以为"狭路相逢勇者胜"，因为胜的同时，一份友情也就消失了。

在我们的生活中，矛盾无时不在、无处不有。但是，怎么解决矛盾，这是最关键的问题，也是最难办、最头痛的事情。在与他人的矛盾中，有些人总是得理不饶人，非要证明自己才是对的，咄咄逼人，结果只能把事情越弄越大、越弄越僵，最后无法收场，甚至付出惨重的代价。托比的证明就是这样的。

有一个名叫托比的人，来叙拉古城游学，路上经过卡塔尼山时，看见山上有一只老虎。进城后，托比便对人们说，山上有一只老虎，上山时要小心。可是没有人相信他，因为这里的人从来没有在山上发现过老虎。托比一再坚持，并向人们描绘老虎的样子如何凶猛。然而任凭他费尽口舌，人们仍然不相信。最后托比说，既然你们不信，那么我带你们去看看。

当时柏拉图和他的几个学生也在叙拉古城，师徒一行人和托比一起上了山，但是一连几日，始终没有发现老虎的蛛丝马迹。托比急得对天发誓说，当天他确实见到了老虎。人们却说："当时你的眼睛被魔鬼蒙住了。如果你再坚持说见到了老虎，人们会说叙拉古城来了一个撒谎的人。"

托比生气地说："我从来没有撒过谎！我真的见到了一只老虎。"为了证明自己的诚实，托比逢人便说他没有撒谎，确实看到了老虎。到了最后，人们见到他就躲，甚至认为他是个疯子。

这实在让托比不能忍受。他买来一杆猎叉，独自上山寻虎。他发誓，一定要找到老虎，把它打死带回来，让全城的人看看。

托比一去就再也没有回来。几天后，人们在山中发现了一堆破碎的衣服和一只脚。法官验证后说，托比是被一只重500磅左右的老虎吃掉的。

托比没有撒谎，也不是个疯子。可是，用自己的死来证明这一切，未免代价太高。世上许多不幸，都发生在人们急于向别人证明的过程之中。试想托比如果妥协一下又有何妨呢？

妥协是一种明智的让步。为人处世，遇事都要有退让一步的态度才算高明。我们生活在一个复杂的社会之中，各种情况、各种类型的人都可能遇到。当双方相持不下时，最好有一方要主动妥协，妥协对双方都有利，否则，如果撕破脸皮，双方都有损失。

举手投足间的舍得抉择

在企业管理中有一个环节至关重要，就是上下级之间的沟通。有效的沟通不仅能让团队高效工作，对于提高企业效益也是有很大裨益的。

当你开始带领团队的时候，你的成员有时会自动地判断你是谁。他们也许会认为你是一个控制型的领导,这意味着,或者说你"没有和他们在一起"，他们也没有真正认识你。如果你在刚刚成为团队领导的时候讲一个"我是谁"的故事，你就可以让成员们对你有一个深入的了解，这可以帮助你消除你和团队成员之间的隔阂，使他们认识到你也和他们一样是一个普通人。"我是谁"这个故事的目的应该是向你的成员们透露一些你的缺点，或者是你以前曾经犯过的错误。为什么需要这样做呢？因为通过透露你的缺点，你在向你的团队传递一个信息，那就是你很信任他们。透露你的缺点（需要确定的是，这是一个小缺点）还可以使你表现得更加平易近人，因为它表示你是普通人而已。

还记得"狼来了"的故事吗？这个故事教育了一代又一代的小孩子，除非他们真正需要帮忙，否则不要乱求救。虽然这个故事很简单，但就像多数寓言一样，它却被广为流传了几个世纪。这个故事可以帮助人们记住为什么他们需要优先做一些事情。

　　一位企业家在与一家全国性连锁养老机构合作时，看到这些养老院工作人员中有许多年轻人，他们都具有最善良的愿望，但是他们在工作中经常使用的声调，在他看来更加适合小孩子而不是老人。于是他向这些年轻人讲述了自己祖母的故事："我祖母中风以后就再也不能说话了。几个月以后，她开始绝食了，在她看来与其没有尊严地活着，不如死了算了，因为照顾她的人俨然以恩人的方式和她说话。"这个故事由此改变了那些年轻工作人员的工作方式。

　　很多事情我们看着很小，不愿意去做。例如扶起倒下的椅子，整理好自己的东西……这些事情太过琐碎，我们很容易忽略它们的意义。就像一个家庭，丈夫为经济主体，而妻子收入较低，照顾老人和小孩，一日三餐、家务劳动妻子就分担得多一些，长此以往，在外奔波的丈夫可能就越来越不平衡，觉得自己是家里的主体，整日劳作的妻子已经和自己很少有共同语言了，他认为这些琐碎的家务无法和他为家所作的奉献相比。有一对夫妻就是因为这个问题而找到北京电视台的心理咨询节目，希望得到解决。只不过这一次"主外"的是妻子。心理专家就让他们做了一个游戏，小时候经常玩的跷跷板游戏，当夫妻两人分别坐在跷跷板的两边时，跷跷板很稳固，当专家要求丈夫离开座位时，妻子一个人让跷跷板平衡变得十分困难，而当妻子离开座位时，丈夫同样无法让跷跷板保持长时间平衡。一个家，分工是明确的，琐碎的事同样是需要人做的。而长久坚持做琐碎事的人不比创造出更多经济价值的人地位低。

　　我们知道很多将琐碎的事进行到底从而成为传奇的故事。像一个人因为捡垃圾而最终功成名就，进了福布斯财富排行榜。说这些故事是为了唤起希望，尤其是当我们不知道为什么需要那样做以及应该做什么的时候。如果一些细枝末节因为忽视没有做到位的话，所产生的后果恐怕是让人始料不及的。一家连锁眼镜店打广告说，如果顾客回到家里以后发觉不喜欢的话，店里可以提供一副新款眼镜。这么做自然引起了店铺成本的上升。然而，这家店铺的经理经常定期地告诉店员说，有一位顾客曾利用了商店的这些优惠，对此这位顾客满怀歉意，但是从那以后，多年来他不仅一直保持对这家连锁店的忠诚，还把这家连锁店推荐给他的家人和朋友。结果是生意上面一点小小的损失给这家连锁店带来了更多的利润。

　　事实上，那些举手之劳的事是会带来很多意外的收获的，我们大可不必计较那一点点短暂的时间和得失。人生不如意事十之八九。面对挫折、苦难，是否能保持一份豁达的情怀，是否能保持一种积极向上的人生态度，这需要博大的胸襟、非凡的气度。其实，生命本身就是一种幸福。在逆境中磨炼出你的意志，不必计较一时的成败得失。"风物长宜放眼量"，去追寻长久的精神底蕴。忍受孤独，在彷徨失意中修养自己的心性，如蚌之含砂，在痛苦中孕育着璀璨的明珠，这就是最大的收获。

　　人的一生，不可能事事如意、样样顺心，生活的路上总有许多的沟沟坎坎。你的奋斗和付出，也许没有预期的回报；你的理想和目标，也许永远难以实现。如果抱着一份怀才不遇之心愤愤不平，如果抱着一腔委屈怨天尤人，就难免会使自己心态扭曲、心力交瘁。

　　生活在凡尘俗世，难免与人磕磕碰碰，难免被别人误会、猜疑。你的一念之差、你的一时之言，也许会被别人加以放大和责难，你的认真、你的真诚，也许会被别人误解和中伤。如果非得以牙还牙、拼个你死我活，如果非得为自己辩驳、澄清，就可能会导致两败俱伤。

适时地咽下一口气，潇洒地甩甩头发，悠然地轻轻一笑，你会发现，天仍然很蓝，生活依然很美好。

第五章

放下舍得享受快乐

忘掉过去，做自己想做的事

1969年7月20日，在尼尔·阿姆斯特朗印出人类在月球上的第一串脚印之后，巴兹·奥尔德林也踏出了舱门。从那一刻起，他对月球的描述语"华丽的苍凉"传遍了世界。据说登月舱着陆后，他曾悄悄进行了圣餐礼仪式。不按常理出牌的奥尔德林说："我的灵魂不属于航天局。"

奥尔德林母亲的娘家姓Moon（月亮），但真正使他与太空结缘的是过人的天赋。就读西点军校，曾驾驶F-86战斗机击落两架米格-15，麻省理工学院太空航空学博士，爱德华空军基地服役经历，这一连串傲人资历可以佐证。

1963年10月，奥尔德林被美国国家航空航天局（NASA）选为第3组宇航员。在双子星计划（NASA在20世纪60年代的大型载人航天计划）的训练过程中表现出色：发明了悬浮水下训练这一沿用至今的革命性技巧；在"双子星12号"任务中创造了舱外活动的时间纪录，证明宇航员可以长时间在航天器外工作。出众的身体素质和聪明的头脑，使奥尔德林被视为登月飞行的最佳人选。据说NASA本有意点他打头阵，但最终挑了更为稳当、含蓄的阿姆斯特朗。

奥尔德林是否真介意"第二人"这个称呼，只有他自己知道。

不过登月归来之后,"阿波罗11号"的成员们很快体会到了风光无限之外的苦涩。

很低调的阿姆斯特朗干脆在俄亥俄州的农场里过上了半隐居生活。奥尔德林则在时过境迁后回忆称,除了一些摆摆样子的互动,在"第3组"中并没有人们想象的那种团队精神。离开空军和宇航局的奥尔德林有些失魂落魄,生命里头一次没有人告诉他该做什么,没有人分配给他极富挑战的任务。而外祖母和母亲的自杀、与结发妻子的离婚,让奥尔德林的中年充满了灰色。45岁至55岁期间他"一事无成,失去了大把机会"。

好在对太空的眷恋让他振作了起来。动画片《玩具总动员》里的巴斯光年一角就是以他为原型。电影票房大红,巴兹·奥尔德林的名字也成了太空探索的代名词。

步入花甲之年后,奥尔德林越活越张扬。他不仅获得了美国永久空间站设计专利,成立了火箭设计公司以及卫星助推器公司,还创立了基金会,致力于将太空旅游这一富人才敢问津的项目平民化。当教授、写科幻小说、参加纪实电影《从地球到月球》的拍摄……

在他的第二本个人传记《华丽的苍凉》里,奥尔德林讲述了他从华丽到苍凉、复归平静的一生。同时也不忘告诫美国航天当局,不要再把气力和钞票花在再度登月计划上,明智的做法是利用别国生产的着陆舱和助推火箭,在月球上测试最终将要用于探索火星的仪器设备——"忘记月球吧,该是朝火星进发的时候了"。

巧合的是,美国好像总是可以发现很多这种"老顽童"。那些单车走遍全球的背包客,那个要在全世界各个景点都跳同一个舞的年轻小伙,美国人天性中的热情和好奇总是开发得比较充分。

美国民间对巴兹·奥尔德林历来两极分化。有人戏称他为"爱惹是生非的老家伙"，也有人觉得正是这种性格才使他比阿姆斯特朗更好亲近。他本人不会在意这些，就好像对那个问了他40年的问题"走在月球上感觉如何"，实在不知道人们希望听到什么回答。"心情愉快到要起鸡皮疙瘩"，这或许算得上是最奥尔德林式的答案。

在经历辉煌之后，回到平常确实不容易，太多天才少年变成庸俗常人的事例让我们看到辉煌持续的不易。巴兹·奥尔德林也经历过10年的苦涩时光，但是他终于振作，他晚年的作为甚至比他登上月球还让人惊异。

的确，有什么不可以呢？有时候，年龄、身份并不是约束，阻止你成功的恰恰是你的顾虑。不妨像巴兹·奥尔德林那样活得张扬一些，活出自我来。

谁也不希望自己遭受挫折，更不愿意陷入困境，但这些烦恼又常常会不期而至：工作失误、竞争失利、失恋、离婚等，它们甚至会使人筋疲力尽，走投无路。人们几乎普遍认为挫折、困境总是坏事。

人类的大脑是永远不甘寂寞的，除了用趣味及睡眠把它占据外，当它感到空虚时就会胡思乱想。烦久则厌，闷久则愁，有害于健康。如果我们能够用平常心乐观豁达地去看待这个世界，你就会发现，其实逆境只是一种必然经历，害怕它，它会来；忽略它，它也会来。

如果你早上醒来发现自己还能自由呼吸，你就比在这个星期中离开人世的人更有福气；如果你从来没有经历过战争的危险、被囚禁的孤寂、受折磨的痛苦和忍饥挨饿的难受，你就很有福气。

如果你的银行账户有存款，钱包里有现金，你已经身居于世界上最富有的8%之列；如果你的双亲仍然在世，并且没有分居或离婚，你已属于稀少的一群；如果你能抬起头，脸上带着笑容，并且内心充满感恩，你是真正的幸福了。因为世界上大部分的人都可以这样做，但是他们却没有；如果你能握着一个人的手，拥抱他，或者只是在他的肩膀上拍一下……你的确有福气了，因为你所做的已经等同于上帝才能做到的。

卡莱尔说："最弱的人，集中其精力于单一目标，也能有所成就；最强的人，分心于太多事务，可能一无所成。"我们没有理由盲目挥霍我们的青春、健康、智慧和财富。我们要懂得找到在"月球"之外的火星，在每个阶段都找到自己的目标和定位。

放弃浮华，选择信仰

二十出头的时候他是个电台的播音员，老板冲进办公室向他大叫："赶快播！赶快播！市政大厅着火了，三个人跳下来了，都死了，我夫人刚给我打的电话，我家就在马路对面，赶快！"他伸手去抓电话。"你干什么？"老板问，"赶快播，赶快播！"他要给消防队打电话核实一下。"你不用核实，我夫人从头到尾看得一清二楚。"他还是抓起了电话，老板气疯了，自己在话筒面前把这当成最新要闻播了出去，就在这个时候他的电话接通了，消防队说那算不上火灾，脚手架着了火，马上就会熄灭，而且也没有人受伤。

事件的结局是他被解雇了。

有一次播放最后一个广告时，他的秘书说有位先生是他的老朋友，执意要他接听电话，并说他就算在直播中也一定愿意这么做。

他认识这个人，是约翰逊总统的助理。他接了电话，对方说："沃尔特，总统几分钟前去世了，是心脏病。"就在这个时候广告播完了，他还在听电话。直播间摄像机上的红灯已经亮了，全美国的电视观众都在电视上看到一个侧身接电话的主持人，现场的编导都崩溃了。他继续听了两秒钟，然后对着电话说："汤姆，等一下，"转身向着电视观众报道他刚刚得知前总统约翰逊刚死于心脏病，他正在向奥斯汀的总统办公室了解更多的细节，在节目结束前他把电话里得知的所有内容转告给了观众，就像早已准备好的稿子一样完整。但是，约翰逊总统生前自己打电话来对节目内容发牢骚，而且指名必须让他接的时候，他却拒绝了。"我们相信，总统的电话可能是对抗性而不是来提供信息的。"他对可怜的总统女秘书说。

他一直恪守他的信条——"不偏不倚的立场"，以至他的同事抱怨他"过于谨小慎微了"，他的老板希望他在晚间新闻的最后五分钟加上自己的评论。他拒绝了，"我做的不是社论，我做的是头版，最重要的是为电视观众提供真实客观的报道，如果我一会儿想不带偏见地报道，一会儿再就同一题目发表一篇立场鲜明的社论，观众会把整个广播业看作是持偏见的行业。"

他每天的结尾语都是"事实就是如此"，这也是他去世前最后一篇博客的名字。

在越战初期，保守派和政府的支持者们认为他站在狂热的不爱国的自由派一边，而学生和反战者给他贴上当权派的喉舌的标签。他的老总安排他与国防部长午餐以缓和气氛。部长拿爱国主义来要求他，他说："爱国主义难道仅仅是毫无保留地赞同政府的每个举动？或者我们是不是能把爱国主义定义为有勇气宣扬并坚持一个人认为最符合国家利益的原则，而不论这些原则是否符合政府的意图？"在跟约翰逊总统一起吃晚饭时，他的幻灭感更深了。约翰逊的双手在半空做出有力的动作，说："我要把我的军舰派到这儿，把我的飞机派到那儿，还要把我的部队派进去。"他浑身冰凉地想：他的军舰，他的飞机，他的部队。不久后，春节攻势使局势变得更不明朗，他决定"拿民意测验中民众对我们的高度信任来冒一冒险"，他去了越南。他穿上战服的样子完全没有电影里的战地记者叼着雪茄的倜傥样儿，就像个老实的中国西部农民大叔。他与士兵一起进入顺化，道路被伏兵封锁，最后他和12个装着陆战队员遗体的袋子一道乘直升机离开。美国军方的二号人物向他承认了春节攻势造成严重的人员伤亡和物力损失，而军方发言人仍在对外宣称只用增加几万军队就可以结束战事，他想：把这话说给那些躺在袋子里的士兵听吧。回到美国后，他唯一一次在节目中发表明确的意见："说我们陷入僵局似乎是唯一现实的，又是让人沮丧的结论。本记者越来越清楚地看到唯一合理的出路在于谈判……"约翰逊总统的机要秘书回忆当晚——总统关掉电视机说："如果我失去克朗凯特，我就失去了大半个美国。"大卫·哈尔伯斯坦在《影响力之所在》中写道，由电视主持人来宣布战争的结束在历史上尚属首次。

他在生活中最爱的是赛车和航海，他是专业的赛手。新闻业让人的血液里充满对不可知事物的冒险与狂热，或者也许是这个行业自动选择了这样的人，他对"这广袤深色宇宙中的一点鲜艳"的蓝色星球感到永恒不灭的好奇和敬意。

他穿过高山，越过峡谷，航过大海，行走各处。"最让人感到满足的是，在太阳落山之前在一处无人的小海湾抛锚，斟上一杯酒，舒舒服服地坐下，看鹅、鸭子和潜鸟滑向你，然后黑暗慢慢降临，万籁俱寂。"他说。

2009年7月17日，他去世，92岁。他曾一次次奋斗争取，现在，他享受这神圣的宁静。他就是沃尔特·克朗凯特，美国一代传媒大师。

上文讲述的只是克朗凯特职业生涯中的几个例子，事实上这样的事例并不少见，自他小时候起，他一直相信亲眼证实和验证过的事。进入新闻业之后，他所秉持的是同样的信念，不管为此他得罪多少老板，还是丢掉工作。因为坚持事实、客观报道、准确传达，才是一个新闻人应有的职业标准和态度。他坚守自己的信仰。

而这些标准，同样也应该是我们每个人自律并自觉履行的一个行为准则。

你决定不了生命的长度，但是至少可以决定生命的宽度和厚度，有所坚持有所选择地生活着，让我们的生命也变得更经典一些。

舍弃贪婪，换取成功

知道全球富豪的第一桶金是如何赚来的吗？

钢铁大王卡内基的第一次商业冒险就是想办法像个雇主似的，让小伙伴们帮他一个季度的忙，报酬是允许用他们的名字来命名小兔子。每个星期六的下午，他们一伙人就去给小兔子收集食物。因为大家都是朋友，所以大多数人心甘情愿帮他采集蒲公英和车前草。整整一个季度，除了命名，他们没有提出任何别的条件。多年来，卡内基的良心一直有点不安，毕竟占了小朋友们的便宜。但他非常重视这次经历，因为这体现了他的组织能力。他声称自己一生在财富上的成功与这种能力的发展息息相关。"我之所以成功，并不是因为我懂得多少或是我干了些什么，而是由于我知人善任的能力。"

卡内基无疑是成本计算的高手，几乎是天赋异禀，童年时候他就懂得以满足别人心理需求为条件获取援助，虽然交易并不是等价的，但是无论是作为雇用者的他还是作为被雇用者的其他小伙伴都从中受了益，可谓双赢。这也是卡内基的成功哲学：自己想要获得什么，要先满足别人的要求。

美国有线电视新闻网的创始人泰德·特纳最早的一个创富行为就是把失去的家产夺回来。他对银行工作人员说父亲的精神过度抑郁，无法为自己的行为承担责任，因此他有权收回家产，如果对方拒绝，他将采取法律手段。他的强硬态度和对数字的敏感打动了银行，银行贷给他一笔钱，也说服了收购他父亲家产的那个人。他用银行的钱买回了广告公司。把已经卖出去的东西再买回来，这是一难；而说服银行出钱让他去干这件事，更是一难。别人做不到的事，24岁的特纳做到了。从这件事中不难看出，特纳具有纵横捭阖的能力。

特纳的成功不是偶然的，因为他不仅具备了能力——仅凭逻辑严密的口才便赢得了银行的信任，同时更具备了方法——如果银行不同意将采取法律手段，他将刚柔并济运用得恰如其分。特纳成功的秘诀可以总结为：想要得到什么，首先清楚你拥有什么。

维珍集团董事长理查德·布兰森13岁时数学成绩很差，但对于挣钱颇有兴趣。他家住的村子东口有一片空地。假期里，他约了伙伴尼克，计划在空地上种400棵圣诞树，等下一个圣诞节时树可以长到四英尺高，就可以卖掉，自己获得800英镑，两个人对半分成。于是他们在复活节开始犁地，种了400棵圣诞树。等下一个暑假他们去看收成的时候，发现只有两根小树枝冒出地面，别的全被野兔吃了。他们疯狂报复，猎杀了很多兔子，一先令一只卖给屠夫，但是离计划中的800英镑还差得远。尼克圣诞节得到的礼物是鹦鹉，布兰森由此发现了一个伟大的商业机会：养鹦鹉。鹦鹉整整一年都可以卖，不局限于圣诞节。他计算出售价、生长速度、饲料价格，并说服爸爸建了一个大的鸟舍，鸟长得很快。但布兰森高估了当地人对鹦鹉的需求，即使每家每户买两只，还剩一大鸟舍的鹦鹉。一天，母亲写信骗他说鹦鹉被老鼠吃掉了。很多年后，母亲坦白说她实在清扫不动鸟笼就打开鸟笼，放走了所有的鹦鹉。尽管屡战屡败，但布兰森却学会了数学。只有在计算种多少棵圣诞树、喂多少只鹦鹉时，数字对他才有意义。在教室里，他依然是个数学傻瓜，但他却喜欢做真正的商业计划。

布兰森可谓真正从实践生活中学习理论知识的人，他在课堂里始终都没有表现出任何数学方面的天才，但是面对现实状况，他却能迅速做出快速而准确的计算，尽管他当时只有13岁。他最后的成功告诉我们，学习知识不必只通过课堂，如果你能在课外再现你的知识，或许你的成就也不会小，不要因为在课堂上没有成为老师眼中的骄子而灰心沮丧。

和布兰森对数字的迟钝不同，6磅重的早产儿沃伦·巴菲特对数字情有独钟。他可以一下午坐在门口，记录来往汽车的车牌号，或者摊开当地的报纸，计算每一个字母在上面出现的次数。有时，小伙伴报出城市名，巴菲特就能报出人口数。他还会手持一把桨和一个球，站在卧室里一连几个小时地算啊算，他也玩莫诺波利游戏，数他想象中的财富。其实，他感兴趣的不是数字，而是数字代表的金钱。他拥有的第一份财产是姑妈在圣诞节送给他的钱包，他总是自豪地把钱包拴在自己的皮带上。当他5岁的时候，就在自家的过道上摆了一个卖香烟的小摊，向过往的人兜售，后来他干脆到繁华的市区卖柠檬。当同龄的孩子还在傻玩的时候，巴菲特就从当股票经纪人的父亲那里搞到了成卷的股票行情机纸带，铺在地上，用标准普尔来解决这些报价符号。看着拉塞尔家门口的车，他会说："要是有办法从他们身上赚点钱就好了。"他常常对拉塞尔的母亲说："您不赚这些行人的钱真是太可惜了，拉塞尔夫人，太可惜了。"

以上提到的富豪们似乎天生是为追求事业而生的，毫无疑问他们都是善于抓住机会并把握机会的人。

人，是不可能没有欲望的。在一般情况下，忍得住显示自己才智的欲望，才能获得更多；保持不自满的心态，同时也可以避免因为炫耀自己而招致他人的妒忌、攻击与陷害。大凡历史上的能人名士、英雄豪杰，往往都身怀绝技，但他们也都知道"山外有山，天外有天，能人背后有能人"的道理。所以要想赢得胜利，后发制人，就要深藏不露，大智若愚，大巧若拙，不轻易地暴露和表现自己的才能。"淡泊明志，宁静致远"，见利让利，处名让名，也许常人认为你这种态度太糊涂，然而你却可以名利双收，迈向更大的成功。

乐于付出，回报反而更多

患有恐蛇症的人见到蛇，他的血液会本能地流到腿部的大肌肉群，准备向后跳或是逃跑，富含氧气的鲜血迅速从身体上部流向下部，以至于脸部因缺氧而变白，缺氧的大脑甚至会导致人立刻昏倒；而一个人生气的时候，富含肾上腺素的血液会流向上肢，准备打斗，脸会涨得通红，胳膊的肌肉也会绷紧，盛怒的人在没意识到自己在做什么之前已经动手打人了。人脑对外界的威胁，就会产生这两种最原始的反应方式：逃遁或是战斗。逃遁反应产生恐惧，战斗反应产生仇恨。而遇到困境无可逃脱的人，很容易从恐惧转向仇恨。脑科专家说："仇恨，是一些初级神经组织深深栖身于人脑最新进化的外部皮层之下。"

引述这大段的生物学常识是为了说明：当人遇到困境时，在生物学中是如何反应的。而这些反应将会影响我们的行为组织。在明白了这一点以后，我们才可以读懂以下的故事。

"我只是讨厌屈服。"罗莎·帕克斯说，她在公交车上因拒绝给白人让座被捕，引发美国黑人的民权运动。领导这场民权运动的便是大名鼎鼎的马丁·路德·金，那时候，他才26岁。为什么一个年轻人提出了"非暴力不合作"却得到了响应？让55000名黑人在一年多的时间拒绝乘坐公交车以示抗议，每一天步行外出，忍受着自己体力上的绝大付出，既没有退缩，也没有仇恨？当三K党对黑人的攻击威胁着人的生命的时候，按理说，以暴制暴应该是人最本能的反应，而且当时对暴力的呼声也很高。在纽约的黑人领袖马克西姆·X说："非暴力是在火药桶上放上一块掩人耳目的毛毯，现在我们要把它掀开。"但是大多数的人还是忍受着被攻击、被殴打、被捕、被泼上一脸的西红柿酱，他们不知道自己需要坚持多久，也没有得到任何政治上的承诺，这种牺牲是日常的、个人化的，他们不可能赢得声名，但他们支撑下来了。你知道这是为什么吗？在剧场里，黑人灵歌响起的时候，人会体会到为什么说圣经是关于"最卑微者"的，因为有一些感情是从深渊一样的苦难里升起的。这些受尽侮辱与迫害的人在1955年为什么没有选择最原始的反应方式——忍气吞声，或者焚烧、抢掠、破坏、革命？

1929年，当马丁出生的时候，美国黑人的中产阶级已经渐渐形成，虽然有很多的种族不平等条规，但是他们享受着宪法所保障的基本自由，尤其是在思想上的自由。马丁可以在南方的黑人大学里读到梭罗的《论公民的不服从》。在波士顿读博士前，他已经熟悉了甘地"非暴力抵抗"的观点。当他还是个黑人小孩的时候，可以和白人孩子一样，从课本里读到独立宣言："人人生而平等，都有生命权、自由权和追求幸福的权利。"对于受到不公正待遇的群体来说，只要思想不受到禁锢，对于自由和公正的呼吁，迟早会会聚起来。他们寻求公正的方式，以尊重宪法的方式来要求宪法所赋予的权利。当一个人的本能要求他逃避或是还手的时候，他能留在原地，忍受着攻击的前提是有一个公正的游戏的规则，并且他深信对方会回到游戏规则当中来。有了共同认同的理念和制度，发生观念冲突的时候，才有共存的依据。而26岁的马丁·路德·金就是这个群体中第一代最懂得熟练地运用这个制度的操作程序的人。他争取的是所有人的宪法权利。

他知道什么才是最持之有效的解决方式。暴力能解决的只是一时的问题，而解决不了永久的问题。如果依然和此前无数次的反抗一样，采取焚烧、抢掠、破坏甚至革命的手段，都无法真正达到黑人和白人平等相处的结果。而通过宪法去解决，通过非暴力的行动让公平的信念抵达每个人的内心显然比那些手段更为有理有力，也是最终解决争端的最好方式。

梭罗在《论公民的不服从》中提道："我不想同任何人或国家争吵。我不想钻牛角尖或自我标榜比旁人强。我倒倾向于认为，我寻求的是遵守我国的法则的理由。我是太容易遵守这些法则了。我完全有理由怀疑我有这毛病。每年，当税务官造访时，我总是忙着回顾国家与州政府的法令和主张，回顾人民的态度，以便找到个遵命的理由。我相信州政府很快就能免除我的这类操劳，那么我简直就同其他国民一样爱国了。从较低层次的角度看，宪法尽管有缺点，但还是非常好的。法律和法庭是非常令人尊敬的，甚至这个州政府和这个美国政府在许多方面也是非常令人敬佩、非常难能可贵、令人感激的，对此人们已经大加描述过了。但是，如果从稍高层次的角度看，它们就不过是我所描绘的那个样子。如果从更高或最高层次的角度看，那么有谁会说它们是什么玩意儿，或者会认为它们还配让人瞧上一眼，或者值得让人考虑考虑呢？"

马丁·路德·金的《I have a dream》举世闻名，是人类演讲史中最为经典的篇章之一，而透过以上的背景调查和知识盘点，我们知道了为什么是马丁·路德·金成了黑人争取平等权利的领袖、为什么马丁·路德·金赢得了全世界不同种族人的敬仰和爱戴。他坚定不移地选择了一条布满荆棘的路，而且通过自身的影响让自己的民族坚韧不屈地和平追求宪法中的权利。他在人们的记忆中永垂不朽，他慈悲为怀的和平理念是人类珍贵的精神遗产。

如果没有马丁·路德·金的这场彪炳史册的民权运动，奥巴马的竞选成功将是一场空谈。

马本·路德·金同时教给人们应该主动争取本来应该属于自己的权利，而且要以一种科学的有效的方式。

舍弃想象，脚踏实地

1718年冬，一个寒风凛冽的日子，在丹麦首都哥本哈根的一座别墅里，一位五十多岁、外表儒雅的男人正惬意地坐在火炉旁阅读报纸，当他在报纸上一个不起眼的角落看到冰岛雷克雅未克一家古老的图书馆被一群"暴徒"抢劫的消息时，不禁从椅子上跳了起来，用焦急的声音冲外面的仆人喊道："给我订一张今晚开往雷克雅未克的船票！"

这个名叫阿尔尼·马格努松的男人1663年出生于冰岛，1685年毕业于哥本哈根大学神学系并留校任教。在他出生之前，他的"祖国"就已被异族统治了几百年，先是挪威，然后是丹麦。马格努松教授生活优越,爱好广泛,业余时间痴迷于古籍研究,那批存放于雷克雅未克图书馆的古老羊皮书,在他的眼中价值连城。到了冰岛后,马格努松才发现事情比他想象的还要严重:由于冰岛长期处在丹麦的统治下,人民挨饿受冻,那些写满了古代神话故事和英雄传奇的羊皮书,此刻已成了那群"暴徒"抵御严寒的衣物,要想把这些散落各地的"衣服"一件不落、完好无损地收集回来,几乎是一件不可能完成的任务。起初马格努松试图用自己那极富感染力的"宣传"来打动"暴徒",说服他们主动将那些"对冰岛文明非常重要"的羊皮书交出来,可长期处于异族奴役下的冰岛人早已变得绝望、颓废,人们只关心自己的死活,对他的那些"爱国"言论无动于衷。看着自己的同胞如此冷漠、麻木,马格努松既难过又痛心。马格努松拿出自己的积蓄,开始在冰岛四处收购羊皮书。虽然花光了所有的积蓄,买回来的只是一堆堆被人当作衣物甚至裹脚布、变得又脏又臭的"破烂",但在马格努松的眼里,这些"破烂"却比钻石还珍贵。

1722年,马格努松将第一批经过修复的羊皮书装进35只大箱子,由一条帆船托运到哥本哈根,可这条船却在中途沉没了。马格努松大病一场,病好后他变卖了位于哥本哈根的别墅,继续他的收集工作。但没过两年,这笔钱也花光了。一贫如洗的马格努松开始尝试用自己的劳动换取羊皮书,几年时间,他"挣"回了半屋子的"衣服"。但他知道,仍有几件非常重要的"衣服"还没有买回来,那就是关于北欧神话的最原始和最重要的记载——诗集《埃达》。一天,马格努松经过一个农舍时,看到一个农妇正坐在阳光下缝补几件已变成黄褐色的"衣服"。他凑近一看,不由心跳加速,这几件"衣服"正是他寻找已久的《埃达》。这时,他才意识到,为了将这些散落于冰岛各个角落的羊皮书从一个个"抢书贼"身上"扒"

下来，他已用去了整整10年时间。

马格努松将羊皮书运到丹麦，存放于哥本哈根大学图书馆。在他看来，这里应该是世界上最安全的地方了。但1728年10月，哥本哈根发生了一场大火，大火烧掉了半个街区，哥本哈根大学图书馆也未能幸免。虽经全力抢救，羊皮书还是烧掉了三分之二。这场大火对马格努松的打击是致命的，两年后，他去世了。

200多年后，1944年6月17日，冰岛摆脱了丹麦的统治。重获自由的冰岛人立即意识到马格努松的收藏具有不可估量的价值，而这些收藏中尤以中古时期流传下来的《埃达》最为珍贵。从1945年开始，冰岛政府就不断向丹麦索讨马格努松的收藏，经过26年的不懈努力，1971年，丹麦政府迫于各方压力，只得同意将羊皮书归还。

1971年4月，当几只老式大木箱从哥本哈根大学图书馆运出后，丹麦所有的旗杆都降下了半旗。与此形成强烈对比的是，当第一批羊皮书在军舰的护送下抵达冰岛首都雷克雅未克港口时，冰岛举国欢腾。冰岛政府专门为这批无价之宝成立了一个研究所，研究所坐落在冰岛大学校园内，名为"阿尔尼·马格努松研究所"，以此纪念这位以一己之力拯救冰岛文化、欧洲文化的伟大学者。

这样的做法旁人看来是不疯魔不成活，可是在看到仅凭一己之力最终力挽狂澜的结果时，我们才会发现：我们远比我们想象当中的更有力量。我们常常用"蚍蜉撼大树，可笑不自量"的角度去理解那些不屈不挠坚持的人们，但流传千古的愚公移山的故事却让我们见识到了一股韧劲改变命运的可能。马格努松的收集工作看似徒劳无益而且还让自己倾家荡产，简直是吃力不讨好，似乎没有什么理由可以支持他这么做，但恰恰是因为他看到了自己这份收藏工作的长远价值才坚持不懈地进行下去,而最终后知后觉的人们才理解了他当初的行为。

许多在当时看起来莽撞可笑的言行在许久以后发挥了巨大的能量。很多时候我们不妨尝试着把自己迈出的每一步都当成起点,执著地向前走,就会发现目标越来越近。就像马格努松那样,执著、坚定地去保留和收藏羊皮书,而冰岛人则永远记住了这位伟大的先驱者。

平常心看待失去的东西

威尔·罗吉士是非常著名的幽默大师,他整天都是快乐的,即使在他失去什么东西的时候。这一方面得益于他乐观豁达的性格,更重要的是他懂得如何用一颗平常心去看待得与失。

1898年冬天,威尔·罗吉士继承了一个牧场。有一天,他养的一头牛为了偷吃玉米而冲破附近一户农家的篱笆,最后被农夫杀死。依照当地牧场的共同约定,农夫应该通知罗吉士并说明原因,但是农夫没有这样做。罗吉士知道这件事后非常生气,就带着用人一起去找农夫理论。

此时,正值寒流侵袭,他们走到一半路程,人与马车全都挂满了冰霜,两人也几乎要冻僵了。好不容易抵达木屋,农夫却不在家,农夫的妻子热情地邀请他们进屋等待。罗吉士进屋取暖时,看见妇人十分消瘦憔悴,而且桌椅后还躲着五个瘦得像猴子一样的孩子。

不久,农夫回来了,妻子告诉他:"他们可是顶着狂风严寒而来的。"

罗吉士本想开口与农夫理论,但他忽然又打住了,只是伸出了手。农夫完全不知道罗吉士的来意，便开心地与他握手、拥抱，并邀请他们共进晚餐。农夫满脸歉意地说："不好意思，委屈你们吃些豆子，原本有牛肉可以吃的，但是忽然刮起了风，还没准备好。"

孩子们听见有牛肉可吃，高兴得眼睛都发亮了。

吃饭时，用人一直等着罗吉士开口谈正事，以便处理杀牛的事。但是，罗吉士看起来似乎全都忘记了，只见他与这家人开心地有说有笑。饭后，天气仍然相当差，农夫一定要两个人住下，等转天再回去，于是，罗吉士与用人在那里过了一晚。第二天早上，他们吃了一顿丰盛的早餐后就告辞回去了。

在寒流中走了这么一趟，罗吉士对此行的目的却闭口不提。在回家的路上，用人忍不住问他："我以为你准备去为那头牛讨个公道呢！"

罗吉士微笑着说："是啊，我本来是抱着这个念头的，但是，后来我又盘算了一下，决定不再追究了。你知道吗？我并没有白白失去一头牛啊！因为我得到了一点儿人情味。毕竟，牛在任何时候都可以获得，然而人情味却并不是很容易得到的。"

你瞧，虽然我们买房可能很费劲，但是这只是人生中的一件事，我们还有大量的 99% 的事值得去经营，去发现。

世界上不是缺少美，而是缺少发现美的眼睛。我们拥有一个共同的世界，但我们却拥有不同的世界观，对这个世界也有着不同的认识、不同的理解和看法。每个人都有一双眼睛，用以分辨事物，这是自然的造化。每个人还有一双眼睛，它不是长在脸上，而是长在心中，这就是心智的眼睛。这一双眼睛比另一双更重要，它告诉我们的是如何看待身外的世界、如何看待自己。

故事中的罗吉士失去了一头牛，却换得了农夫一家人的笑容和幸福，这一段经历更让他懂得了生命中哪些才是无价的。

你是不是也和罗吉士一样，常常遇到丢"牛"的情况呢？每到这个时候，我们不妨也学一学罗吉士，以一颗平常心看待自己失去的东西。因为，在我们失去什么的时候，也许我们在其他方面已经得到了更加宝贵的东西。

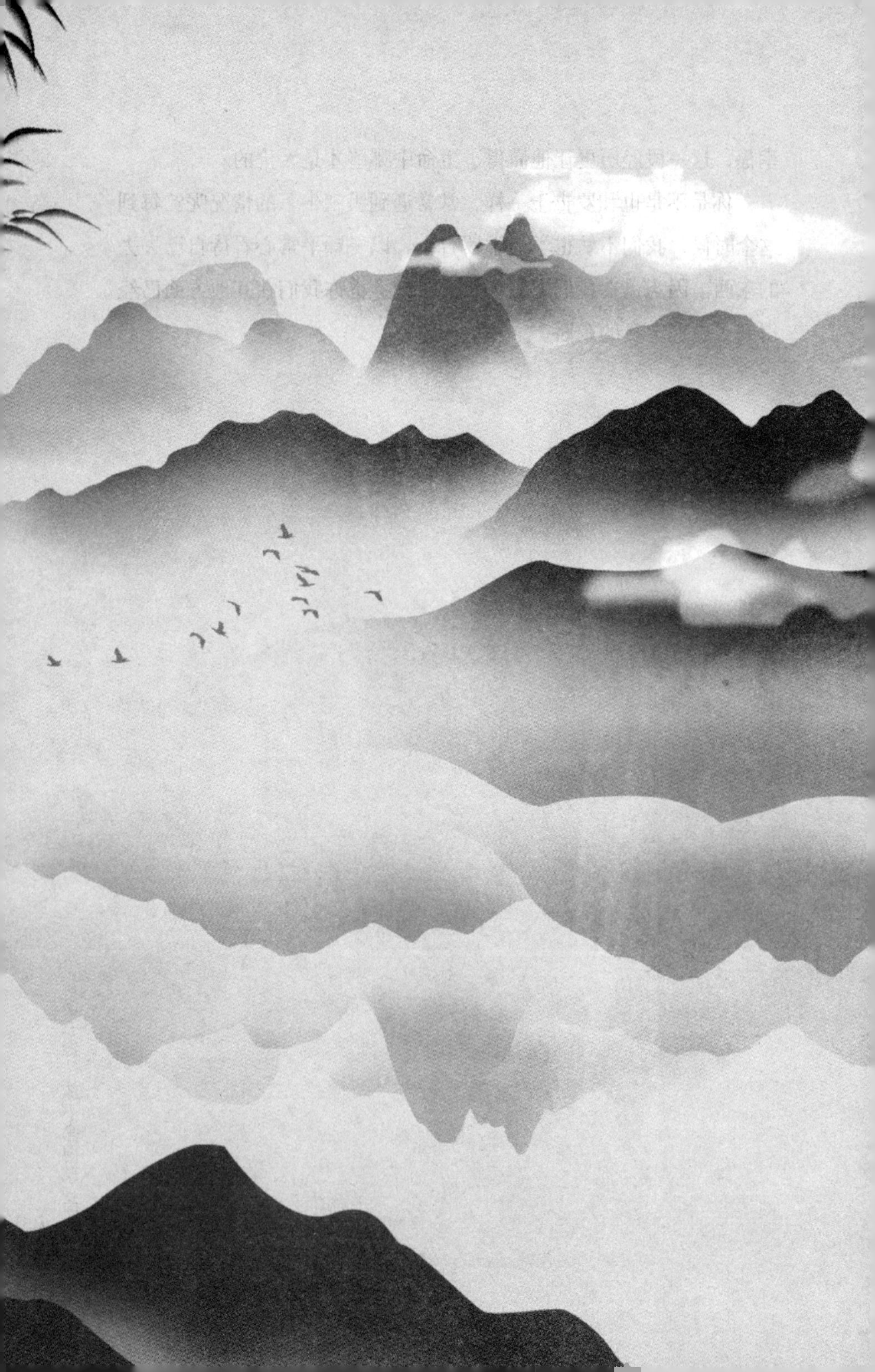

第六章 退一步的智慧

让人一步的人生智慧

争一步不如让一步。让人一步，好处多多。让人一步并不说明你没有自尊，没有骨气，没有能力，也不能说明你懦弱，而是你比别人更有勇气。因为让人一步，需要有一种超越自我的精神和力量。

象棋是中国人发明的，其中蕴藏着中国人的人生智慧。高手往往能从大局出发，不争一子之得失，着眼于长远，走一步看三步，甚至更多步，有战略布局造势，有策略设圈埋伏；而低手，只能从局部出发，走一步看一步，无长远之眼光，为争一子之得失往往陷于对手的圈套，损城失地，直至输棋。

人生不能没有追求，执著是一种美丽。失败是成功之母，只有不断总结，不断拼搏，才有可能取得最后的成功。"宝剑锋从磨砺出，梅花香自苦寒来。"历尽千辛万苦获得的成功更值得珍惜，苦尽甘来的喜悦更值得细细品味。

但是人生也不能没有退步，没有让步。勇往直前、百折不挠固然可喜，但有限的生命难以承受太多的重量，人生不可能永远负重前行。有舍才有得，只有学会取舍才能得到更多。所以适当退让、学会放弃更是一种智慧。其实，合理的退让是一种洒脱，是一门学问；适当的放弃是一种豁达，是一种人生的领悟。

俗话说，争一步不如让一步。让人一步，好处多多。

明朝年间，在江苏常州，有一位姓尤的老翁开了个当铺，经营了好多年，生意一直不错。某年年关将近，有一天尤翁忽然听见铺堂上人声嘈杂，走出来一看，原来是站柜台的伙计同一个邻居吵了起来。见他出来，伙计连忙上前对尤翁说："这人前些时典当了些东西，今天空手来取典当之物，不给就破口大骂，一点道理都不讲。"那人见了尤翁，仍然骂骂咧咧，不讲情面。尤翁却笑脸相迎，好言好语地对他说："我晓得你的意思，不过是为了度过年关。街坊邻居，区区小事，还用得着争吵吗？"于是叫伙计找出他典当的东西，共有四五件。尤翁指着棉袄说："这是过冬不可少的衣服。"又指着长袍说："这件给你拜年用。其他东西现在不急用，不如暂放这里，棉袄、长袍先拿去穿吧！"

邻居拿了两件衣服，一声不吭地走了。当天夜里，这个人竟突然死在另一人家里。为此，死者的亲属同人家打了一年多官司，害得别人花了不少冤枉钱。

原来这个邻居欠了人家很多债，无法偿还，走投无路，事先已经服毒，知道尤家殷实，想用死来敲诈一笔钱财，结果只得了两件衣服。他只好到另一家去敲诈，那家人不肯相让，结果就死在那里了。

后来有人问尤翁说："你怎么能有先见之明，向这种人低头呢？"尤翁回答说："凡是蛮横无理来挑衅的人，一定是有所恃而来的。如果在小事上争强好胜，那么灾祸就可能接踵而至。"人们听了这一席话，无不佩服尤翁的聪明。

与小人计较，你不仅会失去风度和面子，而且有时你还会吃亏。如果你让了小人，表面上是吃亏了，实际上是你赢了。你没有失去太多，而小人则会失去很多。

在日常的生活中，人与人之间会产生矛盾，发生冲突，这是不可避免的，此时就看自己怎么来表现，怎么去处理问题了。你是为了争回面子跟他拼到底呢，还是能先让一步？让一步时，受益者说不定还是自己呢！这两种做法反映的就是一个人的涵养、素质。往往在与别人发生冲突时，火气上来，什么都不管了，骂就骂，打就打，奉陪到底，不然的话就会感觉太没面子，太没勇气了，好像是白活了，这正是没有涵养、素质差的表现。所谓："退一步海阔天空，忍一时风平浪静"，何不先让一步呢！

在不违背原则的情况下，适当地让步是完全可以的。朋友之间相识讲的就是一个缘分，应该以大局为重，不要因为对方的态度有变化或过错，自己也一定要以相同的方式回敬。始终保持友好态度，对方也能意识到你的"付出"。

"用心计较般般错，退步思量事事宽；有心栽花花不开，无心插柳柳成荫。"这首诗说明了人生的进退需要合理地选择。只有掌握适时的进退，才能做到游刃有余。争一步不如让一步，适时地让一步就会化解矛盾，消除误会，赢得友情。同样的道理，也适用于我们的日常交往当中。

人生在世，为人处世要学会退让。让则通，通则顺，一顺百顺，顺风顺水，顺心顺利。退让，是一种人生智慧，是一种艺术，更是一种走向成功的谋略。

当我们前进途中障碍重重时，或者根本无法前进时，这时我们就要改变一下原有的思维方式，换个角度考虑问题，采取退一步、进两步的策略。你的面前就会是一片碧蓝的天空。

赫尔·鲍姆是矿冶专业的高才生。在美国耶鲁大学毕业之后，又进德国的佛莱堡大学深造，并拿到了硕士学位。然而，当他来到美国西部的一个大矿找工作时,却发现很不顺利。按照预约的时间,赫尔·鲍姆走进大矿主的办公室,准备参加面试。他先把文凭递上,心想对方看了之后一定会感到满意。可大矿主对此却一点儿兴趣也没有,断然拒绝了他的求职要求。

"先生,正因为您有硕士学位,所以我才不能聘用您。"大矿主毫不客气地说,"我知道,你们学了系统的理论,可那些东西并没有什么实用价值,我可用不着这种温文尔雅的工程师。"

原来,这位大矿主是工人出身,是一步一步地从基层被提拔上来的,后来成为大矿的"掌门人"。此人生性耿直,脾气倔犟,由于自己没有上过大学,因此不喜欢有学历的人,尤其对那些张口能讲出一大套理论的工程师,更没有好感。面对应聘时出现的这种尴尬和无奈,聪明的赫尔·鲍姆脑子一转,很快想出了对策。他毫不恼怒,而是巧妙地转换话题,以缓解气氛。

他微笑着说:"大矿主先生,我想向您透露一个秘密,可您得事先答应我的一个条件——不告诉我父亲。"大矿主对此颇感兴趣,表示决不泄密。

"说真的,我在德国佛莱堡大学的三年时间一直是在混日子,什么东西也没有学到。"他小声地告诉对方。一听完这话,大矿主的脸马上由阴转晴,哈哈大笑起来,然后当场拍板:"很好,您被录用了,明天就可以来上班。"

赫尔·鲍姆审时度势,灵活多变,采用了以"退"为"进"的策略。求职场上情况复杂,变化多端,让步有时是必要的。让步是一种暂时的虚拟的后退,是为了进两步的时候所做出的退一步的忍让。让步是一种修养,并非懦弱,更不是失去人格。

"退"从表面上看,意味着胆怯、失败,但是下面一个事实也许会令你感叹不已。森林中,唯老虎为百兽之王,谁见谁怕,无不撒腿而逃。就是这样一个威风凛凛的百兽之王,在捕食时却总是先后退几步,然后才狂奔而上。老虎尚知道在进攻时后退几步,以便产生更大的势能,而我们又何苦只知前进,不知后退呢?

汉代公孙弘年轻时家贫,后来贵为丞相,但生活依然十分俭朴,吃饭只有一个荤菜,睡觉只盖普通棉被。就因为这样,大臣汲黯向汉武帝参了一本,批评公孙弘位列三公,有相当可观的俸禄,却只盖普通棉被,实质上是使诈以沽名钓誉,目的是为了骗取俭朴清廉的美名。

汉武帝便问公孙弘:"汲黯所说的都是事实吗?"公孙弘回答道:"汲黯说得一点儿没错。满朝大臣中,他与我交情最好,也最了解我。今天他当着众人的面指责我,正是切中了我的要害。我位列三公而只盖普通棉被,生活水准和普通百姓一样,确实是故意装得清廉以沽名钓誉。如果不是汲黯忠心耿耿,陛下怎么会听到对我的这种批评呢?"汉武帝听了公孙弘的这一番话,反倒觉得他为人谦让,就更加尊重他了。

公孙弘面对汲黯的指责和汉武帝的询问一句也不辩解,并全都承认,这是一种何等的智慧呀!汲黯指责他"使诈以沽名钓誉",无论他如何辩解,旁观者都已先入为主地认为他也许在继续"使诈"。公孙弘深知这个指责的分量,因此他采取了十分高明的一招,不作任何辩解,承认自己沽名钓誉。这其实表明自己至少"现在没有使诈"。由于"现在没有使诈"被指责者和旁观者都认可了,也就减轻了罪名的分量。公孙弘的高明之处还在于对指责自己的人大加赞扬,认为他是"忠心耿耿"。这样一来,便给皇帝及同僚们这样的印象:公孙弘确实是"宰相肚里能撑船"。既然众人有了这样的心态,那么公孙弘就用不着去辩解沽名钓誉了。因为这不是什么政治野心,对皇帝构不成威胁,对同僚构不成伤害,只是个人对清名的一种癖好,无伤大雅。

"为人""与人"愈多,而自我之积累愈丰,置己于众人之后,置私利于度外,却反而能保全私利,成就自我。即所谓:名为退,实乃进;以退为进,以屈求伸。

从某种意义上讲,人没有理由不允许别人超过自己,为什么非要去计较一城一池的得失呢?为什么非为一点利益而争得头破血流呢?为什么不向后看看?退一步海阔天空,聪明的人总是有远见卓识,他们不会一味地走进一条死胡同,相反,他们善于以退为进,退一步,进两步,在广阔的人生海洋中发现机会。

退一步,进两步,即以退让开始,以胜利告终,是为人之学中不可多得的一条锦囊妙计。

你先表现得以他人利益为重,实际上是为自己的利益开辟道路。在做有风险的事情时,冷静沉着地让一步,尤能取得绝佳效果。

退一步并非软弱

忍耐并非软弱,能忍、善忍就能够为自己留条后路。"忍"不是低三下四、甘愿受他人摆布、忍气吞声、受人欺侮、逆来顺受、不去反抗,而是等待机会,重新开始的一种谋略,是一种做人做事的大智慧。

生活中,涉及大原则的事情并不多,许多矛盾和纠葛,大多是生活小事。因此,我们应该学会忍耐,学会谦让。忍不是软弱,忍是一种负责和担当；忍并不是目的，而是一种手段。可以这样说，忍是一个人生存的第一能力，能屈能伸方为大丈夫本色！生活中，我们需要忍，且要学会忍。

一个人善于忍，才能得到各方面的帮助，吸收各方面的信息，有时你不知不觉就会发现，忍给你带来的好处，远远大于不忍给你造成的损害。山路十八弯，水路十八盘，人生之路也必定充满了荆棘、坎坷，不如意、不顺心的事经常出现，这就决定了我们在人生旅途上不仅要有挑战困难的决心，更应具有一颗学会忍的心。如果做不到这一点，就会给自己带来很多的麻烦。

有一对夫妇，他们的婚姻正濒于破裂。为了重新找回昔日的爱情，他们打算做一次浪漫之旅。如果能找回就继续生活，如果不能就友好分手。

不久，他们来到一条山谷，这是一条东西走向的山谷。山谷很平常，没什么特别之处，唯一能引人注意的是，它的南坡长满松、柏等树，而北坡只有雪松。

这时，天上下起了大雪。他们支起帐篷，望着纷纷扬扬的大雪，发现由于特殊的风向，北坡的雪总比南坡的雪来得大，来得密。不一会儿，雪松上就落了厚厚的一层雪，不过当雪积到一定的程度，雪松那富有弹性的枝丫就会向下弯曲，直到雪从枝上滑落。这样反复地积，反复地弯，反复地落，雪松完好无损。可其他的树，因没有这个本领，树枝被压断了。南坡由于雪小，总有些树挺了过来，所以南坡除了雪松，还有柏树等树木。

帐篷中的妻子发现这一景象，对丈夫说："北坡肯定也长过杂树，只是不懂弯曲才被大雪压毁了。"

丈夫点头同意。过了片刻，两人像是突然明白了什么似的，相互拥抱在一起。

丈夫兴奋地说:"我们发现了一个秘密——对于外界的压力要尽可能地去承受;在承受不了的时候,学会弯曲一下,像雪松一样让一步,这样就不会被压垮。"

大自然中的树是如此,生活中的人亦应如此。其中蕴涵着丰富的哲理,它并不是倒下和毁灭,而是顺应和忍耐。

生活中,我们要学会忍耐,那就要懂得宽恕,那就是宽以待人,严以律己。有时人与人之间的冲突,尤其是在一些利益关系上,往往是十分紧张的。正如有人所认为的那样,要想利人就不能利己;要想利己就不可能同时也利人。这显然就要在一定程度上做自我牺牲了。这里,没有"忍",是办不到的。

在现实中,人的社会关系很复杂,要和方方面面的人打交道,所以,同事关系、邻里关系、朋友关系、家庭关系都要处理好,这之中必须有一种"忍"的意识。宋朝时的尚书杨玢就是这样的一位智者。

杨玢是宋朝尚书,年纪大了便退休居家,无忧无虑地安度晚年。他家住宅宽敞、舒适,家族人丁兴旺。有一天,他正要拿起《庄子》来读,他的几个侄子跑进来,大声说:"不好了,我们家的旧宅地被邻居侵占了一大半,不能饶他!"

杨玢听后,问:"不要急,慢慢说,他们家侵占了我们家的旧宅地?"

"是的。"侄子们回答。

杨玢又问:"他们家的宅子大,还是我们家的宅子大?"侄子们不知其意,说:"当然是我们家的宅子大。"

杨玢又问:"他们占些旧宅地,于我们有何影响?"侄子们说:"没有什么大影响,虽无影响,但他们不讲理,就不应该放过他们!"杨玢笑了。

过了一会儿,杨玢指着窗外的落叶,问他们:"那树叶长在树上时,枝条是属于它的,秋天树叶枯黄了落在地上,这时树叶怎么想?"他们不明白含义。杨玢干脆说:"我这么大岁数,总有一天要死的,你们也有老的一天,也有要死的那一天。争那一点点宅地对你们有什么用?"他们这才明白了杨玢讲的道理,说:"我们原本要告他的,状子都写好了。"

侄子呈上状子,杨玢看后,拿起笔在状子上写了四句话:"四邻侵我我从伊,毕竟须思未有时。试上含光殿基望,秋风衰草正离离。"

写罢,他再次对侄子们说:"我的意思是在私利上要看透一些,遇事能忍则忍,不要斤斤计较。"

"水满则盈""过犹不及",都是中国的先哲们早已总结出来的经验。告诉我们,哪怕自己可以去争取到的东西,最好也要留点分寸、留点余地,以便在万一出现什么情况时,能够有一个回旋的余地。这里,不仅是一个自我忍让的问题,而且也有一种客观的必要性。因为,就人来说,一旦处于非常极端的地步或状态,往往会使自己处于比较被动的境地。

孔子曰:"百行之本,忍之为上。"忍是一种做人做事的大智慧,能忍善忍就能够为自己留条后路。忍显示着一种力量,是内心充实、无所畏惧的表现。忍是一种强者才具有的精神品质。忍是一种对待人生、对待生活、对待他人的策略。

暂时忍耐是为了明天的成功

趋利避害，忍小谋大。人生岂能因小失大？作为一个具备长远眼光的人来说，要善用精明，不唯小利唯大利，要寓精明于"笨拙"之中，舍小利以求大利。

立身处世，当从大处着眼，小处着手，不为权势利禄所羁，不为功名毁誉所累，明察世情，了然生死，方能做到旷达自然，临危不惧。遇到危机形势时，更要谨慎行事，忍字当先。

事实说明，一个成功者或一个有着明确的奋斗目标的渴望成功的人，往往要舍得放弃那些在旁人看来是来之不易的东西，才能谋得自己心里想要的东西。智者曰："两弊相衡取其轻，两利相权取其重。"趋利避害，是忍小谋大的实质。

亚伦·拉斯顿是美国《时代周刊》选出的2003年一季度最出色的人物。

拉斯顿的探险经历让他的大多数同事和朋友感到惊讶和敬畏，在科罗拉多州55座海拔超过4300米的高峰中，拉斯顿已经爬过了其中的49座。

2003年4月26日，27岁的拉斯顿一个人来到犹他州蓝约翰峡谷登山。蓝约翰峡谷位于犹他州东南部，风景绝美，但人迹罕至。拉斯顿在攀过一道近1米宽的狭缝时，一块巨大的石头挡住了去路。拉斯顿试图将这块巨石推开，巨石摇晃了一下，猛地向下一滑，将拉斯顿的右手和前臂挤在了旁边的石壁上。

拉斯顿忍着钻心的剧痛，使劲用左手推巨石，希望能将手臂抽出来，然而石头仿佛生了根一般纹丝不动。在做了无数次努力之后，精疲力竭的拉斯顿终于明白，单凭自己一个人绝不可能推动巨石，只能保存精力等待救援了。

然而，在接下来的数天里，别说是人，就连鸟也没有飞过一只。他就这样吊在悬崖上，没有食物，每天只能喝水。到4月29日，壶中的最后一滴水也被他喝光了。5月1日早晨，饥肠辘辘、浑身无力的拉斯顿从睡梦中醒来时终于明白，他所在的地方太过偏僻，即使有人为他的失踪报警，救援人员也不可能找到这个地方。再等下去只能是死路一条，想活命的话只能靠自己了。

拉斯顿心里清楚，把自己从巨石下解放出来的唯一办法就是断臂。而除了简单的急救包扎，他并不知道如何进行外科自救。于是他清理了一下手头的工具——一把8厘米长的折叠刀和一个急救包，没有麻醉剂，没有止痛药，也没有止血药，超常的疼痛和所冒的风险可想而知，不过拉斯顿已经别无选择了。由于刀子过钝，在难以形容的疼痛和失血过多造成的半昏迷状态下，拉斯顿先折断了前臂的桡骨，几分钟后又折断了尺骨……整个过程大约持续了一个小时。

由于大量失血，拉斯顿差点昏厥，然而他仍坚持着从身旁的急救箱中取出杀菌膏、绷带等物，给自己被切断的右臂做了紧急止血处理。拉斯顿甚至还想把断臂从巨石下取出来。止住流血后，拉斯顿决定徒步走出峡谷。他被困之处是一个陡峭的岩壁，距峡谷底部有25米的高度，上来容易下去难，尤其是在刚切断一只手臂之后。不过这没有难住他，他用登山锚将一根绳子固定在岩壁上，用左手抓住绳子，顺着岩壁滑了下去。

在下山的路上，拉斯顿看到了他的山地自行车，但他根本不可能骑着它下山了。在跌跌撞撞走了十几千米后，两名旅游者发现了血人一般的拉斯顿，在明白发生了什么事后，他们赶紧报警。不久，一架救援直升机赶到，将拉斯顿送到最近的医院。

当直升机飞行了12分钟到达医院时，拉斯顿居然谢绝别人的帮助，自己走进了急救室。

参加救援行动的米奇·维特里军士驾驶直升机再次飞回蓝约翰峡谷，希望找回拉斯顿被截去的半条手臂，也许医生还可以为拉斯顿重新进行接肢手术呢。然而，当维特里找到那块石头时，他发现石头实在是太重了，根本无法撼动。维特里说："我估计它差不多有500千克重！为了求生，拉斯顿除了切断他的手臂外没有别的选择。"

事实上，在拉斯顿失踪四天之后，他所在的登山车公司的老板便向警方报了案，警方的直升机也在附近进行了搜寻，但警方从空中根本不可能发现他被困的地方。

在生活强迫我们必须付出惨痛的代价以前，主动放弃局部利益而保全整体利益是最明智的选择。拉斯顿能活下来，完全是因为他有着两利相权取其重的智慧。

俗话说："针无两头利，蔗无两头甜。"凡事皆有利有弊，愚者取其弊，智者抓其利，成功者则会化弊为利。

生活中有许多事当忍则忍，能让则让。忍耐显示着一种力量，是内心充实、无所畏惧的表现。古人说："君子之所以取远者，则必有所持。所就者大，则必有所忍。"忍是一种强者的心态，更是一个人的修养。在现实生活中，大凡有真本领者都善于忍耐。忍耐是为了给自己留有余地，而有了余地才能掌控大局。

现实生活中，有时即使你不找人麻烦，麻烦也会撞上你，最好的策略就是忍。即使你有足够的理由，该忍之时也要忍，忍住心中的躁动，这才是智者的选择。

汉初名将韩信小的时候读过书，拜过武师，能文能武。后来他的家人死了，家道便开始走下坡路。读过书、练过武的韩信似乎并不开窍，因没有学到挣钱的本领，只好到别人家里去混饭吃。时间长了，大家都很讨厌他。

韩信非常穷，衣服也不整齐，但他身上却经常挂着一把宝剑。

淮阴城里的一帮少年看着很不顺眼，经常取笑他，他也不跟这些人计较。于是这些人就认为韩信好欺负，对他说："韩信，你文不像文，武不像武，富不像富，穷不像穷，像个什么呀？我看你还是把那把宝剑摘下来吧。"这帮人中有一个屠夫的儿子，特别刻薄，当众对韩信说："你老带着剑，好像有两下子，可是我知道你是个胆小鬼。你敢跟我拼一拼吗？你要是敢，就拿起剑来刺我；如果不敢，就从我的胯下钻过去。"

饿着肚子的韩信听了这话非常气愤，众目睽睽，他又走不脱，动刀子的话就要伤人。考虑再三，他只好忍气吞声地趴下来，从屠夫儿子的两腿间爬了过去。大伙儿见状全都乐了，觉得韩信实在是个胆小鬼，因此就给他起了一个"胯夫"的绰号。

其实韩信是个胸怀大志的人，他甘心忍受常人所不能忍受的耻辱，是不想逞一时的匹夫之勇，与屠夫的儿子一般见识。后来他率领千军万马逐鹿疆场，所向披靡，战功赫赫，成为一代名将。他与部下谈起这件事时说："难道那时我没胆量杀他吗？只是杀了他，我的一生也就完了。正是因为那时我忍住了，所以才有今天的地位和成就。"

假如韩信当初争一时之气，一剑刺死羞辱他的人，按法律处置，则无异于以盖世将才之命抵偿无知狂徒之血。假如他当初图一时之快，与凌辱他的人斗殴拼杀，也无异于弃鸿鹄之志而与燕雀论争。

韩信深明此理，宁愿忍辱负重，也不愿争一时之长短而毁弃自己远大的前程。

这样的忍耐，不是屈服，不是软弱，而是在退让中另谋进取。为了更高远的理想和目标，暂忍一时，这是做人做事的最精明之选择。

"忍"有时候会被认为是屈服、软弱的投降动作，但若从长远来看，忍其实是非常务实、通权达变的智慧。凡是智者，都懂得在恰当时机忍耐，毕竟人生靠的是理性，而不是意气。忍耐常有附带条件，如果你是弱者，并且主动提出忍耐，那么虽然可能要付出相当的代价，但却可以换得"存在"的空间和余地；"存在"是一切的根本，没有"存在"，就没有明天，没有未来。也许这种附带条件的忍耐对你不公平，让你感到屈辱，但用屈辱换得存在，换得希望，显然也是值得的。

在面临错综复杂的情况时，忍可以考查一个人的才能；在面对不良之风气时，忍可以考验一个人的情操；在遇到困难时，忍可以锻炼一个人的思想意志；在处于激烈的战斗之中时，忍可以检验一个人的力量；在受到委屈与不公平时，忍可以反映一个人的韧性和度量。所以说，忍者无敌。

据科学家考证，有一种生长在马达加斯加的竹子花期过后的种子一亩可以高达50千克，但开花结子却要等100多年。竹子开花的时间因品种而不同，最短的也在15～20年，但这种品种的数量很少，大多数品种都在120～150年开花结子一次。这种奇特的生理现象让生物学家百思不得其解。但研究出来的结果却是简单而理性的：为了它的种子不被吃掉。喜欢吃竹花、竹子的动物很少有活得过100年的。竹子为了一次开花结子要等100多年，100多年中对一切都无动于衷，这种默默的忍耐造就了生命的完美，同时启示我们忍的重要。

陆游说:"小忍便无事,力行方有功。"它说明了忍在人生行事过程中的必要性。

忍,是一种等待,为图大业等待时机成熟,忍之有道。这种忍,不是性格软弱,忍气吞声、含泪度日之举,而是高明人的一种谋略,是为人处世的上上之策。《史记》中记载着这样一个故事:

战国时代的范雎本是魏国人,后来他到了秦国。他向秦昭王献上远交近攻的策略,深为昭王所赏识,于是他被升为宰相。但是他所推荐的郑安平与赵国作战失败,这件事使范雎意志消沉。按秦国的法律,只要被推荐的人出了纰漏,推荐人也要受到连坐的处分。但是秦昭王并没有怪罪范雎,这使得他心情更加沉重。

有一次,秦昭王叹气道:"现在内无良相,外无勇将,秦国的前途实在令人焦虑呀!"

秦昭王的意思原为刺激范雎,要他振作起来再为国家效力。可是范雎心中另有所想,感到十分恐惧,因而误会了秦王的意思。恰好这时有个叫蔡泽的辩士来拜访他,对他说道:"四季的变化是周而复始的,春天完成了滋生万物的任务后就让位给夏;夏天结束养育万物的责任后就让位给秋;秋天完成成熟的任务后,就让位给冬;冬天把万物收藏起来,又让位给春天……这便是四季的循环法则。如今你的地位在一人之下,万人之上,日子一久,恐有不测。应该把它让给别人,才是明哲保身之道。"

范雎听后,大受启发,便立刻引退,并且推荐蔡泽继任宰相。这不仅保全了自己的富贵,而且也表现出他大公无私的精神风貌。

后来,蔡泽就宰相位,为秦国的强大作出了重要贡献。当他听到有人责难他后,也毫不犹豫地舍弃了宰相的宝座而做了范雎第二。

可见聪明的智者都不会一味地贪图富贵安逸，在适当的时候，他们都会主动退出舞台，以保全自身。

古人说："小不忍则乱大谋。"坚韧的忍耐精神是一个人意志坚定的表现，学会忍耐、婉转和退却，可以获得无穷的益处。忍是暂时退却，养精蓄锐，等待时机，重新筹划，这时再进便会更快、更好、更有力。有时候，不刻意追求反而更容易得到，追求得太迫切、太执著反而只能白白增添烦恼。以柔克刚，以退为进，这种曲线的生存方式，有时比直线的方式更有成效。

"忍"是众多有识之士的人生哲学。古语说过，男子汉大丈夫，能伸能屈，能刚能柔，识时务者为俊杰也。一个人如果千苦可吃，万难可赴，能经受住岁月的考验，那么，即使不是英雄也会忍成英雄的。

在一个强手如林的世界里，忍是一种韧性的战斗，是一种做人策略，是战胜人生危难和险恶的有力武器。凡能忍者，必定志向远大。凡志向远大者，必定能够识大体、顾大局，而忍就是识大体、顾大局的表现。

"忍"是一种做人智慧，即使是强者，在问题无法通过积极的方式解决时，也应该采取暂时忍耐的方式处理，这可以避免时间、精力等"资源"的继续投入。在胜利不可得，而资源消耗殆尽时，忍耐可以立即停止消耗，使自己有喘息、休整的机会。也许你会认为强者不需要忍耐，因为他资源丰富而不怕消耗。理论上是这样，但实际问题是，当弱者以飞蛾扑火之势咬住你时，强者纵然得胜，也是损失不小的"惨胜"。所以，强者在某些状况下也需要忍耐，可以借忍耐的和平时期，来改变对你不利的因素。

在生活中，忍是医治磨难的良方。因为生活中的琐碎小事太多，一不小心就会招惹是非。所以，我们提倡忍一时风平浪静，退一步海阔天空。因为，忍一时之疑，一方面是脱离被动的局面，同时也是一种意志、毅力的磨炼，为日后的发愤图强、励精图治、事业有成奠定了正常情况下所不能获得的基础。因此，忍者无敌，遇事三思而后行，把忍放在心头才是上策。

退一步是自我品格的完善

有句俗话：人为财死，鸟为食亡。追求金钱、利益是许多人的目标，于是就有了见钱眼开、见利忘义等成语的出现。但是君子爱财应取之有道，不能只见金钱利益而忽视其他，因此"利"字面前"忍"当先。

现代生活中，尤其是大量的信息扑面而来的现代社会中，要做到"淡泊"很不容易。要想在绚丽多彩的物质诱惑面前抑制住自己的冲动是要花力气的，要想在金钱和名誉面前泰然处之就更需要有相当的毅力。对此，非常重要的一条便是不能把目光集中在某些具体的利益上，而要以长远的眼光去看待事情的轻与重、得与失。同样，也要用这种观点去评价自己的行为和追求。没有什么是永恒的，也没有什么是绝对的。当我们去评判世事时，没有必要为某人的发迹而眼红，也不要因为某人的亨通而自惭。

人如果有贪心，则必有私欲，这样做事就不能公道。为官的贪婪，则百姓遭殃；为商的贪利，则不择手段。做人只有在"利"字面前保持一种"忍"的心态，才不失为清醒与精明，那时你会发现，在你自己身上，已经具备了战胜一切的力量。

明朝嘉靖年间，松江有一个监生，博学有口才，本来是可以有所作为的，但他酷信炼丹术，被一个号称能炼丹的骗子骗去了一大笔银子。这个监生自然又气又恨，想到各地去漫游，抓住那个炼丹人。事有凑巧，忽然有一天，他在苏州的阊门碰上了那个炼丹的人。不等他开口，炼丹的骗子就盛情邀请他去饮酒，并且诚恳地向他道歉，说是上次很对不起监生，请他原谅。过了几天，那个炼丹的人又跟监生商量，说："我们这种人，银子一到手，马上就都花了，当然也没有钱还给你。现在我有个办法，东山有一个大富户，和我已经说好了，等我的老师一来，就主持炼丹之事，可我的老师一时半会儿又来不了，您要是肯屈尊，权且当一回我的老师，从那富户身上取来银子，作为我对您的赔偿，那就又快又容易，怎么样呢？"这个监生因为急着找回自己损失的银子，也顾不得许多，就答应了那个炼丹人的要求。于是炼丹的人就让监生剪掉头发，装成道士，自己装作学生，用对待教师的礼节对待监生。那个大户与扮成道士的监生交谈之后，深为信服，两人每天只管交谈，而把炼丹的事交给了监生的"徒弟"，大户觉得既然有老师在，徒弟还能跑了？不想，那个炼丹的骗子看时机成熟，又携大户的银子跑了，于是大户抓住"老师"不放，要到官府去告他。倒霉的监生大哭，说明了情况才得以脱身。像监生这样的人因为只想着自己的利益，而不考虑是否会损害别人，没有忍一时之贪，结果落得被人抓的地步。

对于名誉、地位、财富和利益，我们可以得到的，属于我们自己的，不仅可以受之无愧，而且应该当仁不让。但是，不可去贪图那些不是自己应得的东西，不能超越界线去贪图不义之财。有这种越界的非分之念，才是贪，而克制住自己的这种念头，即为勿贪。

利字面前忍当先。忍，就必须勿贪，也就是要知足常乐。勿贪主要是指不贪图名位、财利，不去作非分之想。当名位、财利摆在面前时，我们要忍字当先。

退一步是心灵平和的良方

舍得既是一种处世的哲学，也是一种为人做事的艺术，是选择、承担、忍耐、智慧、痛苦与喜悦的达观境界。

要知道，百年的人生长河，也不过是由"舍"与"得"的小小浪花组成。你若真正把握了舍与得的机理和尺度，便等于把握了人生的钥匙和成功的机遇。

被世人誉为"扬州八怪"之一的郑板桥，留下两句四字名言，一句是"难得糊涂"；另一句是"吃亏是福"。把吃亏当福，以一种豁达的心态接受一切。这听起来好像是弱者的自我安慰，可实际上，这句话渗透着为人处世的大智慧。

吃亏，虽然意味着舍弃与牺牲，但也不失为一种胸怀、一种品质、一种风度。贪心的人，总是费尽心思去算计别人，在其热情、仗义与关切的伪装背后，更多的是肆无忌惮地对别人的进攻与伤害。不怕吃亏的人，才会在一种轻松和自由的心境中感受到人生的幸福。

有这样一个故事：

一天早晨，父亲做了两碗荷包蛋面条，一碗上边有蛋，一碗上边无蛋。端上桌，父亲问儿子："吃哪一碗？"

"有蛋的那一碗！"儿子指着卧蛋的那碗。"让爸爸吃那碗卧蛋的吧。"父亲说，"孔融7岁能让梨，你10岁啦，该让蛋吧？""孔融是孔融，我是我——不让！""真不让？""真不让。"儿子一口就把蛋给咬了一半。"不后悔？""不后悔！"儿子说罢又是一口，把蛋吞了下去。待儿子吃完，父亲开始吃。没想到父亲的碗底藏了两个荷包蛋，儿子傻眼了。

父亲指着碗里的荷包蛋告诫儿子说："记住，想占便宜的人，往往占不到便宜。"

第二天，父亲又做了两碗荷包蛋面条，一碗蛋卧上边，一碗上边无蛋。端上桌，问儿子："吃哪碗？"

"孔融让梨，我让蛋。"儿子狡猾地端起了无蛋的那碗。"不后悔？""不后悔。"儿子说得坚决。可儿子吃到底，也不见一个蛋，倒是父亲的碗里上卧一个，下藏一个，儿子又傻了眼。

父亲指着蛋教训儿子说："记住，想占别人便宜的人，可能要吃亏。"

第三天，父亲又做了两碗荷包蛋面条，还是一碗蛋卧上边，一碗上边无蛋。父亲又问儿子："吃哪碗？"

"孔融让梨，儿子让面——爸爸您是大人，您先吃。"儿子诚恳地说。

"那就不客气啦。"父亲端过上边卧蛋的那碗，儿子发现自己碗里面也藏着一个荷包蛋。

其实，越是不肯吃亏的人，越是可能吃亏，不但吃亏，而且往往还会多吃亏，吃大亏。唯有不怕吃亏的人，才会真正有福。自古就有"吃亏是福""吃一堑长一智"的说法。

有位哲人曾写下这样一段令人叫绝的文字，的确是对"吃亏是福"的最好诠释——人，其实是一个很有趣的平衡系统。当你的付出超过你的回报时，你一定取得了某种心理优势；反之，当你的获得超过了你付出的劳动，甚至不劳而获时，便会陷入某种心理劣势。

很多人拾金不昧，绝不是因为跟钱有仇，而是因为不愿意被一时的贪欲搞坏了长久的心情。一言以蔽之：人没有无缘无故的得到，也没有无缘无故的失去。有时，你是用物质上的不合算换取精神上的超额快乐；也有时，看似占了金钱便宜，却同时在不知不觉中透支了精神上的快乐。

"吃亏"大多是指物质上的损失，倘使一个人能用外在的吃亏换来心灵的平和与宁静，那无疑获得了人生的幸福。

工作中，有些工作不是分得很清，谁多做？谁少做？如果大家都想占便宜，那肯定有许多事情就没有人去做，这样的结果是使集体的名誉受到影响，正所谓占小便宜吃大亏。如果大家都不怕吃亏，有什么事情都抢着做了，也许这次你吃亏了，也许下次他吃亏了，但是，工作都完成了，集体荣誉有了，大家感情融洽了，工作氛围好了。相比下来，虽然吃点小亏，还是收获了"福"。

朋友相处，也是这样。如果都想着占别人的便宜，也许你会得逞一两次，可是，时间久了，谁还会相信你这个朋友？朋友讲究的就是为对方考虑，虽然，"为朋友两肋插刀"是常人难以达到的境界，但凡事多想着点朋友，朋友交往不是一次两次，也不是一天两天，所以也不能计较是不是吃亏，时间长了，彼此都很了解了，因为偶尔的吃亏，得到一辈子的好友，这难道不是福吗？

对待亲人，也是如此。亲人心甘情愿地吃亏，自己也不能理所当然地占这个便宜，要体会亲人的一份真情，同时，你也要能为亲人吃亏，大家都能让上三分，还会有什么家庭矛盾，这难道不也是福吗？

得理饶人是一种美德

得理且饶人，得理需饶人。这是一种善意的宽容，一种博大的胸怀，一种不拘小节的潇洒。我们每个人在为人处世的过程中，都要给自己和他人留一条退路，于人于己，这都将是人生道路上的小小收获。

俗语说：饶人不是痴汉，痴汉不会饶人。得理饶人其实是一种大义，会得理饶人的人不笨更不傻，而是一个真正的智者。社会如此复杂，人与人之间发生争执和碰撞是在所难免的。当人们之间有了纷争，即使认为自己是有理的一方，也应该"得饶人处且饶人"。因为，善待他人就是善待自己。理解他人、宽恕他人，是一种真正的精神享受。

什么是得饶人处且饶人呢？即，既不要因为不值得的小事去得罪别人，更要能以一种豁达的心胸，以君子般的坦然原谅别人的过错。在生活中，也确实有不少君子不计人过的事例。文人宋绶辑录的《硕辅宝鉴》中，就记载着这样三则故事，很耐人寻味：

第一则讲唐朝的狄仁杰。高宗时狄仁杰是大理丞，后为豫州刺史、洛州司马。天授二年（公元691年），他做了宰相。有一天，武则天对他说："你在汝南有善政，然而有人说你的坏话，你想知道吗？"狄仁杰说："陛下认为他说得对，臣当改正；认为臣没有那样的过错，那是臣之幸也。至于是谁说臣的坏话，臣不愿意知道。"武则天听了很高兴，称赞狄仁杰是一个宽宏大量的长者。

第二则故事讲唐朝的陆贽。陆贽在德宗时当过中书侍郎、门下同平章事。当初，御史中丞窦参常常排挤陆贽。后来窦参被事巽参奏，德宗大怒欲杀之。陆贽替窦参讲情，窦参才未被杀，被贬到獾州当司马。德宗又想株连窦参的亲人，没收他的家产，陆贽请德宗加以宽恕。世人无不称赞陆贽公正诚实，以德报怨。

第三则故事讲宋朝的吕蒙正。蔡州的知州张绅犯贪污罪被免职。有人对宋太宗赵光义说："张绅很有钱，不至于贪污，是吕蒙正贫穷时向他索取财物没有如愿，现在对他报复。"吕蒙正不申辩，结果张绅复了官，吕蒙正被罢了宰相的官职。后来考课院查到张绅贪污的证据，于是又免了张绅的官职，吕蒙正重当宰相。太宗对吕蒙正说："张绅果然有赃。"吕蒙正也不谢。宋太宗称赞吕蒙正的气度不是那些浅薄的人可以做得到的。

得理，顾名思义，就是自己拥有采取行动的充分理由或者攻击他人的得道之理。许多人以为自己得了理，便有了"理直气壮"的资本，便可以以此作为自己必胜的武器，这是一种怎样愚蠢的想法啊。我们要知道，害人终究害己，给他人造成伤害的同时，自己同样不会好过。

古人又说：人非圣贤，孰能无过？面对他人的过失，面对他人对我们造成的小小伤害，我们的最好做法便是以一颗宽广的心胸去宽恕他人，这样做，不但给了他人一次改过的机会，更让我们自己的心灵得到了升华。我们都知道比海洋更宽阔的是天空，比天空更宽阔的是人的胸怀。中国传统的为人处世美德中还讲究"推己及人"，如果我们都能做一个"推己及人"、心胸宽阔的人，我们的人生就将少些烦忧和怨恨，多些快乐与平和。

在我们的现实生活中，得理不饶人甚至比没理还欺负他人的现象多许多，正是因为这些"土霸王式"的得理不饶人者，才让这个社会时时处处充满了纷争与不和。有些人还以自己得理为敲诈手段，害得他人痛苦万分。这样的人是没有宽广心胸更没有眼光的人。他不知道这样愚蠢的做法终究会让自己吃亏,掉在自己给自己挖好的人生陷阱里。下面的这则寓言故事最能体现这一点。

一头笨重的大象正在森林里漫步,一不小心,它踩塌了老鼠的家,老鼠家顿时变得一塌糊涂。大象为此十分惭愧,真诚地向老鼠道歉,可老鼠却对此耿耿于怀。一天,老鼠看见大象正躺在地上睡觉,它心想:报复大象的机会来了!虽然大象是个庞然大物,但我至少可以咬它一口,以解我的心头之恨。可是,大象的皮特别厚,老鼠根本咬不动。这时,老鼠发现大象的鼻子,于是它高高兴兴地钻进大象的鼻子里,狠狠地咬了一口大象的鼻腔黏膜。大象突然感觉鼻子里一阵刺激,便用力打了个喷嚏。这喷嚏可不得了,一下子将老鼠喷出好远好远,差点没把老鼠摔个半死。

事后,一批同类纷纷来探望受伤的老鼠,这只小家伙忍着浑身的剧痛,语重心长地对同类们说:"大家要记住我的惨痛教训啊,得饶人处且饶人!"

我们说,不管自己有理没理,得饶人处且饶人,给人一份谅解,我们将收获更多的快乐。如若反其道而行之,就将使自己受到更大的伤害。寓言故事中的小老鼠便是自作自受的典型,大象那么庞大、那么有力量的动物都能够拥有一颗谦虚之心,区区一只小老鼠却得理不饶人、自不量力,结果可想而知。小老鼠的经历值得我们人类深思。

现在的人越来越强调个性,好胜心强,常常把事做"绝",表明自己的正确或胜利才罢休。如此,就会伤及感情。在一些小事小节上,你大可让朋友"赢"上一把,高兴高兴。

要想重视友人的自尊心,必须先抑制自己的好胜心。如果你总是旁若无人地使自己出尽风头,一味地过把瘾,不仅得不到友情,还会伤了友人的自尊心。

大部分人一旦陷身于争斗的漩涡，便不由自主地焦躁起来。一方面为了面子，一方面为了利益，因此一得了"理"，便不饶人，非逼得对方鸣金收兵或竖白旗投降不可。然而"得理不饶人"虽然让你吹着胜利的号角，但这却也是下次争斗的前奏。"战败"的对方也有面子和利益之争，他当然要"讨"回来。

要知道，得理不饶人，让对方走投无路，有可能激起对方"求生"的意志。而既然是"求生"，就有可能是不择手段，这对你自己将造成伤害，好比将老鼠关在房间内，不让其逃出，老鼠为了求生，将咬坏你家中的器物。放他一条生路，他"逃命"要紧，便不会对你造成伤害。

由此可见，得理饶人是一种非常高尚的行为，是一种大智若愚的表现，而不是有些人眼中的窝囊废。

宽容待人是一种财富

宽容是一种财富，拥有宽容，是拥有一颗善良、真诚的心。对于别人的过失，必要的指责无可厚非，但能以博大的胸怀去宽容别人，就会让世界变得更精彩！

宽容是一种博大的胸怀，一种不拘小节的潇洒，一种伟大的仁慈。为人处世，当以宽大为怀。生活在相互宽容的环境中，是人生的幸福，会使你忘却烦恼，忘却痛苦。

宽容是一种处世哲学，宽容也是人的一种较高的思想境界。学会宽容别人，也就懂得了宽容自己。

一位名叫卡尔的卖砖商人，由于另一位对手的竞争而陷入困难之中。对方在他的经销区域内定期走访建筑师与承包商，告诉他们卡尔的公司不可靠，他的砖块不好，其生意也面临即将歇业的境地。

卡尔对别人解释说，他并不认为对手会严重伤害到他的生意。但是这件麻烦事使他心中生出无明之火，真想"用一块砖来敲碎那人肥胖的脑袋作为发泄"。

"有一个星期天的早晨，"卡尔说，"牧师讲道的主题是：要施恩给那些故意跟你为难的人，我把每一个字都吸收下来。就在上个星期五，我的竞争者使我失去了一份25万块砖的订单。但是，牧师却教我们要以德报怨，化敌为友，而且他举了很多例子来证明他的理论。当天下午，我在安排下周日程表时，发现住在弗吉尼亚州的我的一位顾客，正因为盖一间办公大楼而需要一批砖，而所指定的砖的型号却不是我们公司制造供应的，但与我竞争对手出售的产品很类似。同时，我也确定那位满嘴胡言的竞争者完全不知道有这笔生意。"

这使卡尔感到为难，是遵从牧师的忠告，告诉对手这项生意，还是按自己的意思去做，让对方永远也得不到这笔生意。

那么到底该怎样做呢？

卡尔的内心挣扎了一段时间，牧师的忠告一直盘踞在他心里。最后，也许是因为很想证实牧师是错的，他拿起电话拨到竞争对手家里。

接电话的人正是那个对手本人，当时他拿着电话，难堪得一句话也说不出来，但卡尔还是礼貌地直接告诉他有关弗吉尼亚州的那笔生意。结果，那个对手很是感激卡尔。

卡尔说："我得到了惊人的结果，他不但停止散布有关我的谎言，甚至还把他无法处理的一些生意转给我做。"

卡尔的心里感到也比以前好多了，他与对手之间的阴霾也烟消云散了。

享受宽容的幸福，就应该学会宽容。宽容他人对你的嘲笑，宽容朋友对你的误解，宽容领导对你的错怪。宽容一切你能宽容的，你会觉得你的心海宽阔得可以容纳山川大海，你会觉得你变得越来越豁达高尚。

关于宽容，流传着这样一个故事：

有一天，一个强盗突然闯进禅院，向七里禅师抢劫："快把钱拿出来，不然就要你的老命！"七里禅师指指木柜说："钱在抽屉里，你自己拿吧，但请留下一点给我买食物。"强盗得手后正要逃走，七里禅师却把他叫住："收了别人的东西应该说声'谢谢'才对啊！"强盗扭头随便说了句"谢谢"便头也不回地跑了……

后来，这个强盗被捕了，衙差把他带到七里禅师面前："他交代曾抢劫过你的钱，是吗？"七里禅师说："他没有向我抢，钱是我自愿给他的，再说，他也谢过我了。"

这个人服刑期满之后，立刻来叩见七里禅师，真诚地恳求禅师收他为徒。七里禅师虚怀若谷的"宽容之心"，使强盗那邪恶的心灵在瞬间得到了净化，最终"放下屠刀，立地成佛"。

七里禅师的宽容，对这个强盗的教育可谓是受益终身。我们为人处世，往往不是靠几句吼叫，更不是靠争个你死我活就能解决问题的，真正会做人的人，只会以宽广的胸怀包容一切。在我们的日常生活中，有别人一时犯下的错误，也有别人对自己的恶意中伤，但只要我们以宽容的态度对待他人，不但能够消除误会，更能起到及时纠正错误和教育他人的作用。

"海纳百川，有容乃大；壁立千仞，无欲则刚。"这副对联形象生动地表达了林则徐身为朝廷命官的气度。其中"海纳百川，有容乃大"，说的就是做人要豁达大度、胸怀宽阔，这也是一个富有修养之人的重要品质。中国还有句俗语叫"宰相肚里能撑船"，同样也说明了宽容处世为人的重要性。一个有着大海一样广阔胸怀的人往往能够受到众人的爱戴和敬重。

由此可见，宽容是一种财富，拥有宽容，是拥有一颗善良、真诚的心。以宽容之心对他人之过，就能做世上精彩之人。

退一步想问题能够化险为夷

当今时代，信息瞬息万变，许多事情都难以预料。因此，再有本事、实力再强的人，都不敢说自己永不失手。因此，凡事要留有余地，做人要始终懂得深谋远虑，给自己留有后路，不可盲目地切断自己的退路，不可把事做绝。

生活中有很多事情，我们根本无法预料其发展势态，因此，切不可轻易地妄下断言、不留余地，不给自己一点回旋的机会。即使自己有能力置对手于绝路，也绝不可把事情做得太绝。

掌握与运用权变与机变之理，在任何时候都注意给自己留下退路，这是为人处世的要诀。

春秋时期，齐国的孟尝君有一个食客，名叫冯谖，很懂得深谋远虑。一天，孟尝君命他到自己的封地薛去收税款。冯谖出发之前问孟尝君："收了税款以后要买些什么东西回来吗？"孟尝君说：

"看看家里缺什么，随便买一点回来就行。"

冯谖到了薛地以后，要缴得起税款的人缴税，缴不起税款的人就当场免了他的税，借据也当场烧掉。老百姓很高兴，齐呼"孟尝君万岁"，发誓以后一定要好好效忠孟尝君。冯谖回来后，把事情的经过向孟尝君如实禀报，并告诉孟尝君他收回来的是老百姓的心，比税款要贵得多，希望孟尝君不要生气。孟尝君尽管很气愤，可木已成舟，也只好作罢。

一年以后，孟尝君被齐王罢免了职务，满怀失意地回到薛地。令孟尝君惊讶又感动的是，薛地的老百姓竟然夹道欢迎他回来，这使孟尝君受伤的心灵得到了抚慰。他终于明白了当初冯谖的举动是多么充满智慧。于是，他把冯谖叫到跟前，想好好赞扬他一番。

冯谖说："公子不要高兴得太早。现在，薛地已经成了你的根据地，但这远远不够。俗语说'狡兔三窟'才能保全性命。公子现在只有一个巢穴，应该尽快挖掘出另外两个才是上策。"

冯谖意在劝孟尝君做事时多准备几种方案，以防不测。孟尝君深感冯谖说得有理，就派他去办这件事。

于是，冯谖去晋见魏惠王，在魏惠王面前把孟尝君大肆吹嘘了一番说："如此杰出的人物，哪个国家如果能聘任他，一定能够马上繁荣起来。"魏惠王相信冯谖的话，决定任命孟尝君做大将军。齐王听到消息后，觉得不能让自己国家的人才落到别人手里，立刻派使者把孟尝君请回来，任命他做宰相。

冯谖又劝孟尝君："现在请齐王把他祖先的宗庙建到薛地。"宗庙建好之后，冯谖高兴地对孟尝君说："公子现在拥有齐、魏、薛三个根据地，可以高枕无忧了。"后来，孟尝君果然一生都过着安定的生活。

孟尝君听冯谖的劝说，为自己留有余地，不把事情做绝，也就没让别人下不了台而结怨种仇。

在商场更这样，因此，精明的商人每一次出击之前都要深思熟虑，谋定而后动。

胡雪岩说："一桩生意投入运作之前，就要做好'万一出事'的思想准备，要想着为自己留下退路。"

在生意场上，一代名商胡雪岩即使完全有理由有能力置对手于死地，也绝不把事情做绝。

胡雪岩在苏州时，曾到永兴盛钱庄兑换20个元宝急用。这家钱庄不仅不给他及时兑换，还凭白诬指阜康银票没有信用，使他很生气。这永兴盛钱庄本来就来路不正，原来的老板节俭起家，干了半辈子才创下这份家业，但40出头就病死了，留下一妻一女。现在原钱庄的当房掌柜是实际上的老板，他在东家死后骗取那寡妇孤女的信任，人财两得，实际上已经霸占了这家钱庄。永兴盛的经营也有问题，他们贪图重利，只有十万两银子的本钱，却放出二十几万两的银票，已经岌岌可危了。

胡雪岩在这家钱庄无端受气，自然想狠狠整它一下。起先他想借用京中"四大恒"排挤义源票号的办法。京中票号，最大的有四家，招牌都有一个"恒"字，称为"四大恒"。行大欺客，也欺同行。义源本来后起，但由于生意行伙计随和，信用又好，而且专跟市井细民打交道，名声一下子做得很盛，连官专利号都知道了他的信誉，因此生意蒸蒸日上。"四大恒"同行相妒，想打击义源，于是出了一手"黑"招。他们暗中收存义源开出的银票，又放出谣言

第六章 退一步的智慧

151

说是义源面临倒闭，终于造成挤兑风潮。

胡雪岩仿照这种办法，实际上可以比当年"四大恒"排挤义源时做起来更方便也更狠。浙江与江苏有公款往来，胡雪岩可以凭自己的影响，将海运局分摊的公款、湖州联防的军需款项、浙江解缴江苏的协饷几笔款子合起来，换成永兴盛的银票，直接交江苏藩司和粮台，由官府直接找永兴盛兑现。这样一来，永兴盛不倒也得倒了，而且这一招借刀杀人，一点痕迹都不留。

不过，胡雪岩最终还是放了永兴盛一马，没有去实施他的报复计划。他放弃计划，有两个考虑，一个考虑是这一手实在太辣太狠，一招既出，永兴盛绝对没有一点生路。另一个考虑则是这样做，很可能只是徒然搞垮永兴盛，自己却劳而无功。这样一件损人不利己的事情，胡雪岩不愿意做。

从这件事情中，我们确实可以看到胡雪岩为人宽仁的一面。说起来这永兴盛既来路不正又经营不善，实际是一个强撑住门面唬人的烂摊子，即使将它一击倒地，大多数人也不会同情，可能还为钱庄同业清除了一匹害群之马。即使是这样，胡雪岩还是下不得手去，足见他所说的"将来总有见面的日子，要留下余地，为人不可太绝"，并不是口头上说说而已，而确确实实是这样去做的。这其实可以看作是胡雪岩的一条为人处世的准则。

现实生活中，人的认识过程是无限的，但人的认识能力却是有限的。正因为人的认识能力的局限性，使得人们考虑问题难以周全。另一方面，人在社会生活中的地位和环境是不断变化的，有些变化可以预见，可以把握，但更高、更深、更复杂的变化并非如愿。因此，为人处世，不要把事情做尽做绝，要为自己留下退路。

成功锦囊之身心修炼

2 有一种智慧叫包容

高海红◎编著

河北出版传媒集团
河北科学技术出版社

图书在版编目（CIP）数据

成功锦囊之身心修炼. 2, 有一种智慧叫包容 / 高海红编著. — 石家庄：河北科学技术出版社，2020.9
ISBN 978-7-5717-0540-4

Ⅰ. ①成… Ⅱ. ①高… Ⅲ. ①人生哲学－通俗读物 Ⅳ. ①B821-49

中国版本图书馆CIP数据核字（2020）第194351号

CHENGGONG JINNANG ZHI SHENXIN XIULIAN.2,YOU YIZHONG ZHIHUI JIAO BAORONG

成功锦囊之身心修炼. 2, 有一种智慧叫包容
高海红　编著

出版发行	河北出版传媒集团
	河北科学技术出版社
地　址	石家庄市友谊北大街330号（邮编：050061）
印　刷	河北远涛彩色印刷有限公司
经　销	新华书店
开　本	880×1230　1/32
印　张	20
字　数	450千字
版　次	2020年9月第1版
印　次	2020年9月第1次印刷
定　价	78.00元（全4册）

前 言

在生活和工作中，每个人都会不可避免地遇到一些不如意的事情。在遭遇这些事情后，有的人郁郁寡欢，有的人却顺利地渡过了难关。其实，郁郁寡欢的人，大多在对人对事上往往有很多想不通的地方，比如，不能理解他人，没能站在他人的角度上为其着想，或者不能放下自己的尊严去承认自身的错误，等等。而顺利渡过难关的人，往往有一颗平和的心，他们总能多替他人着想，总能用积极的心态去处理事情。这就使得不同的两种人，拥有了不同的生活。

其实，学会包容并不是一件简单的事情。因为包容是一种远见，是一种智慧，是一种气度，更是一种做人的修养。

包容需要仁爱的参与。如此，才能释放出应有的光环。包容是对别人的释怀，也是对自己的善待。一个人能包容多少人，那么他就能赢得多少朋友。比如，面对不熟悉的人又急于扩大人脉资源圈时，需要你大度的胸怀给予他人包容和接纳，并用良好的心态去打量周围的人和事。如此，你才能获得更多的朋友，更纯真的情谊。同时，这些人也能在事业上助你进步。

包容不仅体现在交友层面，还体现在你与别人合作时，拿出一种信任以及博大的胸怀。一个事业有成就的人,包容对他来说至关重要。因此,他们在对待周围的人时,通常能表现出博大的胸襟、心宽志广。这也促进了他们与周围的人和睦相处,并能在处理身边的事时左右逢源。如此,可以减少一些精力去对付别人,能把更多的精力投入工作中,而使自己的事业有所作为。

人与人之间少不了摩擦。当你与朋友或同事发生争执时,应当互谅互让,主动化干戈为玉帛。因为你的包容能冲刷彼此心中的过节,最终获得美满的结局。当你与他人发生矛盾时,一定要以包容的度量,大气待人,将大事化小,小事化了。倘若你能包容地待人处事,那么你的生活就会多一片蓝天,多一份快乐。

包容也体现了一个人的人格魅力。它就像一缕阳光,能散出光芒照耀身边的人。其实,生活中没有完美的事物,也没有十全十美的人。所以,不必苛求身边的人,也不必苛求自己,要用包容接受生活的不如意。这样,你才能感受到生活的美好。

阅读本书,能帮助你在人生的道路上收获和谐的人际关系,也有助于你创造美好的人生。

目录 CONTENTS

第一章　宽厚待人，华丽转身

与人为善就是与己为善 / 2

仁爱为你带来幸福 / 4

不揭他人伤疤 / 6

宽恕让你更有力量 / 8

过去的事就让它过去吧 / 11

在别人困难时要雪中送炭 / 14

给人留余地便是给自己留"出路" / 16

胸襟可以丈量世界 / 18

胸怀助你赢得世界 / 21

第二章　包容忍让，吃亏是福

以隐忍的态度做人 / 24

吃亏是一种智慧 / 26

"退步"是做人的哲学 / 28

有理也要让三分 / 30

包容忍让可以制怒 / 32

吃亏忍让能趋利避害 / 35

亏己也能收获福 / 37

吃亏让你成为大赢家 / 39

第三章　包容朋友，拓宽人脉

原谅朋友的无心之举 / 42

走出狭小的天地 / 45

从身边的朋友开始储蓄人脉 / 49

切不可揭朋友短 / 52

有宽容就有朋友 / 55

包容成就永恒友情 / 57

第四章　心胸放宽，道路更广

不可有怨天尤人的心态 / 62

减少怨恨能增加快乐 / 64

把挫折看作最佳机遇 / 66

在不幸中获得新生 / 69

懂得放弃才能收获幸福 / 72

不增添不必要的麻烦 / 75

第五章　包容误解，赢得尊重

放下误解能赢得一份宁静 / 80

清除误会有利于赢得人生 / 81

释怀怨恨和误会中的冲突 / 84

误会里有喜也有悲 / 87

给别人解释的权利 / 90

用真诚去面对怀疑 / 92

压制冲动可以消融误会 / 94

用胸怀去化解误会 / 98

第六章　学会包容，远离迁怒

善于控制自己的情绪 / 102

噩梦的开始就是迁怒于人 / 104

坦荡助你远离迁怒 / 106

对自己说声"没关系" / 107

宽容并不等于纵容 / 109

宽容的心灵 / 111

为他人打开一扇窗户 / 113

豁达让你收获幸福 / 115

第七章　多点包容，多点成功

一个人最大的对手就是自己 / 118

相信自己"我能行" / 119

从小事做起又何妨 / 121

只要尽力而为就可以了 / 122

勤奋能将失败转化为成功 / 124

相信一切皆有可能 / 125

等待命运之神的考验 / 127

黑暗的边缘就是尽头 / 129

第八章　从容处世，感恩生活

做一个懂得付出的人 / 132

分一点咖啡给他人 / 135

对帮助你的人要心怀感恩 / 137

日行一善不等于善行一日 / 139

感恩的花源于施恩的水 / 142

让感恩成就你的未来 / 144

最美的礼物是什么 / 146

让自己拥有一颗感恩的心 / 149

第一章 宽厚待人,华丽转身

与人为善就是与己为善

生活原本就不是一成不变的。人生的真谛，就在于与人为善，一点点的人情味儿，一点点"糊涂"，比十足的"精明"更容易得到回报。而就在你向他人施以善意的人情时，友善也会在你的身边萦绕开来。

西汉时，晁错因吴楚七国之乱被诛杀以后，袁盎以太常身份出使吴国。吴王想让袁盎担任将领，袁盎不肯。吴王就想杀死他，派了一名都尉带领五百人把袁盎围困在军中。

袁盎当初担任吴国国相的时候，曾经有一个从史与袁盎的婢女私通，袁盎知道了这件事后，并没有张扬出去，对待从史仍跟从前一样。有人告诉那个从史说，袁盎已经知道他跟婢女私通的事了。从史便逃走了。当时袁盎亲自驱车追赶从史，追上后就把婢女赐给了他，而且仍旧叫他担任从史。

等到袁盎出使吴国被围困，那位从史刚好担任围困袁盎的校尉司马。他就把随身携带的全部财物变卖了，用这钱买了两担酒香浓郁的好酒。当时正好碰上天气寒冷，士兵又饿又渴，他就让士兵们痛饮。不一会儿，围守西南角的士兵都醉倒了，校尉司马趁天黑拉起袁盎，说道："您赶快走吧，吴王打算明天一早杀您。"袁盎半信半疑,说:"您是干什么的?"司马说:"我就是过去做从史时与您的婢女私通的人。"袁盎大吃一惊,忙说:"您还有父母在堂,我可不能因此连累了您。"校尉司马说:"您只管走,我也随后逃走,把我的父母藏匿起来,您又何必担忧呢?"说罢用刀把军营的帐幕割开,引导袁盎从醉倒的士兵所把守的路上径直逃了出去。

校尉司马与袁盎分路背道而行,袁盎解下了节旄揣在怀中,手拄节杖,步行了七八里路,天亮时分,碰上了梁国的巡逻骑兵,才骑马飞身逃脱,后来终于回到京都将出使吴国的情况报告了朝廷。若不是袁盎当年赐婢女给那个从史,恐怕要死在吴王刀下了。

从这个故事可以看出,袁盎不仅是个心地善良的人,而且还是胸怀大度的人。可以说是好人有好报。

一妇女逛商场时,碰到一蓬头垢面、曾弓着腰向自己乞讨过的聋哑乞丐,乞丐递给她一张写了几行字的皱巴巴的纸条儿。那位妇女误以为是向她乞讨的哀求之语,她不屑一顾地边把纸条儿装入口袋边说:"等会儿再看!"便像躲瘟神似的快步离去。直到她出了商场才拿出纸条来看,当纸条上"你身后有小偷,注意点儿,他一直跟着你"几个歪歪扭扭的字跃入眼帘时,她惊呆了。不用说,她装在后裤兜的几百元钱早已"钱去兜空"了。

与人为善其实就是于己为善,这句话体现了"仁"的概念。孔子提出"仁、义、礼",后来董仲舒扩充为"仁、义、礼、智、信",后称"五常"。这"五常"贯穿于中华伦理的发展中,成为中国价值体系中最核心的因素。那么,何谓仁呢?仁者,人二也,指在与另一个人相处时,能做到融洽和谐,即为仁。仁者,易也。凡事不能光想着自己，多设身处地为别人着想，为别人考虑，做事为人为己，即为仁。简言之，能与人为善即为仁。

但是在当今社会，作为五常之首的"仁"，却被不断地边缘化，很多人对它越来越不重视，只看重自己的一己私欲，而视他人为陌路人、对手或者敌人。

让我们宽厚些，再宽厚些，保持与人为善的优良传统美德，而被善待者往往会把感恩之情压在心底，一旦有机会让其回报，他必定会竭尽所能地报答。正因为你给出了善，你方能得到善。

仁爱为你带来幸福

仁慈的爱心，是世界上最伟大的情感力量，是人类生存和社会发展最基本的精神力量。

以孔子为代表的儒家学说，倡导与人为善，以仁爱为本，"仁"是孔子思想的核心，也是中国伦理学说的根本。今天，作为一个传承着五千年文化的华夏子孙，作为一个崇尚真善美的人，应当常温孔子之教诲，弘扬和践行仁爱之理念，让爱之幸福惠及天下。

一颗宽宏的仁爱之心，是一种宽容、坦直、诚恳、忠厚的精神，是一种爱人的精神，是一宗最丰厚的财产。百万富翁的财产，与这比起来，简直不足挂齿。怀着这种好心情、好精神的人，哪怕没有一文钱，但是他所怀有的仁爱之心、容人之量，能融化人的孤独感和隔离感，打破人们心中的"围墙"，人生就会变得富有、幸福，通向成功的道路便会变得平坦、畅通。

高尔基说："谁要是不会爱，谁就不能理解生活。"为人处世，应该仔细倾听他人的想法；要学会多欣赏他人的长处，少计较他人的短处；时时伸出手帮助别人，去感受助人的那种快乐。尊敬他人的最佳方法，就是献出你真诚的爱心，仁爱待人的人，同样会受到别人的尊敬和真心回报。

有一个盲人在夜里走路时，手里总提着一个明亮的灯笼。别人看了很好奇，就问他："你自己看不见，为什么还要提灯笼走路？"

那盲人满心欢喜地说："这个道理很简单，我提灯笼不是给自己照路，而是给别人提供光明，帮助别人的，如此一来，别人也容易看到我，不会误撞到我，这样就可以保护自己的安全，既帮助了别人，也等于帮助了自己。"

在漫漫人生路上，你是否也会觉得自己的道路崎岖？如果那样，你不妨也学学这位盲人，只要你心中长明一盏温暖的灯，就会照亮你暗淡的人生路，付出的最终结果就会是无偿地索取。

世界著名的精神医学家亚弗烈德·阿德勒曾经发表过一篇令人惊奇的研究报告。他常对那些孤独者和忧郁病患者说："只要你按照我这个处方做，14天内你的孤独忧郁症一定可以痊愈。这个处方是：每天想想，怎样才能使别人快乐，让别人感到人世间爱心的力量？"

有一个50岁的女人，丈夫去世不久，儿子又坠机身亡，她被悲痛和自怜的感情所包围，久而久之得了忧郁症，甚至产生了自杀的念头。好心的邻居带她去找亚弗烈德·阿德勒。亚弗烈德·阿德勒问清病情后劝她去做一些能使别人快乐的事情。50岁的她能做些什么呢？她过去喜欢养花，自从丈夫和儿子去世后，花园都荒芜了。她听了亚弗烈德·阿德勒的劝告后，开始整修花园，施肥灌水，撒下花种，很快就开出了鲜艳的花朵。从此，她每隔几天都将亲手栽培的鲜花送给附近医院里的病人。她给医院里的人送去了温馨，换来了一声声"谢谢您！"这美好的"谢谢您"轻柔地流进她的心田，治愈了她的忧郁症。她还经常收到病愈者寄来的贺卡、感谢信，这些卡片和信帮助她消除了孤独感，使她重新品尝到了人生的喜悦。

可见，以仁爱之心待人，就会唤起人类最美好的情感，与此同时，你的幸福感也会油然而生。你在送别人一束玫瑰的时候，自己手上也留下了最持久的芳馥。带着爱，一切将如愿以偿。

不揭他人伤疤

俗话说"当着矮人，别说矮话"，与人交往，千万不要攻人短处，揭人疮疤。揭人疮疤的人，招人痛恨，害人害己。

每个人都有缺陷、弱点，也许是生理上的，也许是隐藏在内心中不堪回首的经历。尤其是生理上有缺陷的人，本人无法改变，一般都较为内向，内心会充满苦恼与忧伤，并由此常感到自卑和失望。不能拿对方的缺陷开玩笑，因为他们更注重精神上的尊重，当受到别人的嘲笑时，情绪上的反弹就更激烈，就算你是为自己的利益着想，也不应触痛别人的"疮疤"。因为对任何人来说，被击中痛处，都会引起不快。

在中国有"逆鳞"一说，指的是再驯顺的龙，也不能碰它喉下直径一尺的部位。因为龙的全身只有这一处的鳞是倒长的，无论是谁触摸此处，都会被激怒的龙杀掉。

人又何尝不是如此呢？无论人格多么伟大、高尚的人，身上都有"逆鳞"。下属只要不触及上司的"逆鳞"就不会招致杀身之祸,还能平步青云。我们与任何人交往时,都要注意别冒犯别人的忌讳。给人面子,自己有面子。揭人疮疤,只会引人反感,甚至日后会得到对方的挟怨报复,因为这种伤害潜伏期是很长的,即使他装作忘记,其实仍然记挂于心。

据《三国志·周群传》披露说:"先主无须",是个"老公嘴"。古人很重视胡须,认为这是阳刚之美。《三国志·关羽传》说:关羽"美须髯",到了《三国演义》就有了"美髯公"的雅号。而刘备没有胡须,作为一个男人,就逊色不少。

刘备刚到西蜀时,嘲笑刘璋手下官员张裕胡须茂盛,他说:"我从前住在涿县,那里许多人都姓毛,而且四面八方散落居住,涿县县令就说诸毛绕涿居。"

涿,和啄谐音,指嘴的颜色,诸和猪同音,刘备的话的意思是"猪毛绕嘴居",这是在嘲笑张裕的嘴像多毛的猪嘴。

张裕马上反唇相讥,说:"从前有个人做上党郡潞县的县令,后来升任涿县县令,离职后有人想写信给他,称呼他的官爵,写潞县就漏了涿县,写涿县就漏了潞县,干脆就称呼他为'潞涿君'。"

"潞涿"和"露啄"同音,这是嘲笑刘备嘴上无毛,下巴光光。刘备没占到便宜,很生气,但又不好发作,他只好把这口气忍在心里。后来他赶跑了刘璋,张裕成了自己的下属。有一天刘备找了一个借口,把张裕杀了,诸葛亮求情也没用。

推究起来,张裕的死还不是因为说话尖酸刻薄,揭人疮疤吗?虽然和刘备斗嘴取巧,不算什么大事,但是后来刘备发达了,而且成为张裕的上司,加上刘备心眼又小,事情虽不大,却触了他的"逆鳞",张裕才有了这一劫。反过来如果张裕发迹,倒霉的或许是刘备。

每个人都有尊严,也都很在乎尊严。但有人就喜欢谈及对方的缺陷、错处，而心理学研究表明，自己的缺陷或错处，就如同自己的伤疤一样，如果被人血淋淋地一把撕开，就会感到难堪而恼怒。

以己推人，多站在对方的立场考虑，打消"把自己的幸福建立在别人痛苦之上"的想法，而变为"你快乐，所以我幸福"的实际行动，维护别人的尊严，帮助别人成功，那种幸福才享受得最心安理得。

宽恕让你更有力量

对于他人的过失，宽恕所产生的道德上的震撼，比苛责产生的要强烈得多。宽恕，既能使对方知错就改，又会对你心怀感激，欲以回报。这实在是一种为人处世的大智慧。

世传金华长老曾有偈语："大慈大悲度众生，洗心桥上洗邪心。是非恩怨从此了，净水一滴悟道真。"我们这里说的是另一位禅师——潜心禅师以一颗宽容的佛心，点化强盗，使其皈依佛门的故事。

有一天，一个强盗突然闯进禅院，抢劫潜心禅师："快把钱拿出来，不然就要你的老命！"潜心禅师指指木柜说："钱在抽屉里，你自己拿吧，但请留下一点给我买食物。"

强盗得手后正要逃走，潜心禅师却把他叫住："收了别人的东西应该说声谢谢才对啊！"强盗扭头随便说了句"谢谢"便头也不回地跑了。

后来，这个强盗被捕了，衙差把他带到潜心禅师面前："他交代曾抢劫过你的钱，是吗？"潜心禅师说："他没有向我抢，钱是我自愿给他的,再说,他也谢过我了。"

这个强盗服刑期满之后,立刻来叩见潜心禅师,真诚地恳求禅师收他为徒。潜心禅师虚怀若谷的"宽容之心",使强盗那邪恶的心灵在瞬间得到了菩提的净化,最终"放下屠刀,立地成佛"了。

可见,宽容无敌。

宽恕是一种勉励,是一种启迪,它能催人弃恶从善,使误入歧路的人走入正途。宽恕别人才能拯救别人。

在著名的《六度集经》中,有这样一则宽恕敌人、以德报怨的故事:

长寿王仁民爱物、慈悲为怀,其国境内风调雨顺、财富民丰,却也因此引来邻国贪王的觊觎,出兵侵夺。获悉敌兵压境的长寿王,不愿为保卫一己的王权而殃及无辜的百姓,决定舍弃王位,与儿子长生相偕遁隐山林。贪王不费吹灰之力就坐拥长寿王的国土,但他还是不肯放过长寿王,就重金悬赏捉拿长寿王父子。归隐山林的长寿王为了帮助远来投奔的梵志,自愿舍身,让梵志得获赏金,于是轻易被贪王所捕。残暴的贪王故意在长寿王国都通衢上,公然火烧长寿王,以逞己能、警大众。

临死前,长寿王惊见儿子乔装成樵夫,混杂在人群中双眼冒着怒火,满怀仇恨地盯着贪王。长寿王便仰天大喊:"希望我的儿子能以仁为诫,秉承以德报怨的家风。"虽然亲耳听到了父亲最后的教诲,但父王惨死、国土沦丧的深仇大恨,还是令年轻的王子一心只想伺机报仇。于是多才多艺的长生,就利用在大臣家当仆役的机会,设法获得贪王的赏识,进而成为贪王的贴身护卫。

在一次随侍贪王出猎的途中,长生刻意让贪王脱离随从,并迷失在山林间。筋疲力尽的贪王为求一枕好眠,将随身的佩剑卸下,交由他信任的长生保管，自己躺下来休息。待贪王熟睡之际，长生拔剑欲杀贪王，但忽然想起了父亲长寿王的遗言，他一时犹豫起来……正在这时，贪王突然从噩梦中惊醒，不安地说道："我梦见长寿王的儿子要杀我，怎么办？"长生安慰他说："大王不要惊惶，有我在此护卫着你呢。"于是贪王再度安然入睡。如是者三旦，长生最终决定尊奉父亲的遗言原谅贪王，便主动向贪王表明他的真实身份，并且说："你快将我杀了吧，免得我报仇的恶念又死灰复燃。"

震惊的贪王被长寿王父子以德报怨的仁行深深感动，当下幡然悔悟，自愧如豺狼，于是将国土归还长生，两国结为兄弟之邦。

从此以后，贪王自己也开始像长寿王一样善待人民，不再像从前那样残暴了。

这个故事再次证明了宽容无敌，真正的慈悲不只是爱你所爱的人，还能宽恕、爱护你的仇敌；而如此宽厚的胸襟则来自人我一体、爱人如己的智慧。当别人以恶劣、无理的态度相向时，我们要学习以慈悲去包容，以理智去面对。

宽恕别人首先解救的是自己，它让我们避开喷火的吞噬，从而在理智的引导下，反求诸己、如法而行；仇恨不但于事无补，反而徒增彼此身心的多重伤害！

但与此同时，宽恕有一个度的问题。宽恕别人，对人宽容是好的，但并不代表着宽容别人就意味着纵容别人。有些时候，你的纵容会使他人越来越嚣张，从而在错误的道路上越走越远。宽容和纵容，一字之差，差的却是一种对原则的把握和处事艺术的拿捏。

可见，掌握宽容的艺术，何其重要啊！

过去的事就让它过去吧

所罗门曾说:"不报宿怨乃是人的光荣。"又有一说:"憎恨别人就像是为了逮住一只耗子而不惜烧毁你自己的房子。"其实,憎恨是不明智的。因为,一旦你心中有了"恨",就如同给自己戴上了枷锁,一路拖着你沉入苦海。以报仇报怨为动力的人,即使实现了自己报复的目标,其下场往往也不会很好,自己的人生也会因此而发生重大的转变。

古人古事,脍炙人口。以古为镜,可以净心灵,辨是非,明前途。

唐朝的李靖,曾任隋炀帝的郡丞,他最早发现李渊有图谋天下之意,亲自向隋炀帝检举揭发。李渊灭隋后要杀李靖,李世民反对报复,再三请求保他一命。后来,李靖驰骋疆场,征战不疲,安邦定国,为唐王朝立下赫赫战功。魏征曾鼓动太子建成杀掉李世民,李世民同样不计旧怨,即位之后量才重用,使魏征觉得"喜逢知己之主,竭其力用",也为唐王朝立下了丰功伟绩。

这两个例子很好地表明,有时候不计前嫌的宽容,其实是对自己一个很好的投资。说也巧,下面这个例子也是发生在唐朝。

相传唐朝宰相陆贽,有职有权时,曾偏听偏信,认为太常博士李吉甫结伙营私,便把他贬到明州做长史。不久,陆贽被罢相,贬到了明州附近的忠州当别驾。后任的宰相明知李、陆有点私怨,便玩弄权术,特意提拔李吉甫为忠州刺史,让他去当陆贽的顶头上司,意在借刀杀人。不想李吉甫不记旧怨,而且"只缘恐惧转须亲",上任伊始,便特意与陆贽饮酒结欢,使那位现任宰相借刀杀人之阴谋成了泡影。对此,陆贽深受感动,便积极出点子,协助李吉甫把忠州治理得一天比一天好。李吉甫不搞报复,宽待了别人,也帮助了自己。

当然，谁也不愿意恨来报去，但做到"以和为贵"绝非易事。憎恨有时会令人失去理智，很多时候，人性往往会自然地倾向于它。憎恨之情来得容易，很多时候都会引发这种情绪，结下宿怨，如被人诬害、同事犯错连累他人、受人冷言讥讽等，有人不便即时发作，便暗自把这些事情记在心里，伺机报复。

但是，这种仇恨情绪更是一种内心的煎熬，不但无法损害对方分毫，更会让一个人备受折磨，甚至能让人损失掉健康与快乐。那么怎样才能摆脱这种不良情绪的怪圈呢？就得要你不管在什么情况下，都要本着"得饶人处且饶人"的容人之量。凡事能够忍让一点，想着如果这样做了，那么日后你要有什么行为差错，对方也不会做得太过分，迫你走向绝境。至于如何才能培养出这种豁达的情操呢，就得让你的心思意念集中在一些美好的事情上，如对方的优点，你在集体里所奠定的成就等，最难得的是将心比心。

在美国历史上，恐怕再没有谁受到的责难、怨恨和陷害比林肯多了。但是根据传记中记载，"从来不以他自己的好恶来批判别人。如果有什么任务待做，他也会想到他的敌人可以做得像别人一样好。如果一个以前曾经羞辱过他的人，或者是对他个人有不敬的人，却是某个位置的最佳人选，林肯还是会让他去担任那个职务，就像他会派他的朋友去做这件事一样……而且，他也从来没有因为某人是他的敌人，或者因为他不喜欢某个人，而解除那个人的职务。"很多被林肯委任而居于高位的人，以前都曾批评或是羞辱过他，比如麦克里兰·爱德华·史丹顿和蔡斯。但林肯相信"没有人会因为他做了什么而被歌颂，或者因为他做了什么或没有做什么而被废黜。因为所有的人都受条件、情况、环境、教育、生活习惯和遗传的影响，使他们成为现在这个样子，将来也永远是这个样子。"

美国《生活》杂志曾经报道了一系列触目惊心的数据，阐述了报复是怎样伤害一个人的健康的:"高血压患者最主要的特征就是容易愤慨,""愤怒不止的话,长期性的高血压和心脏病就会随之而来。"难怪连耶稣都告诫人们要"爱你的仇人",看来不只是一种道德上的教训,而且也是在宣扬一种21世纪的医学。他是在教导我们怎样避免高血压、心脏病、胃溃疡和许多其他的疾病。

虽说林肯的一番以德报怨绝非是出于对个人健康的考虑,但他这种对仇人特殊的爱不仅没有使他被人嘲笑为软弱可欺,反而得到了更多人的拥戴,包括那些曾经强烈反对过他的对手和敌人。

我们也许不能像圣人那样去爱我们的仇人,可是为了我们自己的健康和快乐,我们至少要原谅他们、忘记他们,这样做实在是很聪明的举动。

人非圣贤,孰能无过?过去的事毕竟过去了,智者总是善于着眼于现在和将来。一味把宿怨记在心上,甚至总是想着如何去报复对方,结果他自己的心得不到安宁,把快乐永远摒弃于门外。与其这样,还不如用宽容与仁爱去回报仇家,秉持着以和为贵的原则,把自己从仇恨中解放出来,同时也会以宽容的心胸赢得他人的尊重和敬佩,何乐而不为呢?

总之,如果我们都能够像前人那样有较大的肚量和长远的眼光,以退让、宽容的态度去对待宿怨,以和为贵,就有可能赢得时间、缓和矛盾,更有可能在不经意间为多年后的善报埋下善因,还你一个更为海阔天空的新局面。

在别人困难时要雪中送炭

这是一则在全世界流传很广的童话：

从前，有一位国王，性格冷酷。他所拥有的土地都盖在厚厚的白雪之下，从来就没有花的芳香和草的翠绿。国王十分渴望春天来到他的国家，但是春天从来都不肯光临。

这时，一位流浪已久的少女，来到了皇宫的门前。她恳求国王给她一点食物和一个睡觉的地方，她实在太饿太累了。但是国王从来都不愿意帮助别人，他叫侍卫把少女赶走了。

可怜的少女在肆虐的风雪中走进了森林。在森林中，她遇到了一位厚道的农夫，农夫急忙把她扶进屋，让她睡在温暖的火炉边，给她盖上毛毯，然后用仅有的面粉为少女做成了面包和热汤，当他把面包和汤端到少女面前时，才发现少女已经死了。

农夫把少女埋在了田野里，并把面包和汤放进去，还为她盖上了毛毯。第二天一早，奇迹出现了：其他地方仍旧是白雪皑皑，但是在少女的墓上，竟然开满了五彩斑斓的小花——这里的春天来了！

原来，这个女孩便是春天。

农夫接纳了她，善待了她，滋润了她，安葬了她，于是也便享受了她的恩赐。

无独有偶，在现实生活中，也有着这样一个真实的故事：

在一个风雪交加的寒冷夜晚，有一对年迈的夫妇来到路边一家简陋的旅店投宿，不幸的是，这间小旅店早就客满了。

"这已是我们寻找的第16家旅馆了，这鬼天气，到处客满，我们怎么办呢？"这对老夫妻望着店外阴冷的夜色发愁。

店里的小伙计不忍心让这对老年客人受冻，便建议道："如果你们不嫌弃的话，今晚就住在我的床铺上吧，我自己打烊后在店堂打个地铺。"

老年夫妻非常感激，第二天要按照房价付客房费，被小伙计坚决拒绝了。临走时，老年夫妻开玩笑地说："你经营旅店的才能真够得上当一家五星级酒店的总经理。"

"那敢情好！起码收入多些可以养活我的老母亲。"小伙计顺口应和道，哈哈一笑。

不料想两年后的一天，小伙计收到一封寄自纽约的挂号信。信中附有一张来回纽约的双程飞机票，信里邀请他去拜访当年睡他床铺的老夫妻。

小伙计来到繁华的大都市纽约，老年夫妻把他引到第五大街三十四街交汇处，指着一幢摩天大楼说："这是一座专门为你兴建的五星级宾馆，现在我们正式邀请你来当总经理。"

年轻的小伙计因为一次举手之劳的助人行为，美梦成真。这就是著名的奥斯多利亚大饭店总经理乔治·波菲特和他的恩人威廉先生一家的真实故事。这件事虽然有偶然性，但也有它的必然性。一个与人为善、为他人着想的人，别人也就会用同样的善意去为他着想，给他提供机遇，为他的致富创造条件。

对别人好的同时，自己已经获得了更多。只要人有了助人之心为他人着想，或许在自己不经意之处已获益匪浅了。在别人困难的时候伸出援助之手，解人于倒悬，雪中送炭，别人一定会感激你。等到你需要帮助时，承你恩惠的人也会来回报与你的。正如东晋教理论家葛洪所言："劳谦虚己，则附之者众；骄慢倨傲，则去之者多。"一个乐于助人的人，不慢待困境中的人，往往会得到别人更多的回报和帮助。

当然，对他人伸出援手时不要带着希望他人予以回报的功利色彩，帮助别人要真诚、单纯，没有必要在帮助他人之时一味地显示自己的高大，也不要在帮助别人时表示出要他人给你回报的意愿。其实，助人为快乐之本，帮助他人的同时，自己也会获得快乐。不要"施恩图报"，这样，助人的快乐才会来得更加真实，你的心胸也会变得更加博大。

给人留余地便是给自己留"出路"

《菜根谭》里说："路径窄处，留一步与人行；滋味浓时，减三分让人食。此是涉世一极乐法。"这句话是说，为人处世要给他人留余地，不可一个人独享好处，把事情做绝了，以免自己下不了台。

北宋宰相韩琦在定武统帅部队时，夜间伏案办公，一名侍卫拿着蜡烛为他照明。因为时间太晚了，又加上过于劳累，那个侍卫不小心一走神，蜡烛烧了韩琦鬓角的头发，韩琦没说什么，只是急忙用袖子蹭了蹭，又低头写字。过了一会儿一回头，发现拿蜡烛的侍卫换人了，韩琦怕主管侍卫的长官鞭打那个侍卫，就赶快把他们招来，当着他们的面说："不要替换他，因为他已经懂得怎样拿蜡烛了。"

军中的将士们知道此事后，无不感动佩服。按理说，侍卫拿蜡烛照明时不全神贯注，把统帅的头发烧了，本身就是失职，韩琦责备一句也是应该的，即使不责备，挨烧时"哎呀"一声也难免。可他不但忍着疼没吱声，还怕侍卫受到鞭打责罚，极力替其开脱。他这种容忍比批评和责罚更能让士兵改正缺点、尽职尽责，而且韩琦统帅的是一个大部队，事情虽小，影响却大，上上下下都明白了这件事，谁不愿意为这样的统帅卖命呢？

可见，人遇事应该怀有一颗宽容之心，得饶人处且饶人。只有这样，才能赢得别人真心诚意的尊敬与合作，才能获得开启成功之门的钥匙。

在竞争中，一样也要宽以待人，不能把对手往死路上逼。想超越别人不是期望别人遇到障碍，甚至故意给别人设置障碍，而应该让自己更强大更优秀，且要真诚地去尊重对方。在竞争中能够做到宽容的人是品德高尚的人，人们自然会尊重他。正如比尔·盖茨所说："以宽容的态度对待失败者正是硅谷成功的关键之所在。"

但是，有人做事却没有分寸，只想着把对手往悬崖下逼，结果，先掉下悬崖的往往是自己。

古希腊神话里有这样一个传说：太阳神阿波罗的儿子法厄同驾起装饰豪华的太阳车横冲直撞，恣意驰骋。当他来到一处悬崖峭壁上时，恰好与月亮车相遇。月亮车正欲掉头退回时，法厄同倚仗太阳车辕粗力大的优势，一直逼到月亮车的尾部，不给对方留下一点回旋的余地。

正当法厄同看着难以自保的月亮车幸灾乐祸时，他自己的太阳车也走到了绝路上，连掉转车头的余地都没有了。向前进一步是危险，向后退一步是灾难，终于万般无奈地葬身火海。

法厄同之所以葬身火海，其原因就是他恣意妄为，做事太绝，不给别人留余地。

人生一世，千万不要使自己的思维和言行沿着某一固定的方向发展，而应在发展过程中冷静地认识、判断各种可能发生的事情，以便能有足够的回旋余地来采取机动的应对措施。

因此，做人一定要给对方留余地，这不仅能表现你的宽容，更为重要的是，给自己留一条后路。

留三分余地给别人，就是留三分余地给自己。留有余地，就不会把事情做绝，你便有回旋的余地，如果将来有什么事情发生，你就可以从容转身，使自己能够进退自如；不留余地好比棋的僵局，即使没有输，也无法再走下去了。

胸襟可以丈量世界

为人处世，首先应当提倡"豁达大度"的胸怀。豁达，即性格开朗；合起来就是说，我们在处理人际关系时，要气量宽宏，能够容人。

气量和容人，犹如器之容水，器量大则容水多，器量小则容水少，无器者则有水而不容。大度，即气量宏大。器漏则上注而下逝。

气量大的人，容人之量、容物之量也大，能和各种不同性格、不同脾气的人们处得来。能兼容并包，听得进批评自己的话。也能忍辱负重，经得起误会和委屈。

古语云："大度集群朋。"一个人若能有宽宏的度量，那么他的身边便会集结起大群的知心朋友。大度，表现为对人、对友能"求同存异"，不以自己的特殊个性或癖好待人，唯以事业上的志同道合为交友基础。大度，也表现为能听得进各种不同意见，尤其能认真听取相反的意见。大度，还要能容忍朋友的过失，尤其是当朋友对自己犯有过失时，能不计前嫌，一如既往。大度，更应表现为能够虚心接受批评，一经发现自己的过失，便立即改正；和朋友发生矛盾时，能够主动检查自己，而不文过饰非，推诿责任。大度者，能够关心人，帮助人，体贴人，责己严，待人宽。

气量大，还表现为在小事上不顶真，不为小事斤斤计较、耿耿于怀。人生在世，谁都会碰到这样或那样的使人不快的小摩擦、小冲突。别人触犯了自己，就犯颜动怒，或者记下一笔，"秋后算账"，这样只会把自己孤立起来。"私怨宜解不宜结"，在处理朋友关系时，尤其应当如此。"大事清楚，小事糊涂"，不计较小事，这是一种美德。如果朋友之间能够心地坦然，互相信赖，互相谅解，有了意见能及时交换，那么彼此之间即使有些成见也是不难消除的。有些青年相互之间容易结死疙瘩，就是因为心胸狭窄，气量狭小，爱纠缠小事，时间长了，意见变成见，怨气变成怨恨，感情上就会格格不入转而反目成仇。在小事上宽大为怀，不会使你蒙受损失，只会使你受人敬佩。西汉时的韩信，在年轻潦倒之时，曾有人逼他从胯下钻过去，实在是够欺人的。后来韩信被刘邦拜为大将，不但没有杀这个人，反而赏之以金，委之以官，使其大受感动，不仅消除了私怨，最后还成了舍命保护韩信的勇士。韩信这种"以德报怨"的方法，比起有些青年一旦感到被欺负就"针锋相对""以牙还牙"的做法来，实在要高明得多。

一个人的气量是大是小，在心平气和时较难鉴别，而当与他人发生矛盾和争执时，就容易看清楚了。气量宽宏的人，不把小矛盾放在心上，不计较别人的态度，待人随和。而气量狭小的人，则往往偏要占个上风，讨点便宜。还有的人在和别人的争论中，当自己处于正确的一方，成为胜利者的时候，则心情舒坦，较为愿意谅解对方；但当自己处于错误的一方，成为失败者的时候，则往往容易恼羞成怒，对人家耿耿于怀，这也是气量小的一种表现。朋友之间的争论是常有的,一个真正豁达大度的人,不应该因为别人和自己争论问题而对人家耿耿于怀,更不应该因为别人驳倒了自己的意见而恼羞成怒。

宽宏的度量,往往包含在谅解之中。要想遇到不顺心的事而不发脾气,就必须养成能够原谅他人的缺点和过失的习惯。待人接物,不能过于苛求,"水至清则无鱼,人至察则无徒",对别人过于苛求,往往使自己跟别人合不来。社会是由各式各样的人组成的,有讲道理的,也有不讲道理的,有懂事多的,也有懂事少的,有修养深的,也有修养浅的,我们总不能要求别人讲话办事都符合自己的标准和要求。真正的豁达大度者,当那些懂事较少、度量较小、修养较浅的人做了得罪自己的事情时,能够宽容他们,谅解他们,不和他们一般见识。从这个意义上说,那些最豁达、最能宽容人的人,乃是最善于谅解人、最通达世事人情的人。

豁达的度量,从根本上说是来自一个人宽广的胸怀。一个人倘若没有远大的生活理想和目标,其心胸必然狭窄,就像马克思所形容的那样:愚蠢庸俗、斤斤计较、贪图私利的人,总是看到自以为吃亏的事情。比如,一个毫无教养的人常常只是因为一个过路人看了他几眼,就把这个人看作世界上最可恶和最卑鄙的坏蛋。

眼睛只盯着自己的私利,根本不可能有豁达和宽容的胸怀和度量。"心底无私天地宽",只有从个人私利的小圈子中解放出来,心里经常装着更远、更大目标的人,才能具备宽广的胸怀,领略到海阔天空的精神境界。

胸怀助你赢得世界

我们说心就像一个人的翅膀，心有多大，世界就有多大。但如果不能打碎心中的四壁，你的翅膀就舒展不开，即使给你一片大海，你也找不到自由的感觉。

有一条鱼在很小的时候被捕上了岸，渔人看它太小，而且很美丽，便把它当成礼物送给了女儿。小女孩把它放在一个鱼缸里养了起来，每天这条鱼游来游去总会碰到鱼缸的内壁，心里便有一种不愉快的感觉。

后来鱼越长越大，在鱼缸里转身都困难了，女孩便给它换了更大的鱼缸，它又可以游来游去了。可是每次碰到鱼缸的内壁，它畅快的心情便会黯淡下来，它有些讨厌这种原地转圈的生活了，索性静静地悬浮在水中，不游也不动，甚至连食物也不怎么吃了。女孩看它很可怜，便把它放回了大海。

它在海中不停地游着，心中却一直快乐不起来。一天它遇见了另一条鱼，那条鱼问它："你看起来好像闷闷不乐啊！"它叹了口气说："啊，这个鱼缸太大了，我怎么也游不到它的边！"

我们是不是就像那条鱼呢？在鱼缸中待久了，心也变得像鱼缸一样小了，不敢有所突破。即使有一天，到了一个更为广阔的空间，已变得狭小的心反倒无所适从了。

打开自己，需要开放自己的胸怀。

开放，是一种心态、一种个性、一种气度、一种修养；是能正确地对待自己、他人、社会和周围的一切；是对自己的专业和周围的世界都怀有强烈的兴趣，喜欢钻研和探索；是热爱创新，不墨守成规，不故步自封，不固执僵化；是乐于和别人分享快乐，并能抚慰别人的痛苦与哀伤；是谦虚，承认自己的不足，并能愉快地接受他人的意见，而且非常喜欢和别人交流；是乐于承担责任和接受挑战；是具有极强的适应性，乐意接受新的思想和新的经验，能够迅速适应新的环境；是开阔的心胸，敢于面对任何的否定和挫折，不畏惧失败。

不打开自己，一个人就不可能学会新东西，更不可能进步和成长。开放的胸怀，是学习的前提，是沟通的基础，是提升自我的起点。在一个组织里，最成功的人就是拥有开放胸怀的人，他们进步最快，人缘最好，也容易获得成功的机会。

具有开阔胸怀的人，会主动听取别人的意见，改进自己的工作。比尔·盖茨经常对公司的员工说："客户的批评比赚钱更重要。从客户的批评中，我们可以更好地汲取失败的教训，将它转化为成功的动力。"比尔·盖茨本人就是一个心态非常开放的人，他鼓励公司里每个人畅所欲言，当别人和他有不同意见时，他会很虚心地去听。每次公开演讲之后，他都会问同事哪里讲得好，哪里讲得不好，下次应该怎样改进。这就是世界首富的作风，也是他之所以能成为首富的潜质。

开放的心自由自在，可以飞得又高又远；而封闭的心像一潭死水，永远没有机会进步。如果你的心过于封闭，不能接纳别人的建议，就等于锁上了一扇门，禁锢了你的心灵。要知道褊狭就像一把利刃，会切断许多机会及沟通的通道。

花草因为有土壤和养分才会茁壮成长、绽放美丽，人的心灵也必须不断接受新思想的洗礼和浇灌，否则智慧就会因为缺乏营养而枯萎死亡。

第二章 包容忍让，吃亏是福

以隐忍的态度做人

一天，一位业务员到一家公司去拜访，秘书把他的名片交给董事长，一如预期，董事长厌烦地把名片丢回去。很无奈地，秘书把名片退回站立在门外尴尬的业务员，业务员再把名片递给秘书："没关系，我下次再来拜访，所以还是请董事长留下名片。"拗不过业务员的坚持，秘书硬着头皮，再进办公室，董事长火大了，将名片一撕两半，丢回给秘书。秘书不知所措地愣在当场，董事长更气，从口袋拿出10块钱："10块钱买他一张名片，够了吧！"岂知当秘书递还给业务员名片与钱后，业务员很开心地高声说："请你跟董事长说，10块钱可以买两张我的名片，我还欠他一张。"随即再掏出一张名片交给秘书。突然，办公室里传来一阵大笑，董事长走了出来："这样的业务员不跟他谈生意，我还找谁谈？"

这位业务员不愧是有实力的销售人员，他深知董事长脾气，隐而不发，等待时机，终于以"忍"赢得了董事长的青睐。试想，如果没有足够的忍耐性，当遭到拒绝时就一走了之，这桩生意怎能做成？

人的胸襟有多大，成就就有多大。能忍受挫折和失败，忍受误解与非议，忍受各种苦难与折磨的人日后必有回报，隐忍不是没志气，不是懦弱，而是求得更好的发展机会。隐忍做人，是一种包容的智慧，是一种等待时机的策略，是一种积蓄能量的大度睿智。韩信是位用起兵来"多多益善"的汉初名将，出身却很贫寒。一次，有位恶少看见韩信腰悬佩剑，气宇轩昂地走过来。就对他说："小子，别看你长得高大魁梧，且身带刀剑，其实是个懦夫，有种你拔剑刺我，否则就从我的裤裆下爬过去。"韩信犹豫片刻就俯下身，在街坊邻居的哄笑声中爬了过去。后来韩信被封楚王衣锦还乡，找到了那位曾经侮辱过他的恶少，不但没有报复他还封给他一个小官。韩信事后解释说："当年他羞辱我，我本可以杀他，但是杀之无名，不值得，隐忍下来，发愤图强，乃有今日，我应该感激他。"这就是韩信"胯下之耻"的故事。

　　隐忍、克制，是做人的一种态度，是成功所必备的德行。一个善于控制的人，往往有较高的工作成绩和良好的人际关系。一个活得快乐自在的人，通常能够驾驭自己的心态。在我们的周围，克制的品质每时每刻都在发生着效应。隐忍、克制并不是懦弱、胆怯的遁词，它是心怀远大的自我克制，是驰骋人生旅途的必备素质，是人的修养、内涵的体现，是使人镇定自若、游刃有余的胆魄。中国历代名人忍辱负重、谦卑为怀的故事俯拾即是，我们常说"小不忍则乱大谋"，可见"忍"是有谋而忍、按谋而忍，而不是随随便便的"忍"。中国的太极拳，看似温顺柔软，但绵里藏针，以柔克刚，杀伤无形。

　　"宠辱不惊，闲看庭前花开花落；去留无意，漫观天外云卷云舒"，当心态有了谦让平和状态而又不失进取的精神，我们才能在纷扰的生活中左右逢源，游刃有余，才能达到至高的人生境界——知足与超脱、达观与豁达。

要想成大事，必须暂时忍小痛，但是忍不是一味地忍，还要寻找时机，相机而动。不该忍的也忍，这是做人的懦弱之处；该忍的不忍，这是做人的鲁莽。要在忍中观察机会，找到最合适的切入点再动，才会达到成功的目的。

吃亏是一种智慧

在我公司的写字楼下面有一个小鞋匠，每天早上准时八点出摊，一年到头在寒风或酷暑中惨淡地经营着自己的修鞋摊，但他对顾客总是报以最灿烂的微笑。

一天，我的同事给了我一张卡片，卡片如名片般大小，正面写着小皮匠鞋业优惠卡，反面印着的是三十一个空格，仿佛日历一般。同事说，这是一张优惠卡，凭此卡可去楼下鞋匠处免费擦一次鞋。

中午的时候，我来到小鞋匠的鞋摊旁，一看早有人在此排队，原来都是冲着这个优惠卡来的。当问他为什么一下子发这么多卡，那么你这几天不是白忙了的时候，他笑着说："这才不是白忙呢，我是在找所谓的潜在客户啊。你们现在不都成了我潜在的客户吗？"

下班的时候，一个女孩子穿着一双长靴，又拎了两双鞋过来。小鞋匠接过后，扫灰、上油、抛光，丝毫都不马虎。看着这几双鞋在他手下渐渐变得光亮，也着实为他有这样好的生意而高兴。谁知，女孩一下子掏出了三张所谓的优惠卡，小鞋匠边用笔勾边说："以后最好赶在我不是很忙的时候拿来，这样，就可以不用耽误别人的时间。"

女孩走后，小鞋匠对我说，她的那几张卡片是假的，我一共只给写字楼里发了十张优惠卡，我都编着号呢。听后，我问他为什么不戳穿。他说，何必呢，既然别人来了，我又何苦让她难堪。再说，我这人做的是长久生意，也不想为了这几块钱而和别人发生矛盾，吃亏是福。

吃亏是福，听了他的一番话，的确让我有了少许感悟。身处职场的我们，有时为了一个客户，为了一笔订单，这些所谓的办公室白领，你争我斗，甚至不惜一切代价将对手打倒，那份包容以及真诚待人的本质，也都随之而不复存在。吃亏是福，那是"傻子"才做的事。然而，我们可能真的无法体会吃亏是福，这种吃亏，其实就是一种包容的智慧，一种博大的胸怀和真诚的态度。

在美国一个市场里，有个中国妇人的摊位生意特别好，引起其他摊贩的嫉妒，大家常有意无意地把垃圾扫到她的店门前。

这个中国妇人只是宽厚地笑笑，不予计较，反而把垃圾都清扫到自己的角落。旁边的墨西哥妇人观察了她几天，忍不住问道："大家都把垃圾扫到你这里来，你为什么不生气？"

中国妇人笑着说："我门口的垃圾越多就代表我的生意越好。现在每天都有人送钱到我这里，我怎么舍得拒绝呢？你看我的生意不是越来越好吗？"

从此以后，这些垃圾就不再出现了。

包容不是迁就，也不是软弱，而是一种充满智慧的处世之道。中国妇人包容了别人，也为自己创造了一个融洽的人际环境。

吃亏是福，是以一种豁达的心态接受一切。这听起来好像是弱者的自我安慰，可实际上，这句话渗透着糊涂处世的大智慧。

一个有作为的人，都是在不断地吃亏中成长起来，从而变得更加聪慧和睿智！乐于吃亏是一种境界，是一种自律和大度，人格上的升华。在物质利益上，不是锱铢必较，而是宽宏大度；在名誉面前，不先声夺人，而先人后己；在人际交往中，不唯我独尊，而尊重他人！

一般的人不吃亏，聪明的人甘于吃亏，比聪明的人更聪明的人乐于吃亏。把吃亏当作一种福气，是一个人思想的最高境界。能修炼到这样一种境界，也是人生趋向完美的过程。这种伟大的境界并不仅仅表现在轰轰烈烈伟大的事情上，很多的情况下，日常的、平凡的、琐碎的小事，更能体现出这种伟大品格的存在。

吃亏是一种智慧，是大智若愚。聪明的人从"吃亏"中学到智慧，悟透人生；抱怨的人从"吃亏"中产生怨恨，敌对人生。但愿每个人都是那个聪明的人。

"退步"是做人的哲学

有一天，大作家歌德去公园里散步，迎面走来了一个曾对他的作品提出过尖锐批评的批评家，这个批评家站在歌德面前高声喊道："我从来不给傻子让路！"歌德却答道："而我正相反！"一边说，一边满面笑容地让在一旁。歌德的幽默和"退一步"的做人哲学避免了一场无谓的争吵，同时也消除了自己的恼怒。从某种意义上说，它既为自己摆脱了尴尬、难堪的局面，顺势下台，同时又显示出自己的心胸和气量。

在社会生活中,"退一步"的力量往往大得惊人,有时它比进十步百步都显得更加强大。俗话说:"退一步海阔天空,"说的就是这个道理。

人与人相处,退一步尤为重要。它不仅仅是对彼此的理解、彼此的关爱、彼此的包容,也是一种对自己的爱护。

清朝时期,流传着一个"六尺巷"的故事。据说当朝的宰相张英和姓叶的一位侍郎都是安徽桐城人,他们的祖居毗邻。一年他们的家人都要起房造屋,为争地皮发生了争执。于是,张老夫人便修书北京,想要张英出面干预。宰相看完了来信,马上作诗劝导老夫人:"千里家书只为墙,再让三尺又何妨?万里长城今犹在,不见当年秦始皇。"张母见书明理,马上把墙主动退后了三尺;叶家见到这样的情景,深感惭愧,也把墙让后三尺。这样,张、叶两家的院墙之间就形成了六尺宽的巷道,成了有名的"六尺巷"。很多时候事情就是这样:争一争,行不通;让一让,六尺巷。古代开明之士可以这样,现代人之间处理小是小非,应该比古人更高一等。

俗语说:"退一步,海阔天空;进一步,粉身碎骨。"所以,退一步的人生,都蕴含着无限微妙的道理。"退让一步是人生",有时"退步"(退让)的真正目的是向前,而世间确有不少人不懂得"退一步"的哲理。

在古代有这样一个故事:某家来了客人,父亲便叫儿子上街准备菜肴以供食用。儿子出去许久未归,父亲就亲自前往街头探个究竟。出乎意料的是儿子与一人面对面站桥中间,眼睛互瞪,双手叉腰，谁也不肯退让。父亲目睹此景，叫儿子先回，自己竟接替儿子与那人继续对峙。

如此不肯退让一步，结局可想而知。如果事事能退一步，能够转念"你有理，我有过失"，在前进时采取后退的姿态，以谦让的方式向前，就更加完美了。若如此，世界一定更为宽广，待人处世也更加圆润无碍了。

在分秒必争、名利挂帅的时代，常有人把谦卑看作消极，退让当成胆怯；即使有修养的民众，也只是把谦卑与退让当成一种品德修养来看待。然而禅师的千古名句"低头便见水中天""退让原来是向前"透露出的却是谦卑能更高、退让能更远的智慧。

人与人相处，难免发生摩擦，若能开阔心胸，谦让容忍，退让一步，将使紧张关系转为和睦。尤其与邻人相处，更应相忍为和、相互扶持，共同建立温馨安详的居住环境，毕竟远亲不如近邻。故待人能谦退礼让，定能赢得彼此的尊重。因此，退让或设身处地为人，常使人生道路变得海阔天空。能够在功名富贵之前退让一步，是何等的安然自在！

退一步吧，在世俗的生活中，保持这样的余地，不至于使他人窘迫，也不至于使自己窘迫。在人与人的交往中保持着这样的心胸，对于任何人而言，都具有难于言表的力量，因为你包容了他，或许某一天他就会包容你的某一过错。

有理也要让三分

在一个茶馆里。"服务员！你过来！你过来！"一位顾客高声喊，指着面前的杯子，满脸生气地说："看看！你们的牛奶是坏的，把我一杯红茶都糟蹋了！"

"真对不起！"服务员一边赔着不是，一边微笑着说，"我立即给你换一下。"

新红茶很快就准备好了，碟子和杯子跟以前的一模一样，放着新鲜的柠檬和牛奶。服务员轻轻放在顾客面前，又轻声地说："我是不是能建议您，如果放柠檬就不要放牛奶，因为有时候柠檬酸会造成牛奶结块。"

那位顾客的脸一下子红了，匆匆喝完茶，走出了茶馆。

其他的顾客笑问服务员："明明是他没理，你为什么不直说他呢？他那么粗鲁地叫你，你为什么不还以颜色？"

"正是因为他粗鲁，所以要用婉转的方式对待；正因为道理一说就明白，所以用不着大声。"服务员说，"理不直的人，常用气壮来压人；理直的人，要用气和来交朋友！"

服务员"有理"还让着"无理"的顾客，这似乎不合乎寻常的道理，但是正体现了服务员的包容与忍让、大度与豁达，"有理也要让三分"的职业素质。

讲理是天经地义的事情，只有以理服人才能让人接受。所以大家都讲理是一种前提，但有理也应该学会让人，在不是很原则的问题上，批评应该委婉，应该能让人容易接受，达到一种双赢的效果。

在现实生活中，有不少冲突都是由于一方或双方纠缠不清或得理不饶人，一定要小事大闹，争个胜负，结果矛盾越闹越大，事情越搞越僵。这时应该学学"难得糊涂"的心态，在这些小事上，没有必要那么清楚明白，注意自己的言行，不妨糊涂一下，得理也要让三分，用包容之心待人。所以说，"得理让人"不失为一种成功的处世方式。

但是，我们经常遇见一些人为一些鸡毛蒜皮的小事争得面红耳赤，谁都不肯甘拜下风，以致大打出手。事后静下心来想想，当时若能忍让三分，自会风平浪静，大事化小、小事化了。事实上，越是有理的人，如果表现得越谦让，越能显示出他胸襟坦荡、富有修养，反而更能得到他人的钦佩。就像茶馆里的服务员那样，即使自己有理，也应让别人三分。其实，有些时候给他人让出了台阶，也是为自己攒下了人情，留下一条后路。

当我们遇到冲突纠葛的时候，如果得理不饶人，必将激发更大的矛盾，于人于己都不利；相反，如果凡事都忍让一点，多一句不如少一句，不仅能消解彼此矛盾，还能赢得他人更多的尊重。正所谓"退一步前程更大，让三分道路更宽"！

包容忍让可以制怒

美国拳王乔·路易在拳坛所向无敌。有一次，他和朋友一起开车出游，途中，因前方出现异常情况，他不得不紧急刹车。不料后面的车因尾随太紧，两辆车有了一点轻微碰撞。后面的司机怒气冲冲地跳下车来，嫌他刹车太急，继而又大骂乔·路易驾驶技术有问题，并挥动双拳，大有想把对方打个稀巴烂的架势。乔·路易自始至终除了道歉的话外再无一语，直到那个司机骂得没趣了，扬长而去。乔·路易的朋友事后不解地问他："那人如此无理取闹，你为什么不好好揍他一顿？"乔·路易听后认真地说："如果有人侮辱了帕瓦罗蒂，帕瓦罗蒂是否应为对方高歌一曲呢？"

我们不得不佩服乔·路易在别人那么无理取闹仍然冷静以对，不愠不火，包容忍让。其实以他的实力，只需不重的一拳，就可以给那个蛮不讲理的人一个深刻的教训，而他并没有这样做，只是一个劲地道歉，以包容忍让的人格力量去感化对方。俗语说，退一步海阔天空。能够忍让别人的无理举动而不动怒气，实在是一种难能可贵的精神。

怒，是人从心理到生理的情绪反应。人在发怒时表现为情绪激动、精神紧张，很快进入"应激状态"。此刻，人绷紧了每一根神经，调动了身体里的能量储备，而集聚成怒火。一般来说，急性格的人更易发怒。在沉不住气的情况下，常常失去理智，说出不该说的话，做出不该做的事，除伤人感情外，还会给事业造成危害。所以我们应加强自身修养，包容忍让，遇事能够克己制怒。

生活在纷纭繁复的世界里，难免都会常常遇到一些令人恼怒的事。小则令人发火生气，大则惹人动怒。这种情绪每个人都会有，关键在于我们怎么去控制它。控制好了凡事都会一了百了，控制不好，后果将会难以预料。

楚汉相争时，项羽吩咐大将曹咎坚守城皋，不可出战，只要能阻住刘邦半月，便是有功。项羽走后，刘邦、张良使了个"骂城计"，派兵进抵城下，指名辱骂，画着漫画，污辱曹咎。曹咎怒从心起，沉不住气了，立即带领人马，杀出城门。汉军早已埋伏停当，待楚军出城，霎时山摇地动，杀得曹咎全军覆没。

这是因为没有控制住个人的怒气而导致的悲剧。其实几乎每个人在一生中都会或多或少地有过令你生气的事情。

如果采用发怒的方式来处理问题，只会将问题弄得更加复杂，也无助于问题的解决。

怒，一般是短时间的生理反应。因此，莎士比亚把怒比为"激情的爆炸"。制怒的关键在于克制情绪，延缓时间。如果把事情搁一搁，拖一拖，忍一忍，熬过怒火刚起的最初几分钟，激情就不会爆炸，这样就会使怒慢慢平息下来。

一般说来，人际交往中所发生的各种矛盾，双方都有一定的责任，双方当事人都应从自己方面找找原因，尽量少指责对方。忍让实际上就是让时间、让事实来表白自己；制怒实际上就是当事人在处理矛盾时采取了所谓"冷处理"的态度；包容实际上就是给对方一个悔过表白自己的机会。这种让时间、事实、机会"表白"的冷处理，由于气氛的宁静，态度的温和，情绪的坦然，已经在很大程度上淡化了矛盾。可见，包容忍让，是制怒的法宝，是制怒的有力武器。它是一种理智、度量、眼光、力量的综合体现，是一个人雄才大略、胸怀宽广的表现。

人生不过几十年的时光，与其满怀怨恨度过一生，倒不如凡事想得开一点，看得淡一点。当你面临使你发怒的事时，让这些怨气在心中消除，你就会活出另一番人生的境界。

壶小易热，量小易怒。对人不斤斤计较，不打击报复，当你学会包容时，爱发脾气的毛病也就随着那些不愉快的情绪自行消失了。人非圣贤，孰能无过，过而能改，善莫大焉。任何人都有其可取的一面，应学会用宽广的胸怀去包容，以积极的心态去面对。当你准备想方设法去解决时，你就不会有时间去一味愤怒了。

吃亏忍让能趋利避害

明朝时期，苏州城里有一位老翁姓刘，他在城里开了间典当铺，生意倒是红火。

有一年年关，刘老翁在里间屋盘账，忽然听见外面柜台有争吵声，就赶忙走了出来。原来是一个附近的穷邻居王老头正在与伙计争吵。挨了骂的伙计上前对刘老翁说："他将衣服压了钱，今天空手来取，不给，他就破口大骂，有这样不讲理的吗？"

弄清了事情的真相后，一向谨守"和气生财"的刘老翁先将伙计训斥一通，然后再好言向王老头赔不是。

可是王老头板着脸，一声不吭。于是刘老翁亲自过去请王老头到桌边坐下，语气恳切地对他说："老人家，我知道你的来意，过年了，总想有身体面点的衣服穿。这是小事一桩，大家是抬头不见低头见的熟人，什么事都好商量，何必与伙计一般见识呢？"

刘老翁不等王老头开口辩解，马上吩咐另一个伙计找出典物，共有衣物蚊帐四五件。刘老翁指着棉袄说："这件衣服抗寒不能少。"又指着道袍说："这件给你拜年用。其他东西现在不急用，可以留在这儿。"王老头似乎一点儿也不领情，拿起衣服，连个招呼都不打，就急匆匆地走了。

可是谁也没想到，当天夜里王老头竟然死在另一位开店的街坊家中。王老头的亲属乘机控告那位街坊逼死了王老头，与他打了好几年官司。最后，那位街坊被拖得筋疲力尽，花了一大笔银子才将此事摆平。

事情真相很快透露了出来，原来王老头因为负债累累，家产典当一空后走投无路，就预先服了毒，来到刘老翁的当铺吵闹寻事，想以死来敲诈钱财。没想到刘老翁一忍再忍，明显吃亏也不与他计较，王老头觉得坑这样的人良心有愧，只好赶快撤走，在毒性发作之前又选择了另外的一家。

事后，有人问刘老翁凭什么料到王老头会有以死进行讹诈的这一手，从而忍耐让步，避过了一场几乎难以躲过的灾祸。

刘老翁说："凡无理来挑衅的人，一定有原因。如果在小事上不忍耐，那么灾祸立刻就会来了。"人们听了这话很佩服刘老翁的见识。

吃亏送来福气，忍让带来平安。刘老翁为人和气，宽厚忍让，暂时的吃亏使他避免了一场祸害。所以在生活中，懂得吃亏的人才是真正的智者。对于生活中的争端，最好的做法是"大事化小，小事化了"。因为每个人生活中都会有不顺心的时候，但你能在这个时候尽量忍让，不惹事端，这是为人处世的大智慧。

曾经有人说过这么一段极富哲理的话："福祸俩字半边一样，半边不一样，就是说，俩字相互牵连着。所以说，凡遇好事的时候甭张狂，张狂过了头，后边就有祸事；凡遇到祸事的时候也甭乱套，忍着受着，哪怕咬着牙也得忍着受着，忍过了，受过了，好事跟着就来了。"

有这么一个故事：在1980年，一家邮票厂有一个工人受朋友之托买了10版第一轮的生肖猴票，钱是这个工人垫付的，一共64元。64元在当年来说不是个小数目，没想到那个朋友忽然说不要了。没办法，这个工人只能自认倒霉、忍气吞声，把10版猴票拿回家自己收藏了起来，谁知到了1991年邮票市价暴涨，猴票翻到了10万元一版，这位工人因亏得福，64元变成了100万元。

其实，学会吃亏，善于吃亏，乐于吃亏，这并不是一个人无能、无用、无知的表现。一般的人不吃亏，聪明的人甘于吃亏，比聪明的人更聪明的人乐于吃亏。把吃亏当作一种福气，是一个人思想的最高境界。能修炼到这样一种境界，也是人生趋向完美的过程。

而且，忍让是一种境界，是一种豁达和大度。面对纷繁复杂的人际关系，忍让是最好的超脱，和气待人，能忍自安。两好换一好，你不负他，他便不负你，你帮了别人，别人就会加倍帮助你。善待他人就是善待自己啊！

一个人只要愿意吃小亏、敢于吃小亏，不去事事占便宜、讨好处，日后必有大"便宜"可得，也必成"正果"。因此，要想"占大便宜"，就必须能够吃小亏，敢于吃小亏，这甚至可以说是一种规律。那种事事处处要占便宜的人、不愿吃亏的人，到头来反而会吃大亏。

亏己也能收获福

世间，有些人常生怕自己吃亏。因而他们总爱斤斤计较，处处较劲，即使是蝇头小利，也要与人争得面红耳赤，吵闹不休。他们若占了点别人的便宜，心里就会像吃了蜜一样格外舒服。

其实，做人是不能怕吃亏的，更不能损人利己。做人可贵之处，倒是乐于亏己。事实就是如此，自己主动吃点亏，往往能把棘手的事情做好，能把很难处理的问题解决得妥妥当当。

西汉时期，有一年过年前夕，皇帝一高兴，就下令赏赐每个大臣一头羊。羊有大有小，有肥有瘦。在分羊时，一位负责分羊的大臣犯了难，不知怎么分才能让大家满意。正当他束手无策时，一位大臣从人群中走了出来，说："这批羊很好分。"说完，他就牵了一只瘦羊，高高兴兴地回家了。众大臣见了，也都纷纷仿效他，不加挑别地牵了一头羊就走。摆在大臣面前的一道难题一下子就迎刃而解了。这位大臣既得到了众大臣尊敬，也得到了皇帝的器重。对于这位大臣来说，亏己不正是福吗？

亏己者，能让人们觉得他有度量而加以敬重。这样，亏己者的人际关系自然就比别人好。

当他遇到困难时，别人也乐于向他伸出援救之手；当他干事业时，别人也肯对他给予支持，给予帮助。他的事业自然就容易获得成功。毋庸置疑，能亏己者，大都是心胸宽阔者。而这些人呢，就比别人更能为国建功立业。有人说："一个人心胸有多大，他做成的事业就有多大。"诚哉斯言！只要我们留心一下历史和身边的人就不难发现，凡那些取得了巨大成就者，尤其是那些有杰出成就的人，无一不是胸怀宽广、能亏己的人。相反，再看看我们身边那些一生无所作为、无所建树的人，有哪一个不是心胸狭窄、爱计较、不肯亏己之辈？由此可见，亏己不是福吗？

中国人做人向来提倡"以忍为上""吃亏是福"，这是一种玄妙高深的处世哲学。常言道：识时务者为俊杰，并非专指那些纵横驰骋如入无人之境，冲锋陷阵无坚不摧的英雄，而应是那些看准时局，能屈能伸的处世者。

有首打油诗写道："占便宜处失便宜，吃得亏时天自知。但把此心存正直，不愁一世被人欺。"内心正直、胸怀雅量，才能包容万物，才能以美好、善良之心看待万物。

吃亏让你成为大赢家

做事有长远计划的人，不会只计较自己的得失，而是懂得在适当的时候舍弃。因为他们知道，有时候"吃亏"并不是一种灾难，只有在经历了一番舍弃以后，才能获得更多的收获。

英国哈利斯食品加工工业公司总经理麦克，有一次突然从化验室的报告单上发现，他们生产食品的配方中，起保鲜作用的添加剂有毒，虽然毒性不大，但长期服用对身体有害。如果不用添加剂，则又会影响食品的鲜度。

麦克考虑了一下，他认为应以诚对待顾客，于是他毅然把这一有损销量的事情告诉了每位顾客，随之又向社会宣布，防腐剂有毒，对身体有害。

他做出这样的举措之后，自己承受了很大的压力，食品销路锐减不说，所有从事食品加工的老板都联合起来，用一切手段向他反扑，指责他别有用心，打击别人，抬高自己，他们一起抵制麦克公司的产品，麦克公司一下子跌到了濒临倒闭的边缘。苦苦挣扎了4年之后，麦克的食品加工公司已经无以为继，但他的名声却家喻户晓。

这时候，政府站出来支持麦克了。哈利斯公司的产品又成了人们放心满意的热门货。哈利斯公司在很短时间内便恢复了元气，规模扩大了两倍。哈利斯食品加工公司一举成了英国食品加工业的"龙头"公司。

很多人认为吃亏是一种损失，自己想要的东西没有得到，或者本来应该拥有的没有获得，心里总会有一种失落的感觉。可是，如果你不舍弃自己的利益，成全别人，就不会得到更多别人的关心和支持。

深圳有一个农村来的没什么文化的妇女，起初给人当保姆，后来在街头摆小摊，卖一卷胶卷赚一角钱。她认死理，一卷胶卷永远只赚一角。后来她开了一家摄影器材店，门面越做越大，还是一卷胶卷赚一角；市场上一卷柯达胶卷卖23元，她卖16元1角，批发量大得惊人，深圳搞摄影的没有不知道她的。外地人的钱包落在她那儿了，她花了很多长途电话费才找到失主；有时候算错账多收了人家的钱，她心急火燎地找到人家还钱。听起来像傻子，可赚的钱不得了，在深圳，再牛气的摄影商，也得乖乖地去她那儿拿货。

在很多人眼里，这个深圳妇女总是做着吃亏的傻事，可是正是因为她的勇于吃亏，正是她对于别人的利益的成全，她才能吸引更多的顾客，才能让自己的生意越来越红火。所以说，吃亏并没有我们想象的那么可怕，有时候吃亏反而是一种福气。

吃亏是福，需要的是一种潇洒的生活态度，也需要一种做事的魄力。虽然有时候我们需要舍弃的东西并不多，可是能够将自己的东西和利益拱手相让的，还是需要一份勇气、一种风度、一种气量。

关键的时候敢于吃亏，这不仅体现我们大度的胸怀，同时也是做大事业的必要素质。把关键时候的亏吃得淋漓尽致，才是真正的赢家。

第三章 包容朋友，拓宽人脉

原谅朋友的无心之举

人在社会上生存，注定要和各种各样的人交往，人与人之间又存在着很大的差异，一个人的年龄、思想、性别、个性、喜好等等，决定了这个人的修养、涵养和处世态度。不可能每个人都和自己一样，也不可能每个人都能了解你、理解你。所以生活中不可能没有误解、矛盾及冲突，这时候需要你学会宽容。

宽容是一个有涵养的人最基本的道德基础，也是一个人卓识胸怀和人格力量的体现。宽容是一种心境，是一个随和的人的快乐之所在。世间并无绝对的好与坏，世间也并非所有的错误都是存心所为。一个人要有清浊并容的雅量，用一颗宽容的心去理解别人、原谅别人，才可能不为身外之物所累，心态才会长久地恬静愉悦。宽容是一种博大，博大的心不会患得患失，博大的心可以包容人世间所有的喜怒哀乐，博大的心能容下多少误解，便会赢得多少朋友。

古时候，有一位商人到远方的城镇去谈生意，他忽然想到朋友的生日就要到了，自己应该买个礼物带过去祝贺。他想送一幅具有深意的画当贺礼。商人觉得，他自己是个最有品位的人，送朋友礼物也不能太寒酸，那会显得自己太没档次了。最后想来想去，决定还是送朋友一幅画，因为这样既显得自己高雅，又不显得寒酸。于是，他去了那个城镇上最有名的一个画师那里。

商人进了门之后，看到一位穿戴整齐的老人坐在椅子上，便问："老板，我想画一幅画。"老人问："请问您要画什么样的画呢？"

"我想要一幅最有气质、最有深度的画，送给朋友当贺礼。"商人自豪地说着。

老人抬起头来，端详着面前这位穿戴华丽的人，问道："请问您觉得什么样的画是最有深度、最有气质的呢？"根本不懂画的商人被这样反问，一时语塞不知该答什么，便说："我有一位朋友，过几天就要过生日了，那么我送他一幅牡丹吧。"

老人笑着说："好啊，牡丹代表大富大贵，简单明了又有意义！"于是，就现场作了一幅牡丹的画，让商人带了回去。

商人参加了朋友的生日宴会，并当场将之前请老人画的那幅牡丹展示出来，所有人看了无不赞叹这幅画活灵活现。

当商人正觉得自己送的贺礼最有品位时，忽然有人惊讶地说："嘿，你看，这真是太晦气了，这幅牡丹画的最上面那朵，竟然没有画完整，不就代表着'富贵不全'吗？"

此时在场的所有客人都发现了，而且都觉得牡丹没有画全，的确有富贵不全的缺憾。最尴尬的就是那个商人了，只怪当初自己没好好检查这幅画，原本一番好意，却反而在众人面前出丑，而且又不能挽回面子了，真是倒霉。

但这时候，主人却站出来说话了，他深深地感谢了这位商人，大家都觉得莫名其妙，送了一幅这么糟糕的画，还要道谢！

主人说："各位都看到了，最上面的这朵牡丹花没有画完它该有的边缘。牡丹代表富贵，而我的富贵却是'无边'，他祝贺我'富贵无边'。"

真是太美妙了！众人听了无不觉得有道理，而且报以热烈的掌声，认为这真是一幅非常具有深意且完美的画作。

生活中有很多缺陷和不尽如人意的地方。如果你以宽广的心胸去面对，以豁达的目光去审视，生活就会变得美好许多。

宽容是人际交往中最重要的理念之一，如果别人能原谅错误，那你也能。除非宽容别人，否则你无法体会到爱。宽容别人带来的愉快本身是至高无上的。它使你认识到自己值得受到的宽容，也使你认识到没有宽容心的人是有缺陷的，是危险的。

一个人的心胸有多宽广，他就能赢得多少朋友。宽容有时候就是站在对方的立场，将心比心，关注对方的感受。付出宽容，你将收获无穷。宽容是一种无声的教育。责人不如帮人，倘若对别人的错处一味挑剔，不但令人反感，起不到教育的效果，而且可能激起逆反心理，一错再错。唯有宽容的人，其信赖才更真实，更让人感动。虽然你不求回报，但是美好的品质总会在最后显露它的价值。

要取得别人的宽恕，你首先要宽恕别人。

那些不能谅解他人的人，其自身可能遭受身体、智力、情感，甚至精神上的伤害。当一个人不再背着拒不宽恕的包袱时，他的心境就会重新获得宁静，轻装前进。人的头脑是个十分奇妙的工具，它能将信息储存起来，以备日后查找。如果一个有关冒犯的（包括实际的和感觉到的）消极念头存在着，改变这一心理印象的能力也就存在着。消极的记忆可以通过宽恕他人和宽恕自己而得到改变。

要想获得，就必须先给予；而最难得的，是那种不求回报的给予，因为它以爱和宽容为基础。与人为善，就是与自己为善，与别人过不去就是与自己过不去。宽恕伤害自己的人，是困难的，也是高贵的。每个人都不是一座孤岛，我们需要他人的爱心，他人也需要我们的帮助。倘若都只顾着自己，世界就会越来越冷酷无情。相反，如果大家都能互相宽容，把宽容当成自然，那么，世界会变得令人留恋。大家都有一颗心，都能感知到阳光，都能反射阳光的恩泽，如此，给予和感知的阳光将随时照亮所有人的生活。

只有宽容地对待他人，你才可以获取一个放松、自在的人生，才能生活在欢乐与友爱之中。

"天称其高，以无不覆；地称其广，以无不载；日月称其明者，以无不照；江河称其大者，以无不容。"一个人有了宽大的胸怀，有了可以容纳万物的心，才能够成就一番事业，才能够快乐而幸福地生活。宽容的友谊能够地久天长，宽容的爱情能够幸福美满，宽容的世界才能够和谐而美丽。

宽容朋友间无意造成的误会，就能使友谊的生命力延长；宽容别人在背后的无理中伤，能使人们友好相处；宽容他人的暂时失控，就能使自己与他人协调一致；宽容他人无心的冒犯，就能促使他人在以后的生活中自觉规范自己的行为；宽容别人的一时过失，就能使幸福生活长久持续。

走出狭小的天地

每个人要有容人之过的雅量，就是容许别人犯错误，也容许别人改正错误。要以平和的心态应对他人显露出来的缺点，不要斤斤计较，更不要耿耿于怀；甚至从此另眼看待对方，或一棍子打死，来个"一过定终身"。

世界上的人都是千差万别的，完全相同的人是不存在的。性格、爱好、观点、行为不一致的人在同一范围内生活相处，是很自然的。如果纯粹以个人的爱恨喜厌来选择交往的对象，那就只能生活在一个越来越狭窄的小天地。

你"以恶为仇，以厌为敌"，便会自觉不自觉地对你不喜欢的人做点小动作，给他小鞋穿。好坏自有公论，优劣也自有群众明察。结果是你的所作所为并不能将别人整垮，你自己倒是彻底地孤立于众人之外了。不但你所不喜欢的人与你隙缝愈深，而且周围其他人也会对你存有介意，况且，这个你不喜欢的人或许在某些方面对你有所帮助，但由于你的敌意，结果你失去了很多正常交往的朋友。

要有容人之过的雅量，孰人无过呢？谁都可能犯错误，一般而论，可能比较容易。"容过"讲的则是这样一种"过"，它给自己带来了一定的损害，或在某种程度上与自己有关。

例如，朋友有了过错，能否以一种宽容的态度对待这种"过"，当然是衡量人素质的一个标准。"容过"是一种美德，就是要压制或克服内心对于当事人的歧视，尽管自己心里并不痛快，感到懊丧，但却应该设身处地地为当事人着想，考虑一下自己如果在这种场合下会如何做，做错了某事之后又有何种想法，当然，这里需要"容"的是当事人本人，对于具体的事情本身则应该讲清楚，该批评的必须批评。

和"小人"交往，并没有降低你的人格。或许你会觉得对于那些性格观点不一致的人，固然不应该以爱恶喜厌来处理同他的关系。但是，对于那些品质不太好，行为不太检点，因而令你看不惯和不喜欢的人来说，和他过不去又有什么好处呢？和他们交往岂不是降低了自己的人格？

就感情而言，这种人的确很令你憎恶和讨厌。但这并不等于，就要与他们为敌，更不应置之于死地而后快。只要他们不是讳疾忌医、不可救药的人，就应当尽力和他们沟通，满腔热情地接近他们、团结他们、感化他们、帮助他们。这并不是自贬人格，而恰恰是你具有高尚人格的明证。相反，要是别人一有错误和不足，就把人家往死里打，往坑里推，这不但会暴露出自己人格的低下，而且还显得心胸太过于狭窄。

非常可能会因为你和他有着相同的缺点，才显得你们双方格格不入。人一旦遇到和自己具有相同缺点的人，就会像物理上的共振一样，使双方不自觉地共同产生震动，即刻产生厌恶的感觉。

我们通常想与某人融洽相处却遭到失败时，首先就会丑化对方。欲以排除，倒不如先谦虚地自省，改正自己的缺点，或是拔除厌恶对方之感的根源，这才是最重要的。

要能够容忍别人的缺点，就是不要总去盯着别人的缺点，而是要多想想、多发现、多提及别人的闪光之处。要多鼓励而不是多打击，多表扬而不是要多批评，多容忍而不是要多排挤，多善意而不是要多诽谤。

很多人最常犯的错误就是苛求完美，其实，世界上没有十全十美的事，人也一样。所以，只有懂得容忍别人的缺点和不足，才能增添自己的人格魅力。做人要懂得包容，只有懂得包容的人才能成就一番业绩。

有这样一位年轻人，从农村考进大学。大学毕业后，他被分到了县城的一所高中当老师，是一位非常懂得包容并善于交朋友的人。

他的朋友中有位嗜酒如命，有酒必喝，酒后必醉。也正因为他的醉后失控，常常闹得家人整夜难安。因为这个缺点，很多以前的朋友每遇之，就如见蜂蝎，唯恐躲之不及。而只有这位老师，每次都能奉陪到底，并且尽力地阻止他酒后的一切不合理的行为，还能把他安全地送回家中。

在老师的朋友中，还有一个人的性格极其暴躁，语言也是极其的习钻刻薄。在朋友聚会时，不一定是谁的哪一句话，就会惹得他大发雷霆，甚至掀翻桌子、摔碎茶杯；或者突然说出几句刁钻刻薄的话，让某人丢尽颜面，无地自容，最终闹得大家不欢而散。后来，很多朋友都对他敬而远之。同样，只有这位老师依然同他保持着良好的友谊。

有些人对他很不理解，背后也常有微责之词。甚至有人说："能和那种人是好朋友，你身上也一定有那种人的不稳定因素。"但不管别人怎样理解，他总是说："每个人都有自己的个性，每个人身上都有着别人不喜欢的东西。但我们能成为朋友，那是因为我们身上都有各自喜欢的东西。何不多容忍一点！容忍我们所不喜欢的，珍惜我们喜欢的呢……"

就因为他的包容，他身边的朋友越来越多。每当社会上有什么新机会，每当他个人有什么重大举动，这些朋友都会积极围拢过来。有钱的出钱，有力的出力，有智谋的出谋划策，有社会活动能力的也不甘落后，使他的人生之路走得一帆风顺，他的生活也是五光十色。

包容朋友的缺点，正如习惯丑陋的面孔一样，施行起来并不像想象的那么难。

有句俗语说得好：人非圣贤，孰能无过。连圣人都会有过错，更何况我们这些平庸之辈呢。因此学会容忍朋友的缺点，是处理好与朋友关系的关键。

当然，我们在发现朋友的缺点时，若是真心地想帮别人改正的话，我们可以采取比较温和的态度。用较能让人接受的办法来帮别人改正，而不要在大庭广众之下，让人难堪，让人出洋相，这样好心反而办成坏事。

从身边的朋友开始储蓄人脉

金无足赤,人无完人,容不得别人的错误和短处,势必不能很好地与人相处。"鲍管之交"的故事就非常的耐人寻味,能够让我们学到很多东西。

春秋时期的鲍叔牙与管仲是好朋友。他们俩合伙做生意的时候,鲍叔牙本钱出得多,管仲出得少,在分配赚到的钱的时候,管仲总是会多拿,但是鲍叔牙并没有觉得管仲很自私。他认为管仲家里条件不太好,多拿一点也没有关系。

后来,管仲参了军,每次打仗都缩在最后面,撤退时又跑在最前面,别人都骂他是个胆小鬼,鲍叔牙出面制止别人的耻笑,说管仲之所以这样做,是因为他家里有老母亲需要他赡养。

管仲听了这些话,十分感动,说:"生我的是我的父母,而能真正了解我的却是鲍叔牙!"从此以后,他们俩结成了生死之交。

鲍叔牙把管仲推荐给齐桓公做大夫,辅助齐桓公完成了在争霸战争中的角逐,取得了胜利,管仲也因此载入史册,为后来的人们所熟知。管鲍之交的故事也流传到后世,而鲍叔牙就是对宽容豁达之人最好的诠释。我们可以想见,如果鲍叔牙也是斤斤计较,丝毫容不得管仲的缺点,管仲的才华就非常可能被埋没。

"海纳百川,有容乃大"。大海的广阔就在于它汇集了无数大大小小的川流,才变得如此旷达,而生命的海洋也只有包容了各种各样、深深浅浅的缘分,才会变得有内涵,只有懂得珍惜,懂得回报,懂得接纳,生命才会如想象般的烟花灿烂。

当今社会,人脉很重要,有了人脉,就代表着有机会、有能力,甚至有资金，做再难的事情也会变得容易。可以说人脉就是财脉，人脉就是命脉。失去了人脉，再有能力也无法施展自己。

森林里的食物越来越少了。为了能够更容易地捕获食物，狐狸和老虎结成了同盟。狐狸机智，负责引诱动物出来；老虎有力量，负责捕捉食物。两者结合在一起共同发挥作用。果然，它们很快就捕捉到了一份肥美的食物，并由老虎来实施分配方案。

老虎将食物分成三份，说："哥们儿，咱们合作得不错，现在开始分配。我拿第一份，因为我是百兽之王；第二份也应归我，因为这是我们合作我所应得的；至于第三份嘛，我们可以公平竞争。不过哥们儿，你得识时务，现在还是赶紧走吧，不然的话，你就成为我的第四份美味了。"老虎把狐狸赶跑了，但是以后它再也没有捕获到肥美的食物。

本来老虎与狐狸的合作是一件完美的、双赢的事情，因为老虎具有强大的实力，善于捕捉猎物；而狐狸机智多谋，善于引诱猎物。两者结合在一起就能形成互惠互利的局面。遗憾的是，老虎目光短浅，为了眼前的一点点小利，容不下狐狸，并把它赶走，最终自己也落得挨饿的下场。

其实，现实中类似这样的事情绝非少见。当利益摆到面前的时候，就只想到自己的利益，容不下别人，当初的许诺兑现不了，结果合作的优势丧失了。只有做到优势互补，才能将利益做到最大化，用流行的话来说，就是双赢。

清朝著名商人胡雪岩，他的经营范围很广，涉及钱庄、制药、军火、蚕丝等。他经营的药店庆余堂，曾经与北京的同仁堂齐名。

有一次，庆余堂的朋友也是店里的一个伙计，在进原料时，不小心把豹骨误作虎骨采购进来，数量极其巨大，如果全部销毁，损失必然十分巨大，新提拔的副手得知此事后，直接找到胡雪岩向他打小报告。胡雪岩立刻到库房查看，果然发现是豹骨，于是命令下属直接把豹骨全部销毁。由于损失巨大，负责进货的这个伙计很是惭愧，主动递交了辞呈。但这时胡雪岩却轻描淡写地说："忙中出错，在所难免，以后谨慎小心就是了。"

在平常人看来，胡雪岩未免过于大大咧咧，损失这样严重的一件事，如果不追究，岂不是太纵容犯错了吗？君不见有些公司，对员工的限制就极为严格。迟到5分钟就扣除四分之一的日工资，迟到10分钟就扣掉半天的工资，迟到半个小时，那你今天就算白干了。但胡雪岩何许人也，那是晚清名商，其思路自然与常人迥异，他的想法是：

第一，骂不回来损失，对没有利润的恨绝不买单。进错货的别说是朋友即便是一般员工本来就已经无地自容了，并且递上了辞呈。这时再大声责骂他，甚至把他工资扣掉把人开除，对已经造成的损失能挽回多少呢？

第二，做事出错难免，不出错的最好方式就是不做事。进庆余堂的人，都是严格筛选的，人品和职业道德肯定没问题。工作中出现差错，每个人都在所难免。损失已经造成了，如果再苦苦追究是谁的过错，只能让每个员工战战兢兢。甚至造成错误的认识：出错难免，不出错很好办，那就是永远不做事。

第三，犯错的员工会很感恩——给我一个饭碗，我会感激你一辈子。如果不追究出错责任，员工则会感恩涕零，以后会以用心做事来加倍回报。同时有了这次教训，下次肯定要谨慎再谨慎，不能有任何闪失。如果再出现这样的错误，甭说老板怎么样，自己都无法原谅自己。

第四，树立了自己高大光辉的领导形象——这样的东家真是打着灯笼也难找啊!

通过这一件事情树立了自己的宽仁对人的良好形象,使属下细心做事,大胆做事成为习惯,也就有了庆余堂的发展和创新。

第五,用有形的损失振奋了人心,这样的投资——值。利用一次损失,挽留誓死相随的人才,振奋药堂人的人心,等于拿一两黄金换了无价的珍宝。

胡雪岩经过了一番精打细算,得出了以上的结论,所以才轻描淡写地说出以后小心的话来。可见胡雪岩的精明不是吹出来的,由于他的精明,所以才有了富可敌国的财富。

要想拥有一个好的人脉,我们必须要先做到宽容。只有做到宽容别人,才能有更多的人愿意做你的朋友,更多的人愿意与你共处,使得你的人脉银行里的数字越来越大。

切不可揭朋友短

揭人疮疤者,最惹人恼。每个人的社会角色和地位不同,每个人都需要受到尊重。在为人处世时,有时是无意的,有时是因为一不小心犯了对方的忌讳。有心也好,无意也罢,在待人处世中揭人之短、戳人之痛都会伤害对方的自尊,轻则影响双方的感情,重则导致友谊的破裂。

有一个年轻的姑娘长得很胖,吃了不少的减肥药,但总也不见效。她心里很苦恼,也最怕有人说她胖。有一天,她的朋友小李对她说:"你吃了什么呀,像吹气儿似的,才几天工夫,又胖了一圈儿。"胖姑娘立马恼羞成怒:"我胖碍着你什么了?又不吃你的,不喝你的，真是狗拿耗子，多管闲事！"小李不由得闹了个大红脸。

在这里，小李明知对方的短处，却还要把话题往上扯，这自然就犯了对方的忌讳，不是自找麻烦吗？

有一个商人在街头看到儿时的朋友在做推销员，心中顿生怜悯。他走过去，把一百块钱丢进推销员的钱袋中，然后就走开了。没走几步，商人就听到后面有人叫他，他一回头，只见那个朋友，红着脸冲着他大声说道："你为什么无缘无故地给一个身体健康，而且还是个推销人员的人一百块钱呢？"商人转身回来从产品堆里拿了两件价值一百元的产品，说道："对不起，我忘了拿了，希望你不要介意。"他的朋友说："你我都是商人，我卖东西，而且是明码标价。你给我一百块钱，又为什么不拿东西呢？你是不是瞧不起我，认为我是一个值得同情的小商贩？"商人连忙说了几声"对不起"，然后就离开了。

这个商人的做法，无疑是伤了朋友的自尊心。众所周知，社会上那些有独立人格的人，都不可能接受别人善意的施舍或同情，虽然你尽量地表现出礼貌和无心，但在这些人看来，你还是伤了他们做人的自尊。

对于别人的缺点，你不要刻意地去强调，你应该报以宽容的心，去体谅别人，理解别人。

一天，苏轼来到王安石府中，恰巧王安石不在。苏轼就在书房里随便看看，见桌面上有首诗稿："西风昨夜过园林，吹落黄花遍地金。"苏轼立马提笔写道："秋花不比春花落，说与诗人仔细吟。"意思是说王安石弄错了，菊花是不会凋谢的。之后，苏轼在黄州任职的时候，亲眼见到了菊花落瓣，立刻认识到自己错改了王安石的"咏菊"诗，想向王安石赔罪，只是苦于找不到机会。

后来，苏轼忽然想起了王安石在他被贬黄州前提过的一件事，原来王安石嘱托他取瞿塘峡的江水。苏轼当时由于被贬，心中不服气，忘了这件事，现在想起来一定要办妥此事。不料由于车马劳顿，苏轼竟睡着了。醒来时问船公现在到哪儿了，船公说到了下峡，苏轼没办法，只得从下峡中取了水。

等见到了王安石，苏轼对改错诗句一事向王安石谢罪。王安石说："你没看过菊花落瓣，我不怪你。"然后两人就谈到了取水之事，苏轼说已经带到了，王安石赶紧叫人生火烧水煮茶，而茶色半晌才现。王安石就问："此水何处取来？"苏轼说是中峡的，王安石笑着说："又骗我了，这是下峡的水，怎么说是中峡的呢？"苏轼听后大惊，问何从知晓，王安石教育他说，读书人不可轻举妄动，凡事要寻根究底，并向他解释："上峡水性太急，下峡太缓，只有中峡缓急相宜。太医院宫乃明医，知老夫患中脘变症，故用中峡水引经。此水煮茶，上峡味浓，下峡味淡，中峡浓淡之间。今见茶色半晌方现，故知是下峡。"

苏轼心悦诚服，离席谢罪。王安石又安慰他说哪有什么罪，并指出是因为苏轼太过于聪明了，所以容易疏忽。此后，苏轼再也不敢自视清高，他虚心求教，细心钻研，终于成为我国文学史上著名的诗词大家。

王安石对苏轼做错了事，不但没有斥责他，反而中肯地劝说他，并且还指出苏轼是因为过于聪明、容易疏忽造成的。朋友有过错，这是很正常的事，就连圣人也有犯错的时候。所以，对待他人的过错，应该委婉地劝告，顾及对方的自尊心，即使他当时不明白不理解，事后回想起来，也会觉得你劝说的是对的。

在人们的交往中，你待人的态度，往往决定着别人对你的态度。就像你站在镜子前，你笑时，镜子里的人也笑；你皱眉时，镜子里的人也会皱眉；你对着镜子大喊大叫，镜子里的人也会冲你大喊大叫。所以，要获取他人的好感和尊重，首先就要尊重他人，不伤害到他人的自尊。

有宽容就有朋友

我们生活在这个世界上，是因为我们心存有爱，爱生活，爱亲友，爱朋友，爱事业，爱我们身边一切可爱的人和事物。因为有爱，这个世界才相容、并存、延续……因为有爱，人与人之间才会互相信赖，互相扶持，互相依存，互相帮助。

我们对朋友、对亲友、对同事的互相帮助，相互扶持关爱，都是一种无私的奉献，相反，自己也觉得在精神上、情感上乃至灵魂上是一种获取。俗话说："帮人等于帮自己，尊人也等于尊自己。"之所以这样说，也就体现了人类对完美生命价值的一种追求，一种体现！当然，我们在生活中总有许多不尽如人意的时候。遇到困难，要敢于面对；缺少经验，要积极努力去学习，在学习过程中不断充实，完善自我；犯了错误，敢于承认，纠正缺点和不足，使自己逐渐成熟起来。离开"烦恼"，端正心态，避开那些无休止的缠绕，勇敢地面对现实，在生活中不断磨炼自己的坚强意志，克服重重困难，力争做得最好。

驴和马这对好朋友各背着一大袋盐上山去。太阳就像一个火球，似乎要将它们的皮烤焦了。它们已经整整走了一天,可怜的驴背着盐包再也挪不动了。它向马求助:"你帮我驮一部分盐吧,我实在走不动了。再这样下去,恐怕我坚持不下来了。怎样,马兄,帮个忙吧?"

"我不愿意。"马直言拒绝,"我们的主人给我们分的很公平,你该背多少,我该背多少,我们心里都应该有数。"

可怜的驴不好再说什么,咬牙坚持着走下去,可是它还没有走到那山顶,就一头栽倒在地累死了。主人毫无表情地走上前去,把那个大盐袋整个从驴背上卸下来,全部放在了马的背上。

此刻,马背负着两个大盐袋,步履维艰,一步比一步吃力,后背好似断了一样,它边走边想:还不如刚才帮助一下自己的好朋友驴呢,要不然自己也不会像现在这样辛苦了……

世界上每个人都无法独自生存,因为人类是群居动物。既然人类选择了这种生活方式,那就要手拉着手,一起向前走。

人世间需要同情和友爱!有句话说得好:"一个篱笆三个桩,一个好汉三人帮。"所以,没有人不需要帮助,和不希望有人帮。生活中不能没有朋友,朋友间需要互相理解、宽容、扶持,有什么说什么,不能隐瞒自己的观点,不虚伪,不做作,更不能虚情假意。朋友必须是建立在彼此真诚之上,相互信任,无论在何时何地真诚和信任都是至关重要的。要交朋友,自己必须先要表现友善,以友善为本,必须从我们自身开始做起。朋友的感情是一点一滴积淀而成的,是日积月累堆砌起来的。所以说朋友不是找来的,应该说是通过长久的交往而来的。我们不奢求从朋友身上获取什么,只希望快乐同享,多一句问候,多一个祝福声。既然能与朋友相识相知,就是缘;把握住朋友,把握住缘,用多一份的真诚去换取多一份的信任。

要学会"宽容"与"忍耐",要扪心自问,做到对朋友对同事"宽容"与"忍耐"了吗？很惭愧，我做得不好！当然，不是每个人都会把你当朋友，你也不可能把任何人都当朋友，但是，人与人的交往需要以诚相待。也可能我现在还不是你的朋友，但是我试图把你当朋友看待，朋友之间需要彼此的理解与信任。即便是他对你说了不信任和有伤你自尊的话，你也应该学会"宽容"与"忍耐"。因为可能是你在某些方面做得不好，所以你要不断学习，那么伤你自尊的人总有一天会成为你的朋友的。当然，不是每个人都适合做你的朋友，重要的是，你要找到志同道合的、懂你的朋友。不要为了追求朋友的数量而放弃自己的要求,这就是人生得一知己难的道理。

人生的路是平坦的，但也是曲折的，纵然有万般不顺，选择逃避是解决不了问题的。豁达些，洒脱些，包容些，坦荡些，首先要无愧于自己，还要无愧于朋友。雨天总是会晴的，明天将是一个艳阳天。

包容成就永恒友情

朋友之间相处，也难免发生种种摩擦，甚至剧烈的冲突。宽容大度，不但利人，而且利己，这是一种两全其美的好事。若利用权力，对冒犯自己，或是曾经伤害过自己的人进行报复，自然暴露了自己气量狭小，属不智之举。宽容，的确是一种人生智慧。

在沛县微山湖畔有一个仅几十户农民组成的小村子，善良的乡亲们有着比湖水更清亮的拳拳之心。在这群民风淳朴的农民中，有两户人家让大伙羡慕。一家姓赵，一家姓肖。赵、肖两家世代有交情，在长长的岁月里走过了一程又一程平凡而又不平凡的日子。到了赵亮、肖正这一代，两家你来我往，很是和睦，要是谁家来了客人，一准会叫上对方陪客；就是平日里，若是谁家做点好吃的，准会端上一碗送给另一家。而且两家的田块紧挨着边,平日里一同日出而作、日落而息;到了农忙时节,更是你家帮我、我家帮你。

可谁也没想到,平静而幸福的日子,就因为一棵栽在庄稼地边的树被打破了。

18年前的春天,赵亮和妻子商量着栽些小树苗,给家里增加点收入。小两口在集市上精心挑选了上好的树苗栽在房前屋后,因地方有限,最后剩了一棵小树苗没地方栽,他俩认为与肖正家的关系不错,就将那棵树苗栽在了自家地与肖正家田块相连的地边。几天后,肖正发现了栽在自家地边上的小树后,认为小树枝繁叶茂时必会影响庄稼收成,他找到赵亮看能不能将这棵小树移走。赵亮认为自留地是自家的,栽树也无可非议。这次商谈两位好友不欢而散,从此,埋下了祸根。日子一天天过去,两家的冷战变成正面交火,一次,两家大打出手,两家都有人挂了彩。十多年来,两家闹着别扭。

最终赵亮同意补偿肖正250元钱,而肖正感慨地说,当年如有一人退后一步,哪还能闹18年别扭。是啊,如果当时他们两家都能忍一下,退一步的话,就不会出现这样的事情了。

经常会看到两辆车的驾驶员互不相让,为了小事争执不休,甚至头破血流。这些怒发冲冠的人中,或许有人连死也可以看破,弃功名富贵如敝屣,但为何一口闲气忍不下来?人的眼睛可以看尽高山、大海,甚至宇宙万物,为何唯独容不下一粒细沙?

遇到冲突能否退一步,关乎一个人的修养。退一步若不能建立在忍让和宽容的基础上,就未必海阔天空。唯有真正的宽容才使容忍成就美德。

宽容可以超越一切,因为宽容包含着人的心灵,因为宽容需要一颗博大的心。而缺乏宽容,将使个性从伟大坠落为平凡。

这是一个让人灵魂震撼的故事。第二次世界大战期间，一支部队在森林中与敌军相遇，经过一场激战，有两名来自同一个小镇的战士与部队失去了联系。他们俩相互鼓励，相互宽慰，在森林里艰难跋涉。十多天过去了，仍然没有与部队联系上。他们靠身上仅有的一点鹿肉维持生存。再经过一场激战，他们巧妙地避开了敌人。刚刚脱险，走在后面的战士竟然向走在前面的战士洛克开了枪。

子弹打在洛克的肩膀上。开枪的战士害怕得语无伦次，他抱着洛克泪流满面，嘴里一直念叨着自己母亲的名字，洛克碰到开枪的战士发热的枪管，什么都明白了，但是他怎么也不明白自己的战友为什么会向自己开枪。但当天晚上，洛克就宽容了他的战友。

后来他们都被部队救了出来。此后30年，洛克假装不知道此事，也从不提及。洛克后来在回忆起这件事时说：战争太残酷了，我知道向我开枪的就是我的战友，知道他是想独吞我身上的鹿肉，知道他想为了他的母亲而活下来。直到我陪他去祭奠他的母亲的那天，他跪下来求我原谅，我没有让他说下去，而且从心里真正宽容了他，我们又做了几十年的好朋友。

洛克在得知自己的战友对自己开了黑枪之后，完全可以将他置于死地，但洛克竟然从战争对人性的扭曲、人求生存求团圆的天性上原谅了他的战友，依然与曾经想杀害自己的人做了一生一世的朋友。他的宽容之心成就了他们之间永恒的友情。

第四章 心胸放宽，道路更广

不可有怨天尤人的心态

一只蝴蝶只顾嬉戏，撞在蛛网上。一只蜜蜂忙着采蜜，撞在蛛网上。它们挣扎了许久，被蛛丝越缠越紧，再也动弹不得。蝴蝶叹口气说："都怪讨厌的风，使我没法子掌握方向！"蜜蜂叹口气说："都怪那刺眼的阳光，使我没法子看清蛛网！"蜘蛛说："我这里的食物，都是自动送上来的。你们也一样，要怪只能怪自己。"

遇到挫折，无论怎样怨天尤人，最终都是徒劳无益的。那么我们也只能是怪自己没有选择好，因为任何时候只怪自己，始终是最明智、正确的生活态度。

小时候，每当我们不小心摔倒后，第一个念头就是找找看是什么东西绊了脚，我们总是怪别人乱放东西，实在找不到什么还可以怪路不平。尽管那样做对于疼痛的减轻并没有直接效果，但能找到一个可以责怪的对象多少算是一种安慰，可以证明自己没有责任。

长大后每当我们遇到挫折时，也总是不自觉找出许多客观原因来为自己开脱，实在找不到原因时就说自己的命不好。我们并不认为这样开脱自己其实是一种绝对的幼稚，因为我们总在想方设法地一次又一次欺骗自己。

有一个几年前就下海开公司的朋友近来可谓事事不顺，原本蒸蒸日上的事业突然间屡屡失败,公司里多年来一直忠心耿耿跟随他左右的两个业务副主管离开了他,跳槽到他竞争对手的公司去了。

在内外交困之际,这个朋友并没有认真、及时反省自己,反而一味地责怪过去的战友背叛了自己,因此沉湎于愤怒和伤心之中,不再相信别人,动不动就发脾气,结果是恶性循环,整个公司上下人心涣散,陷入了更大的困境。

其实公司经营上出现了问题,作为公司老总的他,理所当然首先就不可能推卸自己的失误,即使是别人背叛也首先是他用人不当。如果老是怪东怪西,把所有的过错归咎于他人,那么必将面对更大的危险。所幸的是这位朋友在家人的提醒下终于醒悟过来,开始承认自己过去各方面的失误之处,并客观总结因为自己的固执已经带来的失败和教训。

有位名人在他的墓志铭上刻着大致这样一段话:年轻的时候想改变整个世界,到中年的时候发现这是做不到的,就下决心要改变他周边地区的状况,到五六十岁的时候发现这也没有做到,就下决心只去改变自己的家庭,到七八十岁的时候,发现这还是很难做到,于是,他感悟到,一个人能够改变的只是他自己。

同样,那些困境和艰难不会在我们的怨声中改变,我们能够改变的是我们的心态和行为。

怨天尤人其实是一种懦弱,更是一种不成熟的表现,还掩盖了自己不能面对的现实,还留下了将来可能重蹈覆辙的隐患,而不客观地责怪他人还会衍生出新的矛盾。一个真正意义上的强者并不是一个一帆风顺的幸运儿,必然要经历各种痛苦和挑战,而战胜一切困难的人首先必须战胜自己,战胜自己的前提就是反省自身,只怪自己。

只怪自己是一种解脱。因为我们不肯认错无非是顾及自己的面子,不肯承认自己的失败,事实上这个世界上从来就没有常胜将军,所有自我的包袱和面子在勇敢地承认自己的失误之时就已经悄然放下了，他会因此变得轻松，所谓"吃一堑，长一智"，善于总结自己的人就会把失败的教训变成自己的财富。

只怪自己是一种力量，而习惯于责怪他人的人迟早招致怨恨。一个勇于律己的人无疑是高尚的，他会因此有包容整个世界的胸怀，让所有人钦佩其不凡的风度并乐于交往。

只怪自己是一种境界。其实就算别人真有可以谴责之处，过分地责怪也是于事无补的，生气更不能解决任何问题，而从自身检讨才是一个唯一可行的方法。在这个世界上最难以战胜的敌人其实就是自己，如果一个人已经到了只剩下自己这一个对手时，实际上他已经是天下无敌了。

减少怨恨能增加快乐

在日常生活中，人与人之间的相处，难免会有不愉快的事情发生：有的同事不小心说错了一句话伤害了你；有的同事无意中做了一件对不起你的事；有的同事抢了你的风头；面对繁重的工作、太大的压力下激发出过火的宣泄；上级因为你完成不了任务而大发脾气，严厉批评……

面对这些不快，我们该如何处理好呢？在心里存档，再在脑子里备份吗？当然不！我们应该：包容他人，宽恕他人；忘记怨恨，挥洒快乐。

东晋太元年间，有一个动不动就怨恨别人的年轻人，觉得生活很沉重，活着非常没有意思，经人指点就去见了东林寺的高僧慧远大师，以寻求解脱之法。

慧远大师给他一个篓子背在肩上，指着一条沙砾路说："你每走一步就捡一块石头放进去，看看有什么感觉。"年轻人照高僧说的去做了，高僧便到路的另一头等他。过了一会儿，那人走到了头，高僧问："有什么感觉？"年轻人说："越来越觉得沉重。"高僧说："这也就是你为什么感觉生活越来越沉重的原因。当我们来到这个世界上时，每人都背着一个空篓子，有的人每走一步都要从这个世界上捡一样东西放进去，所以才有了越走越累的感觉。如果你想过得轻松些，你就要学会舍弃一些不必要的负担。而你的怨恨是最大的负担，要想快乐，你必须学会忘记怨恨，抛弃怨恨的石头。"

在这里，忘记怨恨就是舍弃。人的心灵就像那个篓子，容量是有限的，如果不断地积攒怨恨，会慢慢变得不堪重负，更遑论快乐。只有清空心灵里面的怨恨，才能最大限度地获得生命中的自由与独立、阳光与快乐。

北宋名臣范仲淹，人们都知道他以"先天下之忧而忧，后天下之乐而乐"的胸襟而彪炳史册，但人们也许不知道，他还是个善于忘记怨恨的人。

在范仲淹任吏部员外郎的时候，宰相吕夷简执政，朝中的官员多出自他的门下。范仲淹上奏了一个《百官图》，按次序指明哪些人是正常提拔，哪些人是破格提拔；哪些人提拔是公，哪些人提拔是私。并建议：任免近臣，凡超越常规的，不应该完全交给宰相去处理。因此他被吕夷简"指为狂肆，斥于外"，贬为饶州（今江西上饶）知州。

康定元年（1040年），西夏王李元昊率兵入侵，范仲淹被任命为陕西经略安抚副使,负责防御西夏军务。这时,仁宗下谕让范仲淹不要再纠缠和吕夷简过去不愉快的事。范仲淹"顿首"谢曰:"臣向论盖国家事,于夷简无憾也。"他的意思是,我过去议论的都是国家大事,对夷简本人并没有什么怨恨。

吕夷简听说后,深感愧疚,连连说:"范公胸襟,胜我百倍!"

忘记仇恨就是包容。同事的批评、朋友的误解,过多的争辩和"反击"实不足取,唯有忍耐、谅解、包容最重要。

人活在世上,不可能没有爱恨,也不可能没有矛盾,但只要你好好想想,那个人值得你恨吗?那个人值得你爱吗?那个人值得你去怨吗?我只能告诉你,没必要浪费自己的宝贵时间去憎恨一个不值得的人。美国教育家布克·华盛顿说过这样一句话:"我不会让别人拖垮到让我憎恨他。"恨别人,恨一个不值得的人,是一种最愚蠢的事。

包容才能化解,化解才能忘记,忘记才会快乐。如果不能忘记,起码我们可以不去想。

珍惜自己的生活,珍惜自己的生命,享受自己的人生,过去的就让它永远地成为过去吧,希望总在未来,做人就快乐一点,让心自由地飞翔,忘记所有的痛与爱,做一个快乐的自己。

把挫折看作最佳机遇

人生在世,谁都会遇到挫折。我们应该在挫折中看到其中的积极意义。英国哲学家培根说过:"超越自然的奇迹大多是在对逆境的征服中出现的。"

适度的挫折,可以帮助我们驱走惰性,促使我们奋进,也可以是另一个成功的契机。只要我们保持健康乐观的心态，把心态放平一些，直面挫折，把握机遇，幸福往往会不期而遇。

1964年9月，静寂的斯德哥尔摩市郊，突然爆发出一声震耳欲聋的巨响，滚滚的浓烟霎时冲上天空，一股股火焰直往上蹿。仅仅几分钟时间，一场惨祸发生了。当惊恐的人们赶到现场时，只见原来屹立在这里的一座工厂只剩下残垣断壁。火堆旁边，站着一位30多岁的年轻人，突如其来的惨祸和过分的刺激，已使他面无人色，浑身不住地颤抖着……

这个大难不死的青年，就是后来闻名于世的弗莱德·诺贝尔。诺贝尔眼睁睁地看着自己所创建的硝化甘油炸药实验工厂化为灰烬。人们从瓦砾中找出了五具尸体，四人是他的亲密助手，而另一个是他在大学读书的弟弟。五具烧得焦烂的尸体，令人惨不忍睹。诺贝尔的母亲得知小儿子惨死的噩耗，悲痛欲绝，年迈的父亲因大受刺激而引起脑出血，从此半身瘫痪。

事情发生后，警察局立即封锁了爆炸现场，并严禁诺贝尔重建自己的工厂。人们像躲避瘟神一样地避开他，再也没有人愿意出租土地让他进行如此危险的实验。但是，困境并没有使诺贝尔退缩，几天以后，人们发现在远离市区的马拉仑湖上，出现了一只巨大的平底驳船，驳船上并没有装什么货物，而是装满了各种设备，一个年轻人正全神贯注地进行实验。毋庸置疑，他就是在爆炸中死里逃生，被当地居民赶走了的诺贝尔！

无畏的勇气往往令死神也望而却步。在令人心惊胆战的实验中，诺贝尔依然持之以恒地行动，他从没放弃过自己的梦想。皇天不负有心人，他终于发明了雷管。雷管的发明是爆炸学上的一项重大突破。随着当时许多欧洲国家工业化进程的加快，开矿山、修铁路、凿隧道、挖运河等都需要炸药。于是，人们又开始亲近诺贝尔了。他把实验室从船上搬迁到斯德哥尔摩附近的温尔维特，正式建立了第一座硝化甘油工厂。接着，他又在德国的汉堡等地建立了炸药公司。

一时间，诺贝尔的炸药成了抢手货，诺贝尔的财富与日俱增。然而，初试成功的诺贝尔，好像总是与灾难相伴。不幸的消息接连不断地传来。在旧金山，运载炸药的火车因震荡发生爆炸，火车被炸得七零八落；德国一家著名工厂因搬运硝化甘油时发生碰撞而爆炸，整个工厂和附近的民房变成了一片废墟；在巴拿马，一艘满载着硝化甘油的轮船，在大西洋的航行途中，因颠簸引起爆炸，整个轮船葬身大海……

一连串骇人听闻的消息，再次使人们对诺贝尔望而生畏，甚至把他当成瘟神和灾星。随着消息的广泛传播，他被全世界的人诅咒。诺贝尔又一次被人们抛弃了，不，应该说是全世界的人都把自己应该承担的那份灾难给了他一个人。

面对接踵而至的灾难和困境，诺贝尔没有一蹶不振，他身上所具有的毅力和恒心，使他对已选定的目标义无反顾，永不退缩。在奋斗的路上，他已经习惯了与死神朝夕相伴。

大无畏的勇气和矢志不渝的恒心最终激发了他心中的潜能，他最终征服了炸药，吓退了死神。诺贝尔赢得了巨大的成功，他一生共获专利发明权355项。他用自己的巨额财富创立的诺贝尔奖，被国际学术界视为一种崇高的荣誉。

挫折，是成功的朋友。成功的到来，大都伴随着挫折的来临。很多时候，挫折会先于成功而到来，一遍一遍，久久不愿离去。其实，经历挫折是为了让我们更好地珍惜那来之不易的成功。而成功本身，就是给那些在挫折中坚强不屈挺过来的人最好的奖赏。

我们每个人在生活中都会遇到各种挫折,而最好的对策就是正视它,并把它视为机遇。就如同在一年四季里,肯定有风雨交加的时候,要明白,只有狂风暴雨才能一洗大气中的尘埃,使空气变得清新。

这就是人生路,当你面对人生中的风风雨雨时,记得保持平和的心态,不要退缩。那么,包容的智慧便会结成金色的果实不请自到。

在不幸中获得新生

有这样一则寓言:

蝉的幼虫从它蛰居的土洞里爬出来,一身土黄色的硬壳紧紧地束缚着它娇小的躯体,有翅不能飞,有嘴不能唱,可怜巴巴的,只能默默地爬呀爬。

它笨拙地爬上一棵小树,六只足抓住一根细枝,一动也不动,仿佛一丸黄泥。

慢慢地,它的脊背上裂开一道缝儿,并逐渐增大、增大……露出一抹象牙般洁白的玉肌。蝉痛苦地颤抖着,扭动着,挣扎着,似乎有一把钢刀在剥皮剔骨。

裂缝越来越大,痛苦愈来愈剧,那可恶的硬壳力图窒息它,但蝉咬紧牙关,顽强地扭动着、挣扎着……终于,它用尽力气从旧躯壳中抽出最后一只足。

啊!自由啦!蝉如释重负,伸伸躯体,抖抖双翅,一只漂亮的蝉出现在树枝上。

它高兴地飞起来,舒展歌喉,惊喜地发出第一声长鸣:"知了!"

叫声惊醒了一只昏睡中的蜗牛,它从螺旋形的房子中探出头来:"你知道了什么?"

"谁不能从痛苦的不幸中挣脱出来,谁就不能获得新生!"

没错,人的一生不可能一帆风顺,每个人都或多或少地遭遇过不幸。面对不幸,你该怎样选择?是自怨自艾、一蹶不振,成为不幸的俘虏,还是坚定信念、奋力拼争,像蜕壳的蝉那样一飞冲天?相信每个人都选后者。但在现实中,如果你真的遭遇了不幸,你真的能够做一个生命的强者吗?四届美国总统罗斯福,就是一个不向命运低头的最好例子。

富兰克林·罗斯福是荷兰移民的后代,1882年1月出生于纽约州上流社会富有的特权阶层家庭。1904年他从哈佛大学毕业,并于此时开始形成自己的政治理想,希望毕业后能从事社会活动。他认识到法律能为从事社会活动奠定基础,又进入哥伦比亚大学学习法律。1907年进入一家著名的律师事务所当一名普通的书记员。当时一位同事回忆罗斯福:"工作之余闲聊时,他很坦率地说不会永远搞法律,一有机会他就要竞选公职,那才是他最想干的,而且他很想当总统,他认为自己真的有机会当总统。"1910年,罗斯福经人推荐当选为纽约州参议员。1920年罗斯福接受民主党副总统候选人提名,参加全国竞选。此次大选,民主党败于共和党之手。

竞选失利后,罗斯福决定离开政界做短暂的调整。他来到每年支付25000美元这一惊人工资数额的纽约商会工作,并于1921年夏天在缅因州的坎波贝洛岛和家人一起度假。度假期间,他在冰冷的海水里游泳后,忽然双腿麻痹,经诊断是脊髓灰质炎(俗称小儿麻痹症)。在当时的医疗条件下,39岁正值壮年的罗斯福永远瘫痪成了显而易见的事实。

患病之初，几乎所有的人都认为罗斯福的政治生涯结束了。但1924年当罗斯福在儿子詹姆斯的搀扶下出现在民主党全国代表大会上，为争取艾尔·史密斯的提名发表"快乐勇士"演说时，他得到了党内、公众及新闻界非同一般的赏识。1928年10月3日，罗斯福宣布接受纽约州州长提名。罗斯福为了使选民相信他不是一个机能丧失的人，他想出了一些身体动作和行动方法，使他在公众面前保持有活力、有能力、亲切感人的形象，当时大多数旁观者几乎都不知道他是一名残疾人。1928年11月6日，他以微弱优势赢得了纽约州州长职位。任州长期间罗斯福推行了美国历史上第一次社会救济福利计划，深得民心，这让他第二次连任州长。1929年10月的最后几天，历史上最大的经济危机到来。这股"台风"横扫资本主义世界，"台风"中心是纽约。正是美国大萧条最严重的时刻，罗斯福临危受命，成为美国第32任总统。1933年3月4日，罗斯福发表就职宣言，他对美国人民说道："我们唯一值得畏惧的就是畏惧本身，希望能制止经济大萧条带来的精神恐慌。"他大刀阔斧地开始了"新政"，通过一系列的政策，美国的各项经济指标明显回升，罗斯福向人们展示了他过人的毅力与胆识。

在反法西斯战争中罗斯福是被美国国内的经济危机推上历史舞台的。但是树立他世界性历史人物地位的，是其在反法西斯斗争中建立的功绩。1940年年底，英国几乎到了山穷水尽的地步，军火要靠美国，可是既无钱买，又无船运。丘吉尔向罗斯福连连告急。罗斯福通过对二战形势的审视，意识到美国要维护自身的利益，必须对被侵略国进行援助，通过动员舆论，终于让国会在1941年3月8日通过了《租借法》。截至1945年，美国通过租借法共向其他盟国提供了价值500多亿美元的援助。《租借法》最大的受惠国是苏联。斯大林曾对罗斯福实施《租借法》做出很高的评价："总统和美国为赢得这场战争做出了巨大的努力。在这场战争中最重要的东西是武器。美国，是一个拥有武器的国家，如果不能利用《租借法》使用这些武器，我们将会输掉这场战争。"

很多时候，美国公众包括他身边的人几乎都忽略了他的残疾。他总是以一种积极向上的状态、强壮有力的形象出现在别人面前，他曾以友好的语调告诉记者不要拍摄他坐轮椅或者他挣扎着上下车时的照片，以避免让人注意到他身体的残疾。

虽然身体有残疾，但罗斯福凭借着他敢于同不幸抗争的勇气和毅力，凭借着他对国家的忠诚和热爱，凭借着他过人的胆识与谋略，赢得了美国人民的尊敬与爱戴。他与不幸的抗争精神，激励着一代又一代的人。他的事迹告诉我们，只要你有理想，有抱负，敢于与命运抗争，敢于冲破不幸的牢笼，那么你，一定会获得新生。

也许你现在正遭遇着不幸，使你心烦意乱、伤痛难当；也许你曾经遭遇过不幸，让你至今久久不能释怀，甚至使你因此而颓废、沉沦下去。正视那些给你带来伤痛的不幸吧，正是有了它们，你的生命才会变得完整；正是有了它们，你才有了一个将自己变得坚强的机会。遭遇不幸是一件坏事，这无可否认，但是，如果你以一种积极、不屈的姿态去面对那些降临在你身上的不幸，与之顽抗、与之奋争，也许这不幸会成为你人生的一个新的起点，坚持下去，你会发现，它已为你展开了坚强不屈、绚丽多彩人生的新篇章。

懂得放弃才能收获幸福

敢于坚持是一种勇气，敢于放弃也是一种勇气。

小时候，父亲曾用纸做过一条长龙，长龙腹腔的空隙仅仅只能容纳几只半大不小的蝗虫慢慢地爬行过去。父亲捉过几只蝗虫，投放进去，但它们都在里面死去了，无一幸免。我曾百思不得其解，问父亲为什么会这样，毕竟蝗虫的活动能力是非常强的。父亲说："蝗虫性子太躁，除了挣扎，它们没想过用嘴巴去咬破长龙，也不知道一直向前可以从另一端爬出来。因此，尽管它有铁钳般的嘴壳和锯齿一般的大腿，也无济于事。"

当父亲把几只同样大小的青虫从龙头放进去，然后再关上龙头，奇迹出现了——仅仅几分钟时间，小青虫们就一一地从龙尾默默地爬了出来。

蝗虫的死是因为它不懂得去努力，只知道不停地挣扎，也不懂得放弃，所以只有死路一条；而青虫却恰恰相反，它懂得放弃，知道如何去努力，故而活了下来。

命运一直藏匿在我们的思想里。许多人走不出人生各个不同阶段或大或小的阴影，并非因为他们天生的个人条件比别人差多远，而是因为他们没有想过要将阴影纸龙咬破，没有想过应该放弃不该携带的包袱，也没有耐心慢慢地找准一个方向，一步步地向前，直到眼前出现新的洞天。

放弃其实就是一种选择。走在人生的十字路口，你必须学会放弃不适合自己的道路；面对失败，你必须学会放弃懦弱；面对成功，你必须学会放弃骄傲；面对老弱病残，你必须学会放弃冷漠，实施救助……我们只有在困境中放弃沉重的负担，才会拥有必胜的信念。放弃我们必须放弃的、应该放弃的，甚至比拥有更重要。

并不是所有的探索都能发现鲜为人知的奥秘，并不是所有的跋涉都能抵达胜利的彼岸，并不是每一滴汗水都会有收获，并不是每一个故事都会有美丽的结局。因此，我们应该学会放弃，明白这点，也许你就会在失败、迷茫、愁闷、面临"心苦"时，找到平衡点，找回自己的人生坐标。

"不以物喜，不以己悲""宠辱不惊看庭前花开花落，去留无意望窗外云卷云舒"，如果说这种境界，是我们常人难以企及的，那我们就学会放弃吧，放弃同样也是一种美丽。

放弃是一首流浪的歌，低回吟唱在心头，使失意的人生充满振臂而呼的自信，使跌落的信念重新拔地而起，使消沉的斗志面向晨曦喷薄而出，使世俗的纷争化干戈为玉帛……

但是，不理智的放弃是一种浪费和执迷不悟，也是对生命的践踏和对人生的不负责任。

不懂得放弃的人，总将生活中不如意绕在心灵的枝干上，一生就像北方腊月的浓雾，挥之不去。就这么一味地自怨自艾，自暴自弃，于是青春美丽的容颜与悠悠岁月擦肩而过恰如风过竹面，雁过长空，就像苏东坡的一声人生长叹："事如春梦了无痕。"

懂得放弃的人，会静下心来当一回医生，为自己把脉，重新点燃自信的火把，照亮人生中不如意的症结，然后分析与之失之交臂的差距，根据自己自身的特点选定一个目标，努力掌握一门专长，多看一些奋发的书籍，开阔视野，荡涤一下容易浮躁的心灵。懂得放弃的人，对任何事不会太过苛求，竭力用温情、柔情、大度营造一个温馨的港湾，在荡漾着对生命充满着爱意的氛围中，舒展一下疲惫的心是多么惬意与幸福！

生活中有苦也有乐、有喜也有悲、有得也有失，拥有一颗达观、开朗的心，就会使平凡暗淡的生活变得有滋有味，有声有色。那种曾有过的莫名的忧伤和生命的空无，会使一生犹如过客。

学会放弃，让伤心随风而逝，只有快乐相随；

学会放弃，在落泪以前转身离去，留下简单的背影；

学会放弃，将昨天埋在心里，留下最美的回忆；

学会放弃，让失败离你远去，向通往成功的方向大步迈进。

不管昨天拥有晴朗，还是阴霾，学会放弃，你将获得更新的一轮太阳，获得任你驰骋的更大的一片蓝天，获得能让你幸福的明天！

不增添不必要的麻烦

禅院的草地上一片枯黄，小和尚看在眼里，对师父说："师父，快撒点草籽吧！这草地太难看了。"

师父微微一笑，挥挥手说："随时吧！"

中秋的时候，师父把草籽买回来，交给小和尚，对他说："去吧，把草籽撒在地上。"

起风了，小和尚一边撒，草籽一边飘。

"不好，许多草籽都被吹走了！"

师父说："随性吧！"

草籽撒上了，许多麻雀飞来，在地上专挑饱满的草籽吃。小和尚看见了，惊慌地说："不好，草籽都被小鸟吃了！这下完了，明年这片地就没有小草了。"

师父笑了，说："随遇吧。"

夜里下起了大雨，小和尚一直不能入睡，他心里暗暗担心草籽被冲走。第二天早上，他早早跑出了禅房，果然地上的草籽都不见了。于是他马上跑进师父的禅房说："师父，昨晚一场大雨把地上的草籽都冲走了，怎么办呀？"

师父不慌不忙地说："随缘吧！"

不久，许多青翠的草苗果然破土而出，原来没有撒到的一些角落里居然也长出了许多青翠的小苗。

小和尚高兴地对师父说："师父，太好了，我种的草长出来了！"

师父点点头说:"随喜吧!"

这位师父真是位懂得人生乐趣之人。凡事顺其自然,不必刻意强求,反倒能有一番收获。

为求一份尽善尽美,人们绞尽脑汁,殚精竭虑;每遇关系重大、情形复杂的状况,更是为之寝食难安;遭遇失败与挫折,往往会不思茶饭,日渐憔悴。

其实世上本无事,皆是庸人自扰之。洒脱一点,得失存乎于世,弃之于心。生活不可求全责备,披着阳光的色彩前行,生活才会有光明照耀。放下包袱,撇开心结,你本可以很快乐的。

有这样一则寓言故事:一烦恼少年寻求解脱之法,一天,来到一座山脚下,见一牧童骑在牛背上吹着横笛逍遥自在,他走上前去询问他为何这么快乐。牧童告诉他:"你学我吧,骑在牛背上,笛子一吹,什么烦恼也没有了。"烦恼少年试了试,不灵。他又继续寻找,来到一条小河边,见一位老翁正在柳树下垂钓,好不自在。少年走上前去询问,老翁对他说:"来吧,孩子,跟我一起钓鱼,保管你没有烦恼。"少年试了试,还是不灵。烦恼少年又继续寻找,来到深山中的一个幽谷,只见一位鹤发童颜的长者独自在石板上下棋,优哉游哉。少年走上前去长揖一礼,请求解脱烦恼之法。长者发问:"你先告诉我,有谁把你的手脚捆住了?"少年先是一愣,接着回答:"没有。""既然没有人捆住你,又谈何解脱呢?"长者摸着长须,大笑而去。少年顿悟:"原来我心中的烦恼是自找的!"

为什么牧童骑在牛背上吹着横笛觉得逍遥自在,而烦恼少年同样骑在牛背上吹着横笛仍然愁肠百结、忧愁烦恼?为什么老翁在河边垂钓，其乐融融，优哉游哉，而烦恼少年同样在河边垂钓仍然心烦意乱、始终快乐不起来呢？其原因不是别的，是烦恼少年放不下包袱、撇不开心结使然。如果你不能跳出你给自己所设的心灵监牢，你永远不会得到真正的快乐。

想逃出自己心灵监牢的钥匙只有一把——那就是你的意志。正是你消沉的意志为你自己造了一座心灵监牢，而打开监牢大门的钥匙，就是你的积极、自由的意志。钥匙在你的手上，别人都无法帮助你。要想不做一个自筑牢狱的庸人，那就请你跳出来吧，卸下包袱，放松心情，走上一条通往快乐的路。

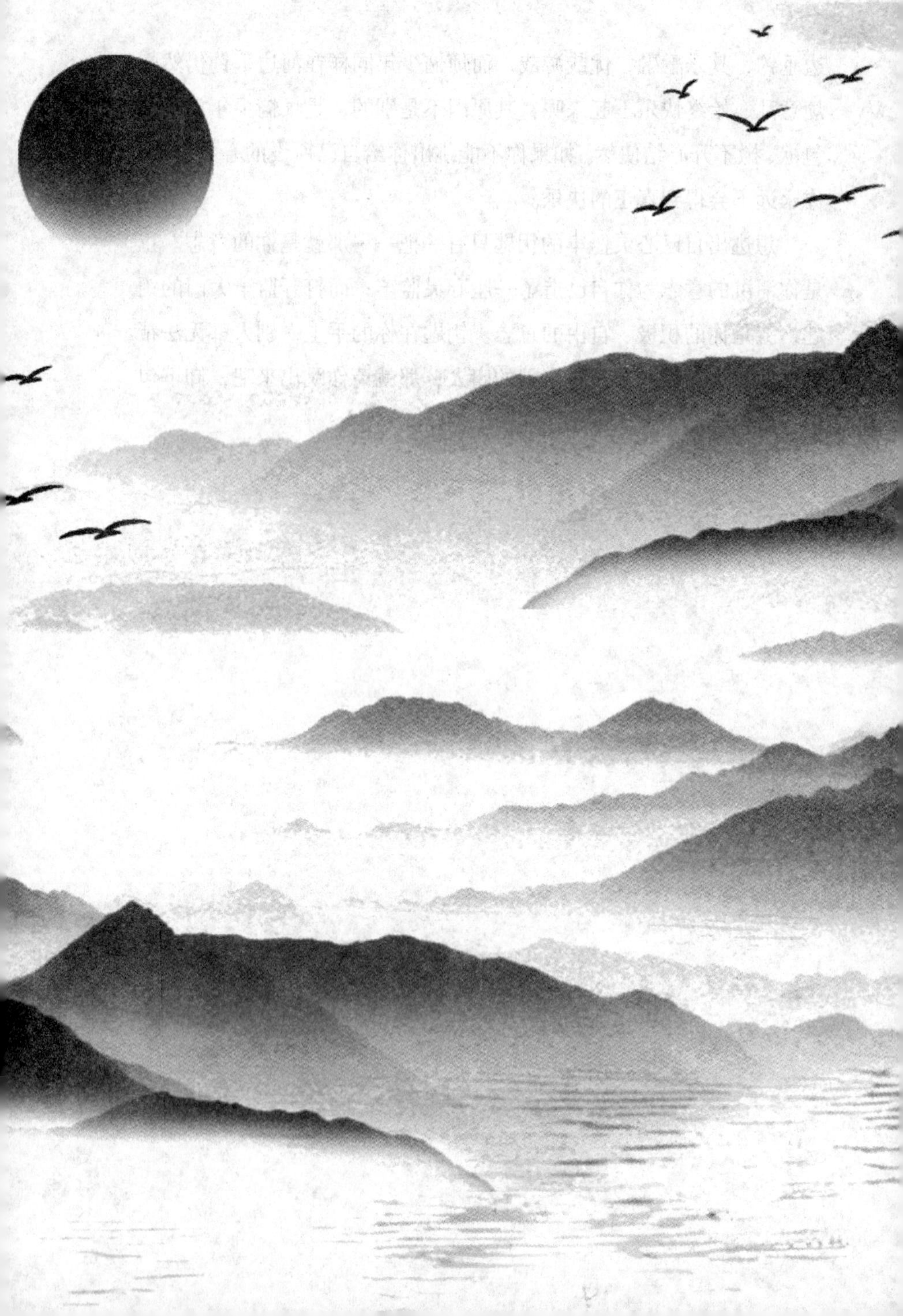

第五章
包容误解,赢得尊重

放下误解能赢得一份宁静

当你的心灵为自己选择了宽恕的时候，你便获得了应有的自由。因为你已经放下了仇恨的包袱，无论是面对朋友还是仇人，你都能够赠以甜美的微笑。佛道中常讲究缘分，在众生当中，两个人能够相遇、相识，那便是缘分。

当你们如果因为仇恨而相识，不可否认的是，在你们的心里已经牢牢记住了对方的名字，如果你因为整天想着如何去报复对方而心事重重，内心极端压抑，那么倒不如放下仇恨，宽恕对方。或许，因此你可以多一个可以谈心的好朋友。每一个人都需要朋友，多一份宽恕，便能令你多一位朋友。

美国前总统林肯幼年曾在一家杂货店打工。一次因为顾客的钱被前一位顾客拿走，顾客与林肯发生争执。杂货店的老板为此开除了林肯。老板说："我必须开除你，因为你令顾客对我们店的服务不满意，那么我们将失去许多生意，我们应该学会宽恕顾客的错误，顾客就是我们的上帝。"在许多年后，林肯当上了总统。做了总统后的林肯说，"我应该感谢杂货店的老板，是他让我明白了宽恕是多么的重要。"

他曾经就那些刻薄的指责写过一段话。后来的英国前首相丘吉尔把这段话裱挂在自己的书房里。林肯是这样说的:"对于所有的攻击的言论,假如不注重效率,只是一味地研究,我们恐怕要关门大吉了。我竭尽所能,做我认为最好的,而且我一定会持续直到终了。假如结局证明我是对的,那么那些反对的言论便不用计较;假如结局证明我是错的,那么,纵有十个天使替我辩护,也是枉然啊!"

在生活中,你对别人的任何反应都是自己的一面镜子。当你在别人身上看到自己无法接受的一面时,就等于告诉自己,那正是你不愿意接受自己的部分。凡是别人无法满足你自己所期待的,无异于提醒你,那正是你所必须给予自己的。

宽恕别人,就是解放自己,还心灵一份纯净。宽恕别人对你来说并不困难,却也不容易。关键的是,心灵是如何地选择。当一个人选择了仇恨,那么他将在黑暗中度过余生;而一个人选择了宽恕的话,那么他能将阳光洒向大地。古语常说:"知错能改,善莫大焉。"既然如此,面对一个人在无意中犯下的错误,你为何不能宽恕呢?

仇恨只能永远让你的心灵生活在黑暗之中;而宽恕却能让你的心灵获得自由,获得解放。宽恕别人,可以让生活更轻松愉快。宽恕别人,可以让你有更多的朋友。

清除误会有利于赢得人生

生活中,一个心胸宽广如大海可以包含一切的人一定是个受人尊重而又伟大的人。选择大度,就是赢得了宝贵的人生财富。

大度容人是做人的一门艺术，宽容是一切事物中最了不起的行为。古语有"宽以济猛，猛以济宽，宽猛相济""治国之道，在于拓宽得中"的宽容之说，古人就以此作为治国之道，说明宽容在社会中起重要作用。宽容，是自我思想品质的一种进步，也是自身修养、素质与处世方式的一种进步。

朱可夫元帅时常便装出巡，到各地私访。有一次，他率大军驻扎在一座树林的附近，在休息的时候他就穿着便装四处巡视。走着走着他迷了路，这时看到一位军官正站在树下休息，朱可夫元帅就过去问他："请问到司令部该走哪一条路？"

那个军官懒洋洋地叼着烟斗，抬了抬眼皮，随便指了一个方向。

朱可夫向他道了谢，但想了想，又问他："请原谅，如果您允许的话，可不可以告诉我您是什么军衔？"

军官得意地拿下烟斗，说："你猜。"

朱可夫猜道："你是一个上士？"

军官傲慢地摇摇头："再猜。"

"那么，你是一个少尉？"

"我的朋友，再猜一次吧。"

"你是一个少校吗？"

"比这还要大。"

"那你是一个大校吗？"

军官得意地说："嗯，这次你猜对了。"

朱可夫便向他行了个军礼。

军官看了看他，说："如果您允许的话，请问你的军衔是什么？"

朱可夫笑了笑，说："我的朋友，你也猜一猜吧。"

"哦，那你是上士？"军官说。

"不,要比上士大一些。"朱可夫笑着说。

"那你是个少校?"军官严肃了一些。

"还要再大一些。"

"那你也是个大校?"军官站直了身子,把烟斗拿在手里。

"继续猜。"

"那么,您是少将了?"军官的表情有些惊慌。

"我比少将还大。"朱可夫说。

军官更惊慌了:"难道您是中将吗?"

"再猜猜。"

"天啊,难道您是元帅?"军官的脸色发白了。

军官大惊失色:"您是朱可夫元帅本人?"他一下跪了下去,请求朱可夫赦免他的无礼。

朱可夫笑着说:"你有什么过错呢?我向你问路,你告诉了我,我还应该向你表示感谢呢。"

中国有句俗话,叫作"宰相肚里能撑船"。这也许就是这位元帅能成就一番伟业的原因之一吧。

有时,误会会在无形之中悄悄地来临。这时,就需要我们多给对方机会,让对方证明事实的真相。如此,才不会留下遗憾。

有一对恋人准备携手走上婚姻的殿堂。一天,他们约好去照婚纱照,走进一家摄影楼后两人都惊呆了,因为这家影楼有准新郎与另外一个女孩的婚纱照。准新娘顿时很是生气,准新郎连忙做解释,但她就是不听,提出要解除婚约。

新郎也十分恼火,因为一张相片,自己心爱的人就这么与自己分手了,怎么想都想不通,就找摄影楼讨说法。但女朋友已经听不进任何解释，双方因为解除婚约发生了经济纠纷闹上了法庭。

这件事闹得沸沸扬扬。期间惊动了婚纱照的女主角，这是一个摄影模特，当初是因为在拍摄照片时，男模特有点特殊情况缺席了，而碰巧准新郎在场，因为外形气质都很好，女模特就再三请求他救了急，临时充当了男模特。

但是，谁也没有想到多年后却会因此影响他的婚恋，在双方开庭打官司的时候女模特出现了，并且解释了整件事，而且向双方道了歉，也适时地解除了双方的误会，挽救了一场濒临破裂的婚恋。

像这对恋人间发生的误会，相信在其他人之间也时有发生，当然事情不一定一样，但也是因各种各样的事情产生误会，而又因没有足够的包容大度，就把事情往窄路推了。

试想一想，像这对恋人，如果女孩当初静下心来倾听男朋友的解释，对男朋友有足够的信任也不至于闹得差点分手，甚至闹到法庭打起了官司，这多伤感情啊。还好最后误会解除，挽回了感情，不然一桩好姻缘就将因误会而被毁。

事实上我们很多人都有过因为误会造成的不必要的遗憾，这真的值得我们好好想想。为什么我们不能包容一点呢？

释怀怨恨和误会中的冲突

有大见识的人往往不被一般人所用，所以架子很大。那么，也就只有既能欣赏他的见识，又能放下身份、下决心利用其见识的人才能收服他。

有一家公司的老板正在气头上,他对公司经理大声斥责。经理回到家对妻子大声斥责,说她太浪费了,因为他看到餐桌上的饭菜太丰盛了。妻子对儿子大声斥责,因为他干什么都慢悠悠的。儿子对保姆大声呵斥,因为保姆打碎了一个碟子。保姆没好气地去扔碎碟子,伤着了一位行人。行人是一位妇人,她骂闹一番后赶紧去医院治伤。她对护士大声呵斥,因为护士上药时弄疼了她。

护士回到家里对母亲大声斥责,因为母亲做的饭菜不合她的口味。

母亲并不生气,温和地对她说:"好孩子,明天我一定做你合口的。你忙了一天一定很累,吃了饭就休息吧,我给你换了一床新被子……"

"怨恨循环"终于在善良的母亲这里中止了。

在我们生活中免不了会有怨恨,怨恨最容易传染和循环。当你遇到"怨恨循环"时,你是继续传递它,还是用宽容和爱心去终结它?也许你忍下了一时之气,那么你是"怨恨循环"的终结者;如果你以善意的理解和关爱,改变了那怨恨的本质,那么你将是"善心循环"的启动者。因为宽容能融化人与人之间的冰霜,能驱散生活中痛苦的眼泪,能传播心灵的快乐和微笑。宽容一个人就是卸下心里的包袱,将那些纠缠不清的往事彻底从心底里淡忘,心灵就获得了自由和快乐。

有人说,怨恨就像拦河而筑的堤坝,它一旦生成,幸福的河流就将无法流淌。有强烈怨恨心理的人,常会将别人的一个藐视的眼神,一个不恰当的手势,一句不得体的话语,视为对自己人格的羞辱,对自己自尊的践踏。因此,他们开始无法控制自己的情绪,继而让不断膨胀的恨压垮了自己。仔细想想,这是一件很不划算的事情。

在人生的舞台上，人们各自扮演着不同的角色，社会生活的纽带又将这些角色牵连在一起，有时候就难免磕磕碰碰，滋生一些不和谐的事来。邻居不睦、同事不和、朋友反目、夫妻不和谐等都会使人陷入感情的沼泽，悲伤、痛苦、气愤、怨恨的情绪，也就会在不知不觉中反映出来。要化解矛盾，最明智的选择就是包容。

有的领导则不同，觉得自己地位高，架子端得大大的，动不动就说"你不为我用，我还不想用你呢"，这样一来，真正有本事的人都躲得远远的，最后受伤害的还是你的事业。

宽容是消除人们之间隔阂、解开心结的最佳良药。宽广胸襟是为人处世的上乘之道，对别人保持宽容的态度，这样不仅能使你的人际关系更融洽，还能提升你的个人品质形象，得到别人的尊重和喜爱。

美国第三任总统杰弗逊上任前夕，特地到白宫去拜访第二任总统亚当斯，想告诉他说，希望针锋相对的竞选活动并没有破坏他们之间的友谊。但据说在杰弗逊还没来得及开口之前，亚当斯一见他进来便咆哮起来："是你把我从这里赶走的！是你把我从这里赶走的！"杰弗逊并没有把这放在心上，但鉴于亚当斯当时对他强硬的抗拒态度，也就没再进一步交往下去，但不管是在为人处世还是政治思想上，杰弗逊对亚当斯还是一如既往地尊重。

数年之后，已经逐渐淡然的亚当斯才对以前的事情释怀，一次杰弗逊的几个邻居去探访亚当斯，这个坚强的老人对他们诉说了那件难堪的事，邻居们告诉他其实杰弗逊对他非常的尊重，亚当斯听后很是感动，缓缓地说："其实，我也是很欣赏杰弗逊的。"邻居把这话传给了杰弗逊。杰弗逊便请了一个彼此皆熟悉的朋友传话，让亚当斯也知道他的深厚友情。后来,亚当斯写了一封信给他,两人从此开始了美国历史上最伟大的书信往来。

当某人从前曾冒犯你,或做了对不起你的事情,如他已认识到了自己的过错,此时你也不妨闭上一只眼,释怀以往的误会与冲突,热情坦然地去开始新的交往。这自然不是无缘无故的宽恕,而是一种风度,同时让对方认识你有不凡的胸襟与风度。如果能够做到这些,你不仅能结交到很多知心好友,你的心胸和眼界也会在这一过程中得到扩展。

误会里有喜也有悲

人总是爱一点儿面子的,当双方发生误解的时候,都要相互包容,给人留有余地就是给自己留余地,给人一条生路就是给自己一条生路。不可把事做绝,要留后路,要存善念,要积善德,这样终究会得福报。我们来看一个幽默而亲切的生活小品。

在一家餐馆里,一位老太太买了一碗汤,在餐桌前坐下,忽然想起来面包忘了拿,于是又去柜台上取面包。当她回来时,却发现在她的座位上坐着一个人,而且更令人吃惊的是那个人正在喝自己的汤。

"他无权喝我的汤。"老太太寻思道,"可能他太穷太饿了吧。算了,不跟他计较,不过,不能让他一个人把汤全喝了。"于是老太太坐在那人对面,拿起汤勺,不声不响地开始喝汤。

就这样,两个人都默默无语地喝着同一碗汤。过了一会儿,那人忽然站起来，端来一盘面条，放在老太太面前，面里插着两把叉子。两个人也不说话，又埋头共吃一盘面条。等到吃完了，各自起身，准备走了。

"再见！"老太太说。

"再见！"那人说。

当那人走后，老太太才发现旁边的一张餐桌上，摆着一碗汤，一碗显然被人忘了喝的汤……

当然，那位陌生人有足够的理由，不让老太太和他喝同一碗汤，但他没有拒绝，他不声不响地与她喝汤，还特意端了盘面条，继续与老太太共享，这是一种多么大度的胸襟！如果那人或老太太都极力坚持自己的正确性，必定会造成争执，即便事情搞得清楚，恐怕再美味的汤中也会有一丝苦涩。

人生中会有很多问题是由误解造成的，大多数问题不太严重，也不会给我们的生活带来多大的影响。可是有的问题却可能带来悲惨的结果，而原本这些问题对于当事人来说，本该避免的，如果当时能多克制自己一下，耐心一点，言语方式都柔婉一些，把事情解释清楚，或许可以避免很多的悲剧。

这是一个真实的故事：

一个越战归来的士兵从旧金山打电话给他的父母，对他们说："爸妈，我回来了，可是我有个不情之请。我想带一个朋友同我一起回家。"

"当然好啊。"父母回答，"我们会很高兴见到他的。"

不过儿子接下去说："可是有件事我想先告诉你们，他在越战里受了重伤，少了一条胳膊和一只腿。他现在走投无路，我想请他回来和我们一起生活。"

父亲沉默了一会儿，说："儿子，我很遗憾，不过或许我们可以帮他找个安身之处。"

儿子的声音有些颤抖："难道你们不能接受一个残疾人和你们生活在一起吗？"

父亲说："儿子，你不知道自己在说些什么。像他这样残疾的人会对我们的生活造成很大的负担。我们还有自己的生活要过，不能就这样让他破坏了。我建议你先回家，然后就忘了他吧，他也有他自己的生活，而不应该和我们纠缠在一起的。"

儿子沉默了，挂断了电话。之后，他的父母再也没有收到他的消息。

过了一段时间，焦急的父母接到了来自旧金山警局的电话，他们亲爱的儿子已经坠楼身亡了。警方认为这只是单纯的自杀案件，伤心欲绝的父母飞往旧金山，在警方的带领下去停尸间辨认儿子的遗体。

那的确是他们的儿子，可是，令他们难以置信的是，儿子居然只有一条胳膊和一条腿！

这种悲剧性的故事，以它的各种变异形式每天在地球上发生着。

如果那对父母能包容一些，同意接纳儿子所谓的朋友，那他们也就不会永远地失去自己的儿子。可是，对于我们来说，要让我们接受那些健康、美丽、聪明、富裕的人是很容易的，可是要接受不如我们健康、美丽、聪明或富裕的人就太难了。我们几乎是下意识地会回避那些不如我们的人，因为害怕他们会搅乱我们平静的生活。这，难道不是自私吗？

如果那个儿子能忍耐一点，相信父母对自己的爱，直言相告，而不是假托朋友的名义向父母试探，那么悲剧也不会发生。因为人们对于自己的血亲和至交总是会更宽容一些的。可惜的是，这个儿子在经过战争的创伤之后，对自己和亲人都已经失去了信心，最后，他抛弃了他的生活。

生活中总是有这样或那样的问题，你要做一个能包容、心态坦然的人。这样才能成为一个坚强的人，在任何苦难之前都要坚持住，永远、永远不被击倒。

给别人解释的权利

人与人之间，出现误会是难免的，如果不及时消除，就会产生严重的后果。要想消除误会，就要有耐性，不要过于急躁、冲动，要容人解释，这样才有可能消除嫌隙。

很久以前，有一座风景秀丽的名山，泉流清澈，果木茂盛。一对鸠鸟在大树的顶端营巢而居，日子过得还算暇逸。

在平顺的生活里，雄鸠努力采集鲜美的果子，衔回巢内，小两口的爱巢终于积存着满满的果实了。居安思危的雄鸠告诉妻子："家中储藏的果实先不要用，现在外面还找得到其他足以谋生的食物，可以填饱肚子。天有不测风云，一旦遇到风雨，饮食难得，才能靠储蓄的果子维生。"贤淑的妻子连声应好，欣喜于夫婿的勤勉、顾家。日子一天天过去，巢中鲜美的果子经过风吹日晒，逐渐脱水干燥，原来满满一巢的量，因而缩减许多。不明所以的雄鸠怪罪雌鸠："我老早交代说，这些果子不应食，你怎么一个人吃掉？""我没有!"雌鸠回答。"之前,果子堆满整巢,现在少了,没有吃?那哪里去了?"雄鸠不信。"我也不知道为什么少了?"雌鸠答道。它们俩开始争吵不休,不可开交。突然,雄鸠一怒之下,用嘴啄雌鸠的头顶,雌鸠竟然因此而命亡!

孤单的雄鸠,独自难过地守在巢边,忽然天降大雨,干燥的果子吸水后又盈满巢中。雄鸠心想:"果子又满巢了,原来不是她吃掉的。"他对着妻子忏悔:"可爱的妻子,你快快活过来吧,巢中的果子真的不是你吃的,我早该相信你,一切都是我的错,妻子,你饶恕我呀,一切都是我的过错……"然而,已经来不及了。

西方一位政治家曾说:"我不同意你的观点,但我将用生命捍卫你说话的权利。"批评是一种理性的参与方式,不是少数人的特权。在真理面前人人都有发言权。正因为有不同的声音存在,这个世界才不至于有独裁。你可以不同意别人的意见,但是你不能剥夺别人发表意见的权利,这是最起码的原则。同样,你可以批评他人的错误,但你要给别人解释的机会,然而许多人却做不到这一点。我们很容易陷入自我的圈子里,喜欢用自己思维的方式去设想他人,而且也不允许他人轻易挑战自己的权威。

曾经在某杂志上有篇文章,内容大概如下:

老李刚想坐上一张办公桌,但玻璃突然碎了。处长进来还没问清楚大概,张嘴就是严厉地训斥,说老李这么大个人连爱护公共财产都不懂。老李一句话也插不进去,后来想一想,就决定用自己办公桌上的好玻璃把这块坏的换下来,把坏的粘好放在自己的桌上。星期一,处长检查卫生的时候,发现了这块玻璃,老李还没张开嘴,处长就唾沫横飞训斥起来,说他故意弄坏玻璃,还把问题提高到老李蓄意破坏单位形象的高度来。老李气得浑身颤抖，但也没得解释。隔两天，老李去街上重新买了一块新玻璃，不舍得扔掉坏的那块。下班后就自己提着坏的那块回家，刚走到单位大门口，处长迎面而来，"噌"地跳下车，指着玻璃，怒气冲冲，根本不容老李说一句话，从行为到思想，又上升到政治的高度，最后说："老李，你明天可以不来上班了，在家写检查。什么时候有了深刻的认识，什么时候再来上班，这段时间没有工资，没有奖金！"这下可好，老李一向老老实实，当时又有那么多单位的职工和街上的行人围着看，当时气得不行了，第二天就头疼心闷进了医院。后来，单位领导去慰问他，老李只哆哆嗦嗦说了一句话："给我说话的权利！"

一个不允许不同声音出现的人，会变得更加的自我，也加大了跟他人正常交往的难度。所以，当我们张口就要说出批评他人的话语的时候，请多多想想，也请给别人说话的权利。百花齐放总会好过万马齐喑。

用真诚去面对怀疑

在这个竞争激烈、高手如云的社会里，无论是在生活还是在工作中，我们经常不可避免地会受到他人的怀疑。怀疑你是否有能力达到那个位置，怀疑那个策划案真的是你做出来的，怀疑正是你在后面拉住他的后腿才让他没有办法得到想要的一切……在这样的社会里，没有人能够真正做到"归隐山田"，没有人能够真正远离这样的是非之地而不受到他人的怀疑。即使你再伟大、再成功，也依然会经历被人怀疑的阶段，关键是当你碰到这种怀疑的时候，你选择什么样的方式来面对这样的怀疑。是相信别人的怀疑，让自己在那样的怀疑中再也抬不起头，还是懂得忍受怀疑，懂得相信自己呢？只有那些敢于顶住他人怀疑，始终相信自己的人，最终才可以有所成就。

在现实生活中，在我们身边就有许多人因为无法承受住他人的怀疑，而最终在这样的怀疑中永远无法走出来，永远让自己沉浸在怀疑的阴影中。如报纸上报道陕西一男子因不堪忍受被人怀疑是小偷而跳楼身亡，想想这值得吗？因为别人的怀疑就让自己的生命随风而去，难道在别人的心中，小偷这个字眼会因为你跳楼身亡就消失了吗？没有人会把你当英雄，会认为你是为了证实自己的清白而喊冤自杀。人们反而会认为你是做贼心虚，没有胆量面对人生中的一点点挫折。的确，要顶住别人的怀疑需要很大的勇气，但你要相信，如果你可以顶住这样的怀疑，就可以在这样的忍耐下让那些怀疑不攻自破。而要想忍耐住他人的怀疑，首先应该做到的就是相信自己。这句话说起来很容易，但真正做起来却不容易。平常的时候要想坚信自己的想法、自己的观点都不是很容易，那么当你被人所质疑的时候，就需要更大的勇气去相信自己。一个人如果连自己都不相信，又怎么可能做到让别人相信你呢？要知道自信心是一个人顽强生存，是一个人顶住他人怀疑，是一个人事业成功的脊梁。如果你都不相信自己了，那无需别人的怀疑，你就给自己戴上了枷锁。而如果你相信自己，就选择正确的方式，在自己的生命中不断地向他人证明自己。一个能够顶住怀疑，并证明自身价值的人，才可以在以后的生活中为大家所敬佩。

如果说人与人之间在社会生活中容易产生怀疑是一件难以避免的事情，那么，你面对客观存在着的这一现象，既不应当回避它、惧怕它，也不应当视而不见、听而不闻。正确的态度是要承认它、认识它，科学地对待它，俗话说"不做亏心事，不怕鬼叫门"。如果你真的没有做亏心事的话，又何必担心他人的怀疑呢？要知道什么事情都会有水落石出的一天，关键在这之前，你是否可以忍受住别人的怀疑，是否可以在指责他人的怀疑之前，先想一想为什么他就怀疑我不怀疑其他人呢？这样你就可以有选择性地对他们的怀疑加以论证，从而让他们发现是他们怀疑错了，因此你要做的就只是坚信自己，不要因为别人的怀疑就改变自己的想法，那样只会让别人加深对你的怀疑。如果你没有办法忍受住别人的怀疑，那么所有的苦恼、惭愧、忧郁、不安等都会接踵而来，此时你就更无法从他人的怀疑中跳出来。抱着坚信自己的态度，当别人发现自己怀疑错了之后，就更会敬佩你面对怀疑时的态度，这样所有的怀疑都会烟消云散，你也就获得了自己的清白，同时也让自己的自信心得到了加强。

面对他人怀疑时最高明的办法是用真诚去换取信任，切不要犯"以毒攻毒"的错误。人与人之间相处，莫过于可贵的真诚。有了真诚就能赢得信任。如果你对别人的怀疑也采取怀疑的态度，以疑对疑，那么，怀疑非但不能消除，还会产生新的不信任情绪。别人怀疑你偷了斧子，你怀疑他诬陷好人，短兵相接，针锋相对，其结果只能是扩大裂痕，说不定，即使人家已经找到了斧子，还会对你耿耿于怀呢。

压制冲动可以消融误会

在人与人交往的过程中，难免会导致各种各样的误会发生。

其实大多数误会都不是至关重要的大事，一般情况下时间一长也就忘记了；可如果误会双方一方是心胸狭窄之人，对误会耿耿于怀，而且在平时交往中有故意和误会另一方作对的过激行为，这时如果另一方对此气不过，也采取针锋相对的应对方式，那么这种误会就会上升为矛盾，这样对正常交往的负面影响更大。不仅会影响人与人之间的团结协作，而且对人的身心健康也会产生不利的影响。

误会，误人亦误己。它会阻碍人们之间的正常交流，致使隔阂产生。怎样才能打破隔阂，化干戈为玉帛呢？默然不语，冷眼相向，抑或破口大骂，这些都解决不了误会问题。误会产生之前，人与人的心灵距离就开始渐渐疏离，心灵之音难以传达，如果在有了这种矛盾罅隙后，对此漠然相对，心灵的隔阂愈积愈厚，误会就会趁隙而入。便会形成星火燎原之势，一发不可收拾，纵使是心有灵犀的恋人之间也难免误会连连。此时所需之良药便是一轮松间明月，或一缕江上清风般的宽容，来抚慰烦躁的心灵，消融心灵的隔膜。胸怀宽容之心，静观庭前花开花落，坐看天边云卷云舒。

《红楼梦》中的林黛玉是个爱耍小性子之人，对别人的无心之言妄加揣测、斤斤计较，这样做不仅使她得了个难相处的名声，还折磨得自己身心不堪重负。老夫人虽然百般疼爱她，却不选她做孙媳妇，最后黛玉命殒归天，这些都与她的小性子、不懂宽容别人，有莫大的关系。这些都是小说故事中的人物，也许不足以给我们多大的警醒，下面是一则现实生活中的故事，来真实感受一下误会的巨大伤害力，以及宽容对误会的消解作用。

节日里，饭桌上的菜比往常丰富得多，可妻子怎么也打不起精神。"上上个星期天你跟谁在一起逛街呢？"妻子似乎漫不经心地问了这么一句。"逛街？没跟谁逛街呀！"丈夫很随意地回答道，头也没从饭碗上抬起。"没跟谁？那个在东大街和你一块走的女的是谁？"妻子不依不饶地继续问道。"东大街？"丈夫听到妻子的声音有点严肃，就抬起头望向妻子，看着妻子把地点说得如此清楚，便不得不认真起来。"上上个星期天？呵呵，我也记不清了。那天好像是到过东大街，可好像没和哪个女的走一路呀？"

"再想想，是不是半路碰见哪个女的了？""没有呀！……"丈夫迷惑地看着妻子那张逐渐转阴的面孔，突然，丈夫脸上表情一转，大声说道："哦，田壮子。就是我单位那个人高马大的大老爷们呀！可能是谁老远看到了，男女都没看清，瞎误传呢！来来，好老婆吃菜啊！"老公嬉笑着给妻子夹菜，谁知妻子一下子把丈夫夹来的菜推到一边，厉声说道："别装蒜。那天中午一点半，你和一个穿红衣服的女人！""一点半？穿红衣服？"丈夫大惑不解。"没有，我绝对没有背着你和其他女人约会！如果有，天打五雷轰。"丈夫低头思索了一阵，肯定地说。

"你还想骗我，都有人亲眼看见了，你还想抵赖！"妻子气急了，说话都带哭腔，丈夫再三再四想不出来。"戴着米色帽子。"妻子再抛出一条证据，"米色帽子？"丈夫又思索了一会，抬起头，缓缓地对妻子说："亲爱的，我们先吃饭吧！过了今天这节日，我一定给你说清楚啊！但我敢发誓我绝对没做对不起你的事情。对不起啊，先消消气啊！"妻子看丈夫这么说，再想想平日里丈夫对自己的疼爱，也觉得不应该在这节日里闹腾，也就没说什么，自顾自地吃起饭来，丈夫不时夹菜到她碗里。

吃过饭，丈夫主动去洗碗了，妻子则静静地坐在沙发上看电视，但心里却是一团乱麻，强压着心中的怒气。这时，丈夫轻轻地走过来，坐到她面前，注视着她说："老婆，你还记得咱们前段时间一起去看电影《拯救大兵瑞恩》吗？你记得那天你戴的什么帽子吗？"这下换成妻子满脸迷惑了，她一抬头，看见衣钩上挂着的红帽子，猛地想起什么。然后急急跑到大衣柜前，打开柜门，从中抓出一顶米色帽子。

"啊！米色帽子！天啊！我怎么忘记了呢，那天我把红帽子洗了，看《拯救大兵瑞恩》时就找出这顶旧帽子戴上的，我……我换了这帽子，别人认不清，便……"妻子既着急又惭愧地说道："对不起啊！老公，我……""呵呵，没事，傻老婆，以后不要这样随便听信别人的谣言，让自己生气了哦！气坏身体我会心疼的啊！""嗯，以后再也不会随便怀疑你了……"妻子温柔地蜷缩在丈夫宽阔的怀抱里，眼里含着幸福的泪珠，她为自己这么容易误会老公感到惭愧，也为自己能找到一个这么宽容、善良的丈夫感到幸福。

由此可见，用冷静的甘露滋润急躁的心灵，浇灭冲动的火花，冲散误会的阴云；用宽容的阳光驱散猜疑的阴霾，消融误会的冰封。以宽容为心灵之门，加以冷静与理智的思虑，误会便无可乘之机；以旷达的心胸来旁观世间百态，误会便无处可生无处可藏；以明察秋毫之眼洞悉他人的心灵世界，以冷静、理智之心压制心中冲动之火，误会的种子就无可萌发；以旷达之胸怀包容世间万物，误会之毒便可彻底清除。如果能做到这些，心灵之泉即可永远清澈明净，人生之路自是永无误会之恨。

剑拔弩张、针锋相对不但不能消解误会，也许还会雪上加霜，造成更大的误会。总的来说，在大多数情况下，误会的发生总是意味着误会者之间已有某种隔阂，只是这种隔阂没有引起相互的注意，或者没有给予足够的重视，而在一定的条件下，它就会像火山一样爆发。这时，就需要你能够宽容地去处理这些事情。只要你能像蔺相如宽容廉颇的误会那样，误会还会成为强化彼此友谊的良好契机。

相反，如果面对误会的产生，一味地逞强称能，意气用事，"以其人之道，还治其人之身"，误会就很可能成为彼此关系进一步恶化的导火线，于己于人都是百害而无一利。佛曰："大肚能容，容天下难容之事。"宽容是智慧的源泉，宽容是成功的基石。用宽容的清流洗涤误会的泥尘，就能拥有一片洁净、清澈的碧水人生。

用胸怀去化解误会

人和人相处，即使主观上不想发生摩擦，但仍然难以避免产生一些误会。有些误会甚至还是根深蒂固、难以消除的。但是化解误会、消除矛盾要首先从自己做起，你如何对待别人，别人也会如何对待你，要走进别人的心灵，自己就要首先敞开胸怀。

常州魏廉访的父亲，乐善好施，精通医术。上门求医的人，不论贫富，他都尽心治疗，不图回报；对那些十分贫困的病人，反而赠钱送药；遇到远乡来城求医的人，一定先让他们喝点粥或吃些饼，吃完，才开始诊脉。他说："这是因为走了远路，加上饥饿，血脉多有紊乱。我让他们先吃点东西，稍稍休息一下，脉才能安定下来。我哪里是想要行善积德，只是要用这种办法来显示我医术的神妙！"

他行善所借口的托词，大多如此。

有一次魏老先生被请往一病人家中治病。病人枕头旁丢失了10两银子，他的儿子听了谗言，怀疑是先生拿了，但又不敢当面问。有人就教他拿一炷香去跪在先生门前。先生见了，奇怪地说："这是为什么呀？"

"有桩疑难事，想问先生。怕老先生见怪，不敢说。"

先生说："你说吧，不责怪你！"

病人儿子才以实相告。先生把他请进密室，说："确有此事，我是想暂时拿去以应急需，原打算明天复诊时如数偷偷还回去。今天既然你问起了，可以马上拿回去。请你千万不要向外人说！"马上如数给了他。

刚才病人儿子来先生门前跪香，大家都说先生一向谨慎高尚，不应该诬陷有道德的人会有这么肮脏的行为。等他们见到病人的儿子拿着银子出来回去了，都异口同声感叹说："人心之不可知，竟到如此地步！"于是七嘴八舌诽谤议论之声四起。先生听到之后，神态自若，毫不在意。

不久，病人痊愈。清理打扫床帐时，在褥垫下找到了银子，才大惊而后悔说："东西并没有丢失，竟然陷害了一位德高的长者，这该怎么办！应该马上去先生家，当着众人面把钱还给他，不能再让他蒙受不白之冤！"

于是父子俩一道来到先生寓所，仍然手捧燃香跪在门前。先生见了，笑着说："今天这样，又是为什么啊？"

父子羞愧地说："以前丢失的银子，没有丢，我们错怪长者了，真是该死。今天来交还先生所给的银子。小子无知，任凭先生打骂！"

先生笑着把他们扶起来，说："这有什么关系？不要放在心上!"

病人的儿子问先生:"那一天我谗言污罪长者,为什么先生甘受污名而不说明,使我今天羞惭无地!今天既蒙先生宽怀,饶恕我们,是否能告诉我们,先生这样做的原因是什么呢?"

先生笑着说:"你父亲与我是乡亲邻里,我素来知道他勤俭惜财。正在病中,听说丢了10两银子,病情一定会加重,甚至会一病不起。因此我宁愿受点委屈背上污名,使你父亲知道失物找到,痛戚之心得以转喜,病自然会好起来!"

听到这里,父子两人都双膝跪地,叩头不止,说:"感谢先生厚德,不顾自己名声被污而救活我的性命。愿来世作犬马以报大恩!"

先生把父子二人请进家去,设酒款待,尽欢而散。

这一天,围观人多如墙一样,都说长者的作为,确是众人所猜测不透的。从此魏善人之名声就传开了。

能够在众目睽睽之下蒙受不白之冤而不动心,已经是难得了。但魏老先生此时心里想的却是误会他的人的病情,不惜自己名声扫地,背负盗贼的骂名,而希望对方病情缓解。当对方感恩戴德时,自己却谦逊有加,丝毫没有趾高气扬的神态,只是当作做人的本分,理所应当这么做的。

宽容是一种多么可贵的精神,高尚的人格,也是人际交往中必备的基本素质。宽容意味着理解和通融,是融洽人际关系的催化剂,是友谊之桥的凝固剂。宽容还能将敌意化解为友谊。

第六章 学会包容，远离迁怒

善于控制自己的情绪

某个政党有位刚刚崭露头角的候选人，被人引荐到一位资深的政界要人那里，希望这位政界要人能告诉他一些政治上取得成功的经验，以及如何获得选票。

但这位政界要人提出了一个条件，他说："你每次打断我说的话，就得付5美元。"

候选人说："好的，没问题。"

"那什么时候开始？"政客问道。

"现在，马上可以开始。"

"很好。第一条是，对你听到的对自己的诋毁或者污蔑，一定不要感到愤怒。随时都要注意这一点。""噢，我能做到。不管人们说我什么，我都不会生气。我对别人的话毫不在意。"

"很好，这是我经验的第一条。但是，坦白地说，我是不愿意你这样一个不道德的流氓当选的……"

"先生，你怎么能……"

"请付5美元。"

"哦！啊！这只是一个教训，对不对？"

"哦，是的，这是一个教训。但是，实际上也是我的看法……"资深政客轻蔑地说。

"你怎么能这么说……"新人似乎要发怒了。

"请付5美元。"

"哦！啊！"他气急败坏地说，"这又是一个教训。你的10美元赚得也太容易了。"

"没错，10美元。你是否先付清钱，然后我们再继续谈？因为，谁都知道，你有不讲信用和喜欢赖账的'美名'……"

"你这个可恶的家伙！"年轻人发怒了。

"请付5美元。"

"啊！又一个教训。噢，我最好试着控制自己的脾气。"

"好，收回前面的话。当然，我的意思并不是这样，我认为你是一个值得尊敬的人物，因为考虑到你低贱的家庭出身，又有那样一个声名狼藉的父亲……"

"你才是个声名狼藉的恶棍！"

"请付5美元。"

这是这个年轻人学会自我克制的第一课，他为此付出了高昂的学费。

然后，那个政界要人说："现在，就不是5美元的问题了。你要记住，你每发一次火或者对自己所受的侮辱而生气时，至少会因此而失去一张选票。对你来说，选票可比银行的钞票值钱得多。"

缺少忍耐的结果常常是事情难以圆满解决，甚至会因一时愤怒酿成大错或大祸，这在现实生活中绝非少见。古希腊哲学家毕达哥拉斯认为人在盛怒下常常会做出不理智的行为，他说："愤怒从愚蠢开始，以后悔告终。"培根则告诫道："无论你怎样表示愤怒，都不要做出任何无法挽回的事来。"

从某种意义上说，忍耐是保全人生的一种谋略，因为小不忍则乱大谋，因为风物长宜放眼量。忍耐是一种弹性前进策略，它是人生的延长线，就像战争中的防御和后退有时恰恰是赢取胜利的一种必要准备。

噩梦的开始就是迁怒于人

一次，鲁哀公问孔子："你学生中，哪一个能真正继承你的学问？最好学的是谁？"孔子说："有颜回者好学，不迁怒，不贰过，不幸短命死矣。今也则亡，未闻好学者也。"孔子认为继承学问道统的是颜回，不一定有帝王之才，却有师道的风范。颜回足为人师的学问德业在哪里呢？正是"不迁怒，不贰过"，但是"不幸短命死矣"，可惜已经死了。现在就没有了，再也找不到第二个好学的人了。我们现在要讨论的是"不迁怒"，这个很难做到，需要极高的修养。我们通常看到的都是"迁怒"的现象，明明是自己在外边受了气，根本不关亲人的事，但是这口恶气不出心里就不会痛快，于是对着家里人乱发火，惹得大家关系紧张。

人如果能够做到不迁怒，就是道德完善的一个重要标志。不能控制自己的脾气，小则使人际关系紧张，大则导致事情的失败。

1936年9月7日，世界台球冠军争夺赛在纽约举行。路易斯·福克斯的得分一路遥遥领先，只要再得几分便可稳拿冠军了。就在这个时候，他发现一只苍蝇落在主球上，他挥手将苍蝇赶走了。可是，当他俯身击球的时候，那只苍蝇又飞回主球上，他在观众的笑声中再一次起身驱赶苍蝇。这只讨厌的苍蝇破坏了他的情绪。而且更为糟糕的是，苍蝇好像是有意跟他作对，他一回到球台，它就又飞回到主球上来，引得周围的观众哈哈大笑。

路易斯·福克斯的情绪恶劣到了极点，他终于失去理智，愤怒地用球杆去击打苍蝇，球杆碰到了主球，裁判判他击球，他因此失去了一轮机会。结果，路易斯·福克斯方寸大乱，连连失利，而他的对手约翰·迪瑞则愈战愈勇，终于赶上并超过了他，最后拿走了冠军。第二天早上人们在河里发现了路易斯·福克斯的尸体，他投河自杀了！

为一只苍蝇，付出了生命的代价，让人唏嘘不已。假如福克斯能及时控制自己的怒火，而不是将之狠狠地发泄到苍蝇的身上，也许就会是另一个结果，可惜人生不能假设。

迁怒一般都有一个规律，即迁怒于弱者，迁怒于物，迁怒于对自己没有巨大威胁的对象，来寻求所谓的平衡，其实这是一种阴暗心理。

迁怒是一种掠夺，是一种情感的掠夺。迁怒者往往注重自己的感受，而不顾忌被迁怒者能否接受。迁怒者霸道，而被迁怒者无辜。当然每个人都可能曾是被迁怒的对象，而同时又是迁怒者。这种角色之间的转换所给人带来尊严与心理的损害是很大的，甚至无法弥补。

冲突总是不可避免，少一份迁怒，就会多一份宁静，就会多一种美。

坦荡助你远离迁怒

坦荡是春日一望无际的原野，是夏日汩汩流淌的清泉，是秋水蓝天，是大雪无痕。坦荡是拂晓时分的万里霞光，是雨后青翠欲滴的远山，是亭亭玉立香远益清的莲花。坦荡是海水的沉默，是天空的无言。坦荡是自然本身，是纷繁复杂的生活底色，是一种最本真的生活姿态。

天乃大，地波涌，可容君子坦荡之道。"壁立千仞，无欲则刚"，坦荡是庄子的持竿不顾，逍遥于尘世，任九万里的情怀荡漾于澄净秋水之上。"海纳百川，有容乃大"，坦荡是司马迁的忘却荣辱，以大海的胸怀包容世人之讽、内心之痛，以山的坚毅书写三千年的沧海桑田。"往事如烟俱忘却，心底无私天地宽"，坦荡是苏轼"拣尽寒枝不肯栖"的书生本色，"一蓑烟雨任平生"的举重若轻。"不要人夸颜色好，只留清气满乾坤"，坦荡者都有一种"清者自清，浊者自浊"的高度自信。

"清水出芙蓉，天然去雕饰。"儿童的眼光是坦荡的，那里面折射出的是一颗赤子之心，成人的坦荡则是一种智慧，一种战胜了私欲和庸俗的清明澄澈。避开一切庸人自扰的得失、小圈子里的恩怨，将烦恼化为柳絮池塘的淡淡清风拂面而过。"居高声自远，非是藉秋风"，坦荡是一种站在高处的俯瞰，一种登高远眺的悠然。用不予置理对付锱铢必较，用淡淡一笑对付蝇营狗苟。无招对有招，坦荡者不战而胜。

"君子坦荡荡，小人长戚戚。"因为坦荡，你可以宠辱不惊，坐观窗外叶枯叶荣，静品天外云卷云舒。因为坦荡，你可以"仰不愧于天，俯不怍于地"，逍遥生活于天地之间，从容行走于光明大道上。因为坦荡，你才能拥有"生如夏花之灿烂，死如秋叶之静美"

的诗意人生。

坦荡生活，豁达而不旁观，一如傲霜斗雪的梅花，于素雪晶莹中坦然释放，任风云变幻，孤独地守望春天。

坦荡生活，清爽而不冷漠，一如心存高远的溪流，于舒缓低吟中洗涤万物，随时光荏苒，执著地一路欢歌。

任何人的内心深处都有内隐闭锁的一面，同时又有开放的一面，希望获得他人的理解和信任。但是，这种开放是定向的，就是说只向自己信得过的人开放。如果你以诚待人，就能够获取人们的信任，从而发现一个开放的心灵，经过努力得到一位用全部身心帮助自己的朋友。这就是用真诚换来真诚，如果人们在发展人际关系，与人打交道时，去除防备、猜疑的心理，代之以真诚，那么就能获得出乎意料的好结果。

对自己说声"没关系"

在这个世界上，每个人都以自己这个独立的个体存在。你只能以自己的方式歌唱，以自己的方式绘画。你是由你的经验、你的环境、你的遗传基因，尤其是你对自己的期望所造成的。不论好与坏，你只能耕耘自己的小园地，只能在生命的乐章中奏出自己的音符。

当你了解了自己，知道了自己的长处，你就会扬长避短，而不会用自己的短处去和别人的长处相撞击，也不会为本来就不可能成功的事情发愁、怨恨自己。成功属于你，失败也属于你。而摆脱失败，关键是摆脱失败带来的沮丧、消极的情绪。捶打自己的脑壳，无休止地长吁短叹，于事无补。

生活并不像我们想象的那样美满、如意,生活只是生活本身,而人们总是愿意用希望去看待生活:我希望如何如何。可当你一旦发现,生活并不是按照你所希望的样子出现在你面前的时候,那就请你从烦恼中跳出来,像一位智者一样,说一句"没关系"。

人活在世上,不是孤孤单单的一个人。

周围有着各式各样的人,在和生活中的人打交道时,不能特别认真,假如过于认真的话,你就会发现,在生活中,做人难,做一个好人更难。豁达是一个人的美德,豁达的胸怀能包容一切。

在拥挤的公共汽车上,有人踩了你一脚,要想说一句"没关系"实在不容易。车挤,开得慢,对于着急上班的人来说本来就有说不出的窝火,再加上脚上火辣辣的疼,能不火大气粗吗?可是争吵又有什么用?它只能把你不痛快的、烦躁的情绪通过争吵发泄出来,传染给别的人,于汽车的行进、拥挤的缓和没有一点帮助。相反的,在这种你无法改变的现状中,你应该把握好自己的情绪,并想到大家彼此的情绪都处在烦躁、不安、易于激动的状况之中。说不定不小心踩你脚的人,也是一肚子的火,满脑门子的气正无处发泄呢!这时候,最好的办法就是平心静气地说一句"没关系",然后耐心地等待。

当然,在有些场合,说出这三个字并不是一件轻而易举的事情。当你对心爱的人献出了你全部的爱情之后,她(他)却无情地离开了你,这对你来说,无论如何也不能用"没关系"轻松地愈合你那流泪滴血的心。往日那情意绵绵、两情依依的情景,无法一下子从你的脑际消失,相反,在这种时候,那些平时的芥蒂反而不见了,留下的都是让人无法忘却的情和意。你深深地陷在失去了爱人却无法失去对爱人的爱这苦恼的深渊里。怀念的尽头成了怨恨,怨恨又产生了报复,而报复难免两败俱伤。假如你能豁达地对待这些,对自己说一句"没关系",从苦恼中解脱出来,那么"失之东隅,收之桑榆"也不是不可能的。

对生活中的一些事,我们不能不认真对待,据理力争,如是与非,真理与谬误等。对某一些人,也不能不闻不问,任其肆无忌惮。但是,当他们最终意识到自己的谬误时,我们仍可以大度地说声"没关系",因为我们恪守的是对事不对人的原则,其着眼点并不在于人如何,而是事情的结果如何。

在生活中,最能平和不良心态的三个字是:没关系。

生活中发生的一切,都是生活的一部分,失去的还会再来,本属于你的东西,绝不会与你交臂而过。学会说"没关系",你会觉得生活中增加的不是苦恼,而是欢乐。

包容的人疼痛,疼痛在于委屈,但疼痛过后,收获的是一颗金子一般的心,一种豁达的人生境界。

宽容并不等于纵容

在人脉交往中,宽容是必不可少的,只有宽容,才能原谅别人的过失,才能提高自己的人脉,改善自己的人际关系。那么宽容是不是就意味着什么都可以不在乎,无原则地容忍对方的"胡作非为"呢?自然不是如此。任何事情都要有一个底线,突破了这个底线,那么也就失去了原来的性质了。

宽容是好,但是无原则的宽容并不好,那是在纵容对方,和这样的人交往,不但没有半点好处,还会给自己带来麻烦。我们需要宽容,也应该施以宽容,但是也应该把握好一个度,千万不要做那种"吃力不讨好"的事情。

有位朋友讲过这么一个真实的故事。朋友所在单位有人搬迁，单位决定把这套即将空出的单元房分配给朋友住。在移交过程中，原房主因为买下房子后曾做过装修，就提出让朋友从经济上作一些补偿：按原物价照价码付款。朋友爽快地答应了。可临到交钥匙的时候，原房主又要求朋友交付在住期间购房款的利息。

朋友说："太过分了。他那些旧东西现在市场上半价就可以买新的，我宁愿吃点儿亏成全他。自从他提出退房，我交纳了我的购房款，也就是说从他提出退房到真正搬了出去的一年半时间里，是我出钱他住房。他竟然还要我赔偿利息！"

一气之下，这位朋友撬锁砸门，先入为主。他对原房主说："我不是收破烂儿的，请把你的东西统统搬出去！"那房主理亏，只好强饮下他自己酿造的苦酒。

那么在人际交往的过程当中，我们该如何做到"适度宽容"呢？

1. 不合理的要求懂得拒绝

面对对方一些不合理的要求，我们没有必要忍气吞声，直接拒绝就可以了。不要考虑是不是会伤害对方、是不是会让对方觉得难堪。因为对方在向我们提出这些不合理要求的时候，就没有考虑过我们的感受，没有考虑过是不是会伤害我们、是不是会超越交往的底线。既然如此，我们又何必考虑那么多呢？

2. 声明自己的观点和看法

如果在交往中，你发现对方有超越底线的倾向，这个时候，你完全可以义正词严地声明自己的立场和看法，在对方还没有伤害到自己的时候斥退对方的念头，让他们的阴谋无法得逞。

3. 适当的时候发发威

有句话说得好：老虎不发威，就当是病猫？其实很多时候，有些人就是有些"下贱"，专门欺负那些不敢反抗的人。遇到这种小人，我们没有什么话可以说的，在关键时刻表现一下自己的威力即可。并且不要多，只要一次，对方也就不敢再来惹我们了。对那些欺人太甚之人，我们没有必要宽容，更没有必要和他们客气。

总而言之，人际交往，我们可以宽容，但不能让别人来践踏我们的宽容。因为一旦我们的宽容被践踏了，人格随之被践踏，这样不但得不到我们想要的人脉，而且身边的朋友也会离开我们。

宽容的心灵

在距离美国田纳西州不远的一个小镇上，住着格林先生和他的邻居约翰。他们两个年龄差不多，也同时拥有相同面积的大片农场。

格林先生勤奋好学，精于管理，在他35岁那年，农场面积已经扩大为邻居约翰的两倍还多。而约翰好吃懒做，又嗜赌如命，所以，他的农场经营每况愈下，还欠下了一大笔债务，以至于他不得不变卖大部分的土地来抵债。

一天，债主又带着一大帮人到约翰家来讨债。约翰被逼无奈，只得跑到邻居格林先生家，向他借了两万美金，才算化解了这场危机。

一转眼八年过去了，约翰却一直没有把这笔钱还给格林先生。一天，约翰多喝了几杯后，突然间萌生了一个坏想法：如果杀了格林先生，那不就不用偿还那笔巨款了吗？于是，一天晚上，他趁格林先生开车进城的机会，自己驾驶着一辆重型卡车，加足马力撞向格林先生的轿车。约翰以为格林先生这次再也活不成了，正打算扬长而去，不想，这时格林先生却从火海里爬了出来，他浑身血肉模糊，不停地抽搐。约翰看格林先生还没有死，并认出了自己，为了免除后患，就跑上前，凶狠地朝格林先生的头上猛踹了几脚，格林先生瞬间就失去了知觉。

后来，格林先生被送到了医院抢救。三天后，他从昏迷中艰难地苏醒过来，警察也赶到了格林先生的病房。然而，此时的格林先生却只说自己喝醉了酒，拒绝指认约翰伤害过自己。

半年后，格林先生因伤口感染，不幸在医院的病床上死去。临终前，他语重心长地对子女说："我之所以当初没有让警察拘捕约翰，正是怕给他的家人再带来同样的伤害。你们要答应我，永远不要对约翰家的任何一个孩子说一句辱骂或仇恨的话，这样，他们才能和你们一样快乐地成长……"

这的确是一个最难信守的承诺，尤其是对于几个十七八岁的年轻人。他们年轻气盛、容易冲动，但是，由于格林先生的遗言在先，为了让他的灵魂安息，两家暂且相安无事，没有再出现任何干戈。

同年冬天，越战爆发。格林先生的儿子吉姆和约翰的儿子布朗都应征入伍，恰巧两人又被分在同一支队伍去参加了越南战争。不同的是，在一次战斗中，布朗不幸牺牲，是被一枚炮弹炸死的。其实，他原本可以不死，然而当那枚炮弹落在了战友的身边时，他毫不犹豫地推开了不知情的战友，让炮弹在自己的身边爆炸了！那个被布朗救下的战友正是格林先生的儿子！

当部队领导收拾布朗的遗物时，在他的日记里发现了这样一段话：

"如果你和他人之间只有一座独木桥，那么，请你以博大的胸

112

怀去加宽这座生命的桥梁；如果你和他人之间的关系只是一粒微小的纽扣，那么请用你宽广的心灵去拉长这条生命的半径……这些，我伟大的邻居都做到了！当我的爸爸害死了邻居格林先生时，是他让心灵网开一面，才保住了我们完整的家庭。直到今天，我才感觉到了在这个世界上有一种最为美丽芬芳的花朵，它的名字叫作'宽容'。可惜的是，这是邻居一家栽种的花朵，如果有机会，我也会回报以我的邻居更加芬芳的一株！"

以恨对恨，恨永远存在；以爱对恨，恨自然消失。

或许很多人认为这是一种说教，或许很多人会对此不以为然、嗤之以鼻。然而，一个真正心胸宽广，能够宽容他人的人必定能理解这些话语，因为他领略过心如碧海的境界。那是远离愤恨、恼怒、不甘、怨尤等种种负面情绪的地方，那是最接近天堂的地方，阳光、快乐、鲜花、彩霞等美好的词汇会在那里纷纷涌入心间。

为他人打开一扇窗户

问：当你在与别人争吵的时候，当你的坏脾气上来的时候，你能控制住自己吗？

答：不能，当时肯定会被怒气冲晕头脑的。

你有没有想过，我们在发脾气的时候会伤害到别人？

有一个坏脾气的男孩，他父亲给了他一袋钉子，并且告诉他，每当他发脾气的时候就钉一根钉子在后院的围栏上。第一天，这个男孩钉下了37根钉子。慢慢地，每天钉下的钉子数量减少了，他发现控制自己的脾气要比钉下那些钉子容易。终于有一天，这个男孩没有失去耐性、也没乱发脾气，他告诉了父亲。父亲又说，从现在开始，每当他能控制自己脾气的时候就拔出一根钉子。一天天过去了，最后男孩告诉他的父亲，他终于把所有钉子都拔出来了。

父亲拉着他的手，来到后院说："你做得很好，我的好孩子，但是看看那些围栏上的洞，这些围栏将永远不能恢复到从前的样子了。你生气的时候说的话，就像这些钉子一样留下疤痕。每当你和一个人吵架，说了些难听的话后，你就在他心里留下了伤口，像那个钉子洞一样。插一把刀子在人家心里，再拔出来，伤口就难以愈合了。无论你怎么道歉，伤口总在那儿。要知道，心灵上的伤口比身体上的伤口更加难以恢复。"

有时候，我们会对别人大发脾气，使得双方都非常不高兴。换个角度想想，如果大家可以和气地处理这件事，岂不是双方都不会弄得那么不愉快？正因为这样，我们才要好好学习控制自己的情绪，让自己的"EQ"（情绪控制管理）高一些，待人处事才会有一定的弹性，这样人际关系会更好，也可避免冲突的发生，不是一举两得吗？

控制脾气并不难，换个角度多替别人想想，都是不错的方法。切记，多替别人想，才不会造成无法弥补的伤害。有些伤害，说声对不起就算了，但也有一些伤害，用任何方法也无法挽回！

有时候，为别人开启一扇窗，也能让自己看到更完整的天空。

人与人之间常常因为一些彼此无法释怀的坚持，而造成永远的伤害。如果我们都能从自己做起，开始宽容地看待他人，就能让自己活得更自在、更轻松。

豁达让你收获幸福

　　一天中午，太阳火辣辣地炙烤着大地，阳光刺眼，大街上没几个行人，小惠独自从天桥边走过，看见一个小伙子在吃力地背着个姑娘上天桥。小伙子的额头上渗出细密的汗珠。像这样"周瑜打黄盖，一个愿打，一个愿挨"的事，平时小惠见多了，所以她开始时并没有太在意。但是当她从他们身边路过的那一瞬间，突然感到那男孩子的两腿抖得厉害，不像平时遇到的那种玩闹的恋人。于是小惠靠上前去帮忙搀扶，问男孩儿："她生病了吧！是去医院吗？怎么不打车？"男孩只是低头不语。

　　来到天桥上，姑娘忽然大笑起来，男孩一边擦脸一边忙向小惠道歉：

　　"对不起，谢谢您，我们是在游戏。"

　　"什么？"小惠尴尬中有些恼怒。

　　姑娘好久才停住笑，上前解释道："今天是我们结婚三周年纪念日，我们特意来逛街，本想买点东西庆祝，不过都太贵了，舍不得花钱。于是想起以前上学时读过的一篇文章，文章里的主人公就是用这种方式来纪念他们的结婚周年的。于是我们便照做了。"

　　"我们没有钱，我不让他买什么礼物做纪念，可是他有的是力气呀，所以我才让他背我上天桥，一趟算一年，才背了一个来回，他就累成这样了。若是将来我们结婚三十周年、四十周年，我还让他背我那么多个来回，他还得背……"

姑娘一边心疼地为男孩拭着额角的汗珠，一面又笑了起来。

我们一向以为，浪漫只是那些有钱人的专利。他们可以用鲜花、烛光、音乐来营造出如梦如幻的多彩境界，没有想到还有这样一种别致的浪漫。可以说，他们的这种浪漫完全是由于贫困培养而成的，那么，贫困还可以植育一种幸福，就是豁达者的幸福。

作为一个清贫者，可以去追求通往幸福途中的浪漫，但在追求浪漫的过程中，一定要调整好自己的心态。不要以为只有有钱的人才能获得开心快乐，如果采取适当的方式，即使是我们身无分文，一样可以得到。

第七章 多点包容，多点成功

一个人最大的对手就是自己

有一个小和尚什么事情都发愁。他之所以忧虑，是因为觉得自己太木讷了；他很担忧他给别人不好的印象；他很担忧，因为他觉得自己的心不纯净，他无法安心诵经……

小和尚决定到九华山去旅行，希望换个环境能够对自己有所帮助。上路前，师父交给他一封信并告诉他，等到了九华山之后再打开看。小和尚到九华山后觉得比在自己的庙里更难过。因此，他拆开那封信，看看师父写的是什么。

师父在信上写道："徒儿，你现在离咱们的寺庙很远，但你并不觉得有什么不一样，对不对？我知道你不会觉得有什么不同，因为你还带着你的麻烦的根源——也就是你自己。无论你的身体或是你的精神，都没有什么毛病，因为并不是你所遇到的环境使你受到挫折，而是由于你对各种情况的想象。总之，一个人心里想什么，他就会成为什么样子，当你了解这点以后，就回来吧。因为那样你就医好了。"

师父的信使小和尚非常生气，他觉得自己需要的是同情，而不是教训。

有天晚上，经过一座小庙，因为没有别的地方好去，小和尚就进去和一位老和尚聊天。老和尚反复强调："最大的对手是自己。

能征服自己的人,强过能攻城占地。"

小和尚坐在蒲团上,聆听着老和尚的教诲,听到和他师父同样的说法,这样一来就把他脑子里所有的胡思乱想一扫而空了。

小和尚觉得自己第一次能够很清楚而理智地思考,并发现自己真的是一个傻瓜——他曾想改变这个世界和全世界上所有的人——而唯一真正需要改变的,只是他自己。

第二天清早,小和尚就收拾行囊回庙里去了。当晚,他就平静而愉快地读起了经书。

一个人的命运是由自我意识决定的,我们最强大的对手并不是来自外部,而是我们自己,正如作家罗曼·罗兰所说:"最强的对手,不一定是别人,而可能是我们自己;在征服世界之前,先得战胜自己。"我们必须认识到这一点。

相信自己"我能行"

不是因为有些事情难以做到,我们才失去自信;而是因为我们失去了自信,有些事情才显得难以做到。相信你自己,你会做得更好。

2001年5月20日,美国一位名叫乔治·赫伯特的推销员成功地把一把斧子推销给小布什总统。布鲁金斯学会得知这一消息,把刻有"最伟大推销员"的一只金靴子赠予他。这是自1975年以来,该学会的一名学员成功地把一台微型录音机卖给尼克松后,又一学员登上如此高的门槛。

布鲁金斯学会以培养世界上最杰出的推销员著称于世。它有一个传统，在每期学员毕业时，设计一道最能体现推销员能力的实习题，让学生去完成。克林顿当政期间，他们出了这么一个题目：请把一条三角裤推销给现任总统。八年间，有无数个学员为此绞尽脑汁，可是，最后都无功而返。克林顿卸任后，布鲁金斯学会把题目换成：请把一把斧子推销给小布什总统。

鉴于前八年的失败与教训，许多学员放弃了争夺金靴子奖，有的学员甚至认为，这道毕业实习题会和克林顿当政期间一样毫无结果，因为现在的总统什么都不缺少，再说即使缺少，也用不着他亲自购买。

然而，乔治·赫伯特却做到了，并且没有花多少工夫。一位记者在采访他的时候，他是这样说的：我认为，把一把斧子推销给小布什总统是完全可能的，因为布什总统在得克萨斯州有一农场，里面长着许多树。于是我给他写了一封信，说：有一次，我有幸参观您的农场，发现里面长着许多大树，有些已经死掉，木质已变得松软。我想，您一定需要一把小斧头，但是从您现在的体质来看，这种小斧头显然太轻，因此您仍然需要一把不甚锋利的老斧头。现在我这儿正好有一把这样的斧头，很适合砍伐枯树。假若你有兴趣的话，请按这封信所留的信箱，给予回复……最后他就给我汇来了15美元。

乔治·赫伯特成功后，布鲁金斯学会在表彰他的时候说，金靴子奖已空置了26年，26年间，布鲁金斯学会培养了数以万计的推销员，造就了数以百计的百万富翁，这只金靴子之所以没有授予他们，是因为我们一直想寻找这么一个人，这个人不因有人说某一目标不能实现而放弃，不因某件事情难以办到而失去自信。

是的，有时成功只需要自己推自己一把。

从小事做起又何妨

维斯卡亚公司是20世纪80年代美国最为著名的机械制造公司，其产品销往全世界，并代表着当时重型机械制造业的最高水平。许多人毕业后到该公司求职遭到拒绝，原因很简单，该公司的高技术人才爆满，不再需要各种技术人才。但是令人垂涎的待遇和足以自豪、炫耀的地位仍然向那些有志的求职者闪烁着诱人的光环。

史蒂芬是哈佛大学机械制造专业的高才生。和许多人的命运一样，在该公司每年一次的用人测试会上被拒绝申请，其实这时的用人测试会已经徒有虚名了。史蒂芬并没有死心，他发誓一定要进入维斯卡亚重型机械制造公司。于是，他采取了一个特殊的策略——假装自己一无所长。

他先找到公司人事部，提出为该公司无偿提供劳动力，请求公司分派给他任何工作，他都不计任何报酬来完成。公司起初觉得这简直不可思议，但考虑到不用任何花费，也用不着操心，于是便分派他去打扫车间里的废铁屑。

一年来，史蒂芬勤勤恳恳地重复着这种简单但是劳累的工作。为了糊口，下班后他还要去酒吧打工。这样，虽然得到老板及工人们的好感，但是仍然没有一个人提到录用他的问题。

20世纪90年代初，公司的许多订单纷纷被退回，理由均是产品质量问题，为此公司将蒙受巨大的损失。公司董事会为了挽救颓势，紧急召开会议商议对策，当会议进行一大半却未见眉目时，史蒂芬闯入会议室，提出要直接见总经理。

在会上，史蒂芬把对这一问题出现的原因作了令人信服的解释，并且就工程技术上的问题提出了自己的看法，随后拿出了自己对产品的改造设计图。这个设计非常先进，恰到好处地保留了原来机械的优点，同时克服了已出现的弊病。

总经理及董事会的董事见到这个编外清洁工如此精明在行，便询问他的背景以及现状。史蒂芬当即被聘为公司负责生产技术问题的副总经理。

原来，史蒂芬在做清扫工时，利用清扫工到处走的特点，细心察看了整个公司各部门的生产情况，并一一做了详细记录，发现了所存在的技术性问题并想出解决的办法。为此，他花了近一年的时间搞设计，获得了大量的统计数据，为最后一展雄姿奠定了基础。

只有心存远大志向，才可能成为杰出人物。但要成功，光有心高气盛远远不够，还需要从小事做起。如果你一直不被人重视，不妨降低一下自己的目标，从最基层的事做起，终有一天你会拥抱成功。

只要尽力而为就可以了

每个人的能力是不一样的，有的大有的小。无论做什么事，只要根据自己能力的大小，尽力而为就行。

佛在一国传法，国王广设布施供养佛和众比丘。

当时，都城中有位贫穷的老妇人，家中一无所有，平日常以乞讨生活。听说国王正在为佛和众比丘设会供养，心中也产生了极大的欢喜。老妇人也想向佛等沙门贡献点什么，可是环顾左右上下，家中无一长物，便无奈地低头叹息起来。

忽然，贫妇看到了别人施舍给她的一点黄豆，顿时心中一亮。老妇人赶忙来到王宫，想进宫把这点黄豆供在佛的面前。看门人看着这个衣衫破烂的贫妇，捧着一点黄豆竟想进入王宫中供奉佛陀，觉得很可笑，坚决不放她进去。

佛在宫中遥知此事，便以神力取来了贫妇手中捧着的黄豆，并且遍施在国王摆出的各种食物之中。国王在每种食物中都吃到了黄豆，非常恼火，叫来厨师要处置。

佛在旁边连忙劝说道："大王啊，事实上不是厨师的过错，这些黄豆是宫外一位贫妇布施的。"

国王仍然很不高兴。佛接着说："这位贫妇一片真善之心，虽是小小的一捧黄豆也能协助国王大施饭食。所以，饭中皆有黄豆。"

国王很不以为然地说："这点黄豆算得了什么，怎能与我这么丰厚的布施相比呢？"

佛却说："贫妇施豆虽然微薄，但将来获得的福善定多于大王。"

国王不解地问："难道我用这么丰盛的佳肴供养比丘还比不上贫妇的一小捧黄豆的布施功德吗？"

佛向国王解释说："贫妇的黄豆虽少，却尽其所有而行布施；国王布施虽多，却全都来自百姓，于国王毫无损失。所以说，贫妇的布施很多，国王的布施很少，因而贫妇将获得的福善定多于国王。"

国王听了佛的这番话深受启发，立即命人把贫妇请进宫来。

我们对人对事皆要宽容，对自己也不要过分苛求。成功固然重要，但若把目标和要求定在自己力所能及的范围内，不仅易于实现，而且会增强我们追求更高目标的信心。

勤奋能将失败转化为成功

勤奋不是天生就有的，而是后天自己养成的。产生勤奋的原因有多种，有的是心怀抱负和信念，也有的是因为某种原因或在某些事情上受挫，从而勤勉起来了。下面的故事就能给我们以启迪。

据说，清末时梨园中有"三怪"，他们都是因为勤学苦练成了才。

盲人双阔，自小学戏，后来因疾失明，从此他更加勤奋学习，苦练基本功，他在台下走路时需人搀扶，可是上台表演时却寸步不乱，演技超群，终于成为功深艺湛的名须生。

另一位是跛子孟鸿寿，他幼年身患软骨病，身长腿短，头大脚小，走起路来很不稳便。于是，他暗下决心，勤学苦练，扬长避短，后来一举成为丑角大师。

还有一位是哑巴王益芬，先天不会说话，平日看父母演戏，一一默记在心，虽无人教授，但他每天起早贪黑练功，长年不懈。艺成后，一鸣惊人，成为戏园里有名的武花脸，被戏班子奉为导师。

天才来自勤奋，不过这"三怪"的成功，还有另一方面的原因，就是他们各自都身有残疾，他们为什么能够成才呢？一是他们不被自身的缺陷所压服，身残的压力让他们更加坚定了人生的信念，看似失败的人生，实际还有通向成功的途径；二是他们身残志坚，扬长避短，再加上勤奋，于是他们从勤奋中创造了最好的自己，同时也成就了一番事业。

华罗庚说："勤奋补拙是良训，一分辛劳一分才。"勤奋终能越过暂时的失败和挫折，而最后获取成功。

"宝剑锋从磨砺出，梅花香自苦寒来"，大凡有作为的人，无一不与勤奋有着难解难分的渊源。只要勤于工作，就会有成功的必然。所以，我们应该勤勉地工作，无论什么压力，我们都要有勇气战胜它。

相信一切皆有可能

在对待事情的态度上，拥有积极心态的人认为一切都是有可能的，而存有消极心态的人则怀疑一切，做事犹豫不决，畏首畏尾。

拿破仑·希尔告诉我们，永远也不要消极地认定什么事情都是不可能的，首先你要认为你能，再去尝试、再尝试，最后你就发现你确实能。对于变不可能为可能，拿破仑·希尔曾讲了他以前生活中的一个故事来表明他的心态。

年轻的时候，拿破仑·希尔抱着一个当作家的雄心。要达到这个目标，他知道自己必须精于遣词造句，字词将是他的工具。但由于他小时候家里很穷，所接受的教育并不完整，因此，朋友们善意地告诉他，说他的雄心是"不可能"实现的。

年轻的希尔存钱买了一本最好的、最全面的、最漂亮的字典，他所需要的都在这本字典里面，他的目标是完全了解和掌握这些字。而他竟然把字典里"不可能"这个词用小剪刀剪掉，于是他有了一本没有"不可能"的字典。以后他把整个的事业建立在这个前提下，那就是对一个要成长，而且要成长得超过别人的人来说，没有任何事情是不可能的。

其实，把"不可能"从字典里剪掉，只是一个表象，关键是要从你的心中把这个观念铲除掉。并且，在你的谈话中排除它，想法中排除它，态度中去掉它、抛弃它，不再为它提供理由，不再为它寻找借口，把这个字和这个观念永远地抛弃，而用光辉灿烂的"可能"来替代它。

再比如汤姆·邓普西，他就是将不可能变为可能的典型。

汤姆·邓普西生下来的时候，只有半只脚和一只畸形的右手。父母从来不让他因为自己的残疾而感到不安。结果是任何男孩能做的事他也能做，如果童子军团行军5千米，汤姆同样也走完5千米。

后来他要踢橄榄球，他发现，他能把球踢得比任何同在一起玩的男孩子远。他要人为他专门设计一只鞋子，参加了踢球测验，并且得到了冲锋队的一份合约。但是教练却尽量委婉地告诉他，说他"不具有做职业橄榄球员的条件"，促请他去试试其他的事业。最后他申请加入新奥尔良圣徒球队，并且请求给他一次机会。教练虽然心存怀疑，但是看到这个男孩这么自信，对他有了好感，因此就收下了他。两个星期之后，教练对他的好感更深，因为他在一次友谊赛中踢出了55码远的得分。这使他获得了专为圣徒队踢球的工作，而且在那一季中为他的球队踢得了99分。

那是在比赛最紧张的时刻，球场上坐满了6.6万名球迷。球是在28码线上，比赛只剩下了几秒钟，球队把球推进到45码线上，但是可以说根本就没有时间了。当汤姆进场的时候，他知道他的队距离得分线有55码远，是由巴第摩尔雄马队毕特·瑞奇踢出来的。但是，邓普西心里认为他能踢出那么远，而且是完全有可能的，他这么想着，加上教练又在场外为他加油，使他充满了希望。

正好，球传接得很好，邓普西一脚全力踢在球身上，球笔直地前进。6.6万名球迷屏住气观看，接着终端得分线上的裁判举起了双手，表示得了3分，球在球门横杆之上零点几米的地方越过，汤姆一队以19比17获胜。球迷狂呼乱叫为踢得最远的一球而兴奋，因为这是只有半只脚和一只畸形的手的球员踢出来的!

"真是难以相信!"有人大声叫,但是邓普西只是微笑。他之所以创造出这么了不起的成绩,正如他自己说的:"他们从来没有告诉我,我有什么不能做的。"

最后再强调一遍,永远也不要消极地认定什么事情是不可能的,首先你要认为你能,然后去尝试、再尝试,要知道,世上没有什么是不可能的。

等待命运之神的考验

美国著名作家霍桑曾写过这样一个经典故事。

穷小子李尔今天一上午都在找工作,哪怕端盘子洗碗也好,可是直至正午还一无所获,这时,他走到了路旁的一片树荫里,也许是太疲惫的缘故吧,不一会儿,他便靠着树桩沉沉地睡着了。

他刚睡下,大道上就来了一辆华丽的马车,或许是马腿上出了点毛病,车停了,一位绅士扶着妻子走下车,他们一眼就看见了熟睡的李尔。"他睡得多甜啊!呼吸得那么有节奏,要是我们也能那样睡会儿,那该有多么幸福啊!"绅士羡慕地说。他的妻子也深以为然,"像咱们这年龄,恐怕再也睡不了那么好的觉了!这个可爱的小伙子多像咱们的儿子,叫醒他好吗?""可是我们还不知道他的品行。"绅士反驳道。"看那面孔,多天真无邪。"妻子坚持着,可最终两个人还是恋恋不舍地走上马车,车走了。

李尔当然不会知道,幸运刚刚降临又走远了。这位绅士很富有,而他唯一的孩子最近又死了，夫妻俩很想认个可爱的小伙子做儿子，并继承他们雄厚的家产，他们甚至在那一刻看中了李尔，可李尔睡得很香。

没过10分钟，一个美丽的女孩儿迈着轻盈的步子，追着一只蝴蝶，来到了树下，她看见一只马蜂正落在李尔的头顶，不由得拿出手绢替他驱赶着，这时她仔细地看了一眼李尔，"多英俊的小伙子！他醒来时会是什么样子呢？"她在旁边坐了10多分钟，可李尔还没有醒来，女孩快快地走了，回家晚了要挨父亲骂的。女孩的父亲是个大石油商，最近正在给女儿物色一个正直的小伙子，穷点儿不要紧，勤劳正直就好。也许他们会相识继而结合的，可李尔依然睡着，女孩儿恋恋不舍地走了。

不久，两个鬼鬼祟祟的家伙来了，他们戴着面具，手里拿着匕首。"也许这小子身上有钱，"他们想着，"过去搜搜，要是反抗，就一刀捅了他。"俩人刚要动手，这时，不知从哪儿窜出一条狼狗。"是警犬也不一定，这两天我的眼皮总是跳。"两个强盗放弃了李尔，跑了。

下午，太阳那股热乎劲儿下去时，李尔醒了，拍了拍屁股，沿着大道向前走去，工作还没有什么着落，对于他来说，刚才的一切至多也就是个梦，不过是在饥饿中睡了一个午觉而已。

我们很难预料在某一时刻，或是在某一瞬间，命运将会以什么样的姿态出现。这样也好，否则，生活就会充满过多的希望和恐惧，我们也因此而得不到片刻的安宁。但若我们换一种心态去想，生活中是充满了变数的，机遇与挑战也许下一刻就会出现，命运之神时时眷顾着我们每一个人，那现在的烦恼又算什么呢？

黑暗的边缘就是尽头

人，有的可以永远做自己生活的主人，而有的只配永远做自己生活的奴隶。是希望，还是失望？是可爱，还是可怜？是积极，还是消极？是自强，还是自卑？一切的一切全在于自己。尤其在青年时期更是如此，因为在这个年代，我们拥有更多自由的时空和心态可以选择。

在美国，有一个黑人青年，他在一个环境很差的贫民窟里长大。他的童年缺乏教育和指导，跟别的坏孩子学会了逃学、破坏财物和吸毒。他刚满12岁就因抢劫一家商店被逮捕；15岁时因为企图撬开办公室里的保险箱，再次被逮捕；后来，又因为参与对邻近的一家酒吧的武装打劫，他作为成年犯第三次被送入监狱。

一天，监狱里一个年老的无期徒刑犯看到他在打垒球，便对他说："你是有能力的，你有机会做些你自己的事，不要自暴自弃。"

年轻人反复思索老囚犯的这席话，最后终于明白了这句话的意思。虽然他还在监狱里，但他突然意识到他具有一个囚犯能拥有的最大自由——他能够选择出狱之后干什么，他能够选择不再成为恶棍，他能够选择重新做人，当一个垒球手。

五年后，这个年轻人成了明星赛中底特律老虎队的队员。

这个年轻人尽管曾陷于生活的最底层，尽管曾是被关进监狱的囚犯，然而，他认识到了真正的自由，这种自由是我们人人都有的，它存在于自由选择的绝对权利之中，我们所有的人都有这种权利。

诺曼·利尔是美国电视界的一位杰出人才，但在此之前他却是一个皮鞋推销员,当时他渴望成为好莱坞的作家。为了引起有关人士注意,他采取了一般人通常所用的各种做法,但都不奏效。

于是,他勇敢地采取了一种独特的办法来表现自己的才能。他设法打听到好莱坞一位知名喜剧演员家的电话。他马上拨通了电话,当他听清接电话的是明星本人时,他既不打个招呼,也不做自我介绍,上来就是:"你准爱听,这是个了不起的笑话。"接着他就念了一篇他自己写得非常滑稽可笑的短剧。他一念完,喜剧演员就哈哈大笑起来。

在他们后来的谈话中,这位明星问利尔是否做过电视方面的工作,这个从没进过电视台大门的勇气十足的皮鞋推销员毫不含糊地说:"当然。"这位知名演员对这个既能写出好的喜剧,又有电视工作经验的不速之客感到特别中意!谈话结束时,利尔得到了他的第一次写作机会——为圣诞特别电视节目撰稿。

人生在世免不了要遭受挫折,谁也不会一帆风顺就走向成功。有些人遭受挫折,就放弃了自己的追求;有些人面对挫折,永不屈服,就能获得成功。所以不论成功还是失败,就在于面对挫折的不同态度。走向成功之路并非是一帆风顺,有失才有得,有大失才能有大得。大浪淘沙,优胜劣汰,成功只能属于那些在挫折面前乐观顽强、坚持到底的人。

第八章 从容处世，感恩生活

做一个懂得付出的人

现实主义当道的今天,人人都只知道追求自己的利益,逃避对自己不利的事。但大家都忘了,你怎么对待别人,别人就怎么还报你。一味地讲求获取,那么谁又愿意付出呢?没有付出,又哪来的交情和人脉呢?为什么很多人的人际交往常常进入死胡同呢?关键就在于此:不懂得付出。准确点说,不懂得首先付出,只想着别人给予自己。当然,这样的想法只能是痴心妄想,因为交际的技巧就在于随时随地的付出。

有这么一则寓言:一个人问上帝:"天堂和地狱有什么区别?"上帝没有回答,把他带到地狱。这里每个人都有一把长勺子,围着一个盛着佳肴的锅。他们用勺子盛佳肴,拼命往自己嘴里送,但怎么也够不着,因此人人面黄肌瘦。上帝又把他带到天堂。这里有着同样的情景,只不过人们用勺子把佳肴送到对方嘴里,因此人人都白白胖胖的。那人恍然大悟:天堂和地域的差别就是一个有付出,一个不懂得付出。

其实在这个社会,多付出一些对他人的关心,多拥有一份至真的友谊，就能多积累一些良好的人缘。"施比受更有福"是欧美人深信不疑的法则。这虽然是从基督教教义而来，并非处世技巧，但这句话早已根深蒂固地存在于每一个欧美人的心中。

交际说到底就是在互惠的原则下达到一种共存共荣，要开拓自己的交际范围，使自己永远拥有真正的朋友，就必须保持着"为朋友两肋插刀"的决心，同时还要有施恩不图报的宽阔胸襟。

战国时代有个名叫中山的小国。有一次，中山国的国君设宴款待国内的名士。当时正巧羊肉羹不够了，无法让在场的人全都喝到。有一个没有喝到羊肉羹的人叫司马子期，此人怀恨在心，到楚国劝楚王攻打中山国。楚国是个强国，攻打中山国易如反掌。中山国被攻破后，国王逃到国外。他逃走时发现有两个人手拿武器跟随他，便问："你们来干什么？"两个人回答："从前有一个人曾因获得您赐予的一壶食物而免于饿死，我们就是他的儿子。父亲临死前嘱咐，中山国有任何事变，我们必须竭尽全力，甚至不惜以死报效国王。"

中山国国君听后，感叹地说："怨不期深浅，其于伤心。吾以一杯羊羹而失国矣。"即给予不在乎数量多少，而在于别人是否需要。施怨不在乎深浅，而在于是否伤了别人的心。我因为一杯羊羹而亡国，却由于一壶食物而得到两位勇士。

在商业社会中，最容易发生的事情就是利用人或者自己被别人利用，但是这并不能成为我们拒绝付出的理由。现在的人际关系变得越来越微妙，所以只有用付出来弥补其中的缺憾。那么在付出的时候要注意哪些问题呢？总的来说，有以下两点比较重要。

1. 眼光要长远

很多时候，付出和回报之间不是平等的，或者说在时间上并不是保持一致的，或许你今天付出了，要等到一个月以后，甚至是几年、几十年之后才有回报。或许是父亲的付出，而儿子得到回报，这都是可能的。因此，关于这一点，相信很多人的眼光还不够长远，总是着眼于现在。

2. 付出不能伤害对方自尊心

在付出的时候，同样不能伤害别人的自尊心。某人曾经讲过他祖父的故事，在理解人情世故的微妙方面，具有很好的启发作用：

"当年，祖父很穷。在一个大雪天，他去向村里的首富借钱。恰好那天首富兴致很高，便爽快地答应借给祖父两块大洋，末了还大方地说：'拿去开销吧，不用还了！'祖父接过钱，小心翼翼地包好，就匆匆往等着急用的家里赶。首富冲他的背影又喊了一遍：'不用还了！'

"第二天大清早，首富打开院门，发现自家院内的积雪已被人扫过，连屋瓦也扫得干干净净。他让人在村里打听后，得知这事是祖父干的。这使首富明白了：给别人一份施舍，只能将别人变成乞丐。于是他前去让祖父写了一份借契，祖父因而流出了感激的泪水。

"祖父用扫雪的行动来维护自己的尊严，而首富向他讨债极大地成全了他的尊严。在首富眼里，世上无乞丐；在祖父心中，自己何曾是乞丐？"把'施恩'变成了'施舍'，一字之差，高低立见，效果大大的不同。"

人都爱面子，你给他面子就是给他一份厚礼。有朝一日你求他办事，他自然要给回"面子"，即使他感到为难或感到不是很愿意。付出不是简简单单的给予，而是一种人情的投资，一种交际的投资。投资到位了，人脉自然也就源源不断了。

分一点咖啡给他人

　　印度尼西亚的苏门答腊岛上，生长着茂密的咖啡树，几百年以来，岛上的居民都靠采集咖啡豆来谋生。

　　但是近些年来，每当咖啡将要成熟的时候，岛民们的烦恼也来了。这是因为，有一种叫作棕榈猫的动物开始在岛上生存繁衍。棕榈猫喜食咖啡果，而且它们比人类更善于爬树，往往在人们还没有开始采摘时，那些最熟最红的咖啡果早已经成了这些棕榈猫的美餐。

　　由于棕榈猫的争夺，岛民们获得的咖啡资源就少了很多。为此，岛上的居民非常痛恨这个竞争对手，每到咖啡果成熟的季节，便开始驱赶棕榈猫，后来又开始大肆攻击和捕杀它们。人们想以灭绝棕榈猫的方式来保证咖啡果的收获量。饥饿加之杀戮，使棕榈猫大量死亡，人们终于达到了独占咖啡果的目的。

　　咖啡果是长在高大的咖啡树上的。人们在采集咖啡果时必须要爬到树上去，所以，这是一项非常辛苦的工作。一天，一个懒惰不想爬树的人突然发现，踩在自己脚下的那些棕榈猫的排泄物中竟有很多没有消化的咖啡豆。原来，棕榈猫只是喜欢吃甜美的咖啡果实，但果实里的咖啡豆却因无法消化而被排出体外。于是，这个人就偷偷地把棕榈猫排泄出的这些咖啡豆收集起来，拿回去当作采集的咖啡豆卖给了一位经营咖啡的商人。

没想到,这位商人对咖啡有很深的研究,当他闻到这些咖啡的气味时,立刻感觉出这些咖啡非同一般。在品尝这些咖啡时,他更是惊奇万分,因为这种咖啡不但具有糖浆般的黏稠,而且还有巧克力般的浓厚,入口后香醇润滑,妙不可言,他从未喝过如此美妙的咖啡。他放下杯子,马上找到那个卖咖啡的人,问这些咖啡的来源。于是,这个人不得不说出了这些咖啡豆的来历。咖啡商听罢,不觉感叹造化之神奇,人为发酵咖啡的方法,只能发酵出普通的咖啡,而棕榈猫的消化系统对咖啡居然会产生特殊的发酵过程,使得原本很普通的咖啡豆脱胎换骨,成为世界上独一无二的神品。感叹之余,他开始出很高的价钱向岛民收购这种棕榈猫咖啡豆。

直到这时,岛民们才不再与棕榈猫为敌了。他们背着筐,苦苦寻找着棕榈猫的排泄物,每天,他们最大的希望是能有大量的棕榈猫来吃咖啡果,然后排泄出更多香味诱人的棕榈猫咖啡豆。因为,一磅棕榈猫咖啡豆可以卖到300美金,其价格远远超过了蓝山、考拿等名牌咖啡豆,成了名副其实的世界上最昂贵的咖啡豆。

但由于岛民的滥杀,岛上棕榈猫的数量已经不多了,这让人们后悔不迭。

棕榈猫咖啡豆的故事告诉我们,我们永远都要胸怀一种博爱与友善,记着把生命中的每一份"咖啡"都分给别人,当我们给别人留下机会就是给我们自己种下了希望。

自私只会让我们步入生命的死胡同,永远得不到阳光与雨露的滋润。人生多一点分享的心态,我们就会看到更精彩的风景,会取得更大的成功。而一味自私的人,则会走入越来越狭隘的境地,成为事业、生活上的"孤家寡人"。

人生的成功与否往往取决于是否善于与他人分享自己所拥有的，自私的人往往对他人漠不关心，他们只在意自己的"一亩三分地"，只知索取，从不奉献。这样的人，终其一生也不会获得较大的成功。要知道，在这个崇尚合作的世界上，没有一个人能担当全部，一个人价值的体现往往就维系在与别人互助的基础之上。许多时候，与人分享自己所拥有的，我们才能找到自己的位置和方向，也才能使自己的价值最大化。

对帮助你的人要心怀感恩

我有两个朋友，朋友甲和朋友乙。一日，朋友甲发现自己得了一种很严重的病，需要大笔治疗费，而不巧的是她刚刚用按揭的方式买了一套房子，这意味着她手里不但现金紧张，而且还可能面临还贷等一系列压力，唯一可行的方式是将她的这套房子以高价租出去。我帮助她贴广告、找中介公司，但是由于她那套房子的地理位置以及各方面的综合因素，很难在短时间内租出去。这个时候我的朋友乙听说此事，决定拔刀相助，愿意租这套房子。谈妥月租金4000元，这笔钱恰巧可以付按揭、供暖以及物业管理费等，算是解了朋友甲的燃眉之急。当第一个月的租金送到朋友甲手中，她感动得不得了。

一次偶然闲聊，朋友甲听说朋友乙将她的房子用作"北漂宿舍"，每间屋子里都塞满了双人床，大约住了将近30个人。朋友甲就不高兴了，让我去找朋友乙。朋友乙说："这样吧，以后每个月我再给她加1000元，如何？"

朋友甲同意了。数月以后，朋友甲康复，于是收房。这才发现房间里不仅到处是双人床，而且墙上钉满了钉子，浴室的门坏了，橱柜的拉手掉了，阳台上饶有情趣的秋千架成为一堆垃圾……

朋友甲找到我，要我出面让朋友乙赔偿。我劝她，毕竟在她最困难的时候，是朋友乙伸出了援助之手。但朋友甲则申辩说："他那叫帮助吗？那叫趁火打劫。他来回一倒手，赚了多少？到底谁该感激谁？"

这个问题真把我问住了。我想了一整天，最后我想到了"感恩"这个词。也许是我们在商品社会生活久了，早就习惯一事当前，立刻把投入与产出算得清清楚楚明明白白。当然这并没有什么不好，但这样的习惯方式让我们很难再享受到"感恩"之于生活的种种快乐和体贴。因为，"感恩"的基本前提就是"不计得失"。

我觉得我的朋友甲之所以不快活，就是因为她总在心里盘算她所得到的帮助与帮助她的人所得到的哪个更多，而她没有想到，在她最绝望最困难的时候，是谁帮助了她。那个时候她就是一根稻草都要捞，为什么现在上了岸，倒要对当初的稻草挑三拣四？责怪那根稻草为什么不是一只救生筏？我真的希望她能明白一个道理，生活中许多像我这样愿意帮助她的人，并不是不愿意提供一只救生筏，假如我能找到一只救生筏，为什么要给她稻草呢？我多么希望她能懂得感激，感激生活中的每一根稻草，因为正是这些微不足道的稻草让她在人生的冬季感受到了温暖。我想假如她，还有我们每一个人，能对生活中所有的稻草都心存感激的话，相信我们一定会快活起来。

现实生活中很多人并不懂得感恩。看着父母对自己的付出无动于衷，认为那是天经地义的，遇到同学、朋友帮忙，也一副不在乎的样子，认为"不就是一个小忙嘛，不值得记挂在心上"，当你对所有的事情都采取这样的态度的时候，其实已经是最危险的时候了。俗话说："滴水之恩当涌泉相报。"如果你连感恩的意识都没有的话，又如何在这个社会上立足？

社会像一张巨大的网，把每个人联系在一起，没有人愿意与一个毫无感恩意识的人结交，即使有人愿意帮助你，久而久之，也会因为你认为别人为你做的一切都是"理所当然"而离你远去。

日行一善不等于善行一日

给大家讲一个真实的故事吧。

一个古巴裔美国人，他的父亲曾是位大庄园主，7岁之前，他过着锦衣玉食般的生活。20世纪60年代，他所生活的那个岛国突然掀起一场战争，他失去了一切。当家人带着他来到美国时，全家所有的家当便是他父亲口袋里的一叠已被宣布禁止流通的纸币。

为了能在异国他乡生存下来，从15岁起，他就跟随父亲打工，他的第一份工作是在海边的一家小饭馆里做服务生。由于他勤快、好学，很快得到老板的赏识，不久，老板就推荐他给一家食品公司做推销员兼货车司机。这是他获得的第二份工作。

临去上班时，父亲告诉他：我们祖上有一个遗训，叫"日行一善"，在家乡时，父辈们之所以成就了那么大的事业，都得益于这四个字,现在你去外面闯荡了,最好能记得。"

也许就是因为那四个字吧,当他开着货车把燕麦片送到大街小巷时,他总是做一些力所能及的善事,比如帮店主把一封信带到另一个城市,让放学的孩子顺便搭了他的车,就这样,他乐呵呵地干了四年,第五年他接到总部一份通知要他去墨西哥,统管拉丁美洲的营销业务,理由是4年中,他个人的推销量占佛罗里达州总销量的40%,应予以重用。

后来的事,似乎有点顺理成章了。他打开了拉丁美洲的市场后,又被派到加拿大和亚太地区,1999年被调回了美国总部,任首席执行官。

就在他被列入可口可乐、高露洁等世界性大公司首席执行官的候选人时,美国总统布什在竞选连任成功后宣布,提名卡罗斯·古铁雷斯出任下一届政府的商务部部长。这正是他的名字。

当时,卡罗斯·古铁雷斯这个名字已成为"美国梦"的代名词。后来,他在接受《华盛顿邮报》一位记者采访时,说了这么一句话:"一个人的命运,并不是取决于某一次大的行动。我认为,更多的时候,取决于他在日常生活中的一些小小的善举。"确实,古铁雷斯不过是发现了改变自己命运的简单武器,那就是"日行一善"。只要我们每天怀揣一份感恩之心,一份善心,我们离成功也就不远了。

名古屋有一家叫作"加它"的因制造咖啡用新奶酪而闻名的名古屋制酪公司。这里的社长日比孝吉先生十分乐善好施,无论是什么都免费或超低价供给。一种无味大蒜是由一个拥有此项开发技术的人推销到日比先生这儿的。据说日比先生自己试过后感觉很好,于是就买下了这项技术，然后让从法国巴斯德研究所来的研究人员对其效能进行研究。原来这种特别方法制成的无味大蒜中含有一种叫"阿霍安"的物质，它能净化血液，除了对预防癌症有效之外，还有利于白内障、高血压、哮喘等病的治疗。

有一次，一个朋友来要点儿过年用的咖啡。"那么，这个也给你，一起用着试试看。"日比先生顺手拿了一些无味大蒜送给了这位朋友。没想到这成了一个开端。据说到现在为止，这种无味大蒜已经派发给了全国25000余人。结果，有感谢信寄来："这种无味大蒜效果惊人。"其中还有人写信来联系道："哪怕只付邮费呢？""不能白白接受啊！"

这正是有趣之处。对后者，日比先生进行了劝服："那样的话，就请多多使用本公司的产品，或帮助宣传一下'加它'的产品就行了。"派发给25000余人，简单算算，这需要多少经费呢？每年竟然要超过25亿日元。但是，自从派发这种无味大蒜以后，公司的营业额迅猛增长，1994年年收入超过了700亿日元。日比先生说想把派送给无味大蒜的人数增加到10万人，考虑一下，据说成本花费达到100亿日元，"可是，那个时候公司的营业额也会达到3000亿日元吧。"虽然都知道提供这种服务可以吸引更多的顾客，但是能够做到这一点的人又有几个呢？日比先生说过："给予就会被给予。报恩方式可以促进公司发展，我只是对此做了一下实践而已。"

让你行善一日，你可能会感到很容易。可是，如果让你每天都怀着一颗感恩之心去行善，真正能坚持下来的又有几个呢？雷锋之所以成为人人敬仰的榜样，成为一个不朽的神话，并不是因为他做了一两件好事,而是将做好事当作自己生活中的一部分,时时做,日日做,时时刻刻为他人着想,为他人谋福利。想要人人成为雷锋式的人物不是很现实,但雷锋精神,那种为人民服务,为他人着想,乐于助人的精神是值得我们去学习的。如果你坚持着力所能及地去帮助身边那些需要帮助的人,天长日久,对自己的人生、事业都会产生很多积极的影响。常常帮助他人,会使得自己的心胸变得开阔。心胸开阔了,人生的道路就变得越来越宽广了。

感恩的花源于施恩的水

也许,你会认为一点点有利于他人的事情不会对他人产生什么本质上的影响,但没准就是你那一点点小小的爱心却给他人带来了生活下去的希望,而这个希望,在未来的某一天会改变你的人生。

一天,一个贫穷的小男孩为了攒够学费正挨家挨户地推销商品,劳累了一整天的他此时感到十分饥饿,但摸遍全身,却只有一角钱,怎么办呢?他决定向下一户人家讨口饭吃。当一位美丽的年轻女子打开房门的时候,这个小男孩却有点不知所措了,他没有要饭,只乞求给他一口水喝。这位女子看到他很饥饿的样子,就拿了一大杯牛奶给他。男孩慢慢地喝完牛奶,问道:"我应该付多少钱?"年轻女子回答:"一分钱也不用付。妈妈教导我们,施以爱心,不图回报。"男孩说:"那么,就请接受我由衷的感谢吧!"说完男孩离开了这户人家,此时,他不仅感到自己浑身是劲儿,而且还看到上帝正朝他点头微笑,那种男子汉的豪气像山洪一样迸发出来。

其实，男孩本来是打算退学的。

数年之后，那位年轻女子得了一种罕见的重病，当地的医生对此束手无策，最后，她被转到大城市医治，由专家会诊治疗。当年的那个小男孩如今已是大名鼎鼎的霍华德·凯利医生了，他也参与了医治方案的制定。当看到病历上所写的病人的来历时，一个奇怪的念头霎时间闪过他的脑际，他马上起身直奔病房。

来到病房，凯利医生一眼就认出床上躺着的病人就是那位曾经帮助过他的恩人。他回到自己的办公室，决心一定要竭尽所能来治好恩人的病，从那天起，他就特别关照这个病人。经过艰辛的努力，手术成功了，凯利医生要求把医药费通知单送到他那里，在通知单的旁边，他签了字。

当医药费通知单送到这位特殊的病人手中时，她不敢看。因为她确信，治病的费用将会花去她的全部家当。最后，她还是鼓起勇气，翻开了医药费通知单，旁边的那行小字引起了她的注意，她不禁轻声读了出来：

"医药费——一满杯牛奶——霍华德·凯利医生。"

一杯牛奶，一次握手，一个问候，这些在你看来很小很小的事，也许就会对他人产生意想不到的帮助，而这些帮助，可能日后就会成为改变你生活的桥梁。

也许，你的一次不经意的善举可能改变被你施恩的人的一生；也许，你的一次不经意的善举可能改变你的命运。命运的"蝴蝶效应"就在这一次又一次的转机中而改变。施恩不图报，而知恩图报，施恩与感恩就在人世间不停地轮回着。在这个轮回之中，爱心就会被不断地传承下去。当你在感恩别人对你帮助的同时，发出你的善心，帮助那些需要帮助的人吧。因为，施恩的水可以浇出感恩的花，而感恩的花会结出幸福的种子撒遍四方。

让感恩成就你的未来

史蒂芬·霍金，ALS——运动神经元症患者，《时间简史》的作者。他的书或许没有多少人能看懂，但是你一看见他的照片就会明白，霍金不仅是智慧的英雄，更是人生的斗士。

ALS夺去了霍金绝大部分的行动能力。他20多年来被固定在轮椅上，不能说话和写字，仅靠三根手指敲击键盘与外界交流。就在这种令人绝望的境遇下，霍金作为一名卓越的相对论的理论宇宙物理学家，用大脑破译了上帝对整个宇宙的宏伟计划，向人们展示出前所未见的关于宇宙创生、演变、发展的绝美的理论描述。

如果霍金的遭遇施加在我们身上，想必我们中绝大多数的人都会感到内心无法抑制的沮丧与绝望，我们会从此堕落、沉沦下去，甚至结束自己的生命。而霍金却取得了我们常人所无法达到的成就。他的秘诀是什么？是什么让他如此坚强地生活下去？想必这是我们大家都渴望知道的。在一次采访会上，有人问霍金对自己的一生及取得的成就最大的感触是什么，他的回答竟然是：幸运。

幸运？在场的人无不惊讶，似乎这个词用在任何人身上都要比他这个瘫子身上更为合适。就在这时，霍金用被病魔疏漏的手指艰难地敲击着键盘，大屏幕上出现了他的解释：

我的手指还能活动；

我的大脑还能思考；

我有终生追求的理想；

有我爱和爱我的亲人和朋友；

对了，我还有一颗感恩的心……

一阵沉默之后，全场掌声雷动。

霍金的感恩可以解释为理性的知足与热爱。为什么在遭遇病魔之后，他经过短暂的沮丧却没有像常人那样走入怨天尤人的死胡同？是感恩之心化解了他心中的阴霾，使自己以澄明恒毅的心态继续生活。这种感恩来源于他对自己理智准确的判断：我拥有最可贵的价值——生命。

身为科学家的霍金，深知生命的来之不易。正如他的理论所描述的那样，宇宙诞生于150亿年前物质以临界状态凝聚于奇异点产生的大爆炸，之后逐步形成银河系、太阳系、地月系以及地球自身的环境进化，众多的偶然而复杂巨大的步骤为人类生命的出现提供了各种必要的条件。面对着一连串精密巧合的事实，人类对自己的生命只能解释为：猴子在打字机上乱蹦居然打出了一部莎士比亚文集——一种无法理解但确实存在的神奇，神奇得近乎奢侈。霍金以智慧窥透了造物主惊人的秘密，被震撼的同时还获得了人生的真义：以感恩的心境来对待生命、社会、自然，不必因坎坷动摇生存的信念。

也许，每个人都是上帝咬过的苹果。但是上帝咬过的苹果有很大的区别：首先是苹果本身大小的区别，其次是被咬大口和咬小口的区别。有的人是被上帝咬小口的大苹果，而有的人则是被上帝咬大口的小苹果。

与霍金相比，我们中的绝大多数人都是幸运的。可以说，我们都是被上帝咬小口的大苹果。我们都有着灵活的手指和可以自由思维的大脑，我们也都有着爱我们和我们爱的人，甚至，我们还拥有霍金所无法拥有的灵活的身躯以及自由的表达方式。但为什么我们无法达到他成功的高度呢？与霍金相比，我们中的多数人缺少了为理想毕生追求的信念以及一颗感恩的心。而这两样，则是成就伟大功绩的有力法宝。无论你身处顺境还是逆境，无论你的天资是聪颖还是愚钝，无论你的相貌是美丽还是丑陋，拥有一颗时时感恩的心，以及为实现理想而不懈奋斗的信念和勇气，相信，即使你无法取得霍金那样的成功，你离你自己人生之路上的成功也不远了。

最美的礼物是什么

有一位老人，在1977年以前，他是唐山某水库的管理员，经常一个人驻守在水库边的配电室里。因为常常闲来无事，他喜欢上了钓鱼。随着垂钓技术的不断提高，他钓的鱼常常吃不了，就存养在一口大缸里。这口大缸则放在简易搭建的厨房里。

1976年初夏的一个晚上，他还没睡，就听到厨房里有动静，他抄起家伙去看个究竟。原来是一只前来偷吃鱼的野狐不小心掉进了缸里，怎么也爬不上来了。想到前几次不明原因鱼就少了，他产生了弄死这只讨厌而倒霉的狐狸的念头。当他用强光手电照着狐狸正欲动手时，他看到狐狸的眼里满是惊恐，甚至还有眼泪，他的心慢慢地软了下来。最终他还是放了这只野狐。

从此以后，他的鱼就再没少过。他就感念狐狸这生灵通人性、有良心。然而，更令他意想不到、感慨万千的是，当大地震骤来时，这只野狐居然挽救了他的命。

1976年7月28日凌晨3时左右，熟睡中的他，被一种急促抓挠房门的声音和呱呱的鸣叫声所吵醒。他听出来是那只狐狸,就起身下床打开房门。发现那只野狐焦躁不安地仰脸望着他,并一次次地就地兜圈子,像一个有急事的满腹话语却无法开口的哑巴。他就想,可能狐狸没找到猎物,饿急了,来求援了。可是,就在他想回屋里取吃的东西给它时,那只狐狸忽然咬住了他的凉鞋带,狠命地往外拉。他忽然产生了一种不祥的预感,于是,随狐狸来到院子里。就在这时,天崩地裂,唐山大地震发生了。他居住的配电室瞬间即被震塌……

直到现在,年迈的老人还念念不忘那只被他放生、又来救他的狐狸。每当想到此处,他总是感慨万千地说:"地球就是个大家庭,大多数的生物、动物与人类息息相关,动物们尽管不会言语,却也有着同样的思维、灵性和感恩的心。"

还有一个故事。有一户人家,居住在大山之中。家里娶儿媳妇,刚好办完喜事的第六天,该户人家正在祭祀祖先的时候,忽然从外面跑进来一只受惊的山鹿。原来这只山鹿是被一位猎人带着猎狗所追逐,一时逃生无路,便跑进该户人家的祖先神桌下躲避。猎人顺着山鹿的足迹追赶而至,便想要回山鹿。当时新娘觉得很奇怪,为何他家正在祭祖上香之时,会跑来一只山鹿。因此就建议公公婆婆不要将山鹿还给猎人:"也许这只山鹿与咱们一家有什么因缘,不然山间地方辽阔何处不去,怎么会跑进我们家逃生呢?因此我们一定要救山鹿才好。"

公公婆婆二人也觉得新娘说的话有一些道理,于是便不打算还鹿给猎人。猎人很无奈,便对他们说:"山鹿是我追逐所得,虽然跑进你家,如果不是我引猎狗追逐,山鹿也不会出现,如果你们喜欢这鹿,那我就做个人情,开个价让你们买下来吧。"公公不同意花钱买鹿,也不愿看着山鹿被猎人带走,于是与猎人相互争执不下。新娘见状,只好问猎人:"那么如果要买下它的话,究竟要开价多少?"猎人说:"二十块银元便可。"这时新娘的公婆一听,心中暗想:"我迎娶这个儿媳,全部才用去十五块银元,为了一只山鹿,竟要价二十块银元,太不值了。"公婆二人便想还鹿,但是新娘看到山鹿那瑟瑟发抖的样子,坚决要救鹿。她一再劝说公公婆婆,想要设法救鹿,公婆二人因新娘刚过门没几天,也不便推辞,因此就与猎人讲价还价。到了黄昏时分,大约讲到十五块银元猎人愿意让鹿。这时价钱已定,但是公婆面落难色,便悄悄地对新娘说:"我家迎你过门,已经用去十五块银元了,这十五块银元中还有四块是借来的,我们又哪来的十五块银元来买鹿呢?"这时新娘便对公公婆婆说:"这倒没有关系,只要二位老人家同意买鹿,可以不必愁没有银元。儿媳我自愿将陪嫁现金十五块银元,全部拿出买鹿。"公公婆婆见儿媳买鹿之意坚决,也就同意买鹿。猎人拿着银元走了,新娘便从神案桌下招出山鹿,并且在山鹿头上安抚一番。鹿儿受到了新娘的安抚表现得很感激的样子,它轻跳了几下,便跑向山中不见了。一时间新娘救鹿的消息四处传遍,左邻右舍,无不取笑新娘太过愚傻了,竟然用如此巨款买鹿放生,尤其是新娘子的娘家,更是对新娘责备有加,但新娘毫不在意,任由他人指责。

随着时间的推移,这件事慢慢地被大家遗忘了。转眼到了第二年春天,新娘已生下一个可爱的男孩。男孩还不满周岁,而又正赶上大家都忙碌干活的时候,因此便将孩子放置在院中的一个筐中。这时山鹿出现了。它用头上的鹿角挟起婴儿筐,在院中来回转了两圈而后挟着孩童向外跑去。家人见山鹿偷了孩子,便大大小小都追赶出来。追赶到山外之后,忽然听见一声巨响,回头一看,但见屋后高山坍落，而且覆盖了全部的房子。一家人目睹此景，才知道原来是山鹿为了报答新娘救命之恩，所以用偷孩子这一办法来引诱他们一家逃出。山鹿见目的已达，轻轻地将小孩放下来，然后跑向深山，慢慢地不见了。

自从山难发生之后，因该地被崩山覆盖，未受难的都已他迁，致使该地一片荒凉，人迹渺渺，可是这则感人的故事发生后，远近的人都深深地体会到走兽亦有知，亦会懂得感恩的道理。若不是当日新娘一片仁心，不惜重金挽救小鹿生命，恐怕他们一家也难逃山难的厄运了。

感恩是上帝赐给地球上生灵的一份最美丽的礼物。人类拥有，动物亦拥有。动物方有感恩之心，那我们作为万物之灵的人类，不更应该将这种美德发扬开来吗？现在有很多社会新闻，讲述的都是一些不知恩图报反而背信弃义、加害于人的事例，从这点看出，如果受到恩情的人不会以一颗感恩的心将爱心传承下去，那岂不是连那些动物都不如了？那人类怎么还可以称自己为万物之灵呢？倘若真的做到人亦有德，动物亦有知，那么，我们这个星球，就会真正成为一个和谐的大家庭了。

让自己拥有一颗感恩的心

当你处在最困难的境地时，一个友善的帮助，就像一双温暖的手，将你那疲惫不堪的心从绝境中拉了出来。即使帮助的力量很小，也会给你带来无穷的勇气。

故事得从春季的一个雨天开始说起，不到30岁的钱德，刚刚离婚，没有工作，正赶往市中心的求职处。他没带伞，旧伞已经破损，而新的又买不起。他在有轨电车里坐下来，发现座位边有一把漂亮的丝质伞，伞杆是金色的，银色的伞把手上面还镶嵌着金光闪闪的小亮片。他从没见过这么漂亮的东西。

钱德查看了把手，发现在金色的伞杆上刻着一个名字。在这种情况下，人们通常的做法是把伞交给售票员，但他一时冲动决定把伞留着，自己去找失主。他在倾盆大雨中下了车，感激不尽地打开那把伞遮雨。随后他在电话簿里查找伞上的名字，确有其人。他打了个电话，接电话的是一位女士。

是的，她诧异地说那是她的伞，那是她已故的双亲送给她的生日礼物。但是，她补充说，伞一年多前被人从学校的柜子里偷走了（她是个教师）。钱德听出她很激动，他竟忘了自己还在找工作，直接到她家去了。她热泪盈眶地接过伞。

那老师要给钱德酬金，尽管当时他身上一共也不过20元钱，可看到她找回这件特别之物的巨大幸福时，接受她的钱无疑会破坏这种感觉。于是，钱德拒绝了她的酬金。

接下来的半年里钱德的境况很凄凉。他设法四处打点零工，挣些微薄的薪水。但他尽可能每个月存50美分以备给小女儿塔丽买圣诞礼物。因为圣诞节在小孩子心中是一年中最开心的节日。就在圣诞节的前一天，他又失去了工作。30元的房租很快就到期了，而钱德一共只有15元——这是塔丽和钱德的生活费。塔丽从女修道院办的寄宿学校回来了，十分激动地等着第二天的礼物，那是钱德早就买好了的。钱德给她买了一棵小树，打算晚上再装饰。

钱德下了电车一路走回家，空中弥漫着圣诞节的欢乐气氛。铃儿叮当响着，孩子们在寒风刺骨的黄昏里叫喊着；四周是万家灯火，每个人在奔跑着，欢笑着。但钱德知道，对他来说，将没有圣诞节可言，没有礼物，没有怀念，什么都没有。处在人生低谷的他在暴风雪中艰难地行走着。除非奇迹出现，要不他在1月份便将无家可归，没有食物，没有工作。他已经坚持祈祷了好几个星期，但没有任何回应，只有这寒冷，这黑暗，这刺骨的风，还有这被遗弃的痛苦。他觉得上帝和人类都把他完全遗忘了。他感到自己那么无力，那么孤独。他们的命运将如何呢？

回到家他打开邮箱，只有一把账单，还有两个白色的信封，肯定里面装的也是账单。他爬上三层积满灰尘的楼梯，禁不住凄然泪下，又加衣衫单薄冷得直打哆嗦。但他擦擦眼泪，强挤出笑容，要让自己在女儿面前露出喜悦之情。她打开门，直扑他的怀抱，欣喜地喊叫着要马上装饰圣诞树。

塔丽已自豪地支好了桌子，摆上盘子和3个罐头，这就是他们的晚餐。不知道为什么，当钱德看着那些盘子和罐头时，他心痛欲碎。明天的圣诞晚餐他们将只有汉堡包。他站立在又冷又窄小的厨房里，满腹悲伤。有生以来他第一次怀疑仁慈上帝的存在，心里比冰雪还要冷。

这时门铃响了，塔丽一边飞奔着去开门，一边叫着一定是圣诞老人。随后他听到一个人与塔丽在热情交谈，便走了过去。他是邮递员，抱着好几个包裹。"这弄错了吧。"他说，但他念出包裹上的名字，确实是给钱德的。邮递员走后，钱德吃惊地盯着这些盒子。塔丽和钱德在地板上坐下来，把包裹打开。一个大大的娃娃，有钱德给塔丽买的娃娃3倍大，还有手套、糖果、漂亮的皮夹子。难以置信。钱德找出了寄送者的名字，是那个教师，上面只简单地写着"加利福尼亚"，她已经搬到那儿去了。

那天的晚饭是钱德吃过的最可口的晚饭。他忘了还得交房租，忘了兜里只有15元钱，忘了自己还没有工作。他和孩子边吃边幸福地欢笑着。饭后他们装点小圣诞树，装点得那么漂亮让他们自己都惊奇不已。钱德安置好塔丽睡觉，将她的礼物放在圣诞树的周围。一种甜蜜的宁静笼罩着他，像在给他祝福。他仿佛感到了她那一双温暖的手，将他那冰冷的心融化，使他心里又燃起了希望。他不再害怕，他甚至可以毫不畏惧地打开那一叠账单了。

在上述故事中，正因为主人公热心地将一把珍贵的伞还到了它的主人手中，伞的主人才因此在圣诞节的时候给他以报答。如果说这把伞是他们彼此沟通的桥梁的话，倒不如说他们心中洋溢的爱心才是互相之间真正的纽带。你将爱心馈赠予我，我又将爱心给予你。在这一予一得之间，爱的力量便得以传递和升华。

人的一生中有幸福，也有悲伤。当我们处在困难之中时，别人的一双温暖的手、一句贴心的问候、一件微不足道的礼物，甚至是一个关切的眼神，都会让我们重拾生活的信心与勇气。让我们去感恩那一双双温暖的手吧，因为它们，将我们拉出了无边的困境，指引给我们生活的方向。

成功锦囊之身心修炼

4 有一种力量叫淡定

高海红◎编著

河北出版传媒集团
河北科学技术出版社

图书在版编目（ＣＩＰ）数据

成功锦囊之身心修炼．4，有一种力量叫淡定 / 高海红编著． —— 石家庄：河北科学技术出版社，2020.9
ISBN 978-7-5717-0540-4

Ⅰ．①成… Ⅱ．①高… Ⅲ．①人生哲学－通俗读物 Ⅳ．①B821-49

中国版本图书馆CIP数据核字（2020）第194349号

CHENGGONG JINNANG ZHI SHENXIN XIULIAN .4,YOU YIZHONG LILIANG JIAO DANDING

成功锦囊之身心修炼．4，有一种力量叫淡定
高海红　编著

出版发行	河北出版传媒集团
	河北科学技术出版社
地　　址	石家庄市友谊北大街 330 号（邮编：050061）
印　　刷	河北远涛彩色印刷有限公司
经　　销	新华书店
开　　本	880×1230　1/32
印　　张	20
字　　数	450 千字
版　　次	2020 年 9 月第 1 版
印　　次	2020 年 9 月第 1 次印刷
定　　价	78.00 元（全 4 册）

前　言

　　淡定是人生的一种境界，更是改变我们生活的一种力量。拥有淡定，可帮助你在面对挫折时以最好的心态去接受它，进而以正确的方式来鼓舞自己。学会了淡定，在面对别人的成功时，便不会怨天尤人，更不会自怨自艾，而是在心里默默地鼓舞自己，蓄势以待寻找胜出的机会。淡定的人是生活中的强者，他们不会因为小事而斤斤计较，不会因为窘境而沮丧，不会因为压力而丧失志气……他们身上所具备的这种精神，在无形中也赢得了成功的青睐。

　　人生需要淡定，这不只是说说，而需要我们身体力行地去实践。要知道，淡定有助于我们坦荡地面对生活。

　　人生贵在淡定。在人生的道路上，会有很多令我们无法预料的事情发生。遇到如意的事时，我们应保持宠辱不惊、怡然自得的心态；而遇到不如意的事时，应拥有不悲不戚的心态。其实，人生就是一次旅行，一切都如过眼云烟。因此，在对待名利上，不妨用淡定的心态去看待它。至于金钱，更要少一份贪恋，以此能让自己活得轻松。只有淡定地看待生活，才能得之坦然、失之淡然，历尽世间沧桑而顺其自然。

要想拥有淡定，就要有一种海纳百川的宏大胸怀，更要有沉着冷静的应变能力。同时，还要有遇事不惊的心境。倘若能历练到这种境界，那么你就真正地懂得了淡定的智慧，感悟到了人生的真谛。

除此之外，淡定还是一种轻松自如的处事方法，一种超越当下的非凡与洒脱，它是一个人的心态修炼到一定程度后呈现出来的一种修为。所以，我们不妨在淡泊中明志，在宁静中练就真性情，这样，你就能获得真正的快乐和幸福。

本书的语言通俗易懂，相关的介绍详略得当。阅读本书，能帮助读者朋友找到真实的自己，有利于读者朋友在生活和工作中找到属于自己的一份淡定。

目录 CONTENTS

第一章　从容不迫地面对人生

努力培养自己旷达的情怀 / 2
做一个淡定的人 / 4
让心胸变得更加开阔些 / 7
坦然接受人生的缺憾 / 9
微笑面对人生的风霜雨雪 / 11

第二章　淡定就是自强不息

想成诸佛龙象需要付出 / 16
不要给自己的心灵套壳 / 18
无论如何都应当微笑 / 20
以乐观的精神面对一切 / 23
做最好的自己 / 25
善于利用身边的资源 / 27
可以无所谓但要有所为 / 29

第三章　多一分宽容　多一分淡定

对欺骗的宽容是有限度的 / 36

大度是一种高尚的美德 / 38

关于宽容的故事 / 39

宽容是拯救灵魂的法宝 / 43

用幽默来拯救错误 / 45

宽容是一种善待他人的行为 / 46

宽容是一缕幸福的阳光 / 48

第四章　在淡定中寻找人生宝藏

不计较眼前的得失 / 52

给自己舔舐伤口 / 54

收敛是为了更好地得到 / 57

要是累了不妨停一停 / 58

低头不代表认输 / 61

靠近幸福的秘密武器 / 64

没有谁会喜欢抱怨的人 / 66

第五章　与淡泊和寂寞为伴

冬天的寂寞是因为没有雪 / 70

给心灵一个暖春 / 74

守住你心灵的那片宁静 / 76

伟大的人都能耐得住寂寞 / 79

甘于淡泊，乐于寂寞 / 80

不要太在意他人的看法 / 82

第六章　心定方有成功的可能

目标是人生的导航灯 / 86

敢于追寻成功的梦想 / 90

我的命运我做主 / 93

信念是一笔珍贵的财富 / 97

行动是实现理想的关键 / 98

切忌虚度宝贵的光阴 / 100

第七章　关键时刻还是需要淡定

教你感知淡定的力量 / 104

抽丝剥茧才能见到其本质 / 105

莫让"精神污染"害了你 / 108

即使失败也不能乱了阵脚 / 109

心里有数才可能一鸣惊人 / 113

未雨绸缪是成功的一种策略 / 115

第八章　成功源于一颗淡定的心

卧薪尝胆也是一种境界 / 118

专心走好脚下的路 / 122

不要轻易向自己投降 / 124

最好的选择是什么 / 126

无论何时都要保持冷静 / 128

沉得住气才能成就大事 / 130

长久的努力才能有大收获 / 133

第九章　淡定可助你形成强大的气场

学习能提高你的能力 / 136

生活是可以有情趣的 / 138

不要害怕岁月的流逝 / 141

将快乐变为一种习惯 / 143

把压力当作一种动力 / 146

学会为自己而活 / 149

第一章

从容不迫地面对人生

努力培养自己旷达的情怀

有一位外国作家曾说："为小事而生气的人的生命是脆弱而短促的。"那么反过来，我们也可以说："心胸旷达的人的生命将是坚强而长久的。"

淡定的人，因为拥有旷达的人生情怀，所以在生活中不会为一些无谓的琐事而斤斤计较；他们不会因生活中几句逆耳的言语而耿耿于怀；更不会因生活中所谓的烦恼而忧心忡忡；而是会站在人生另一个高度看待和审视周围的人和事；这样就能走在时代的前列，以一个过来者的身份出现在他人面前。

我们来看看下面两个故事，看看其中的主人公以怎样宽阔旷达的心胸来面对自己的遭遇。

有一位老乡去赶集，买了一口锅提在手里。不料，"咣"的一声，绳子断了。锅掉在地上摔破了，他连看也不看一眼，掉头便走了。旁人问他为什么看都不看一下，他回答道："已经打破了，看它还有什么用呢？"

从前魏国东门有个姓吴的人，他的独生儿子死了。可他却一点也不忧伤，仍每天饮酒吟诗，快乐自在。有人不解地问他："你的爱子死了，永远也见不着了，你难道一点也不悲伤吗？"他回答道：

"我本来没有儿子,后来生了儿子,如今儿子死了,不是正和我从前没有儿子时一样吗?那我又有什么可忧伤的呢?"确实世事多变,人生无常,古云:"达人撒手悬崖,俗子沉身苦海。"

像上面故事中的两个人,自然是通达之人。他们能够看破事物的表象,优游物外而化解险境和忧烦,不过作为一般凡夫俗子的我们却总被世间的烦恼困惑缠缚而难以自拔。

事实上,天地间的万事万物,不论美与丑,善与恶,得与失……只是相对,亦非绝对,却是无常的。在热闹的尘世中,看破了名利和得失的虚妄,放下了贪爱的执著,活也活得自在,死亦死得安然。唯有旷达超然的态度,以乐观和宽容的心态正视现实,眼下的世界才会越来越广阔。

其实,我们的生命不管长短,其过程本身就是一场空。从空旷中走来,向空旷中走去,最后的结果是佛家所尊崇的"四大皆空"而已。所以没有什么想不开的事,也没有什么放不下的物。况且,人生的欢乐是多么少,时间又是多么短;人生的苦难又是如此之深,该忧愁的事又是如此之多,又何苦把自己捆绑在世俗的小事之中呢?

只要我们看透了,看穿了,我们的生命就获得了自由和解脱。我们就会从斤斤计较的小圈子里走出来,不在小事情上浪费自己的时间,从而成就人生的远景宏图。因为人生旷达了,我们的心智就不会为凡尘琐事而感到劳累,就不会活得那么拘谨和痛苦。

尚书前去拜见景岑禅师,一番问候之后,尚书开口问道:"本性是什么?"这个问题确实很难回答。

景岑禅师不禁想到这样一件事,有一天傍晚,他看到一个孕妇背着一只竹箩走过来。她衣着破旧,脚上落满土垢。竹箩好像很重,压得她直不起腰来。她左手牵着一个小女孩，右臂搂抱着一个更小的孩子急忙地赶路。

景岑禅师本以为这样沉重的生活一定会让她不堪重负的，可是她的脸上明明带着像明月一样温婉的笑容。

她只是一个普通的女人，为了生活辛苦奔劳。但是她知道自己的人生寻求的是什么，所以她不但没有觉得劳苦；反而感到十分快乐。

想到这里，景岑禅师终于明白了什么是本性。看着眼前的尚书，禅师开口叫道："尚书！"

尚书双手作揖："是！"

景岑禅师摇摇头说道："回答我的只是一个躯壳，而不是一个清明的生命。"

尚书低头想了想，眼中云雾迷茫："只有躯壳有口舌，才能回答你的话呀！清明的生命哪里来的口舌？"

景岑禅师点点头："是否回答都没有关系，关键是要自己觉悟。要明白自己的目标，不要弄错了人生的意义。弄错了生活方式，只能徒然使自己成为生命的奴隶！"

由此可见，知道自己生命意义的人即使有再多的苦难，也能够承受；不知道自己生命意义的人，只不过是行尸走肉而已！而其中的真味，则只有拥有旷达人生情怀的人才能体验得到了。

做一个淡定的人

据说，在美国、加拿大的任何一所著名高校，来自中国的留学生，70%是从新东方走出来的。身为新东方校长的俞敏洪，到北美考察访问时，每次当他到附近的中餐馆就餐时，刚一落座，就会有几十个人站起来，同时称呼他"俞校长"。

此情此景，就像是在国内，任何一座城市、任何一个地方，都有从新东方走出来的学生。从新东方走出来的学生，遍布世界各个角落。新东方，在俞敏洪苦心经营下，已成为一个令世人瞠目的奇迹和神话。

2006年9月7日，新东方在纽约证券交易所成功上市，开创了中国民办教育发展的新模式，俞敏洪成为中国最富有的教师。目前，新东方占有全国70%以上的出国英语培训市场。

俞敏洪说："在人们眼里，我一定生活得很幸福，人生非常有成就感。其实，新东方只给我带来50分的幸福，是一个不及格的幸福。"

俞敏洪的话让人大吃一惊。是啊，在人们眼里，俞敏洪事业有成，生活富裕，他一定生活得无忧无虑，怎么会只有50分的幸福？真的让人不可思议。

俞敏洪用毋庸置疑的口气，坚定地说道："是的，在新东方我只有50分的幸福。正因为这样，才导致了我生活中另外一个50分的不及格。比如身体状况，尽管还没有致命性的疾病，但是一些影响生活质量的疾病不断出现，比如，严重的失眠、严重的肠胃失调、腰椎间盘突出和颈椎病，大大影响了我日常生活的情趣和兴趣。在家庭生活方面，因为我一心扑在工作上，给家庭的时间必然会减少，结果给家庭生活带来很多问题。还有一个是个人生活方面。比如，没有时间跟真正愿意打交道的朋友交流了，大量的关系是利益关系，或者是社会结构关系。"

俞敏洪话锋一转，又说道："虽然新东方只给我带来50分的幸福，但是，这是一项事业、一份责任，不管你想不想做，都必须往前走，只有前进，没有退路。"

有人问俞敏洪，创建新东方合不合算。

俞敏洪说："不能简单地说是合算还是不合算。其实，这是一个问题的两个方面。一方面是合算的。因为新东方毕竟让我经历了很多，让我有了一种与众不同的生活。另一方面，又是不合算的。因为它使我失去了很多，失去了在未名湖畔散步的悠闲；失去了在北大图书馆安静地读书的清静；失去了心无旁骛地踩着落叶的甜蜜。我的生活始终是在匆忙中度过的，一直在匆匆地赶路，以至于我年轻的助理都跟不上我的步子。"

俞敏洪的目光里闪烁着一丝晶莹，他充满深情地说道："我最大的希望，是为我的未来留出一定的空间，可以平静地去读书、陪家人。我希望自己的未来是平静的、安详的，但是不失去自己的好奇心和求知欲。我想通过自己的努力，不仅让自己更轻松一点儿，也让新东方更轻松一点儿。"

在俞敏洪眼里，人生最大的幸福，是能够平静、安详地过一种自己的生活，不被外人打扰，有绝对的私人空间。人生中，苦苦追寻的不是什么荣华富贵、功名利禄，而是一种平静、安详的生活状态。在俞敏洪心里，那是尘世间最温馨的水墨丹青，它能在心底里开出一树树繁花。

大家眼里的成功人士，他们最大的愿望并不是继续拓展自己的事业，而可能仅仅是抽出时间来多陪陪家人。人生就是一次攀登，我们不要一味地追求爬得高、看得远，用心欣赏沿途的风景也是不可多得的大事。

让心胸变得更加开阔些

雨果曾说过:"世界上最宽的是海洋,比海洋宽阔的是天空,比天空更宽阔的是人的胸怀。"雨果的话虽然浪漫,却也不无启示意义。

在我们每个人生活的周围总有一些人一些事会给我们带来烦恼和困扰,如果自己无法从这些烦恼和困扰中解脱出来,那么内心必然是少了阳光,而多了阴雨。其实所有世间人和世间事都不会完全如我们所愿,要想有一个轻松的身心环境,必须调整自己的思想。我们必须学会拥有开阔的心胸,方能把不间断的烦恼和困扰统统化解,方能让自己的内心深处永远阳光明媚。

一次,梦窗国师从郊外回京都。在乘船渡河时,渡船已经开航离开了河岸。这时岸边急匆匆跑来一位武士,高声叫喊让船家掉转船头载他过河。渡船上所有的乘客都说开航的船回头不吉利,船夫便对武士示意,请他耐心等待下一班渡船。武士急得在码头上直跳,狂呼哀求不止。这时一直默默静坐的梦窗国师双手合十,对乘客们说:"看样子,这个人真的有急事。诸位,我们大家都出门在外,应该理解他的心情。好在刚刚开航,离开码头不远。请大家换位想一想,给他行一个方便吧。"

船夫早就认识梦窗国师,见他老人家说了话,就掉转船头回去将武士载了上来。谁知,这个武士一跳上船,发现船上没有了座位。便来到梦窗国师身边,毫无礼貌地呵斥道:"和尚,你的衣食都是我们供养的,赶快给我让座!"

就算是利刃加项,禅师也是从从容容。梦窗国师一如既往,徐徐站起来。心情浮躁的武士却嫌他行动缓慢,挥动皮鞭抽在国师脸上。全船乘客都对这个无礼的家伙怒目相向，几个年轻小伙子摩拳擦掌凑了过来，想要狠狠地教训他一顿，却被梦窗国师微笑着制止了。渡船到达彼岸，梦窗国师若无其事地跟随大家下船，独自走到河边默默地用水清洗脸上的血迹。

这时武士从其他乘客口中得知，正是那个和尚求情自己才搭上了这一班船。他很为自己的恩将仇报而后悔，立刻去向梦窗国师道歉。梦窗国师心平气和地说：“没什么，出门在外，大家的心情都很焦躁，这时候需要的是互相理解。”

说完，梦窗国师飘然而去。武士愈发羞愧难当，禅者的风度令他无地自容。

我们日常与其他人的交往中也难免遇到类似的事情，有的人不能忍，于是一个个小小的摩擦就成了一次肇事。宽容不是懦弱，当忍则忍，是非自有分明。

民国初年，一位高僧受某大帅邀请参加素宴。席间，发现在满桌精致的素肴中有一盘菜里竟然有一块猪肉。高僧的随从徒弟故意用筷子把肉翻出来，高僧却立刻用自己的筷子把肉掩盖起来。一会儿，徒弟又把猪肉翻出来打算让大帅看到。高僧再度把肉遮盖起来，并在徒弟的耳畔轻声说：“如果你再把肉翻出来，我就把它吃掉！”徒弟听到后就再也不敢把肉翻出来了。

宴席后高僧辞别了大帅，归寺途中徒弟不解地问："师父，刚才那厨子明明知道我们不吃荤的，为什么把猪肉放在素菜中？我当时只是要让大帅知道，处罚他而已。"

高僧说："每个人都会犯错，无论是'有心'或'无心'。如果刚才大帅看见了猪肉，盛怒之下把厨师枪毙或严重惩罚。这都不是我所愿的,所以我宁愿把肉吃下去。"

徒弟点着头,深深地体悟到了这个道理。

人们在生活中总会受到别人故意或一不小心的伤害,大多数人习惯拿起武器反击。如果反击能够让对方停止对你的继续伤害或弥补造成的损失,那确实是应该采取的正确行为,但是以仇报怨一定会大快人心吗?

实际上,有太多人在报复了别人之后非但未能感到快乐反而陷入了更大的痛苦。更有人因此觉得空虚并失落,甚至从此失去活下去的动力,这又何必呢?

坦然接受人生的缺憾

史蒂芬·霍金,是历史上最伟大的物理学家之一,他出生于1942年1月8日,那时候他的家乡伦敦正笼罩在希特勒的狂轰滥炸中。

小时候的史蒂芬·霍金就热衷于搞清楚一切事情的来龙去脉,因此当他看到一件新奇的东西时总喜欢把它拆开,把每个零件的结构都弄个明白——不过他往往很难再把它装回原样,因为他的手脚远不如头脑那样灵活,甚至写出来的字在班上也是有名的潦草。

17岁的史蒂芬·霍金进入牛津大学学习物理,但是他算不上是一个用功的学生,他在学校里与同学们一同游荡、喝酒、参加赛船俱乐部,如果事情这样发展下去,那么他很可能成为一个庸庸碌碌的职员或教师。然而,病魔出现了。

当病魔出现之后，回想起来也并不是没有预兆的。从童年时代起，运动从来就不是史蒂芬·霍金的长项，几乎所有的球类活动他都不行。

在大三的时候，史蒂芬·霍金注意到自己变得更笨拙了，有一两回没有任何原因地跌倒。一次，他不知何故从楼梯上突然跌下来，当即昏迷，差一点死去。但是他自己并没有关注这个问题。

当1962年史蒂芬·霍金在剑桥大学读研究生时，他的母亲才注意到儿子的异常状况。刚过完21岁生日，史蒂芬·霍金在医院里住了两个星期，经过各种各样的检查，他被确诊患上了"卢伽雷氏症"，也就是通常所说的运动神经细胞萎缩症。大夫对他说，他的身体会越来越不听使唤，只有心脏、肺和大脑还能运转，到最后，心和肺也会失效。史蒂芬·霍金被"宣判"只剩两年的生命，那是1963年，此时的史蒂芬·霍金只有22岁。

起初，这病的恶化速度是难以想象的，史蒂芬·霍金也因为遭受了沉重的打击，几乎放弃了自己的学业，他认为自己甚至不能坚持到完成硕士论文的那天。

但是史蒂芬·霍金并没有一直沉沦下去，他接受了自己的病情，并开始了研究。史蒂芬·霍金的研究对象是宇宙，但他对观测天文从不感兴趣，只有几次用望远镜观测过。与传统的实验、观测等科学方法相比，史蒂芬·霍金的方法是靠直觉。"黑洞不黑"这一伟大成就就来源于一个闪念。在1970年11月的一个夜晚，史蒂芬·霍金在慢慢爬上床时开始思考黑洞的问题。他突然意识到，黑洞应该是有温度的，这样它就会释放辐射。也就是说，黑洞其实并不那么黑。

这个一闪而过的念头在经过3年的思考后形成了完整的理论。1973年11月，史蒂芬·霍金正式向世界宣布，黑洞不断地辐射出

χ射线、伽马射线等，这就是有名的"霍金辐射"。由于对量子宇宙论的发展做出了杰出的贡献，史蒂芬·霍金获得了1988年的沃尔夫物理奖。

史蒂芬·霍金的科普著作《时间简史——从大爆炸到黑洞》在全世界的销量已经高达2500万册，从1988年出版以来一直雄踞畅销书榜，创下了畅销书的一个世界奇迹。

每个人的人生都不是完美的，都会有这样或那样的缺憾。我们唯有坦然地接受缺憾，才能让人生无憾。

微笑面对人生的风霜雨雪

"笑看人生两百年，蹉跎岁月瞬息间。修身恬淡寻常事，福寿康宁歌九天。"一位年近古稀的老者在其日志中写了这样一首打油诗。虽然不是什么名言警句，但却能让我们从中看出这位老者对于人生的达观心态。

其实生命就是这样，你用积极的心态去对待它，它就会用微笑的表情回馈你；你用悲苦的眼神看待它，它就会用哀伤的神情回馈你。如此说来，我们何不学学这位老者笑看人生，任岁月蹉跎；修身恬淡，得福寿康宁。

一位老人抱着自己的孙儿在院子里悠闲地散步，不小心把下水道井盖踏翻了。幸亏老人反应机敏，当他快掉下去的时候急忙把孩子放在井旁，自己双臂横搭在了井口。旁边有人发现了，迅速把他拉上来。试了试胳膊和腿都没大事，只是有点皮外伤。可是这位老

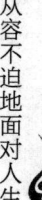

人却满脸懊悔的神情，他喃喃自语道："怎么这么倒霉，下水道井盖还能踏翻？这么蹊跷的事怎么就让我给碰上了？"

可是当老人把这件事讲给他老伴听的时候，老伴却说："这不是倒霉，是幸运啊！你想我们的孙儿安然无恙，你的老胳膊老腿也安然无恙，这不是万幸吗！"老人想了想也是这个道理啊，于是开心地笑了。

有些事情，如果换个角度思考或许就会有截然相反的感受。比如上面这位老者，如果纠结于自己的倒霉，心情自然会持续不悦。说不定还会引出身体的疾病，到那时候可就不仅仅是划破点皮这么简单了。幸运的是，这位老人有一个乐观的老伴，她用笑看"倒霉事"的几句话让老人转忧为喜。

我们都听过"卖伞和卖鞋"的故事，在这里再温习一下，希望能再次带给读者笑看人生的思想启迪。

一位到山下办事的禅师，在路上行走时看到一位老太太在一个角落里小声哭泣，边哭边擦眼泪。于是禅师走过去询问："老人家，因为什么事情让你哭得这么伤心呀？"这位老太太说："唉，禅师你有所不知啊。这一辈子，我就生了两个女儿。她们现在都已经嫁人了，这两个女儿一个嫁给了卖伞的；一个嫁给了卖鞋的。晴天的时候，我就担心卖伞的女儿的伞卖不出去；雨天的时候，就担心不会有顾客买另一个女儿的鞋。我一想到这里就伤心难受啊！"

禅师说："原来是这样啊。你不妨这样想，下雨了，我一个女儿的伞肯定好卖了！天气好了，我另一个女儿的鞋子卖得好了！如果这样想，不管是雨天还是晴天，是不是都会认为是令人高兴的事呢？"

听完禅师的话，老太太觉得很有道理。从此爱哭的她再也不哭了，无论晴天还是雨天都很开心。

人生就好比一杯香浓的咖啡，开始觉得有点苦涩。可是细细品味却会有醇香袭来，让味蕾得到享受的满足感。

其实生活中的满足感，多是来自于我们对自己、对他人及对整个人生的积极乐观的心态；同样地，那些总是觉得生活中尽是不如意的人，内心也常常是积蓄了太多的悲观情绪。

其实形成这两种截然相反的差别的最根本原因就在于人们观察生活的角度不同。对此，英国伟大的剧作家萧伯纳有一个比较形象的比喻。他说假如桌上有半瓶酒，有人高喊："太好了，还有半瓶！"无疑，这是乐观的人。而有的人则不是这样，他们会惋惜地感叹："糟糕，只剩下一半了！"显然，这是悲观者，他们看到的是半个空瓶子。酒本无多少，瓶子也并无不同。可是仅仅是由于观察它的角度不同，便有了乐观与悲观之分，这足以说明从什么角度来观察生活和感受生活是多么重要。

不可否认，人生不可能一路平坦，我们总是不断地在沟沟坎坎中前行。如果我们遇到不如意就哀叹命运不公，那么我们将会沉浸在这种哀苦中一蹶不振；如果我们在挫折面前精神抖擞，把逆境和挫折看成生命的常态，那么我们必将笑对挫折并走出困境。

因此在挫折面前，我们不应该把痛苦放大，而应直面人生。历史上能够做到这一点的不乏英才豪杰，初唐四杰之一的王勃可谓"时运不济，命途多舛"。然而他却能达人知命，笑看人生，留下了"落霞与孤鹜齐飞，秋水共长天一色"的千古佳句；"安能摧眉折腰事权贵，使我不得开心颜"道出了诗仙李白在遭遇仕途不顺的挫折后他拂袖而去，遍访名山的潇洒，"长安市上酒家眠"终于成就了他千古飘逸的浪漫情怀；中国共产党在遭遇重重挫折之后，终于以星星之火形成燎原之势。因此面对挫折永不言败，理当成为我们的励志名言。

在整个人生中不尽如人意的事可以说不计其数，身处其中时令人沮丧并烦恼。但当我们回首往日那些困苦与磨难的事情时，换个角度品味很可能不是懊悔，而是庆幸！

第二章 淡定就是自强不息

想成诸佛龙象需要付出

一对孪生兄弟同时进入高考考场。但是结果却没能让所有人满意：哥哥收到了大学的录取通知书，而弟弟却以两分之差落榜了。兄弟俩有着一模一样的外貌，但是却有着截然不同的性格。哥哥忠诚敦厚，弟弟活泼机灵；哥哥拙于言辞，弟弟口若悬河。哥哥拿着大学录取通知书，面对贫病交加的父母默默无语；而弟弟由于受到高考失利的打击，把自己关在房间里几天不吃不喝，慨叹"天公无眼识良才"。

愁眉不展的父亲在苦苦思考了两个晚上之后，终于向大儿子开口了："让你弟弟去读书吧，他天生是个读书的料！"

哥哥没有为自己争取什么，而是把录取通知书送到了弟弟的手中，并在弟弟身边说了这么一句话："这不是走进天堂的门票，别把太多的希望放在它的上面。"弟弟不解，反问道："那你说这是什么呢？"哥哥回答："这是一张吸水纸，专吸汗水的纸。"弟弟嘲笑哥哥说的都是傻话。

开学的日子很快就到了。弟弟背着行囊走进了梦寐以求的大学。

哥哥则让年老多病的父亲从镇上的水泥厂回家养病，自己顶上。自从走上这个岗位的第一天起，哥哥就有一个美丽的梦。他花了整整三个月的时间，对机身进行了技术改造，不仅提高了碎石质量，而且提高了安全系数，也正因为如此厂长把他调进了烧成车间。

烧成车间灰雾弥天，不少人得了硅肺病，他同几个技术骨干一起，殚精竭虑，苦心钻研，改善了车间的环保设施，不久之后厂长把他调进了科研实验室。在实验室，他博览群书，多次到名厂求经问道，反复试验，经过一次又一次的创新，终于使水泥质量大大提高，为厂里创出了新的品牌产品，水泥畅销华南几省。

再之后，他便成了全市建材工业界的名人……

那么弟弟都做了些什么呢？

弟弟进入大学后，第一年还像读书的样子，也写过几封信问父亲的病。第二年，认识了一个有钱人的女儿，就双双坠入爱河。那女孩成了他取之不尽、用之不竭的钱包，整整两年他没向家中要过一分钱，却浑身脱土变洋。进入大四后，那女孩和他分手了，他便整个人陷入了"青春苦闷期"，泡酒吧、上网，无心读书，靠考试作弊混得了大学毕业文凭。

毕业之后他像一只苍蝇飞了一圈又回到自己的家乡求职。好在他还有那么一点羞耻感，不愿在落魄的时候回家见父母。

他到一家响当当的建材制品公司应聘，好不容易闯过了三关，最后是在公司老总的办公室里接受最后的考验。

轮到他的时候，老总迟迟不露面，最后秘书来了，告诉他已被录用。不过，必须先到烧成车间当工人。他自然感到无比委屈，要求一定要见老总。

秘书递给他一张纸条，他展开一看，上面写着一句话："欲为诸佛龙象，先做众生马牛"。一抬头，他发现哥哥走了进来，端坐在老总的椅子上。有很多人总是想着一步登天，这种想法是不现实的，我们不可能建立起空中楼阁。吃得苦中苦，方为人上人。接受别人的仰望从仰望别人开始。

每个人的骨子里都带着一种虚荣的心理，希望接受他人的鲜花和掌声，但是要想得到这些，你必须有一定的成就。当你还默默无闻的时候，你要脚踏实地地去做。你做的事多了，达到了一定的高度，自然会迎来仰望的目光。

不要给自己的心灵套壳

在一次心理小组的活动上，主讲的是一位40岁左右的女老师，她有着一种优雅、恬静、平和的气质。这次活动的地点是一个书屋，书屋的摆设也很雅致。墙壁上悬挂着一些照片、小便条、散发着香味的藏书票和一幅墨宝。两大排红褐色原木书架上放满了各种书籍。在舒适的沙发上坐下来，看着窗台上鱼缸里的红色金鱼和几盆兰花，心里一下子就开阔了起来。

这位老师并没有做过多的介绍，而是直奔主题，她在一个画架上铺开了一张纸，在上面写下了一个词：石头。"今天我们就想一些和石头有关的事情和事物。"老师对"学生"这样说。

台下的"学生"一共有六个人，年龄和事业都不尽相同。但对她所说的倒也没什么惊异的地方。"大家从石头这个词开始自由联想，任何东西都行。"女老师温和地说。

其中一个男士迫不及待地开口说："哎呀，今天来的时候在路上堵车了，我心里急得呀，生怕耽搁了今天的小组活动，不过还是在约定时间赶来了，总算是一块石头落了地了。"他说完后，女老师微笑着在"石头"那个词的上方标了一个箭头，写下"怕迟到，石头落地"几个字。

"昨天公司老总给我下达了今年第一季度的任务量,我的天哪,这哪是正常工作啊,简直就是想炒我鱿鱼,那么大的任务量,而且还要100%完成,真是一块石头压着我啊!"一个穿蓝色条纹西服的男士说完后,女老师接着在白纸上写下"工作压力,被石头压着"几个字。

紧接着,接下来的几位也都相继发了言,在与"石头"有关的事物上展开了自己的联想。那些无外乎是因为一些工作生活上的不如意,而有一种被石头压着的"不能承受之重"的感觉。但唯独一个20多岁的女孩说:"我时常在假期的时候去海边,捡一些石头回来,有的时候还去附近的山上,它们都有着美丽的花纹和自己独特的形状,我收藏了一大抽屉。这个假期我要去南京,收集雨花石。"

她说话的诗意与房间的优雅氛围吸引了其他人。一开始见面的时候人们就都注意到了她,因为她是一个面部40%烧伤的女孩。

面对这个女孩的回答,老师的脸上露出了欣慰的笑容,她说了这样一段话:"你天天被石头压着吗?学会释放压力,你就会变得轻松起来。在面对一件事物的时候去解放自己的想象力,你的生活质量也就离平和开阔不远了。在生活的许多时候,其实表面最完美、最正常的人才是最需要治疗的人。因生活而被生活绑住的人,到最后也是最惨的人。我们需要时间停下脚步,不急着去赴约,也不赶着去参加各种场合的见面会,而是去附近的文化公园散会儿步,在小书摊上淘两本自己喜欢的老书。这样你会逐渐感到心里开始踏实和富足了起来。"只要我们生存,就会面对无尽的压力:生活的压力、工作的压力等。如果你不能很好地解决围绕在自己身边的压力,那么你将会每天生活在一张无形的网中,不能自由呼吸。压力,是前进的驱动器。

我们感觉到了压力也就意味着看到了自己的不足，那么接下来就要针对自己的不足进行修正和改进。压力，也能成为你前进的驱动器，让你在成长的道路上走得更快。

压力，也需要释放。

虽说压力能让我们不断成长，但是过多的压力也会让人喘不过气来。因此学会释放压力也非常重要。当感觉到自己快要被压倒的时候，运动、大吃一顿、购物都是释放压力的良策。

保持好压力的平衡，没有压力，人会不思进取；压力太大，人也会惶惶不安。我们要保持压力的平衡：没有压力的时候给自己加压，压力太大的时候要适当减压。

无论如何都应当微笑

他是一个普通的公交车司机，每天重复的路线、繁重的工作和并不可观的薪水都让他觉得生活并不如意，因此他脸上的笑容也少得可怜，即使有，也是昙花一现。

然而一次"误会"，让他彻底改变了自己。

那天，他关上前后车门，正准备驶离公交站，车子却无缘无故地熄了火。当他弯腰检查仪表，查看是不是哪里出了问题时，手又不小心碰着了门按钮，前门被打开了。他懊恼地拍了下脑门，正准备重新关上车门，忽然一个中年妇女气喘吁吁地跳上车，一边刷卡，一边一脸谦恭地笑着对他说："师傅你心肠真好，肯等我，要是赶不上这班车，我肯定又要迟到了。"等她？他马上意识到是她误会了。看着她谦恭而感激的笑容，他也勉强地冲她笑笑。

这是自从参加工作以来，他第一次对一个陌生的乘客微笑，虽然那微笑是挤出来的，有点儿怪怪的。公交车司机，这是个不轻松的工作，如果不是被生计所迫，他怎么也不会落魄到要做公交车司机来养家糊口。

在接下来整整一天的时间里，中年女乘客谦恭而感激的笑容一直徘徊在他的脑海里。他越想越觉得这件事好笑，但是女乘客的笑容，也让他忽然感觉到一丝许久没有体会到的温暖，一种莫名其妙的温暖，一种无法言表的温暖。他想着这些的时候，嘴角不自觉地往上微微地翘着，在他人看来，就像在微笑一样。

虽然公司一再强调司乘人员必须微笑面对顾客，但是他始终做不到这一点。工作中的他总是一脸沉闷，因为他实在想不出在他的生活中，还有什么事值得开心。而一个不开心的人，怎么能够笑得出来呢？因此，虽然他的驾驶技术一流，但是他的服务从来没有上过星级，他也从来没有拿过服务奖。如果不是公司考虑到他的家庭实在困难，他恐怕早就面临再次失业的局面了。

公交车又慢慢驶进了站台，他打开车门，目光注视着一个个上车的乘客。他突然感觉到，有些上车的乘客在与他的目光交会时，竟然是带着微微的笑意的，这可是他从来没有发觉的事。他第一次发现，这些匆忙的乘客的面孔原来也很友善、很平和、很生动，而他以前怎么就没有发觉呢？

他偶尔也从后视镜中看见了自己，那张平日里紧绷绷的脸，似乎也缓和了一些。他恍然大悟，原来是自己的脸色变得缓和了，别人才以笑容面对自己的啊。

第二天，当他踏上自己的公交车时，他就努力让笑意爬上自己的脸。但是这并不是一件容易的事，因为他知道自己已经习惯绷着脸了。但是他并没有放弃，因为他知道这需要时间。

发出第一个真心微笑，是公交车经过市中心路的时候。因为他的家就在那座高楼的后面,虽然自己住在低矮破旧的楼房里,但是一想到儿子吃饭的时候,由于吃得急,经常将饭粒抹在脸颊上,他就忍不住笑了;一想到每天结束一天的工作,下班回到家,贤惠的妻子都会洗一根黄瓜给他吃,而自己吧唧吧唧啃黄瓜的样子,就跟乡下老家养的猪差不多,他就忍不住笑了;一想到对门老李头每次喝醉酒,又蹦又跳唱大戏的滑稽样子,他就忍不住笑了。那一刻,他突然觉得家多温馨呀,邻居多可爱啊,这条熟悉的路多让人迷恋呀。想到这些,笑意便慢慢爬上了他的脸。于是,每次公交车驶过市中心路的时候,他都会面带微笑,好像家人和邻居能看到一样。

他脸上的笑容,就从这里慢慢绽放。时间一天天过去了,他发觉微笑原来也不是太难。于是,他将笑容扩大,每次与同线路的其他公交车会车时,他都主动地向对面的同事微笑。要知道以前他连和对面的同事交会个眼神都懒得做。先是一个同事发现了他的微笑,同事意外而惊诧地咧开嘴,冲他笑笑,还点了点头。很快,一个同事又一个同事,都在会车时,和他互相微笑致意。

当他脸上的笑容生动起来之后,乘车的顾客自然也成了他微笑的授予者。当车子进站,打开车门时,他就微笑地注视着每一个上车的乘客,有的乘客在刷卡或者投币的时候,与他的笑容撞个满怀,便也善意地回报他一个微笑;也有的乘客,没有注意到他的微笑,径直朝车厢里走去,但是他一点儿也不懊恼,继续微笑着面对下一位。以前,他也注视着每一个乘客,所不同的是,那时候他都是绷着脸的或者毫无表情,盯着他们投币或者刷卡,像监视一样。而现在,他用微笑与每一个顾客打招呼。

久而久之,他发现很多乘客的脸变得熟悉起来,那是经常乘坐这条线路的老乘客。他们总是互相微笑致意,就像朋友一样。即使是偶尔乘坐的乘客,如果注意到他的微笑,也会回以一笑。

他依然每月挣不到2000元的工资，回家就吧唧吧唧啃一根老婆洗好的黄瓜，唯一不同的是，他的生活里多了微笑，也多了一份温馨。

微笑是全人类都能明白的一个表情，不管每个种族和民族有多大的文化差异，微笑所代表的含义都是一样的，那就是友好、高兴。

以乐观的精神面对一切

英特尔公司的总裁安迪·葛鲁夫曾是美国《时代》周刊的风云人物。20世纪70年代，他创造了半导体产业的神话，很多人只知道他是美国巨富，却不知道，他的人生也有鲜为人知的苦难经历。

由于家境贫寒，安迪·葛鲁夫从小便吃尽了缺衣少食和受人藐视的苦头，他发誓要出人头地，他比同龄人显得成熟而老练。在上学期间他便表现出了自己的商业天才，他会在市场上买来各种半导体零件，经过组装后低价卖给同学，从中赚取费用。由于他组装的半导体比原装的便宜很多，而质量却不相上下，所以在学校里很走俏。他的学习成绩也异常优秀，他的好学态度与经商的聪明才智，得到了老师的表扬。可是谁也想不到，他竟是个极度悲观的人，也许是受贫困的家境影响，凡事他都爱走极端，这在他以后的经商之路上淋漓尽致地表现了出来。

那是安迪·葛鲁夫第三次破产后的一个黄昏，他一个人漫步在家乡的河边，他从早早去世的父母，想到了自己辛苦创下的基业一次次地破产，内心充满了阴云。悲痛不已的他在号啕大哭一番后，正望着滔滔的河水发呆，他想如果他就这样跳下去的话，很快就会得到解脱，世间的一切愁烦都与他无关了。这时候，对岸一位憨头憨脑的青年，背着一个鱼篓，哼着歌从桥上走了过来，他就是拉里·穆尔。安迪·葛鲁夫被拉里·穆尔的情绪感染，便问他："先生，你今天捕了很多鱼吗？"拉里·穆尔回答："没有啊，我今天一条鱼也没捕到。"拉里·穆尔边说边将鱼篓放了下来，果然空空如也。安迪·葛鲁夫不解地问："你既然一无所获，那为什么还这么高兴呢？"拉里·穆尔乐呵呵地说："我捕鱼不全是为了赚钱，而是为了享受捕鱼的过程，你难道不觉得被晚霞渲染过的河水比平时更加美丽吗？"一句话让安迪·葛鲁夫豁然开朗，于是，这个对生意一窍不通的渔夫拉里·穆尔，在安迪·葛鲁夫的再三央求下，成了英特尔公司总裁安迪·葛鲁夫的贴身助理。

很快，英特尔公司奇迹般地再次崛起，安迪·葛鲁夫也成了美国巨富。在创业的数年间，公司的股东和技术精英不止一次地向总裁安迪·葛鲁夫提出疑问，那个没有半点半导体知识、毫无经商才能的拉里·穆尔真的值得如此重用吗？

每当听到这样的问题，安迪·葛鲁夫总是冷静地说："是的，他确实什么都不懂，而我也不缺少智慧和经商的才能，更不缺少技术，我缺少的只是他面对苦难的豁达心胸和面对人生的乐观态度，而他的这种豁达心胸和乐观态度，总能让我受到感染而不至于做出错误的决策。"悲观的人想到的永远是失去了什么，而乐观的人想到的永远是得到了什么。这就是悲观者与乐观者最大的差别。做一个乐观的人，你将不会为自己所失去的寝食难安。不要忽视自己所拥有的。

悲观的人最大的特点就是经常忽视自己拥有的东西，而将目光聚焦在自己所没有的东西上。这样一来他们会无限放大自己所没有的，情绪自然不佳。我们要把目光收回来，虽然没有动人的容貌，但是我们有纯美的心灵；虽然没有巨额的财富，但是我们拥有和美的家庭。想想自己拥有的，你就会发现你也是一个幸福的人。乐观是改变人生的开始。一个乐观的人，他的人生也是充满乐趣的。无论面对怎样的挫折和失败，只要我们拥有乐观，一切艰难困苦都会成为历史。积极的行动让人生多彩。将思想转化为行动才是最完美的结合。行动起来，我们的人生才会有翻天覆地的变化。

做最好的自己

　　在父亲和哥哥的影响下，上大学时他毅然选择了电子工程学专业。大学毕业之后，他又进入牛津大学攻读相关专业的硕士学位。在牛津大学学习期间，他认识了朋友贝克。这个人竟然在冥冥之中改变了他一生的轨迹。贝克是牛津大学戏剧协会的副会长，自然不会放过拉他入会的机会，但他拒绝了。原因是他认为自己是一个文静的人，甚至有些乏味，让他参加戏剧协会不是天方夜谭吗？贝克却认真地说："正因为你不爱说话，生活沉闷，所以才更应该加入协会。你应该学着让你的生活更精彩一些。"在贝克的劝说下，他参加了戏剧协会。没想到的是，他渐渐喜欢上了表演。

　　在那年的爱丁堡艺术节上，他鼓起勇气，用自己丰富的肢体动作和夸张的表情为大家表演了一个滑稽节目。出人意料的是他的节目太精彩了，竟然引起了全校轰动。从那天开始，他成了校园明星，甚至有电视制片人和电影导演来寻求和他合作。面对突如其来的成功和机会，21岁的他迷茫了。在这之前，他一直都以做一个电子工程师为目标，并为此奋斗了多年。但是现在他突然更喜欢表演了，并且也有着大把大把的机会。在人生的岔路口，究竟应该怎样选择呢？如果去演戏，那么现在是最佳时机。但是这样一来，自己多年所学的电子工程知识不就白学了吗？

是追求自己既定的目标，还是根据自己的兴趣呢？他陷入了深深的矛盾之中。当时正值盛夏，蚊子非常多。蚊子嗡嗡地叫着，不断在他身边盘旋。不堪蚊子骚扰的他点燃了一盘蚊香，然后关上了门，想熏死蚊子。这时，他发现房门后有一只蜘蛛。这只蜘蛛平时捉过不少蚊虫，他不忍心伤害它，就又打开门赶它走。蚊子趁机飞走了几只，但这只蜘蛛却舍不得离开它的网。它灵活地躲避试图带它转移的他的手，固执地坚持在自己的网上。不久，这只蜘蛛被蚊香熏死在了它引以为傲的网上。他深深地被这个场景刺激了，他想网本来是蜘蛛用来捕捉蚊虫的，但是没想到最终却网住了自己。如果他坚持自己的电子工程专业，放弃发展的机会，那他不等于被自己的专业给网住了吗？那他不是和这只蜘蛛一样傻吗？

想通了这些，他毅然放弃了做电子工程师的打算，开始积极表演各种节目。在自己热爱的工作上他很快就取得了很大的成绩。不久，他就获得了年度最佳喜剧奖，后来他更获得了演艺界几乎所有的重要奖项。更重要的是，他为世界贡献了全球家喻户晓的喜剧人物——憨豆先生。

他就是"用卓别林方式演戏的英国金凯瑞"——当代英国喜剧泰斗罗温·艾金森。每个人都对自己的人生有一个美好的构想，做最好、最真实的自己就是一生中最大的胜利。我们所做的所有努力都是为了让自己生活得更美好。积极地生活每天太阳都会升起，每刻都会有新的生命诞生。我们也要用积极的态度迎接每一天的开始，为揭开崭新的人生做有意义的努力。

俗语说"活到老，学到老"，知识是无穷无尽的，我们不要忘了学习。今天的自己比昨天的自己优秀,这就是最大的成功。

善于利用身边的资源

吉姆·弗雷德出生在一个贫寒的家庭,但是上帝好像并没有因此而怜惜这个孩子,在他10岁的时候父亲就离开了人世,只留下母亲和年幼的吉姆·弗雷德。

但是无论是贫困的生活还是艰苦的环境,吉姆·弗雷德和母亲从来都没有放弃过对生活的希望。吉姆·弗雷德一直是个乐观的人,认识他的人无不为他积极乐观的精神所感染。但是吉姆·弗雷德最吸引人的并不只是他积极乐观的性格,还有他传奇的经历。吉姆·弗雷德小时候因为家境过于贫寒而没有办法念书,因此他的学历极其有限,实际上,他刚刚念完小学之后就不得不做起了临时工。但是让众人出乎意料的是他在四十六岁的时候却担任了国家邮政部长的职位,他在年近五十的时候被美国四所名牌大学授予荣誉学位,甚至连罗斯福成功入主白宫也得益于他的鼎力相助。

没有高深的学历,也没有显赫的家世,吉姆·弗雷德究竟是依靠什么取得了如此的成功呢?几乎所有的人都会带着这个疑问去向吉姆·弗雷德讨教。一位年轻的记者为了解开吉姆·弗雷德成功的秘诀敲开了他办公室的大门。吉姆·弗雷德是个健谈的人,年轻的记者在与他交谈的时候感到了前所未有的兴奋和愉快。

很快采访就进入了正题,年轻的记者迫不及待地向吉姆·弗雷德提出了自己一直以来都想了解的问题,他掩饰不住内心的激动,拿着采访笔记对吉姆·弗雷德先生说:"吉姆·弗雷德先生,我受很多年轻人的委托前来向您询问一件事情,不知道您是否愿意告诉我们真正的答案。"听到记者的话,吉姆·弗雷德发出了爽朗的笑声,他亲切地对记者说:"我会尽我所知地回答你提出的每一个问题,不过,在你提问之前,我可能已经对你的问题猜到了八九分。"记者先是感到纳闷,不过,他很快反应过来,对吉姆·弗雷德说:"那您说一说我想问的问题是什么。"吉姆·弗雷德说:"你想问我的问题,很可能就是我能够取得今天的成就,其中是不是有什么秘诀。"听到吉姆·弗雷德本人如此坦诚地说出了自己心中疑惑很久的问题,年轻的记者突然感到轻松多了。因为他知道一旦吉姆·弗雷德说出了这样的话,他自己就会说出问题的答案。记者猜得果然正确。"辛勤地工作,这就是我成功的秘诀。"记者对这个答案感到非常不满,他几乎脱口而出:"不,这不是我要的答案。我听说您至少能随口说出1万个曾经认识的人的名字,这才是您获得成功的秘诀。"年轻的记者本以为吉姆·弗雷德会赞同自己的观点,并且为自己了解到了这么多的信息而感到惊讶,但是没想到吉姆·弗雷德说:"不,我至少能准确无误地说出5万个人的名字。并且,若干年后再遇见他们时,我依然会叫出他们的名字,我还会问候他们的妻子、儿女,以及聊起与他们工作和政治立场等相关的各种事情。"

这次惊讶的就是记者了,他不由得问道:"为什么你能做到这些?你有特殊的记忆能力吗?""没有,我只是在认识每一个人的时候,都会把他们的全名记在本子上,并且想办法了解对方的家庭、工作、喜好以及政治立场等,然后把这些东西全部深深地刻在脑海当中;下一次见面时,不论时隔多久,我都会把刻在脑海中的这些信息迅速拿出来。"吉姆·弗雷德这样回答。

尽可能多地记住别人的名字,了解别人的爱好以及需要等,这也就为自己以后的成功做了良好的铺垫，因为所有成功的人都不是独行侠。世间皆非你所属，用尽世间所能用才是最大的智慧。在这个世界上，我们真正拥有的，不过是我们自己。要想有成就，我们就应该学会利用身边的所有资源。君子善假于物，人之所以与其他动物区别开来，就是因为善于利用工具。走得不快，我们利用交通工具；喊得不响，我们利用通信工具，这是其他任何动物都不具备的能力。众人拾柴火焰高；俗话说：三个臭皮匠，顶个诸葛亮。众人的智慧是无穷的。我们不是独行侠，在做每件事的时候如果收集众人的经验和教训，那么就会少走很多弯路。良好的人际关系为成功铺路，对于每一个人，你都要从心底尊重，因为你不知道何时就需要他的帮助。善待你身边的人，你会有意想不到的收获。

可以无所谓但要有所为

20世纪60年代，在江苏省一个以"穷困"闻名的小村镇里，一个小男孩诞生了，极度的贫困让这个家庭不足温饱，小男孩刚刚两岁时，曾陪伴他成长的一个哥哥和一个姐姐就因饥饿永远离开了他。

小男孩长到10岁时，几乎没吃到过一块肉，甚至没吃过一块完整的馍、一个完整的饼，上学更是一种奢望。一块多钱的书本费成了家里的负担，小男孩的书本费都是靠父亲东借西求勉强凑齐的。

家境的拮据、亲人的离世、随时辍学的危险，让这个瘦小的男孩早早明白了生活的艰辛和苦难，他的举动与周围所有的孩子不同，没有哭泣、没有抱怨，而是出人意料地"行动"起来。

年仅10岁的他利用中午放学的时间，挑着两只五公斤重的桶从几十米深的井里提水，蹒跚地走到离学校不远的小镇上叫卖，一分钱一碗，一天能赚两三毛钱，到了再开学的时候，他不仅自己交了书本费，还攒了一点钱。

听说邻居家的孩子正因为交不起书本费大哭，小男孩马上跑到学校，掏出自己的卖水钱，替小伙伴领回了书。小伙伴看到新书破涕为笑，小男孩也笑了。小伙伴的家人得知后，花了半年时间攒了一布袋硬币想还给他，小男孩礼貌地拒绝了。第一次用自己赚的钱帮助了别人，小男孩心里比拿多少钱都高兴。

当村子里的一些孩子还在为书本费哭泣时，聪明的小男孩已经第二次"创业"了。除了卖水，小男孩还用板车到村里收粮食，再拉到集镇上叫卖赚取差价；12岁时，他又改租拖拉机卖粮食。暑假时，他每天骑着自行车跑十几里路卖冰棒；13岁时，小小的他已经攒了几千元钱，他又买来一台电影放映机，到各村放电影赚钱；17岁那年，男孩已经成为乡里第一个"少年万元户"。但他并没有因此荒废学业，通过努力自学走进了大学。

转眼几年过去了，当年那个小小的男孩已经长成了意气风发的青年，22岁时，大学毕业后的他离开家乡，来到省城创业寻找机会。然而几个月过去了，他依然没有找到任何机会，偌大的城市里这个年轻人显得那么弱小无助，摸着自己渐渐瘪下去的口袋，他在心里暗暗发誓："一定要做一番事业再回家，否则就算死也要死在外面！"

这个不向命运低头的年轻人每天都上街寻找机会。一次在药店闲逛时，他发现一群人正围着一个精巧的仪器向工作人员询问，他马上过去看个明白。医学专业毕业的他很快明白了，这是一种新上市的耳穴疾病探测仪，人们只要将两只电极夹在耳朵上，就能知道哪个部位生病了，而且他很快看到了仪器的缺陷，虽然这个仪器新颖高效，但是病人在使用时很难看到直观的结果，只要稍做改动，人们使用起来能更加方便，使仪器更受欢迎。于是他果断地拿出身上仅有的几千元，找专家提供指导，又根据自己的想法对仪器进行改装，最后改装成了患者只要两手握住仪器电极就知道哪里生病的探测仪。

仪器经过年轻人巧妙改装上市后，价格顿时从百元升到近万元。年轻人在享受成功喜悦的同时，生活又陷入了困境，为了研究新仪器，他几乎花光了身上所有的钱。为了省钱，他露宿在七、八月份的省城街头，白天就在路边为患者检测身体，每检测一位患者收两元钱，每天年轻人就待在酷热的马路边，一待就是两个多月，皮肤也被晒得起了泡。

皇天不负有心人，几个月后，他拿着艰苦赚来的一万元钱租了房子，接着开办了自己的第一家公司，专门生产他研究的仪器，这让他赚到了人生的第一桶金。后来，30岁出头的他又创办了自己的第二家公司，盘活不良资产，开展循环经济产业，变废为宝。充满智慧的他把事业越做越大，收益颇丰，这让这个有为的年轻人找到了自己的价值，"创造不止，回报社会"。他积极投身慈善事业十余年，累计捐赠款物13亿元，受助人群突破60万。虽然如此，他的生活依然十分简朴，十年间，他都到同一家理发店理发，每次只花3元钱。在商场闯荡多年，他也从不抽烟，很少喝酒，每天粗茶淡饭。昔日那个出身贫寒的小男孩成了如今令世人敬佩的大企业家、慈善家，他就是"中国首善"陈光标。

淡定需要无所谓的态度，更需要一种有所为的、积极向上的力量。面对生活的得失、经济的巨变，陈光标都是一样平静地经历着，仿佛一切本就该这样，那么不值得一提，却又时时令人对他刮目相看。这位"中国首善"用人生经历告诉我们：做一个淡然面对得失成败但不甘现状的人,永远保持向上努力的精神,才能在平凡中出奇,平淡而不平庸,低调而不低头,拥有不断向上的朝气和不同凡响的人生历程。得失无所谓,但不轻易放弃属于自己的一切。人生有得必有失,得与失从来没有绝对。用淡然的心态接受一切收获和失去,不要因为得到就觉得理所当然,更不要因为失去而黯然神伤。但不在乎失去不代表甘愿失去,不要因为无所谓失去而变得懦弱。对那些本属于自己却失去的东西,我们依然要努力争取,这并非小气、计较,而是在争取自己的权利。

　　如果你失去了一个本来可以彼此深爱的人,那么请赶快把他找回来;如果你被别人抢去了劳动果实,就一定要替自己正名;如果你遇到一个可以让自己改变的良机,就一定要抓住。成败无所谓,但要坚持到底、全力以赴。成功一定只属于对成败无所谓,却又能坚持到底、全力以赴做事的人。一个人不可能永远失败,成功来自失败后的坚持和热情。失败了也要永葆内心的热情和进取,看看梦想的灯塔,告诉自己成功并不遥远。顺逆无所谓,但要敢于逆流而上,顺境和逆境都不是永恒的,不要期望自己能永远一帆风顺,更不要抱怨自己的命运不好。顺境来时你要学会珍惜和利用,身处逆境时你要看轻它、想办法改变它,要敢于逆流而上、逆水行舟,而不是逆来顺受地接受一切不如愿。没有机会就去创造机会,没有条件就去创造条件,保持一股永远向上的力量和信心,逆境也会对你屈服。盈亏无所谓,但要努力创造价值。人生是产业,总要投入,常有盈亏。人生不怕亏损,就怕停止创造,不要把心思放在自己盈了多少,亏了多少,而要专注于创造更多的价值,在不知不觉中把亏损填平。贫富无所谓,但要追求个人价值的富足。

　　贫穷和富有并非一成不变,富有者不思劳作,将很快陷入穷迫;

贫穷者不放弃追求，同样可以有所作为。家庭贫富并不能决定一个人的命运，只有个人价值的富足才能证明我们的富有。不要因为出身富足就停止努力，更不要因为出身贫贱就放弃追求个人价值的权力，不断地追求和努力才能让你成为真正富足的人。

第三章

多一分宽容 多一分淡定

对欺骗的宽容是有限度的

这是一家跨国公司，在苛刻的招聘条件下，只有20人通过了初审。我就是这20人中的一个。

一个星期后，我接到这家公司的笔试通知："为了真实地考查应聘者的工作能力，本公司请所有的应聘者为公司制作一首宣传歌曲的音乐小样，5天后交卷。"不愧是跨国公司啊，连笔试都和国内企业不同。可他们这个笔试要求却着实难住了我。我一向五音不全，更不用说是一首原创歌曲了。

5天的期限到了，也许是为了增加一次跨国公司招聘的经验，我虽然两手空空，但还是如约来到了这家公司的笔试现场。

排在我前面的应聘者纷纷交上了他们的音乐小样。听到他们的音乐，不仅歌词优美，而且旋律动听。我想，我完了。当我呆若木鸡地站在招聘主管面前时，看着他略带失望的眼神，我更加确认了这一点。

然而，事情却有了转机。

第二天，我居然和其他19个人一样，接到了这家公司的面试通知："恭喜你通过了本公司的笔试，这意味着你拥有了面试的机会。在这次面试中，本公司请你为公司做一套可行性营销方案。3天后，本公司将以论文答辩的形式进行面试。"

怀着惊喜，我开始搜集资料、调查市场、整理思路……营销方案顺利完成了。但还是有个疑团在我的脑海里盘旋：我是怎么通过笔试的呢？为何我们20人没一个被淘汰，全都进入了面试呢？

　　面试开始了。在考官的引领下，我应答自如，甚至超常发挥，把营销方案里不够完善的地方也进行了深入扩展。而其他的那些应聘者就有些不知所措了。在考官的追问下，他们不得不承认他们的营销方案是用钱买来的，包括笔试时的音乐小样。

　　面试的尾声，招聘主管廉江解开了我心中的疑团。他说，其实在笔试前就看了我们的简历，我们发表的那些论文他也专门搜索来仔细看了，虽然我们都很优秀，但没有一个是精通音乐的。廉江之所以在笔试中那么做，是想要看看我们是否能够诚实。可令他失望的是，我们中间只有一个人是诚实的。

　　最后他带着惋惜的神情，语重心长地说："看来你们是习惯于欺骗了，对于欺骗，宽容只有一次。"

　　就这样，20人中，只有我最终进入了这家跨国公司。

　　诚信是一个人做人的根本。生活中，我们要接触无数的人，要处理无数的事，如果平时不能树立一个诚实可信的形象，必将失掉别人的信赖，也会因此而失掉成功的机遇，在与人相处时也定会困难重重，或许终其一生，也很难有所成就。

　　在一个人成功的道路上，诚实的品格往往比能力更重要。我们在日常生活中一些不守信用的行为，看似小事却会在我们的品格上留下很大的污点，成为我们人生发展的隐患。

大度是一种高尚的美德

有一位著名的音乐家,在成名前曾经担任过俄国彼德耶夫公爵家私人乐队的队长。

突然有一天,公爵决定解散这支乐队,乐手们听到这个消息的时候,一时间面面相觑,不知道如何是好。看着这些和自己一起同甘共苦许多年的亲密战友,队长睡不安寝、食不甘味,绞尽脑汁、想来想去,忽然有了一个主意。

他立即谱写了一首《告别曲》,说是要为公爵做最后一场独特的告别演出,公爵同意了。

这一天晚上,因为是最后一次为公爵演奏,乐手们表情呆滞、万念俱灰,根本打不起精神,但是看在与公爵一家相处这些日子的情分上,大家还是竭尽所能、尽心尽力地演奏起来。

这首乐曲的旋律一开始极其欢悦优美,把与公爵之间的情感和美好的友谊表达得淋漓尽致,公爵深受感动。渐渐地,乐曲由明快转为委婉,又渐渐转为低沉,最后,悲伤的情调在大厅里弥漫开来。

这时,只见一位乐手停了下来,吹灭了乐谱上的蜡烛,向公爵深深地鞠了一躬,然后悄悄地离开了。过了一会儿,又有一名乐手以同样的方式离开了。就这样,乐手们一个接着一个地离去了,到了最后,空荡荡的大厅里,只留下了他一个人。只见他深深地向公爵鞠了一躬,吹熄了指挥架上的蜡烛,偌大的大厅刹那间暗了下来。

正当他也像其他乐手一样,要独自默默地离开的时候,公爵的情绪已经达到了顶点,他再也忍不住了,大声地叫了起来:"这到底是怎么一回事呢?"他真诚而深情地回答说:"公爵大人,这是我们全体乐队在向您做最后的告别呀!"这时候公爵突然省悟了过来,情不自禁地流出了眼泪:"啊!不!请让我再考虑一下。"

就这样，他用一首《告别曲》的奇特氛围，成功地使公爵将全体乐队队员留了下来。他就是被誉为"音乐之父"的世界著名音乐家——海登。

在滚滚红尘中，作为芸芸众生的你我有不少人会这样做：你对我不好，我也不会对你好。比如，在被抛弃、被辞退、被退学的时候，往往会愤愤离去，甚至采取报复行为；还有这样一种情况，有的人在抛弃对方或者准备跳槽时，也不愿意给对方留下一个好印象，结果出现了一种糟糕的结局。相反，海登深知，即便是最后的时光，也要一样无限美好地离去，为的是给双方留下一些更美好的或是更值得他日回忆的东西。结果，他的真情大度的告别反而扭转了局面。

当你对他人多一点宽容，多一点大度，多一点容忍，多一点体贴，多一点谅解时，你自己也会少一些忧愁，少一些烦恼，少一些郁闷，少一些闷闷不乐，少一些不快。

伏尔泰曾经说过："宽容是人性的特点，让我们相互原谅彼此的愚蠢。"如果我们不能对别人包容，又怎能奢望得到他人的包容呢？面对社会，面对伤害，都需要一颗真诚善良的心去包容，唯有如此，才能体悟人生，懂得生活。

关于宽容的故事

在人生中，宽容实在是一种无坚不摧的力量。互相宽容的朋友一定百年同舟，互相宽容的夫妻一定千年共枕，互相宽容的世界一定和平美丽。古今中外，关于宽容的故事很多，下面是摘录的一些。

1. 佛家禅语

相传古代有位老禅师，一日晚上在禅院里散步，突见墙角边有一张椅子，他一看便知有位出家人违犯寺规越墙出去溜达了。老禅师也不声张，走到墙边，移开椅子，就地而蹲。少顷，果真有一小和尚翻墙，黑暗中踩着老禅师的背脊跳进了院子。当他双脚着地时，才发觉刚才踏的不是椅子，而是自己的师父。小和尚顿时惊慌失措，张口结舌。但出乎小和尚意料的是，师父并没有厉声责备他，只是以平静的语调说："夜深天凉，快去多穿一件衣服。"我们可以想象，当徒弟听到老禅师这句话之后的心情。徒弟没有因为自己的错误而受到惩罚，而是被师父的宽容教育了。

2. 负荆请罪

蔺相如因为"完璧归赵"有功而被封为上卿，位在廉颇之上。廉颇很不服气，扬言要当面羞辱蔺相如。蔺相如得知后，尽量回避、容让，不与廉颇发生冲突。蔺相如的门客以为他畏惧廉颇，蔺相如说："秦国不敢侵略我们赵国，是因为有我和廉将军。我对廉将军容忍、退让，是把国家的安危放在了前面，把个人的私仇放在了后面。"这话被廉颇听到，于是就有了廉颇"负荆请罪"的故事。

3. 千金之交

春秋时期管仲与鲍叔牙二人少小相识，后来合伙经商，管仲总是要从中多占一些便宜，鲍叔牙不以他为贪，知他是家贫的缘故。此后，管仲出了不少馊主意，几乎使生意做不下去了，鲍叔牙也不认为他蠢，而认为是没有遇上好时机。后来鲍、管二人分别投奔齐国公子小白和公子纠门下，小白胜而纠死，管仲跟着倒霉被囚。鲍叔牙不以胜者自居，反而力荐管仲于齐桓公（小白），也不计较自己会处在管仲之下。桓公果然拜管仲为相，治理齐国，九合诸侯，一匡天下,齐桓公终成一代霸主。管仲后来感叹道:"生我者父母,知我者鲍叔牙也。"

从鲍叔牙身上,可以看到两点:一是宽容之态,一是谦逊之心。如果他无宽容,二人早在年轻时就分道扬镳了,哪有后来的"管仲治齐"?若无谦逊之心,以成败论己论人,又哪能容许"败军之将"反居自己之上,更何况这样的高下之分还是由自己提出来的?诚然,一切都是源于鲍叔牙对管仲的才干有充分认识和信心,但没有他自己那宽厚忍让、虚怀若谷、荐贤不妨的博大包容之心,一切也都是无从谈起。

4. 楚庄绝缨

某天,楚庄王宴请文武百官,席间,他让自己宠爱的美姬给大臣敬酒助兴。一阵风将大厅内的烛火吹灭,黑暗中美姬感到有人拉住了她的手。美姬恼怒中顺手扯断了那人帽子上的缨饰,悄悄告诉了楚庄王,要惩罚这个大臣。楚庄王却下令暂缓点灯,并要求群臣全部拽断帽子上的缨饰,尽情狂欢,只字未提此事。次年,楚国与郑国交战,副将唐狡出生入死,为大败郑军立下战功。楚庄王要重赏唐狡,唐狡跪倒在地,说战场上置生死于度外,实乃报答楚庄王昔日"绝缨掩过"的恩典。

5. 宰相度量

三国时期的蜀国,在诸葛亮去世后任用蒋琬主持朝政。他的属下有个叫杨戏的,性格孤僻,讷于言语。蒋琬与他说话,他也是只应不答。有人看不惯,在蒋琬面前嘀咕说:"杨戏这人对您如此怠慢,太不像话了!"蒋琬坦然一笑,说:"人嘛,都有各自的脾气秉性。让杨戏当面说赞扬我的话,那可不是他的本性;让他当着众人面说我的不是,他会觉得我下不来台。所以,他只好不作声了。其实,这正是他为人的可贵之处。"后来,有人赞蒋琬"宰相肚里能撑船"。

6. 婚姻往事

一位老妈妈在50周年金婚纪念日那天,向来宾道出了她保持婚姻幸福的秘诀。她说:"从我结婚那天起,我就准备列出丈夫的10条缺点,为了我们婚姻的幸福,我向自己承诺,每当他犯了这10条错误中的任何一项的时候,我都愿意原谅他。"有人问,那10条缺点到底是什么呢?她回答说:"老实告诉你们吧,50年来,我始终没有把这10条缺点具体地列出来。每当我丈夫做错了事,让我气得直跳脚的时候,我马上提醒自己:算他运气好吧,他犯的是我可以原谅的那10条错误当中的一个。"这个故事告诉我们:在婚姻的漫漫旅程中,不会总是艳阳高照、鲜花盛开,也同样有夏暑冬寒,风霜雪雨。面对生活中的一些小矛盾,如果能像那位老妈妈一样,学会宽容和忍让,你就会发现,幸福其实就在你的身边。

7. 香烟趣谈

有一次,几个哥们儿一起去一个朋友家看球。男人看球,总离不开香烟。直到球赛结束,才发现不知不觉中,我们已经抽了三盒烟。朋友的妻子也一直在旁边陪着我们。但是,她竟然什么也没说。只是在我们不注意的时候,打开窗子,让新鲜的空气进来。我们觉得很奇怪。你怎么就不管管他和我们这么抽烟?一个哥们儿问道。朋友妻微微一笑,说:"我也知道抽烟有害身体健康,但是,如果抽烟能让他快乐,我为什么要阻止?我情愿让我的丈夫能快快乐乐地活到60岁,而不愿意他勉勉强强地活到80岁。"现在这个朋友早已经戒烟了,问他为什么,他憨笑着说:"她能为我的快乐着想,我也不忍心让自己提前20年离开她呀。"

学会宽容，就是一个不断在学会超越自己、超越执著的过程，我们愈宽容，就愈能净化自己，使自己愈趋向光明的升华。

宽容不只是一种思想，更是一种可以实践的本质，因为它是每个人都能具备的一种无限宽阔广大的"空性"本质。当我们往清净的本性回返时，学会宽容别人，就是学会宽容自己；给别人一个改过的机会，就是给自己一个更广阔的空间。

宽容是拯救灵魂的法宝

年轻女子在睡梦中感觉到有人进了房间。她知道不会是自己的丈夫，因为他在值夜班。她悄悄睁开眼睛。然后，她看到了一个身影，手里拿着刀，在四处找东西。那一刻，她大睁着眼，内心出奇地镇定，因为绝对不能喊，隔壁就是儿子的房间，一喊，她和儿子就会有生命危险。她看到那个贼把手伸向了她的首饰盒，那里面有一对玉镯，是外婆出嫁时的陪嫁，一直传下来，传给了她，是最好的鸡血玉。但她一直沉默着，直到贼离开。然后，她冲到儿子的房间，看到还在熟睡的儿子，眼泪就流了下来，她知道，没有什么比自己儿子的生命更加珍贵。

然而，意想不到的事情发生了。那个贼却被看门的保安逮住了——在他翻墙逃跑的时候。所以，他和两个保安又出现在她的客厅里。

灯光下，她看到了贼的脸。一张十分年轻的脸，脸上还有小小的绒毛，大概只有十五六岁的样子，眼神里全是恐惧。

保安问："这是你的镯子吗？"

她答："是。"

"是这个贼偷走的，就在刚才。"保安说。

她是知道的，她抬起头看了那个小偷一眼，那一眼让她呆住了，少年的眼里全是乞求，甚至是恳求，甚至是绝望。

那一刻，她的心忽然柔软起来。她有了新的决定。她说："你们放了他吧，他不是贼，那一对玉镯是我给他的。"

保安大吃一惊……眼里也全是惊讶。"是我给他的。"她坚持说。

这时，她看到少年的眼里全是泪水了。保安刚走，那位少年一下就跪下了："阿姨，您为什么救我？"

她笑了，淡淡地说："孩子，因为你的青春比那两只镯子值钱，我想用那两只镯子赎回你找不到方向的灵魂。何况，刚才我并不曾睡着，因为你手里拿着刀，所以我没有喊，也是为了我自己的儿子。"

那位少年离开女子的家以后，再也没有做过这样的事情，他奋发图强，学业、事业都取得了瞩目的成绩。

一念之间的宽容竟然可以使凶恶的歹徒放下屠刀，使走在邪路上的人悬崖勒马，可见它力量的伟大！如果这名女子没有这样做，少年被送进监狱，他几年的青春将在冰冷的铁窗中度过，如果因此心灵受到创伤，自暴自弃，不肯再去努力，说不定就不会有后来的成就了。

聪明的人总是懂得在危险中保护自己，而愚蠢的人总是喜欢依靠蛮力。吃亏需要一种潇洒的生活态度，也需要一种做事的魄力。虽然有时候我们需要舍弃的东西并不多，可是能够将自己的东西和利益拱手相让，还是需要一份勇气、一种风度、一种气量。

用幽默来拯救错误

谁都无法想象，如果一届世界性的体育盛会在开幕式上出现重大纰漏，组委会将承受怎样巨大的压力。这样的倒霉事，偏偏让2010年温哥华冬奥会赶上了。2月13日那天，温哥华冬奥会隆重开幕，一切都按照计划有条不紊地进行着，但在最关键的点火仪式环节，却发生了令人目瞪口呆的一幕。

为了让本届冬奥会给全世界一个惊喜，组委会殚精竭虑，试图打造出让世人惊艳的点火仪式。原先的设想是：火炬由残奥会冠军汉森坐着轮椅传入体育馆，再由四名加拿大著名运动员依次传递，然后四人站在广场四周，等待四根欢迎柱缓缓升起，再用火炬点燃欢迎柱，火光上升的同时，四根欢迎柱中间的巨大冰柱将被点燃，奥运圣火将就此怒放……虽然准备工作万无一失，但在欢迎柱上升的环节，预设的四根只升起三根，全世界的目光都聚焦到余下的那根，遗憾的是它终究"千呼万唤没出来"。

如此重大的赛事出现如此重大的失误，令冬奥会组委会颜面扫地，成为全世界的笑柄。事后，组委会官员很快承认，点火仪式出现故障，并没能按计划进行。组委会首席执行官约翰·弗隆更是难过地说："今天的开局十分有挑战性，从来没有料到开幕日会是以这种方式开始。"

转眼十几天过去了，大会总体还算顺利圆满，人们在关注完奖牌的归属之后，吊足了胃口想看看加拿大人将如何举办闭幕式。有记者在闭幕式前一天采访加拿大市民，询问他们的心情，一位老者的话颇具代表性："我们都祈祷闭幕式上千万别再发生什么差错，再也丢不起人了。"

3月1日，温哥华冬奥会闭幕式如期举行。大幕拉开后，世人简直不敢相信自己的眼睛,火炬台竟然以"残缺"的状态搭建着,开幕式上"失误"的一幕被复制到了全世界观众的面前。

更令人意想不到的事在随后发生。一个装扮成小丑的电工蹦跳着来到没有竖起的欢迎柱前,左拍拍右看看,表情诙谐地检查着,终于找到了故障原因。他高兴地拍手,然后将电源插好,试着将那根硕大的柱子从地下拉起来。在小丑的卖力拉动之下,欢迎柱渐渐竖起,缓缓地和其他几根搭建在一起。这时,小丑欢快地请出主火炬手勒梅·多恩,由她点燃了奥运火炬,奥运圣火熊熊燃烧。

看到这儿,全场沸腾了,加拿大人用一种自嘲的方式轻松化解了此前的巨大尴尬,不仅无损于他们的形象,反而成就了一届史无前例的"两次点火"的经典画面。

生命中没有多少不可饶恕的错。就算错了,也还可以幽它一默。关于这件事,专业媒体用"幽默而伟大"来高度赞扬加拿大人的举动。这种幽默,应是来源于敢直面错误的勇气和愿意承认错误的诚意吧!很多时候,人们对待自己犯下的错误总喜欢遮遮掩掩,殊不知,错误就像伤口,越捂越盖就越容易发炎发脓,而幽默,可以让沉重变得轻松,使沮丧变成昂扬,并把希望重新点燃!

宽容是一种善待他人的行为

因为家里穷,女孩在很小的时候就被母亲送给了别人。长大后,女孩知道了自己的身世,心中对亲生父母充满了怨恨。父母几次要来与她相认,她都拒绝了。

有一次,母亲来看她,给了她一件亲手织的毛衣,她连看都没看,就扔进了箱底……这样的僵局持续了十几年,转眼,女孩结了婚,生了孩子。初为人母,当她把全部的爱都给了自己的孩子的时候,她越发不懂母亲当时为何如此狠心,心里的怨恨更是有增无减。

女孩30岁时,母亲病危了。消息传来的时候,刚好是冬天,乡里的人送来信,说母亲想见她一面,让她穿上母亲亲手给她织的毛衣。

女孩听后,心里开始有些慌乱。再怎么说也是亲生母亲啊!她急急地穿上毛衣上路了。在路上,她觉得冷,于是把手伸进口袋中取暖,她突然在口袋中摸到了一张折着的字条,是母亲写给她的信。母亲说,家里的另一个孩子是捡来的,那时候实在养活不了两个孩子,才决定把她送出去。因为,那个孩子实在太小,又病得不轻,除了他们,没人要那个孩子。看到这字条后,女孩非常震惊,她的眼里涌出了泪水:母亲这么多年是多么伤心啊,我是她唯一的女儿啊!

赶到家的时候,母亲已经辞世了。她的手里紧紧握着一枚扣子,那枚扣子的颜色跟女孩毛衣的颜色是一样的。母亲在留给女孩的信里说,送毛衣的那天,回到家里才发现,那件衣服上缺了一枚扣子,那枚扣子掉在了地上。母亲把它捡了起来,一直想去帮她缀上这枚扣子。想了十几年,希望再见到她,希望亲手把扣子交给她,母亲欠她一枚扣子。

女孩拿着这枚扣子,扣子已经被磨搓得光滑滑、亮闪闪的,她不知道,每当深夜时,母亲想她,就会拿出那枚扣子,放在掌心静静地看,看了十几年……

女孩在75岁的时候离开了人世,可是她的人生并不快乐,因为她一直在想,倘若当初对母亲宽容一点,也许就不会让母亲抱憾离世了。因为心中满藏着懊悔,所以在以后的岁月中,女孩一直折磨着自己。

一个可怜的人，前30年活在怨恨中，后45年却光顾着后悔，不知道她在临死的时候，有没有想过她生命的意义和价值，有没有为她这一生感到悔恨？前30年已无法挽回了，为什么后45年还要去为前30年付出那么多的代价呢？如果在母亲给她送来毛衣的那天，她能够宽容一次，那么，她的一生可能就会改写。

上苍给了我们同样的命运、同样的机遇，当走到生命的尽头时，我们留下的又将是什么？还要死守着对往事的怨恨和懊悔吗？当然不能。生活的路是越走越宽的，我们何必揪住曾经的伤痛耿耿于怀呢？为此，我们必须学会宽容，学会原谅生活中的阴差阳错，学会包容世间的一切不公平。宽容是在善待自己。

宽容是一缕幸福的阳光

"一只脚踩扁了紫罗兰，它却把香味留在那脚跟上，这就是宽恕。"安德鲁·马修斯在《宽容之心》中说了这样一句能够启人心智的话。哲学家康德说："生气，是拿别人的错误惩罚自己。"优雅的康德大概是不会有暴风骤雨的情绪，心情仿佛永远都是天晴气朗。别人犯错了，我们为此而雷霆万钧，那就错待我们自己了。

戴尔·卡耐基不主张以牙还牙，他说："要真正憎恶别人的简单方法只有一个，即发挥对方的长处。"憎恶对方，恨不得食肉寝皮敲骨吸髓，结果只能使自己焦头烂额，心力交瘁。"憎恶"应该化为另一种形式的"宽容"，憎恶别人不是咬牙切齿地诅咒对方，而是吸取对方的长处化为自己强身壮体的"钙质"。

狼再怎么扮演"慈祥的外婆"，发"从此吃素"的毒誓，也难改吃羊的本性，但如果将狼捕杀净尽，羊群反而容易产生瘟疫；两虎相斗，其势不俱生，但一旦英雄寂寞，不用关进栅栏，凶猛的老虎也会退化成病虎。把对手看作朋友，这是更高境界的宽容。

林肯总统对政敌素以宽容著称，后来终于引起一议员的不满，议员说："你不应该试图和那些人交朋友，而应该消灭他们。"林肯微笑着回答："当他们变成我的朋友，难道我不正是在消灭我的敌人吗？"一语言中的。多一些宽容，公开的对手或许就是我们潜在的朋友。

三峡工程大江截流成功，谁对三峡工程的贡献最大？著名的水利工程学家潘家铮这样回答外国记者的提问："那些反对三峡工程的人对三峡工程的贡献最大。"反对者的存在，可让你保持清醒理智的头脑，做事更周全；可激发你接受挑战的勇气，迸发出生命的潜能。这不是简单的宽容，这种宽容磨砺着你的意志，磨亮了你生命的锋芒。

虽然我不同意你的观点，但我有义务捍卫你说话的权利。这句话很多人都知道。它包含了宽容的民主性内核。良言一句三冬暖，宽容是冬天皑皑雪山上的暖阳；恶语伤人六月寒，如果你有了宽容之心，炎炎酷暑里就把它当作降温的"空调"吧。

与朋友交往，宽容是鲍叔牙多分给管仲的黄金。他不计较管仲的自私，也能理解管仲的贪生怕死，还向齐桓公推荐管仲做自己的上司。

与众人交往，宽容是光武帝焚烧投敌信札的火炬。刘秀大败王郎，攻入邯郸，检点前朝公文时，发现大量奉承王郎、侮骂刘秀甚至谋划诛杀刘秀的信件。可刘秀对此视而不见，不顾众臣反对，全部付之一炬。他不计前嫌，可化敌为友，壮大自己的力量，终成帝业。这把火，烧毁了嫌隙，也铸炼了坚固的事业之基。

你要宽容别人的龃龉、排挤甚至诬陷。因为你知道，正是你的

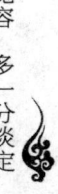

力量让对手恐慌。你更要知道，石缝里长出的草最能经受风雨。给你的风凉话，正可以给你发热的头脑"冷敷"；给你穿的小鞋，或许能让你在舞台上跳出曼妙的"芭蕾舞"；给你的打击，仿佛运动员手上的杠铃，只会增加你的爆发力。睚眦必报，只能说明你无法虚怀若谷；言语刻薄，是一把双刃剑，最终也割伤自己；以牙还牙，也只能说明你的"牙齿"很快要脱落了；血脉贲张，最容易引发"高血压病"。

懂得宽容，就懂得了幸福；学会宽容，也就学会了感受幸福。生活中的矛盾或多或少地都在发生，完美也只是存在于人们的想象之中。对对方的宽容，实际上也是对自己的宽容，宽容了对方之后，自己也能够有一种快乐的感觉。

第四章 在淡定中寻找人生宝藏

不计较眼前的得失

当一个人、一个地区只顾眼前利益的时候，它将最终导致人生和事业的失败。

其实，只要你去选择做事情，就会有得失。

如果你知道每一次失去的背后有一个更大的目标，有更多的考验，生命中还有太多太多的事情需要你去做，你就不再会为眼前失去的东西感到痛苦了。

在这个世界上，你要理解什么叫得到、什么叫失去，是非常困难的。因为有很多东西需要你一辈子的努力，并不是一天两天就能得到的。作为一个员工，如果拿的是计时工资，你工作两小时即可拿到两小时的工资。但是生活不是这样的，生活中得到与失去是一个大循环的过程，不是现金交易，而是一辈子的"交易"。比如说，我们两人之间的交情很深，一辈子虽然没有金钱的交往，但是最后你得到了我的信任，我得到了你的信任，我们两人互相之间的信任可能就变成了这个世界上最珍贵的东西。

世界上很多人看不清这样的道理，他们会过分地贪求，过分地想要去获得眼前的利益。结果，过分地贪求变成了失去一切的原因。贪官、贪商没有一个人能逃脱法网，即使没有被抓起来，睡觉也会出冷汗。周正毅被抓住以后说的第一句话是："我总算被抓住了，这样我睡觉可以睡得安稳一点了。"因为他在被抓住以前，睡觉都是不得安宁的，天天做着噩梦就从床上跳起来了。即使他不被抓起来，最后也可能会犯心脏病死去。

只顾眼前的利益一定会直接导致人生和事业的失败。我们身边，有一部分人只顾眼前利益，而不顾将来。很多人开饭馆、做生意都卖假货，为什么？因为他们觉得这是赚钱的最佳方法。但这样的人到最后失败的多，成功的少，因为成功是以信誉为基础的，而信誉是建立在人们长久的观察之上的。当人们第一次发现不对头，第二次就不会买了。

很多人实际上正在这么做，自己却没有意识到,直到最后失败了，才回过头来找原因，而且通常是把原因找到别人身上，能够从自己身上找原因的人很少很少。

当然，有时候在生活中我们失去一些东西不一定是坏事。比如，你失业了，才知道生活有多么艰难；你失恋了，才知道感情的成熟是多么重要。有这样一句歌词：因为我得不到你，所以我把你珍藏在心里。大家知道，世界上有一种现象，得到的东西就不再是自己的东西。我们有着美好的家庭，拥有很多的幸福和快乐，但是我们却熟视无睹。我们不尊重我们的爱人，不尊重我们的同事，不尊重我们所得到的工作机会，最后失去了才发现，我怎么原来不知道这些东西是那么珍贵啊。

《易经》中有一句话叫"动辄得咎"，就是说只要你选择做事情，就会有得失。"动辄得咎"并不是说你动了就会被人指责，它真正的含义是你动了就会犯错误，就会冒险。根据《易经》中的另外一句话，"天行健，君子以自强不息"，动辄得咎的解释应该是这样的：选择"动"实际上是要解决人生的困境，解决日常的困难，在动的过程中，我们在丰富我们的人生体验，丰富我们的心灵，锻炼我们的意志，最后使我们变成一个有着坚强意志、坚定不移个性、对未来有着美好向往的人。所以得到与失去永远是一个钱币的两面，你得到了钱币的正面，就失去了它的反面，你看到它的反面，不可能同时看到正面，要用正确的心态辩证地对待生活中的得失。

人生必须背负重担一步一步慢慢地走、稳稳地走，总有一天，你会发现自己是那个走得最远的人。

人生之路，一帆风顺者少，曲折坎坷者多，成功是由无数次的挫折堆积而成的。但挫折和失败对人毕竟是一种"负性刺激"，总会使人不愉快、沮丧、自卑。因此，如何面对挫折、如何自我解脱就成为战胜脆弱、走向成功的关键。

给自己舔舐伤口

在我们的人生中会有很多的伤害，也会有很多的磨难。受了伤，我们要学会自己舔舐自己的伤口，在没有必要的情况下不要将自己的伤口暴露在别人的面前，因为有时候那样做不仅对我们的伤口没有任何帮助，还会让我们的伤口撕裂得更大，甚至让我们丧失生命。

我们都知道，人生的道路很漫长，并且在我们的人生道路上我们也会经历很多的挫折，很多的磨难，我们难免会受伤，难免会在自己的人生道路上受尽磨难，在感情的生活中分崩离析……并且生活中的种种不幸会让我们感觉到心灵疲倦、伤痕累累，所以，我们就自然而然地要去疗伤。

关于疗伤很多人都有自己不同的方法，有的人是靠着外界的力量来给自己疗伤,有的人只会自己舔舐自己的伤口。那些靠着外界的人,在自己受了伤的时候喜欢把自己的伤口放在别人的面前,以博取同情,从而在同情与支持中坚强起来;那些喜欢自己疗伤的人,则喜欢在受了伤的时候悄悄地躲起来,直到自己伤口好了以后才会回到原来的生活。我们会说那些靠着外界的力量疗伤的人可能伤口会好得更快,而那些靠自己舔舐伤口的人则因为一个人的力量太过于弱小,所以伤口会好得很慢。可是真的是这样吗?

从前有一只小猴子,非常机灵,非常可爱,但它总是没有安全感,总是渴求身边的其他动物给它一点依靠,总是要在身边其他动物的肯定中寻找自己的价值,就连摘一只桃,也要拿去给别的动物看看,得到赞许之后,再满足地拿去品尝。也许这只可悲的小猴子没有学会怎样去自己肯定自己的价值,没有找到自己的方向。而可悲的是,它的悲剧性并不仅仅如此。

有一天,小猴子在森林里玩耍,突然,一只老虎出现了,老虎已经几天没吃东西了,见到小猴子以后很是高兴,猛地就扑了上来。小猴子吓坏了,慌忙逃命,在这途中,被老虎的利爪抓伤了皮肤,留下一道很深的口子,还在不停地滴着血。忍痛从老虎的嘴边逃走,小猴子在一块石头旁边躺下来,一边庆幸自己还活着,一边看着自己的伤口,不知道该怎么办。

这时候,一只松鼠从树上跳下来,问小猴子怎么了。小猴子向它倾诉了自己的经历,还给它看自己的伤口。松鼠用手掰开小猴子的伤口,看了看,叹息说:"哎呀,怎么这么严重啊,你也太不小心了,老虎也太残忍了……"

听到松鼠这么说,小猴子感到很欣慰,因为它可以得到别人的

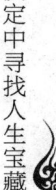

同情。虽然很痛，但是它还是强忍着。

一会儿，又有一只小鸟飞过来，啄了啄它的伤口，看看有多深，一边还叽叽喳喳地叫着："快来看哪，小猴子被老虎抓伤了，伤口在流血，好多血啊……"

于是，许多动物纷纷跑过来看小猴子的伤口，每看一次，那个伤口就被掰得更大，也被弄得更深。很多动物看了以后，默默地流着泪不肯离开，似乎是想陪伴小猴子，同时，也引来更多的动物围观，把那道本来不是很大的伤口撕得惨不忍睹。

就这样，小猴子在很多动物的哀叹之中，伤口变得越来越大，越来越深，最后，静静地死去了。

故事中的小猴子在自己受到伤害的时候，没有自己躲起来去疗伤，而是将自己的伤口暴露在别人的面前，想要博取大家的同情。然而它没料到的是，同情它是得到了，但是它付出的代价却是让自己的伤口越撕越大。听了这个故事，我们还会认为让别人的同情给自己疗伤会好得更快吗？

我们的人生也是这样，如果我们受了伤，有了伤口，就像故事中的小猴子一样将自己的伤口暴露在别人的面前，希望博取同情从而给自己疗伤，那么我们就会把自己放在一个很危险的位置，我们可能会因为别人的"关心"而使我们的伤口越撕越大，最后可能直接死亡。所以，在我们的生命中，我们要学会自己舔舐自己的伤口，为自己疗伤，这样，我们的生命才会更有保障，我们也才会更安全。在人生中，我们要学会自己舔舐自己的伤口，为自己疗伤。不到万不得已的时候千万不能把自己的伤口暴露在别人的面前，因为有时候暴露伤痛，展示弱点，不仅不能得到期待的理解和支持，反而会成为致命伤。

收敛是为了更好地得到

人生有时候需要我们的张扬,有时候需要我们的外露,但是人生更多的时候需要我们的收敛,因为只有我们收敛起自己,才会看到更多,才会明白更多,才可能得到更多。

老子说:"揣而锐之,不可常保。金玉满堂,莫之能守。富贵而骄,自遗其咎。"表面上是说金银财宝还有一些东西不可能保持长久,可是实质上是告诫我们,在面对人生中的种种诱惑的时候,应该保持一种收敛自己的欲望的心态。并且说明收敛是我们控制自己的欲望、控制我们生活中的情绪的一种具体方法。

可能我们会说,现在的社会讲究的是一种张扬,一种外露,不管是我们的才气,还是我们的情绪,我们都应该有所表现。如果我们一味地隐藏自己,一味地压抑自己,一味地收敛自己,那么我们可能会失去很多东西,也不会感觉到快乐。可能在我们的生活中有时候的确如此,毕竟我们的人生需要我们自己去演绎,我们需要用尽我们的力量去走自己的人生路。但是我们不要忘了,在走人生路的时候我们需要一些姿态,并且根据不同的道路、不同的情况,我们需要不断地变换着自己的姿态,这样我们才能在人生路上不会感觉到太累、力不从心。而收敛就是我们需要的一种人生姿态,也是我们在走人生路的时候需要的一种心理状态。

收敛是一种心态,也是一种对人生的感悟,更是一种取得成功的有效的手段。懂得了收敛,也就懂得了无常的人生,也就知道了自己应该处于怎样的高度,当然也会懂得自己应该做什么;并且如何去做;懂得了收敛,也就懂得了人生的智慧,知道在任何时候守住自己心灵的那一份清静,并且能够在纷繁复杂的世界里拥有一颗清醒的头脑,拥有一种良好的心态;懂得了收敛,也就知道了自己人生的方向，懂得用理智与良性的状态去获取成功，去完成自己的理想，并且，在完成自己的理想的途中会少去很多的阻碍。

所以，在我们的人生中，如果我们想要干出一番事业，想要取得成功，我们就必须学会收敛自己，收敛自己的情绪，收敛自己的个性，懂得隐藏自己的光辉，懂得厚积薄发。在我们的人生中，我们只有懂得了收敛自己，只有懂得了把握自己，才有可能得到更多，我们的人生之路才有可能更加通畅。收敛是一种心态，是一种不张扬的作为，更是一种人生的大智慧。懂得收敛的人生会少去很多的麻烦。淡化自己的欲望和热情，才能将自己的行为控制在一个理智的范围内，从而掌控一切，得到更多。

要是累了不妨停一停

在我们的人生中不管我们拥有多少的财富，不管我们如何成功，不管我们拥有多么顽强的意志，我们都免不了会感觉到累，感觉到疲倦。所以，在我们的人生中，如果感觉到累了，感觉到倦了，我们不妨停下来，休息一下，然后再从容上路。

人生有时候就像逛街一样，逛得久了总有累的时候，不管我们眼前有多么吸引人的景色，也不管在那些店铺里面有多么让人着迷的物品，我们都会感觉到力不从心，会出现审美疲劳，也就理所当然地想要休息。可是往往在这个时候，我们会给自己找借口，不让自己休息，不是说自己今天一定要买到什么东西，就是说忍一忍等到东西买齐了就去休息。可是，就在我们"一定"以及"忍一忍"的时候，我们错过的不仅仅是最佳的休息时间，消耗的也不仅仅是我们的体力，有时候我们错过的是我们应该很快乐的时间、我们的幸福,我们消耗的是我们的精神,甚至是我们精彩的人生。

现代社会,我们的生活节奏总是很快,我们每天也把自己的行程排得满满的,不让自己浪费掉一点点时间。我们也总是为自己的理想、自己的愿望不停地奋斗着,不停地奔波着,为了金钱,为了地位,为了自己的欲望,我们有时候不给自己一丝喘息的机会,有时候即使是累,我们也坚持着。但是,有时候我们的坚持、我们的继续、我们的忙碌不会给我们带来多少的快乐,不会带给我们多少的收获,反而有时候会让我们与幸福擦肩而过,会让我们感觉到异常地空虚与劳累。

不管我们处于怎样的高度,不管我们在外面怎样的拼搏,总有一天我们会感觉到累。其实,当我们感觉到累的时候,我们不妨停下来,让自己休息一下,可能这样我们的人生会少去很多烦恼,我们也不会让自己过得那么辛苦。

曾经听一个人讲,每年他都要去旅游,但是他选择的不是旅行社,而是自己出去旅游。因为他觉得跟旅行社一起同游,多半的时间是在赶路,不会让他在自己喜欢的风景区停下来。他喜欢在自己想要休息的时候停下来,在自己喜欢的风景区多花一点时间,因为这样的旅游才不会因为赶路错过自己喜欢的风景而感觉到有任何的遗憾。我们的人生也就像是一场旅行,如果我们一直想着跟上别人的进度,一直想着赶路,一直处于忙碌的状态,不知道休息,那么我们就会让自己一直处于一种疲劳的状态。我们会因为忙碌、因为累而错失掉人生中的很多东西。在我们做事的时候,会因为自己的疲劳与累而犯很多的错误,结果事倍功半。

所以,在我们的人生中,在我们累的时候我们就应该停下来,让自己休息一下,然后养足精神,再去做那些必须做的事情,再去完成自己还未完成的任务，这样，我们不仅可以完成自己的任务，还会做到事半功倍。

有一个探险家，到南美的丛林中，找寻古印加帝国文明的遗迹。他雇用了当地土著人作为向导及挑夫，一行人浩浩荡荡地朝着丛林深处走去。那群土著的脚力过人，尽管他们背负着笨重的行李，仍是健步如飞。在整个队伍的行进过程中，总是探险家先喊着需要休息，让所有土著停下来等候他。探险家虽然体力跟不上，但他希望能够早一点到达目的地，一偿平生的夙愿，好好地来研究古印加帝国文明的奥秘。

到了第四天，探险家一早醒来，便立即催促着打点行李，准备上路。不料领导土著的翻译人员却拒绝行动，令探险家为之恼怒不已。经过详细地沟通，探险家终于了解到，这群土著自古以来便流传着一项神秘的习俗，在赶路时，皆会竭尽所能地拼命向前冲，但每走三天，便需要休息一天。探险家对于这项习俗好奇不已，询问向导，为什么在他们的部族中，会留下这么耐人寻味的休息方式。向导很庄严地回答说："那是为了能够让我们的灵魂，追得上我们赶了三天路的疲惫身体。"

让自己的灵魂能够追上自己疲惫的身体，可能在我们听来这似乎没有道理，但是我们细细品味就会感觉到他们这项行为里面深深的哲理。的确，在我们的人生中，很多时候我们要让自己的灵魂与行为统一起来，只有这样，我们才能将事情做得完美，做得毫无缺憾。所以，当我们累的时候，我们就停下来，休息一下，养足精神，然后再让自己充满力量地上路，那样我们会收获很多。

在我们的人生中，当我们累的时候不妨停下来，让自己休息一下，让自己有一个积蓄力量的过程，让自己的灵魂追得上自己疲惫的身体，那么，我们可能就会有意想不到的收获。

低头不代表认输

低头并不是认输，只是暂时的等待，只是给我们的成功一个机会。在我们的人生旅途中，我们要学会适时地低头，要懂得退让，因为有时的低头不仅不是认输，而是为了让我们的人生攀上更高峰。

有人曾说过"人，要昂首天下，但也要记得时时低头"。昂首天下，是我们每个人最想要的生活姿态，但是低头却是我们每个人都不愿意去做的事情，因为在很多人的眼里，低头代表的是一种懦弱，一种认输，是一种妥协。但真的是这样吗？低头就是一种妥协一种认输吗？事实并非如此，在我们的人生中适当地低头，有时也是一种生存的策略，一种处世的哲学。

我们都知道，在战场上，有时候我们为了打败敌人取得胜利，往往会退避三舍，避开敌人的锋芒，然后给自己一个养精蓄锐、积蓄力量的机会，等到敌人放松警惕后，再找到适当的机会进行反扑，最后取得胜利。我们的人生也如战场一样，有时候为了在我们的人生中取得成功赢得胜利，我们也需要暂时地退让，适时地低头，给自己一个休养生息的机会，也给敌人一个放松警惕的时机。所以，在我们的人生路上，适时地低头，暂时地退让并不是代表我们的懦弱与认输，而是我们需要掌握的生存智慧，也是我们取得胜利的一种人生策略。

富兰克林在年轻的时候曾去拜访一位前辈。当时年轻气盛的他，总是昂首挺胸迈着大步，所以他一进门就撞在门框上。迎接他的前辈见到这样的情境，笑笑说："很疼吗？可这将是你今天来访的最大收获。一个人活在世上，就必须时刻记住低头。"富兰克林思索了一会儿，恍然大悟。以后在他的人生中，那位前辈说的话一直留在他的心底，也一直影响着他的人生，让他一步步迈向成功。

无独有偶，有人问苏格拉底："你是天下最有学问的人，那么你说天与地之间的高度是多少？"听到这样的话，苏格拉底毫不迟疑地说："3尺！"那人不以为然："我们每个人都有5尺高，天与地之间只有3尺，那还不把天戳个窟窿？"苏格拉底笑着说："所以，凡是高度超过3尺的人，要长立于天地之间，就要懂得低头啊。"

人这一生，不管我们处于怎样的高度，也不管我们有多么成功，我们要学会低头，要知道低头并不是认输，而是暂时的退让，是一时的隐忍与养精蓄锐，是为了以后把头抬得更高。

在我们小时候，我们常常被教育着人要昂着头走，走得才会坦坦荡荡；人要昂着头走，走得才会不被别人看扁。但是长大了以后，当我们步入社会，当我们经历了人生中的种种，我们才会知道，一个人如果一直昂着头走，他就注定要碰壁，注定要遭遇坎坷，甚至会碰得头破血流。

在我们的生活中，我们要学会低头。朋友之间闹别扭了，有了误会，如果我们还想继续维持友谊，便总要有一个人站出来先低头，只有这样才有机会去解决我们和朋友之间存在的问题，才有可能化解误会，才有可能让那段友谊继续维持下去；恋人之间，吵了架，出现了问题，如果还想要维持那段恋情，那么也需要一个人去先低头，化解矛盾，只有这样我们才有可能让自己的恋情长长久久；夫妻之间，因为一些生活中的事情有了隔阂，有了矛盾，有了争吵，不管闹得怎样不可开交，但是想要让自己的婚姻维持下去，那么我们就要学会低头，只要有一方低了头，那么一切都还有解决的可能，我们的婚姻也有可能继续下去……低头并不是认输，也不是承认自己的错误，更不是一种妥协，而是给彼此一个解决矛盾的机会，让我们可以在冷静的时候去解决一些问题。

当然，在我们的工作中，我们也要学会低头。在我们处理工作上的事务的时候，如果跟自己的同事意见不合，我们不要一直去争吵，而是应该冷静下来，不要让自己的冲动造成严重的后果；在与自己的上司有矛盾的时候，当我们犯了错误的时候，我们也要学会低头，以一种谦恭的态度去对待自己身边的一些人，去诚恳地承认自己的错误，并且听取上司的意见；在我们跟别人合伙做生意的时候，我们也要学会低头，做到不卑不亢，那么我们就可以在职场上做到游刃有余。不管是在我们的生活中还是工作中，适时地低头，并不是懦弱，也不是妥协，更不是诌媚，也不是阿谀奉承，而是我们的一种生存的姿态，是我们为了达到自己的目的所做的一些暂时的行为。

有这样一句话："其实，有时妥协是战胜困难的一种智慧的暂时忍让；低头不是为了倒下，而是为了更坚定地站立前行；低头不是意味着无能的认输，而是为达目标所采取的以守为攻的策略。"低头是一种智慧，它需要求同存异，需要我们应时顺势，需要我们谦虚谨慎，需要我们去好好衡量。学会低头，学会暂时地退让，那样我们的人生之路才会走得更加通畅，我们的人生也才会过得更加精彩。

低头是一种智慧，低头也是一种能力，是我们处世的一种哲学，更是我们应该采取的一种生存技巧。懂得低头的人生不会有那么多的阻碍，也不会有那么多的碰撞，也会少了很多的坎坷与挫折。

靠近幸福的秘密武器

人生路上，当遇到逆境的时候，我们往往会听到很多抱怨的声音：我的出身不好，我家里没有钱，我上学的学校不好，我没有一个有权、有势的爸爸，我的男人比较穷，我的女人丑，我的工作条件不好，工资少，没有一个能赏识我的老板……总觉得自己的生活不如意，天天抱怨，而且常常会发现，那些抱怨的人生活似乎一直都不怎么好，有时候抱怨会产生连锁反应，越抱怨，倒霉的事情越是接二连三，所以，我们只有闭上抱怨的嘴，才能走进幸福。

孔雀向天后朱诺抱怨。她说："天后陛下，我不是无理取闹来诉说，您赐给我的歌喉，没有任何人喜欢听，可您看那黄莺小精灵，唱出的歌声婉转，它独占春光，风头出尽。"

朱诺听到如此言语，严厉地批评道："你赶紧住嘴，嫉妒的鸟儿，你看你脖子四周，如一条七彩丝带。当你行走时，舒展的华丽羽毛，出现在人们面前，就好像色彩斑斓的珠宝。你是如此美丽，你难道好意思去嫉妒黄莺的歌声吗？和你相比，这世界上没有任何一种鸟能像你这样受到别人的喜爱。一种动物不可能具备世界上所有动物的优点。我们赐给大家不同的天赋，大家彼此相融，各司其职。所以我奉劝你去除抱怨，不然的话，作为惩罚，你将失去你美丽的羽毛。"

孔雀的美本来就让大自然的各种动物羡慕，但是孔雀还是因为没有和黄莺一样婉转、美妙的歌喉而抱怨。由此看来，实际上抱怨并不是本身拥有的条件不够好，而是面对好的条件都不知足。而很多时候，当你不断地抱怨自己拥有的条件和资源少，不能取得成功时，后来的不成功就会排着长队等着你，接连不断地到来。

　　这样说不是迷信，而是当你把大量的精力都用在了抱怨别人或者上天的不公时，用于努力改变局面的时间就少了。大量的抱怨会让你在自己的抱怨声中不断地肯定上天对你的不幸，无形之中会在大脑里形成自己成功的道路为什么这样艰难的想法；所以在下一次困难来临时，你就会觉得是上天又来折磨自己，于是又开始抱怨，而对如何去战胜困难，如何能够摆脱这种局面不加思考。所以容易抱怨的人更容易失败，而且失败一个接着一个。

　　喜欢抱怨的人在跟人交谈时会不断地抱怨自己的不幸，起初会有人同情你的不幸，但是久而久之会让人生厌。人们都喜欢和那些整天乐观的人待在一起，而不是跟那些整天爱发牢骚的人待在一起，因为牢骚会直接影响到别人的心情。这样，喜欢抱怨的人不仅事业会不断落后，在人际关系上也会越来越糟。

　　面对生活，永远不要忧虑，不要发牢骚。如果我们一直向上看，生活积极乐观，工作勤奋努力就一定会得到幸福。

　　生活中，有许多人事事要求公平，要求按照自己的意愿发展。如果稍有差错，就觉得老天对自己不公平，他们抱怨：我付出了那么多，为什么得不到回报呢？他们认为：自己必须受到对方的关注和尊重，自己的付出别人理所当然就应该给予回报，应该满足自己的要求；并且潜意识中又往往想少付出而多得到，这都是一些不合理的过分要求，自己却又难以认识到。一旦这些过分要求没有得到满足，就有一种被捉弄和被欺骗感，心中愤愤不平，于是各种抱怨就出来了。

　　当你在工作中受到不公正对待时，如果能通过恰当的方式提出来，很有可能得到合情合理的解决。但如果你不分场合、不顾及影响，大发牢骚，就会使本来有理的事变成无理取闹，失去解决机会。

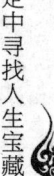

没有谁会喜欢抱怨的人

我们抱怨的时候,尽管能够从中获得别人的同情,可是抱怨也是一把双刃剑,也会带来负面的影响。

常年抱怨的人,不仅不会得到别人的同情,还可能被周围的人排斥,因为他们已经听够了那些抱怨的言辞,再也不想在心理上遭受折磨了。再者,抱怨就好像是毒瘾,经常跟抱怨的人在一起,自己的情绪也会逐渐低落,从而失去对生活的热情。没有人愿意自己的生活被别人的坏情绪所影响,所以在人群里,经常抱怨的人常常是最不受欢迎的人。

有这样一个寓言故事:

马驮着很重的货物艰难地走在大路上,它低着头默默地向前迈步,身后总听到车轮子吱吱地叫苦不迭。"今天这货物真重,路又坑坑洼洼……"车轮子愤愤不平地说。

对于车轮子的抱怨,马并没有理会,它仍然向前行进,枯燥的路途中伴随着轮子的滚动声和埋怨声。行程走过一大半,马已经累得筋疲力尽,车轮子的抱怨声却是越来越响。马把车停下来,回头惊奇地说:"朋友,这是怎么回事?拉着满车载重的是我,而不是你!你为何连声抱怨?"

生活中有像车轮这样的人,自己没做什么,还整天抱怨。没有人喜欢与爱抱怨的人合作,经常抱怨的人,只会让自己更加孤立。

还有一个故事:两匹马各拉一辆大车,前面的一匹走得很好,而后面的一匹常常停下来。于是人们就把后面一辆车上的货挪到前面一辆车上去。等到后面那辆车上的东西都搬完了，后面那匹马便轻快地前进，并且对前面那匹马说："你辛苦吧，流汗吧，你越是努力干，人家越是要折磨你。"

来到车马店的时候，主人说："既然只用一匹马拉车就行，我养两匹马干吗？不如好好地喂养一匹，把另一匹宰掉，总还能拿到一张皮吧。"于是，他便把后面那匹马杀了。

抱怨的人不见得不善良，但常不受欢迎。抱怨的人认为自己经历了世上最大的不平，但他忘记了听他抱怨的人也可能同样经历了这些，只是心态不同，感受不同。

宽容地讲，抱怨实属人之常情。然而抱怨之所以不可取，在于抱怨等于往自己的鞋里倒水，只会使以后的路更难走。抱怨的人在抱怨之后不仅让别人感到难过，自己的心情也往往更糟，心头的怨气不但没有减少，反而更多了。

第五章 与淡泊和寂寞为伴

冬天的寂寞是因为没有雪

寂寞的是小孩,他们只能望着爷爷的满头白发,想想大雪飘飘的时光,想想在雪地上奔跑的情境,想象童话里覆盖着积雪的小木屋,想象他们从没有见过的雪人的样子。

寂寞的是中学生,他们无法理解"燕山雪花大如席"这种夸张来自怎样的情境和意象,他们徒然羡慕着李白,行走在白茫茫的唐朝,吟着这白茫茫的诗。那场大雪在诗里保存了千年,至今仍在课本里飘。而他们只能面对苍白的墙壁,用苍白的想象,填写这苍白的作业。

寂寞的是恋人,除了矫情的咖啡屋和煽情的歌舞厅,他们没有更好的去处。他们不曾在雪野里留下两行神秘得如同在梦境里延伸的脚印,他们不曾为自己的恋人塑造一个憨态可掬的形象——那被世世代代的青春热爱着的雪人,他们是无缘见上一面的了。没有诗意的浪漫和铺垫,没有白雪的映照和见证,初恋,昨天下午刚开始的初恋,今天上午就已进入了灰色的、平铺直叙的婚姻程序。

寂寞的是诗人,他们的语言是如此的干枯——小雪这一天没有一片雪,大雪这一天没有一片雪,去年没有一片雪,今年没有一片雪。他们在心里刮起一次又一次风暴,他们在纸上制造一场又一场落雪。然而,诗之外,无雪;雪之外,无诗。他们所谓的雪,不过是对雪的缅怀；他们所谓的诗，不过是对诗的悼念。一个无雪的世界，是失去贞操的世界，是失去诗意的世界。雪死了，诗死了，如今所谓的诗，只是写给诗的悼词。

寂寞的是那个在灰色路上散步的人，可以断定他的路上不会有奇迹出现，不会有奇遇——他不可能与诗邂逅，不可能与他期待的某个梦一样的情节邂逅。在他不远处，一只狗也在散步，他看见狗的时候，狗也看见了他。那狗看了他一眼，无趣地走开了；他看了狗一眼，也无趣地走开了。他们都没有从对方身上看见冬天的生动景象，他们都没有经历过脱胎换骨的严寒洗礼，他们都用灰色的外套包裹着灰色的陈旧灵魂。他们都不能用自己身上纯粹的光芒照亮对方的眼睛和心。他们只能用大致相同的灰色款待对方，实际上是冷落对方。他们让彼此失望，于是他们急忙走开，继续在灰色的路上丈量寂寞的长度。

寂寞的是那位深陷于往事的老人，他蜷缩在记忆的棉袄里，偶尔抬起头看看近处和远处，又很快地收回目光。除了镜子里自己的白发，这个冬天没有别的白色能唤起他对于往昔的纯洁回忆。而多年前结识的那个无忧无虑的白雪般的恋人，早已死去，他只能从某片云上想想那纯真的面容。

寂寞的是那位正在赶路的中年人，他在许多年前的那个冬天启程，穿越荒滩和市井，走过大路和滩涂。他一点也不羡慕一路顺风、直奔目的地的所谓成功者——那样的成功太没有意思了！他实在渴望在某个早晨醒来时突然发现——大雪已经封山了！世界变成了一封信，尚无人拆阅，就等他拆阅。他在大雪里行走，就像在一个巨大的秘密里行走，他也变成了秘密的一部分。他多么希望在这白茫茫里迷一次路——就那样走很长很长的路，却发现又回到了起点，从洁白出发，又走回洁白，这样的迷路是多么的美好！然而，如今想迷一次路都成了奢望——起点和终点都被提前确定了，程序和步骤都一目了然。但是，他仍然在心里酿造云，酿造雾，最终想酿造一场雪，让大雪封山的壮丽困境出现在人生的途中。在被白雪封存的宇宙里，他迷失，是在纯洁里迷失；他徘徊，是在纯洁里徘徊；他跌倒，是在纯洁里跌倒；他眩晕，是在纯洁里眩晕。总之，在这壮丽的困境里，无论怎样的遭遇都是心灵乐意接受的。于是，他在寂寞单调的长旅中，期待着一场大雪。

寂寞的是那放风筝的人，他抛出长长的线，试图让风筝在迷蒙的远空搜索一点什么东西，结果除了收集到大量的尘埃，别无所获。风筝从天上一头栽下来，像不得不迫降的宇航员一样，委屈地落在他的面前，他和它都无话可说。他缓缓地收起了线——冬天貌似有着长长的线，连接着无穷的悬念。其实，悬念都是你在自作多情，那条线的另一端空空荡荡，什么也没有。

寂寞的是那位牧师，他用嘶哑的声音反复祈祷，但天堂始终不肯出现，他越来越难以找到形象的比喻来诠释纯真的教义，如今很少有从天而降的白雪款款飘上经文的关键段落，以加强神圣的感染力。世界的圣洁是由伟大的白雪塑造的。白雪死了，世界何以重现圣洁？信仰死了，灵魂何以重归圣洁？我在那个灰蒙蒙的礼拜日，穿越满街的叫卖声和垃圾堆，走进灰蒙蒙的教堂，恰好遇见那位牧师，我感觉那里的神圣感已所剩不多，唯一令我感到神圣的，是牧师头上那稀疏的白发。

寂寞的是那个沉思的人，他的思绪时而深达海底，与鱼鳖同游，时而高接苍冥，与天神共舞。然而他无力设计一缕风，无力改变一片云，无力制造一片雪，无力从错别字和病句拼凑的畅销书里打捞出真理的身影，无力使那憔悴的远山出现一抹灵感的白光。他深陷于对自己的绝望里，如同海深陷于自己的苦涩里，而那深夜出海的船却把这苦闷的海看作辽阔的希望,海于是陷入更深的寂寞和忧郁。

　　寂寞的是那个哲学家,其实他连自己也拯救不了。在这个世界上,没有比乌鸦更深刻的哲学家了,在白雪飘飘的年代,乌鸦曾经发出不祥的预言。然而它们最终不得不告别一再误解它们的人类,转身失踪于黑夜。没有先知的提醒,没有圣者的感召,没有纠偏的声音,没有校正的语法,世界在纸醉金迷、自娱自乐里疯狂堕落。没有乌鸦的世界,是没有哲学的世界。忽然想起了有乌鸦在雪野中鸣叫的古典时光。只有白雪与乌鸦能拯救世界,然而,怎样唤回乌鸦,又如何复活白雪?他在自己的哲学里迷茫了。也许,他必须经历漫长的迷茫,才能真正走进哲学,才能找到失踪的乌鸦和白雪。

　　寂寞的是那位气象学家,他不能原谅自己,怎么看着看着,就眼睁睁地看丢了两个古老的节令——小雪与大雪?他不能原谅自己,研究了一辈子的气象,除了令人沮丧的恶劣天气越来越多,怎么再也看不见那种伟大——纷纷扬扬雪的景象?那壮丽的气象究竟躲到哪里去了?

　　寂寞的是我,我站在童年曾经走过的小路上,回想着:很久以前,在白茫茫的原野上,一个移动的影子,一点点大起来,终于看见了那条蓝头巾,终于看见了那冒着热气的通红的脸,终于看见了——从雪的远方朝我走来的母亲,仿佛从天国走来的母亲……

　　寂寞不是故作姿态,寂寞是一种心境。沉默未必是寂寞,寂寞没有任何形式,那是寂寞者精神上的自我流浪。装出来的叫浮躁,那是一种虚荣心,是为了招徕目光。真正的寂寞,不和别人提及,只在内心处感受。

给心灵一个暖春

法国作家让·季奥诺写过一篇著名的小说《种树的男人》，讲的是一个离群索居的牧羊人，通过近半个世纪坚持不懈地植树，证实了"孤独者能够找到幸福"。

这位牧羊人，不知道1914年的战争，也不知道1939年的战争，他天天和树打交道，和树相依为命，他用心灵的语言和树谈心，默默地交流，过的是"淡泊的生活"。

由于这位牧羊人情守大自然，钟情一草一木，他把自己也视为一棵树，一棵会走动的树，他通过亲身经历证实了孤独者"找到了过得美满幸福的好办法——爱让生活多份阳光"。

这位牧羊人几十年置身于荒无人烟的地域，他每种下一棵树，就感到在人世间就又多了一个亲人。他在每棵树上寄托着他的情感和希望，他立志要改变荒凉的现实，他感觉到他只有劳作，不必问回报。他经常和树默默谈心，因而得到了"心灵的宁静"，在他看来，他的事业是"与上帝媲美的事业"。由于充满了改造现实世界的强烈愿望和对树的极度热爱，这位牧羊人在实践中逐渐发现人与土地、人与自然相互依存的关系，他深深意识到人生的价值在于为他人、为后人造福。

幸福不是一种状态，而是一种心态。人生充满忙碌，但人们依然可以选择诗意地栖居在大地上；生活烦琐而艰辛，但宁静的心灵和满腔热忱会弹奏出精彩的乐章！一个人，一旦有了坚定的信念、对万物的热爱和自由的心灵，生命的大花园里必将会硕果累累！

爱是人生之源，一个人的心中倘若没有爱的泉水，那也就不会有人生的绿荫。有了爱，纵然是满眼阴云、遍地荆棘，你都会对这个世界充满无限的迷恋和神往。在没有爱的世界里，不会有优美的童话，不会有精致的散文，不会有动人的小夜曲。爱将人造就成为独一无二的动物，物质的贫乏只会导致生活的艰难，爱的匮乏会使人生空虚和灵魂孤独。一个人即使再崇高伟大，如果离开爱，便黯然失色了许多。

令人心痛的是，在这个越来越崇拜物质的年代，一些人变得急功近利和急于求成，物质左右着他们的心灵，其心灵世界犹如干涸的沙漠。心不乏则身不累，有人说，像蚂蚁一样工作，像蝴蝶一样生活，这样的人，其生命一定是阳光般灿烂炫美。成功学家拿破仑·希尔曾经说过："人与人之间，只有很小的差异，但是这种很小的差异可以造成巨大的差异。很小的差异即积极的心态还是消极的心态，巨大的差异就是成功和失败。"

爱能使人懂得忧伤与痛苦，同时也能使人摆脱忧伤与痛苦，令平凡的生活充满情趣与意义。英国著名诗人兰德暮年时在一首诗中写道："我不和谁争，和谁争我都不屑，我热爱大自然，其次就是艺术，我双手烤着生命之火取暖，火萎了，我也准备走了……"兰德的这首小诗表现了一个走进暮年的老人通达从容、积极乐观的人生态度和宁静淡泊、铅华洗尽的人生境界。爱让生活多份阳光，种树的牧羊人不正是如此吗？

爱是人生之源，一个人心中倘若没有爱的泉水，那么，也就不会有人生的绿荫。冰心老人有一句名言："有了爱便有了一切。"人应该坚守自己的信念和操守，为追求心中的光明耐得住孤独、耐得住寂寞。

爱是一种德行，崇高的爱不但能体验美，还能创造美。爱是种子，谁播种爱，谁就能收获美丽。

唯有爱的力量可以把冰封的冷漠彻底解冻，当一个人心存爱心的时候，如同一颗微弱的火光照亮一个黑暗的幽谷，人生不再孤寂，

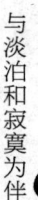

充满了温暖的希望；纵然远隔千山万水，心灵也不再荒芜。

守住你心灵的那片宁静

色不异空，空不异色；色即是空，空即是色。也就是说，世间一切能见到或不能见到的事物与现象只不过是人们虚妄产生的幻觉。

大千世界，芸芸众生，到处都充满着形形色色的诱惑。假如我们能像德行高深的修行者那样以"眼中有色、心中无色"的心境去面对周围的一切，我们的内心则是坦然的。人们常说的"逢人不做亏心事，半夜不怕鬼敲门"讲的就是一种内心的淡定。

有这样一则小故事：一天，大智禅师和若愚禅师相聚在一块闲聊，大智禅师向若愚禅师从容地发问："你是否爱色？"

当时，若愚禅师正用竹箩筛豆子。闻听此言，他大吃一惊，竟然吓得把豆子都从筐里撒了出去，滚落到大智禅师的脚下。大智禅师见状，不慌不忙地笑着弯下了腰，把洒落一地的豆子一粒粒地捡起来放进了箩中。

此时，若愚禅师耳边还在回响着方才大智禅师的问话，他不知该如何回答是好？因为对于修行者而言，这是个棘手的问题，也确实不好回答。而"色"，涵盖的范围太大了：女色、脸色、颜色、服色、菜色、酒色、财色……

沉思了半晌，若愚禅师才将竹箩放下，但心中还在思绪万千，不知所云。良久，他费了很大劲才从嘴中挤出了两个字："不爱！"

大智禅师一直从旁在观察着若愚禅师受惊、躲闪、逃避和忐忑不安的表情。他对若愚禅师十分惋惜地说："这个问题作答前你真的想好了吗？倘若要你真正面对考验时，是否能做到从容不迫？"

若愚禅师立即高声答道："当然能！"随即，他向大智禅师脸上看去，想要得到他的回答。然而，大智禅师只是苦苦地笑，却迟迟未作任何回答。

若愚禅师觉得很是奇怪，并不解地反问大智禅师："那我可以问你一个问题吗？"

大智禅师依然面带笑容，说："来而不往非礼也，当然可以！"

"你是否爱女色？"若愚禅师如是发问。唯一不同的是，他的问题比大智禅师的问题多了一个"女"字。他接着又问："当你身临诱惑时，你能否做到从容应对？"

大智禅师放声大笑，娓娓答道："我就知道你会如此发问！在我的眼中，'女色'只不过是美丽外表掩饰下的臭皮囊罢了。其实，这跟爱有什么关系呢？只要你心存善念，坚定内心就可以了。难道这还需看别人的脸色行事吗？更别在乎别人是怎么想的了？身是菩提，心如明镜，仅此而已。哈哈……"

若愚禅师苦思了很久，感想颇多。尽管他口是心非地嘴上说能够面对真实的考验，然而他却在内心的狂乱中不知不觉地看了大智禅师的脸色行事，所以若智禅师才无法回答这个问题。

有道是：心中有色，心猿意马；心中无色，万物皆生。
另有这样一则寓言故事。

很久以前，有一只饿了好多天的狼。一天，它从同伴的口中抢来了一根骨头。由于吃得很急，这根骨头卡在了狼的喉咙里。狼难受极了，因此便郑重许诺：要是谁能把骨头从它的喉咙掏出来，它

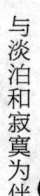

就重金答谢。

有一只长嘴鹤听到了这个消息,十分高兴。它毫不犹豫地把脑袋伸进狼的嘴里给狼取骨头。费了很大劲,这只长嘴鹤帮狼取出了骨头。然后它就向狼索要酬金。狼却磨了磨牙,笑道:"谢谢你,你可真厉害呀!刚才只顾着想我喉咙里的骨头,我没看见你是用什么办法把骨头从我的嗓子里取出来的?你能让我再看看吗?"长嘴鹤闻听后得意极了,便飘飘然起来。

"那我再给你做一次吧!"于是,长嘴鹤又卖力地把自己的脑袋连同脖子尽可能地伸进了狼的大嘴中,狼随后狠狠地咬了下去……

面对莫大的诱惑,长嘴鹤拿自己鲜活的生命下了赌注。而我们——人呢?

"诱惑"就是"魔鬼"。在现实中,这样的悲剧很多,不知毁灭了多少人的希望和梦想。那究竟是什么诱惑了我们?是金钱、美色,还是利益、权势……这些散发着诱人香味的东西令人心驰神往,可这欲壑难填的诱惑却是地球上最大的无底"黑洞",有多少人为了这些诱惑而身陷囹圄,家破人亡!

志存高远,心贵平常。如今,在这样一个充满诱惑的时代里,要坚持一份内心的洁净、一份对世事的清醒实属难能可贵。我们要始终保持一份祥和宁静的心态,切勿因为诱惑而迷失了自己的心智。

人生要坚守淡定,要耐得住寂寞,经得起诱惑。淡定与从容即为大智慧。当我们遭遇"八面来风"时,最紧要的是要"降伏其心",使心灵不为贪欲所袭扰、所摇动、所蛊惑!

伟大的人都能耐得住寂寞

那年在广州打工,有一个工友对我说:你没感觉你的不同吗?我摇摇头。他说:你是一个寂寞的人,能独守这份寂寞的人一定能成就一番事业的。我笑了,我当时可是一无所有啊。

前段时间我在 QQ 里面签名:寂寞得不想说话。许多朋友都问我怎么了,我说就是感到有点寂寞,但说不清为什么。甚至有网友戏谑我,说留守女人寂寞是正常的。

其实,现代人最寂寞的感觉恐怕不只是孤寂,那是种即使在喧闹嘈杂的环境中仍旧感觉到莫名的孤独;那是种忙忙碌碌却漫无目的的生活状态;那是种彻骨的寒冷……

寂寞的现代在这种致命的寒冷中,不是人人都有够强的耐受力,在无所不用其极地努力填补匮乏空虚的内心和灵魂后,终于,却在日积月累中渐渐地淡漠,忘记了当初那个懵懂少年的执著和对纯洁美好的肯定!

只是朋友,你可知道,能耐得住寂寞的人才是最容易成功的人,凡是能耐住寂寞的人都是有胸襟、有毅力、有恒心的人!

耐得住"寂寞"是要独守一片乾坤,有一腔清醒的见识,这是一种境界也是一种修为:当看到别人名利双收、春风得意时,你也会有一丝羡慕的感觉吧;面对别人环绕的喧闹,你是否也曾劝自己"耐得住寂寞",要做的应该是继续努力,获取比他更大的成功,即使你看不起虚华的一切,而仅仅是为了证明自己的价值。那这种"耐得住寂寞"的思想也无疑是一种强劲的动力,给你上紧奔腾的发条,和你共同奔向成功。

孤灯独守,顾影自怜,这是一种多么难以言表的孤独和寂寞啊。我们的莘莘学子,此时,你能否耐得住寂寞,继续读你的书,提高你的各项素质？还是已然被这寂寞和孤寂打到无底深渊？你耐得住，无疑又是一种巨大的胜利，因为你所做的带来的是充实感而非难耐的空虚，这种充实感也将给你带来自信，加固你的雄心和壮志，不羁绊于儿女情长，洒脱地活着。

朋友，如若能变成某种动物，你会怎样选择呢？我想这也是一个艰难的选择题。我希望自己变成一只苍鹰，能俯视大地、在天空翱翔，那是何其壮丽！为绚烂的生命勇敢热情地燃烧自己……

耐得住寂寞，便淡漠了孤独，增添了恬然，绝不是呆呆的麻木；耐得住寂寞，就不会怨天尤人，就不会萎靡不振，就能笑容满面地活着；其实，寂寞是一种心灵与思想的升华，在那里波涛汹涌地舒卷着一个宽广的世界。在豁然间你会发现寂寞也是一种美丽，耐得住寂寞更是一种脱俗超然的华丽……

耐得住寂寞，这是一种独特坚忍的个人魅力！

人生是熬出来的。在成长的道路上，每个人所遇到的都不是一帆风顺，有太多的坎坷和磨难。在这条漫长的人生道路上，人就要尝遍酸甜苦辣等各种味道。无论人生如何艰难，只有自己像熬药、煮粥那样熬出的人生才是自己的精彩人生。

甘于淡泊，乐于寂寞

孤独是人生的难题，寂寞是人生的常客。人生从来就是孤独和寂寞的个体，当你日趋成熟后，寂寞会跟你贴得更近，它会随时去偷袭你那天使般的品质。若你能体验寂寞、品味寂寞，那是你的幸福，你应该甘于寂寞。

生活就是修行，修行要有耐性，要能甘于淡泊，乐于寂寞。甘于寂寞的人永远不会寂寞，不甘寂寞的人才会永远寂寞。因为不甘寂寞而忙碌了一年，但一年下来，却是疲惫万分与寂寞。所以，还是甘于寂寞，让心沉静下来。

有一个小和尚，当初来剃度的时候信誓旦旦地向老和尚表示皈依佛门，但才念了不到一个月的经就受不了寺院的寂寞，还俗去了。两个月后，他又说忍受不了红尘的喧哗浮躁，一把鼻涕一把泪地要求重入佛祖门下。老和尚一时间心软，就答应了。三个月后，他又嚷嚷说佛门冷清留不住人，又一次开溜。

这样闹腾，到今天他上山来"皈依佛门"已经是第六次了。这让老和尚很是烦恼。突然间老和尚恍然大悟，终于想出了一条妙计。老和尚把他叫来，对他说："这样好了，你干脆不用信佛，脱掉袈裟；也别到红尘厮混，做个俗人。不如就在半山腰的凉亭那里开个茶馆，也省得两边跑这么麻烦。"

那人听了高兴得不得了，还真的在凉亭那儿开了个茶馆，讨了个老婆，开开心心地过活起来。老和尚实在是高明，像这种半拉子的还俗和尚也只能安排他做"半拉子"的事情。

"宁静致远，淡泊明志"，是极高远的心态。耐不住寂寞，就不会有这样的境界。曾经怀疑，世上是否真有经得住寂寞的人。越是伟大的人，越是对寂寞充满恐惧。金钱、地位，说来都是人们不甘寂寞的毒药，它的后果使人难以抵御。

寂寞，实际上也是一种蓄势。猛兽在捕猎之前，都要静悄悄地占据一个有利地形，然后耐心地等待最合适的时机，才能一蹴而就。做人要学会在忍耐中等待时机，能够耐得住寂寞。寂寞是一种美好的境界，寂寞是养生之道，寂寞是成才之路，寂寞是修养之法。大凡智者，无不甘于寂寞。

寂寞是一种内敛的品质，这样的品质，需要极大的智慧和定力，才能约束自己的心灵，不被喧嚣的俗物所污浊。多看书，多一些独立的思想，多体验一下寂寞，人生的真谛实际上就隐藏在极为平凡的事物中间。

避开浮躁，甘于寂寞，一步步向圣人接近。圣人就在最寂寞的地方。如果你是男人，就应是一座山，一座甘于寂寞而又伟岸的山；如果你是女人，就应是一条河，一条甘于寂寞而又温柔的河。

对于大多数的人来说，寂寞让人难以忍受，甚至是将人格扭曲。只有那些意志坚定、自我控制能力强、耐得住寂寞的人，才比较容易取得成功。

不要太在意他人的看法

诗人但丁曾说过：走自己的路，让别人去说吧。人生之中，最宝贵的财富就是丰富的生活经历。每个人都有独立的思想和意识，不同的人有不同的经历。假如过分地在意他人的意见，那么人就无法活出自己的精彩。

有这样一则故事。

一对师徒阔别了一年之久，彼此十分挂念。有一日，师徒终于相见了，师父问徒弟："徒儿，这一年中你都做了些什么事？"

徒弟答道："师父，我开辟出了一片滩涂荒地，栽种了一些庄稼和蔬菜，天天在那里挑水浇地、锄草除虫，结果收成倒是很不错。"

师父十分赞许，便说："这一年你过得很充实呀！"

徒弟问师父说："师父，这一年中您都做了些什么事？"

师父笑着答道："我是过了白天再过晚上。"

徒弟随口说道:"这一年您过得也很充实呀!"

话音刚落,徒弟就觉得自己这样说很不妥,话语中貌似带着讽刺的意思。因此涨红了脸,不由自主地咂了咂舌头,心中暗忖:"我如此说,师父一定觉得我在取笑他,我真是太不应该说这样的话了。"

师父将徒弟的窘态看了个通透,就在徒弟考虑该如何补救的时候,师父责备道:"仅仅是一句话而已,你何必看得那么严重?"

徒弟转念一想,懂得了师父的用意:"一时的小疏忽,或无意的小过失,如果不是成心那样做的,并且没有引起什么严重的后果,那就让它去吧,毫无必要老是把它放在心头。"

世事本平常,只不过人们常常将事情看得太严重了,使得一些小事占据了内心,使得内心忧虑不安。徒弟因为自己一句不甚恰当的话惴惴不安,好在师父压根儿就不在意弟子的小过失,相反却告诉了他一个做人的道理。

生活中,人们就是太过重视别人的言词与意见,因而经常被一些无所谓的事情烦扰,担心别人责怪而自责,担心别人取笑而自卑,担心受到难堪而自闭。

有一位老人的笔记本上有这么一句话:"不必在意别人是不是喜欢你,是不是公平地对待你,更不要奢望人人都会善待你。"

某日,你无意中发现某君对张三李四很好,而对你却不冷不热,但你却想不出曾做错什么,弄不明白什么地方得罪了他。其实,你根本用不着惊慌,也不必烦恼。在反复的自问和猜测中,你将自己的时间白白耗掉,将自己的信心消磨掉。

事实上,这个人对你的态度并不能改变什么根本性的东西,也许原本就不是你的问题,你又何必为此而扰乱心理的平衡呢?再仔细考虑一番,他不是有时对你也很好而对别人也很冷漠吗?

用不着在意别人冷漠的表情和窃窃私语；用不着费心去揣测、琢磨别人如何待你、如何评价你；用不着在意微小的得失、过错或失败，那不过是成长路上的一个小插曲。多一点豁达，多一点超然，让每一天在平静喜悦中度过，日后再回过头思忖经历过的是非得失、喜怒哀乐、酸甜苦辣，你会感到眼前变得明亮开朗。原来，生活依然充满了阳光。将时光留给自己，浏览自己喜欢的书，欣赏动听的音乐，流连于大自然之中……其实，生命中值得珍惜的事物有很多，去挂怀别人对你的态度确实不值得。

　　倘若想活得轻松，活得愉快，活得有声有色，就用不着在意一些无关紧要的小事。切勿将自己的时间和精力用在自寻烦恼和寻找人际关系的障碍上，心理包袱往往是自己给自己加上的。

　　生命中最紧要的是自己如何看，而不是别人如何看，完全不必为些许小事烦心。雨过总会天晴，为什么要让自己背着沉重的包袱呢？丢掉包袱，将烦心琐事弃之一旁。用不着在意别人的眼光，让心灵自由飞翔，生活也就随之变得轻松、愉悦。

第六章

心定方有成功的可能

目标是人生的导航灯

如果一架飞机在天空中迷失了航向,就会在空中茫然地盘旋。直至燃料被完全耗尽,它仍然无法降落到地面。事实上,它所用掉的燃料已足以使其在地面与天空之间往返几个来回。同样地,如果一个人没有目标及达到这些目标的计划,无论他如何努力工作都像是一架失去航向的飞机,始终在做无谓的旋转。而只有明确了目标并按照目标计划一步步实施,才会如航向明确的飞机一样正常飞行并顺利降落。

有一头驴子和一匹马是好朋友,它们共同效力于长安城西的一家磨坊。马负责在外面拉东西,驴子负责在屋里推磨。它们共同效力于主人,而且还成为好朋友。贞观三年,这匹马被要去西天取经的玄奘大师选中,跟随大师前往。

弹指一挥间,十几年的时光过去了。这匹马和玄奘大师胜利归来,驮着佛经的马回到长安的那一刻心中无比骄傲。修整之后,它重新到磨坊会见驴子朋友。老马谈起这次旅途的经历时说:"这次外出,我看到了浩瀚无边的沙漠、高入云霄的山岭、凌峰的冰雪",驴子听了大为惊异,它惊叹道:"你有多么丰富的见闻啊!那么遥远的道路,我连想都不敢想。"老马说:"其实我们跨过的距离是大体相等的,当我向西域前行的时候,你一步也没有停止。不同的是我与玄奘大师有一个遥远的目标,按照始终如一的方向前进,所以我们打开了一个广阔的世界。而你终日都在同一个地方,眼睛总也看不到外面的世界,所以永远也无法走出这个狭隘的空间。"

有些事情对我们来说是不可思议的,甚至连想都不敢去想,可是玄奘大师的马做到了。它被目标所牵引去了一个又一个地方,它跟随玄奘大师走遍了天涯海角。而整日同样不停歇的驴子却远没有如此幸运,日复一日地机械式劳作使其没有明确的方向,它的经历也就没有马那样丰富多彩。

可见目标对一个人的成功来讲起着多么至关重要的作用,换言之,如果一个人对自己的人生漫无目的就很难取得成功。而只有将目标明确并为之去努力奋斗,才能到达成功的顶点。20世纪90年代初,有一所高校对当年毕业的学生进行了一次关于目标的调查,调查的结果是31%的人没有职业和未来生活的目标,55%的人目标模糊,10%的人有清晰而比较短期的目标,4%的人有清晰而长远的目标。

当15年的时光匆匆而过之后,也就是2010年这所大学再次对这批学生进行了跟踪调查后发现:4%的人15年间朝着一个既定的方向不懈努力,现在几乎都成为社会各界的成功人士,其当中不乏行业中的领袖和社会中的精英;10%的人的短期目标不断地实现,成为各个行业和各个领域中的专业人士,大都生活在社会的中上层;55%的人安稳地生活与工作,但都没有取得什么特别突出的成绩;剩下31%的人的生活没有目标,过得并不怎么如意,他们不知道该为什么去奋斗。

抛开其他影响因素，我们可以发现他们之间命运悬殊的差别仅仅在于15年前，他们中的一些人知道自己的人生目标是什么；另一些人不清楚或不是很清楚自己的人生目标。我们再来看看下面这个故事：

喜欢四处云游的慧远禅师遇到了一位爱抽烟的路人，他们俩一起走了很长一段的山路，然后坐下来休息。由于谈得投机，那人便送给他一根烟管和一些烟草，慧远禅师也抽起烟来。在和那人分开以后，慧远禅师开始琢磨这个东西让人那么舒服，肯定会打扰我的参禅。时间长了会恶习难改，还是趁早戒掉比较好，于是他就把烟管和烟草全部都扔掉了。

过了几年，慧远禅师又迷上了《易经》。一个寒冷的冬天，他写信给他的老师，向老师索要一些御寒的衣物。但是信寄出去了很长时间，也没见回音。直到春天到来，也没见到师父寄来衣服，也没有任何音讯。于是他用《易经》为自己占了一卦，结果算出那封信并没有送到师父手里。他心想："易经占卜固然准确，但如果我沉迷此道，怎么能够全心全意地参禅呢？"从此，他再也不接触易经之术了。

从那儿以后慧远禅师又曾迷上过书法，每天钻研，居然小有所成，有几个书法家也对他的书法赞不绝口。可是他转念想道："我又偏离了自己的正道。再这样下去，我很有可能成为书法家，而成不了禅师。"

自此以后他一心参禅，放弃了所有与禅无关的东西，终于成了一位禅宗大师。

古罗马政治家和哲学家塞涅卡有句名言："如果一个人活着

不知道他要驶向哪个码头，那么任何风都不会是顺风。有人活着没有任何目标，他们随时间行走。就像河中的一棵水草，他们不是行走，而是随波逐流。"

当然，仅仅是设定目标还不够。如果只是停留在设定的阶段，那么目标就永远只是目标，而没有实现的可能了。因此在明确了自己的目标到底是什么之后，接下来就要想办法去实现目标。有的人虽然设定了目标，但却在实现目标的过程中被这样或那样的事物吸引而放弃了原有的目标。画地为牢，限定了自己的理想高度。如果自己在追寻梦想的过程中心有余而力不足，就需要审视一下自己的目标是否可行，自己的选择是否有什么偏差。如果目标的方向是正确的，那么就应该朝着既定的方向避开弯路，奋力前行。

有人做过一个这样的实验，组织三组人让他们分别沿着十千米以外的三个村子步行。

第一组人由一个向导带领，但是不告诉他们村庄的名字，也不告诉路程有多远。这一组刚走了两三千米就开始有人叫苦不迭，当走了一半的时候有人几乎愤怒了。他们抱怨为什么要走这么远，什么时候才能走到目的地。渐渐地，有人甚至坐在路边不愿走了，越往后走他们的情绪越低。

第二组人在走之前被告知了村庄的名字和路段，但是路边没有里程碑，他们只能凭经验估计行程时间和距离。走到一半的时候大多数人就想知道他们已经走了多远，比较有经验的人说："大概走了一半的路程。"于是大家又簇拥着向前走，当走到全程的四分之三时大家情绪低落。觉得疲惫不堪，而路程似乎还很长，当有人说："快到了！"大家又振作起来加快了步伐。

第三组人出发前不仅被告知了村子的名字和路程，而且在他们行走的公路上每一千米就有一块里程碑。这组人一边走一边看里程碑，每缩短一千米大家的心里就会有一点成就。当走了一半时，他们中很多人唱起歌来。在后来的路途中，他们的情绪一直很高涨。也常用歌声和笑声来消除疲劳，结果这一组人很快全部到达了目的地。

可见当人们的行动有明确的目标，行动的动机就会得到维持和加强，人就会自觉地克服一切困难并努力达到目标。

因此我们不要做一个漫无目的的人，有句话叫作"凡事预则立，不预则废"。未来的事情是我们无法预料的，正因为未来的不可预料性，所以我们应该多一些高瞻远瞩。当我们的目标在心中真正形成的时候，我们自然而然会被自己心中的目标牵着走。

敢于追寻成功的梦想

爱默生说："一心向着自己梦想奔跑的人，整个世界都会给他让路！"的确，没人能阻止你奔向伟大前程。成功属于勇敢追梦的人，世界属于拥有执著和真诚的心的人。在那些成功者的身上，我们不难发现他们都有一个共同的特质，那就是自己认准了的事一定要坚定信念。当有了这股子咬定青山不放松的精神头时，很多摆在面前的问题就会迎刃而解了。

有个年轻人向禅师请教怎样才能获得成功，禅师没有正面回答，而是把他带到一条小河边。年轻人就想："难道大师要教我游泳？"这时禅师向年轻人招了招手，示意他下来，年轻人稀里糊涂地就跳到了水中。

年轻人刚一下水，禅师就用力把他的头摁到了水里。年轻人本能地挣扎出了水面，禅师又一次把他的头摁到了水里。这次用的力气更大，年轻人经过拼命地挣扎终于露出了水面。但是紧接着，他又被禅师死死地摁到了水里。他感到了来自禅师的非常大的一股力量，可是他顾不了那么多了。如果不拼命挣扎，自己就会被水淹死，于是他用尽最大的力气挣扎出了水面，而且马上向岸上跑去。跑上岸后，他打着哆嗦对大师说："大、大、大师，你要干什么？"

禅师淡淡地说了一句话："年轻人，如果你真的想要获得成功，那你就必须要有强烈的成功欲望，就像你刚才那股强烈的求生欲望一样。"

成功学界流行一个著名的观点，即成功来源于你是想要，还是一定要。如果仅仅是想要，那么结果可能是我们什么都得不到；如果是一定要，那就一定有方法可以得到。记住，成功来源于"我一定要"。

可见信念不只适用于我们的情绪及行为上，也可以用在我们身体上，它能够使我们的情绪或身体在短时间内有极大的改变。有心理专家指出，在心理学上有一个叫"期望强度"的概念。即一个人在实现自己期望达成的预定目标过程中，面对各种付出与挑战所能承受的心理限度或其欲望的牢固程度。正像故事中的禅师对年轻人的启示一样，追求成功也是如此。要成功必须有强烈的成功欲望，就像我们有强烈的求生欲望一样。

一位专业领域里的教授以几个针对多重人格异常的病例为例，发现了信念的"异常功能"。说来令人不可思议，当认为那些患者是什么样的人时，他们的神经系统便会传达一个不容置疑的指令，使其身体的生化机能做出极大的改变。也就是说，他们的身体在研究者的眼前很快地变化成另一种新的个体，如眼珠子的颜色变了、身上的某些记号消失了或出现某种特征，甚至因此而有了新角色所应有的糖尿病或高血压等病症。

如果我们一直紧抱错误的信念，那就犹如长年累月地进服少量毒药。这样一来，我们的人生就会在不知不觉间走向衰落，直至终了。因此，无论是谁，若是想在人生中有一番成就，最有效的办法便是把信念提升到强烈的地步。因为只有达到这种程度才会促使你拿出行动，扫除一切横在前面的障碍。

当你强烈相信自己是个有能力掌握人生的聪明人时，这个信念就可帮助你度过人生中各种艰苦的时光。

美国人约翰·富勒家中有七个兄弟姐妹，他从五岁开始工作，九岁时会赶骡子。他有一位了不起的母亲，她经常和儿子谈到自己的梦想："我们不应该这么穷，不要说贫穷是上帝的旨意。我们很穷，但不能怨天尤人。那是因为你爸爸从未有过改变贫穷的欲望，家中每一个人都胸无大志。"

这些话深植约翰·富勒的心中，他一心想跻身富人之列，并开始努力追求财富。十二年后，约翰·富勒接手一家被拍卖的公司，并且还陆续收购了七家公司。他谈及成功的秘诀，还是用多年前母亲的话回答："我们很穷，但不能怨天尤人。那是因为爸爸从未有过改变贫穷的欲望，家中每一个人都胸无大志。"约翰·富勒在多次受邀演讲中说道："虽然我不能成为富人的后代，但是我可以成为富人的祖先。"

我们每个人都曾有美好的愿望，但为什么很多愿望像肥皂泡一样一个个地破灭了？举个例子你即会明白，如果你是家具公司的营销员，有一把椅子市场价为一百元。如果让你以六百元卖掉，闪跃脑际的想法是什么？肯定想到的是不可能。但是如果现在有一伙绑匪将你生命中最珍爱且你看得比自己生命还重要的人绑架了，让你在两个小时之内把椅子以六百元卖掉。如果卖不掉，这些绑匪就要撕票。你会不会卖掉？笔者相信你不仅想卖掉，而是一定要卖掉，即心头会滋生出一种强烈的欲望去做成这件事。

往往在我们的学习、生活和工作中，许多事情并没有卖椅子那样困难，为什么离成功总是那么遥远？这取决于你是否有火一样的激情投身于你最热望的事业中，是否有强烈的欲望填充你的心灵深处。即不再只是有美好的愿望达成某件事，而是有强烈的欲望去达成；不再是想成功，而是一定要成功。你的欲望有多么强烈，就能爆发出多大的力量。当你有足够强烈的欲望改变自己命运的时候，所有的困难、挫折和阻挠都会为你让路。欲望有多大，就能克服多大的困难，就能战胜多大的阻挠。

我的命运我做主

漫漫人生路，想必没有谁敢说自己是踏着一路鲜花和一路阳光走过来的。也同样不会有人敢放言自己以后不会再遭到挫折和打击，因为我们看到成功的背后往往布满了荆棘和激流险滩！如果因为一时的受挫就轻易地退出"战场"，半途而废，到头来懊悔的只能是自己；如果总是因为害怕失败而丢掉前行的勇气，就永远不会追求到心中的梦想，正如歌中所唱的，阳光总在风雨后。

既然人生的长河里免不了失意或逆境，那么一旦失意或逆境真正降临时，该怎么办呢？笔者认为即使面对逆境，也要相信和

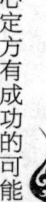

理解你是自己生命的主人。美国某位知名作家曾说:"你,不是别人,你是自己命运的主人。"

有个智者初逢一女子,她面容憔悴,无穷尽地向智者抱怨着生活的不公。刚开始智者还有点不以为然,但很快就沉入她洪水般的哀伤之中了。

"从刚开始,我就知道自己这辈子不会有好运气的。"她说。

"你如何得知的呢?"智者问。

"我小时候,一个道士说过这个小姑娘面相不好,一辈子没好运的。我牢牢地记住了这句话。当我找对象的时候,一个很出色的小伙子爱上了我。我想,我会有这么好的运气吗?没有的,就匆匆忙忙地嫁了一个酒鬼,他长得很丑。我以为一个长相丑陋的人应该多一些爱心,该对我好,但霉运从此开始。"

智者说:"你为什么不相信自己会有好运气呢?"

她固执地说:"那个道士说过的。"

智者说:"或许不是厄运在追逐着你,是你在制造它。当幸福向你伸出双手的时候,你把自己的手掌藏在背后了,你不敢和幸福击掌。但是厄运向你一眨眼,你就迫不及待地迎了上去。看来不是道士的预言,而是你的不自信引发了灾难。"

她看着自己的手,迟疑地说:"我曾经有过幸福的机会吗?"

智者无言。

其实很多时候忧虑的人大多不敢涉足未知领域,他们害怕冒险。人类对安全感的追求是人之常情,但在实际生活中是没有什么绝对安全可言的。当我们自认为生活很安稳时,其实只不过是一种虚无缥缈的幻觉。每个人来到尘世之中,期望总是走平坦的大道是不可能的。人的一生总会有顺境的时候，也会有逆境的时候，也许这就是真实的人生吧。

一个生活平庸的年轻人对自己的人生没有信心，平时经常找一些"赛半仙"算命，结果越算越没信心。他听说山上寺庙里有一位禅师很是了得，这天他便带着对命运的疑问去拜访禅师，他问禅师："大师，请您告诉我，这个世界上真的有命运吗？"

"有的。"禅师回答。

"噢，这样是不是就说明我命中注定穷困一生呢？"他问。

禅师让这个年轻人伸出他的左手，指着手掌对年轻人说："你看清楚了吗？这条横线叫作爱情线；这条斜线叫作生命线；另外一条竖线就是事业线。"

然后禅师让他自己做一个动作，把手慢慢地握起来，握得紧紧的。

禅师问："你说这几根线在哪里？"

年轻人迷惑地说："在我的手里啊！"

"命运呢？"

年轻人终于恍然大悟，原来命运是掌握在自己手里的。而不管别人怎么跟你说，不管"算命先生"如何给你算。记住，命运在自己的手里，而不是在别人的嘴里！

我们再来看下面这个故事。

有一位乐善好施的方丈，闻名十里八乡，乞丐们因此常到他所在的寺庙里乞讨。

有一天，一个只有一只手的乞丐来到寺庙向方丈乞讨，方丈

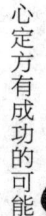

毫不客气地指着门前的一堆砖对乞丐说："你帮我把这砖搬到后院去吧。"

乞丐生气地说："我只有一只手，怎么能搬砖呢？你不愿意施舍就不施舍，何必捉弄我呢？"

方丈不紧不慢，伸出自己的一只手搬起了一块砖，向乞丐说道："一只手也可以把砖搬起来呀。"

乞丐无奈，只好用一只手一块一块地搬。整整搬了两个多小时，他才把砖全部搬到后院。

搬完后，方丈递给乞丐一点银两，乞丐接过钱很感激地说："谢谢你，方丈！"

方丈说："不用谢我，这是你自己赚的钱。"

乞丐说："我不会忘记你的。"说完深深地鞠了一躬，就离开了。

第二天，又有一个乞丐来到了寺院乞讨。方丈把他带到后院，指着前一天的乞丐搬过来的砖堆说："你把砖搬到屋前我就给你一些银子。"但是这位双手健全的乞丐却鄙夷地走开了。

方丈的弟子见了，不明所以，就问方丈："上次您叫乞丐把砖从前院搬到后院，这次您又叫乞丐把砖从后院搬到前院。您到底想把砖放在前院还是后院呢？"

方丈对弟子说："砖放在前院和放在后院都是一样的，可搬不搬对乞丐来说就不一样了。"

几年后，一个很体面的人来到了寺院。这人只有一只左手，他就是用一只手搬砖的那个乞丐。自从那次方丈让他搬砖以后，他找到了自己的价值。然后靠自己的辛勤劳动奋力拼搏，终于变成了一个富翁，这次来他是特意为寺院捐献一大笔钱的。

就在他走出寺院时，他碰到了一个乞丐向他乞讨。那个乞丐就是原先双手健全的乞丐，现在依然还是乞丐。

方丈在寺院大门口对弟子说:"你看到了吧?这就是命运。命运靠自己掌握,幸福靠自己创造。"

是啊,命运不在别处,而是在自己的手里。看待自身,我们不要像故事中的年轻人那样相信自身之外的东西,以至于失去自信心。我们要做的是把自己的生命本身看成是尊贵的,而不是卑微的,并且我们有能力主宰自己的命运。

对于生活,我们要把它看成并非平常的事物。在此基础上,我们才会懂得感谢生活,感谢命运,感谢在我们一生中经历的一切。面对工作的压力,我们可以选择放弃,也可以选择努力学习,把它做得最好;面对家人,我们可以选择怨恨他们给得太少,也可以选择我们给他们更多;面对友情,我们可以选择背叛,也可以选择相知相惜;面对爱情,我们可以选择拥有,也可以选择放手。

在感情的世界里,我们难以把握的时候可以选择伤害,也可以选择彼此的尊重。我们可以选择拥有、欺诈、怀疑、背叛和始乱终弃为道德所不容,我们也可以选择放弃。

我们可以选择完善自己,也可以选择放纵自己。我们可以选择一万个理由说明自己的失败是命运的结果,也可以选择承认是我们自己选择了命运。

成功者的伟大在于他们知道自己怎样选择,你呢?

信念是一笔珍贵的财富

"长风破浪会有时,直挂云帆济沧海"让我们看到了伟大诗人李白的信心所在,"老骥伏枥,志在千里;烈士暮年,壮心不已"道出的则是一代枭雄曹操的强大信心,抗金英雄岳飞则用"壮志饥餐胡虏肉,笑谈渴饮匈奴血"来抒发自己的雄心壮志。

　　古往今来,信心在每一个伟大人物身上都得到了完美的体现。正是由于持之以恒地坚定信心才让他们实现了一个又一个目标,并且创造了一个又一个辉煌。

　　不可否认,在我们每个人的一生中可能会遇到各种困境和挫折。在挫折与困境面前有的人可能因此萎靡不振,认为自己低人一等;有的人可能发挥自己的聪明才智,想方设法克服解决。其中的关键就是看他对待这些困难和挫折的态度,以及是否具备战胜困难的信心和勇气。

　　实际上,信心就好像一根高大的柱子,能撑起我们精神领域的广阔天空;信心就如同一片阳光,能驱散迷失者眼前的阴影。那么就让我们向"信心"发出自己的强音,迎接并拥抱它。只有这样,我们才会拥有属于自己的风景,我们的人生才会充满希望!

　　西方发达国家的一位首相曾对该国的青年们说:"每一次经历都在塑造你,我只能坚定信心并保持积极。人生最重要的是要在逆境中坚持下去,不让环境击垮你。"

　　是的,只要我们坚定信心并保持积极的态度,就没有什么艰难险阻能把我们阻挡。坚定信心,这是强者的理想;坚定信心,这是勇者的愿望;坚定信心,这是我们取之不尽和用之不竭的力量!

行动是实现理想的关键

　　很多人总是有远大抱负,想法也是推陈出新,说起来更是天花乱坠，可是他并没有通过行动表现出来；有的人总是有听起来很美的计划和打算，却迟迟没见他有什么目标。总之，有太多事情因为缺乏行动而没有下文。很可惜，也很遗憾。

其实说白了，行动力也就是执行力。一位著名的职业经理人这样说道："不管是多么正确的决策、多么严谨的计划、多么伟大的梦想和多么宏伟的蓝图，如果没有严格高效的执行力做支撑的话，最终的结果都会和我们的预期相差甚远，甚至南辕北辙。一个企业没有执行力就没有竞争力，一名员工没有执行力就会被企业淘汰，可见执行力是企业和员工成功与否的关键要素。"

古时候在四川一个偏远的大山里有一座很少有人去的寺庙，寺庙里有两个和尚。其中一个很贫穷，穿得衣不蔽体，吃得也很简单，身体瘦瘦的；另一个和尚很富有，穿着丝绸的衣服，吃着上等的食物，大腹便便且脸上油光发亮。

当时人们都认为南海（今浙江普陀）是个佛教圣地，很多外地的和尚都把能去一次南海作为自己的人生理想。一天，穷和尚对富和尚说："我打算去一趟南海，你觉得怎么样？"富和尚不敢相信自己的耳朵，认真地打量了一通穷和尚，突然大笑起来。

穷和尚被他笑得莫名其妙，就说："怎么了？"

富和尚问："我没有听错吧！你想去南海？你凭借什么东西去南海啊？"

穷和尚说："带一个水瓶和一个饭钵就行了。"

"哈哈……"富和尚笑得都喘不过气来，"去南海来回好几千里路，路上的艰难险阻多得很，可不是闹着玩的。我几年前就做准备去南海，等我准备好充足的粮食、医药和用具，再买上一条大船，找几个水手和保镖，就可以去南海了。你就凭一个水瓶和一个饭钵怎么可能去南海呢?还是算了吧,别做白日梦了。"

穷和尚不再与富和尚争执,第二天富和尚发现穷和尚不见了。原来,穷和尚一大早就带着一个水瓶和一个饭钵悄悄地离开寺庙,步行前往南海了。

很快一年过去了,穷和尚终于到达了梦想的圣地——南海。

两年后,穷和尚从南海归来,还是带着一个水瓶和一个饭钵。穷和尚由于在南海学习了许多知识,回到寺庙后成为一位德高望重的和尚,而那个富和尚还在为去南海做着各种准备呢。

不难看出,两个和尚都有去南海的愿望。可是穷和尚迅速地付诸行动,并取得了成功;富和尚却毫无行动力,所以也就只能一直"准备"下去了。

从两个和尚身上我们能够认识到,要实现自己的梦想最重要的是要具备两个条件,即勇气和行动。勇气,是指放弃和投入的勇气。一个人要为某个梦想而奋斗,就一定要放弃目前自己坚守的某些东西。既想经历大海的风浪,又想保持小河的平静;既想攀登无限风光的险峰,又想漫步平坦舒适的平原,是不太可能的事情。行动,是指一旦确定了值得自己追求的梦想就一定要全身心投入。心想不一定事成。事成的前提是全力以赴去做。

切忌虚度宝贵的光阴

"春天的花开,秋天的风,以及冬天的落阳……遥远的路程,昨日的梦,以及远去的笑声……"歌曲《光阴的故事》娓娓诉说着时间的悄然逝去,及在时间里人内心的变化和成长。我们每个人都希望自己在逝去的光阴里能够有精彩的故事，而不是当"回首往事时，因为碌碌无为而感到悔恨"。那么我们只有把握时间并珍惜生命，不让年华虚度，不让光阴无端地溜走。

由于家里经济条件比较好，魏思琪大学毕业以后一直没有急着找工作。在家里待了半年多，又去了很多以前没有去过的城市旅游。用她的话说：工作要做一辈子，以后有大把时间找。现在年轻，应该把青春把握在自己的手里。后来她找了一家网络公司做文员，可是工作了不到半年就被炒了鱿鱼。魏思琪经常迟到和请假，公司老板大为恼火，拍着桌子对魏思琪说："你懂不懂时间就是效率，时间就是金钱！你自己不懂得珍惜时间不要紧，可现在你是公司的员工，必须遵守公司的规定。如果以后还这么散漫，干脆就别来上班了！"魏思琪的火气更大，当时就摔门而去，一直到现在也没有再找工作。爸爸妈妈也劝她珍惜现在的好时光，抓紧时间给自己做一个职业生涯规划，她却总是听不进去。

早在几千年前古人就提出了告诫，即时不我待。这个故事中的魏思琪是很多现代年轻人的典型代表，不守时也不珍惜时光。总认为人生漫长，以后的路还很远，当下的时光可以大把地用来享受和挥霍。他们或许不明白明天永远都只是明天，每个人能把握并且拥有的只能而且仅仅是当下的今天。

清代诗人钱鹤滩曾写过一首《明日歌》，告诫人们不要荒废时间，不要把自己交付给未知的明天："明日复明日，明日何其多。我生待明日，万事成蹉跎。世人若被明日累，春去秋来老将至。朝看水东流，暮看日西坠。百年明日能几何？请君听我明日歌！"一个不懂得惜时的人也许可以得到短暂的快乐，但是却很难找到真正恒久的幸福。珍惜能把握在手里的每一点时间，才能把握住自己的命运和自己的价值。

诚然，我们每个人的生命都是有限的，而时间永远都在单向流逝。当下的每一分钟和每一秒钟，只要过去了就永远都不会再回来。在面对我们仅有一次且独一无二的宝贵生命的时候，时间的点滴流逝，都是无法弥补的损失，都是生命的损失和消耗。那么同样的时间里，为什么不做一些有意义的事情呢？为什么不让此时此刻的生命实现它本身应有的价值呢？当我们变得白发苍苍，再回过头来看自己一生所走过的路时才会发现一生真的如此短暂，恍如一梦。那时候漫长的时光，我们要怎样评价自己所走过的路？怎样面对自己已经渐渐微弱的生命？

第七章

关键时刻还是需要淡定

教你感知淡定的力量

如果一个人很开心，那么和兴奋、快乐有关的能量与气息就会从这个人身上飘散出来，这种气息不但能感染身边的人，甚至身在远处的人都能感受到。很多人都体验过那种感觉，突然不知为什么会感到莫名的兴奋或悲伤，有人称这种感觉为第六感，从科学的角度来分析，这是人们对周围能量场的感应，不但能感应到，而且能分辨出是哪种气息，并且还会受到它的些许影响。

很多人都曾有过这样的感觉，就是不知在什么时候，突然能感觉到周围的朋友或亲戚有着某种情绪，也有的时候，人们能感觉到别人正在想着自己。尤其是处在热恋中的男女，"心有灵犀一点通""不约而同"的场面比比皆是，比如说，在通话的时候会不约而同地在同一时间说出相同的话；在网上聊天时会在相同的时间打上相同的字，一方说出上半句，另一方就能准确地知道接下来要说什么等，即便他们不在一起，他们的感觉仍旧被爱情连接着。

所以说不论是有形的物体还是无形的空气，它既能感应到能量场发出去的气息，又可以将它传递。

生活中经常会碰到这样的场面，也许是公司突然遇到什么困难，或者是家中遇到什么突发的变故，正当大家变得像无头苍蝇一样慌乱无章、不知所措的时候，混乱的场面会因为一个人的到来而发生改变,这个人不慌不忙、有条不紊地收拾着残局,而大家也会因为他的到来变得安静下来,这就是淡定的力量,这个人的到来不见得能从真正意义上将问题解决,但他的沉稳与冷静,却像一种无声的语言在向大家诉说着"不要慌,一定会没事的"。

世间万物都在遵循着物质世界的一个基本的法则,就是能量可以转换却不会消失。例如,当一人愤怒时,他虽然没把它暴发出来,依然安静地坐在那里,可这股能量并没有消失,也许冲进了他的胃里,也许跑进了肺里,也许是其他部位,所以才会有了当一个人盛怒之下昏了过去,或吐了血,或由此气喘吁吁的场面。当然,快乐也是一种能量,当一个人快乐时,会发觉记忆力突然变得很好,或是感觉思维异常的敏捷,或者吃饭特别香……这种能量不但在身体里运转,也会释放到空气中,感染其他人。

能量是守恒的,它不会因为人们的感知而消失,却会因为人们的情绪而转换,如果你能感受到这股能量,并与之产生共鸣,那么在你的周围,就会形成一股强大的能量源。而这股能量源在某种情况下又会被周围环境(建筑物或生活用品等)所吸收,被吸收后的能量又会以另外一种方式影响别人,如果这股能量与感知者无法产生共鸣,那他自身的能量就会与新感知的能量源互相抵消、中和。

抽丝剥茧才能见到其本质

纽约第五大道的一家复印机制造公司需要招聘一名优秀的推销员。经过层层的选拔,老板从数十位应聘者中初选出三位进行考核,其中包括来自费城的年轻姑娘安妮·穆尔卡希。

老板给他们一天的时间,让他们在这一天里尽情地展现自己的能力。但是,什么事才最能体现自己的能力呢?

几个推销员开始商量。"对了,如果能把产品卖给不需要的人最能体现我们的能力了,我决定去找一位农夫,然后把复印机卖给他。"一个推销员如是说。

"这个主意太棒了!那么我就要去找一位渔夫,把复印机卖给他。"另一个推销员兴奋地说。在出发前,他们约安妮·穆尔卡希一起去。安妮·穆尔卡希考虑了一下,谢绝了他们的邀请,她说:"我觉得那些事情太难了,我想我还是选择容易点的事情做吧!"然后,她向另一个方向走去。

第二天一大早,老板在办公室约见了这三位应聘者,问道:"你们都做了什么事?这些事能不能体现你们的能力呢?"

"我花了一整天的时间,终于把复印机卖给了一位农夫。要知道,农夫根本不需要复印机,但是我却说服他买了一台。"一位应聘者得意洋洋地说。

老板听了,只是点点头并没有说什么。

"我用了两个小时跑到郊外的哈得孙河边,又花了一个小时找到一位渔夫,接着我又用了整整四个小时的时间,费尽口舌,终于在太阳即将落山的时候说服他买下了一台复印机。事实上,他根本用不着复印机,但是却买下了。"

老板依然只是点点头,没有做出任何评价。他把头转向安妮·穆尔卡希,说:"小姑娘,那么你呢?你把产品卖给了什么人?是一位系着围裙的家庭主妇,还是一位正在遛狗的夫人?""不是的,我把产品卖给了三位电器经销商。"安妮·穆尔卡希从包里掏出几份文件递给老板说,"我在半天里拜访了三家经营商,并且签回了三张订单,总共是600台复印机。"

老板喜出望外地拿起订单看了看，然后他宣布录用安妮·穆尔卡希。此时，另外两名应聘者提出了抗议，他们觉得把复印机卖给电器经销商没有什么可奇怪的，因为他们本来就需要那些东西。

老板的一席话让这两个人哑口无言："我想你们对能力的概念有些误解。能力指的并不是用更多的时间去完成一件不可思议的事，而是用最短的时间去完成更多容易的事。你们认为花一天的时间把一台复印机卖给农夫或者渔夫，和用半天的时间把600台复印机卖给三位经销商比起来，谁更有能力？又是谁对公司的贡献最大？让农夫和渔夫买下复印机，我甚至怀疑你们胡乱吹嘘了许多复印机的功能。我必须要提醒你们，这是推销员最大的禁忌。"

接着，老板又明确表示他们在录用人选上不会改变主意。

安妮·穆尔卡希成功的原因就在于她知道自己需要做的是什么，她能抽丝剥茧地认识到事情的本质。在日后的工作中，安妮·穆尔卡希一直秉承着一条原则：把所有的精力都用来做最容易成功的事情，而不是去做那些听上去很玄，但是却并没有什么益处的事情。多年之后，安妮·穆尔卡希创造了年销售200万台复印机的世界纪录，至今没有人能打破！

2001年，安妮·穆尔卡希不仅被美国《财富》杂志评为"20世纪全球最伟大的百位推销员之一"（也是其中唯一的一位女性），而且还被推选为这家复印机制造公司的首席执行官，一任就是10年！她就是全球最大的复印机制造商——美国施乐公司的前总裁安妮·穆尔卡希。安妮·穆尔卡希在回忆录《我这样成功》中写道：我的成功就是用最短的时间，做更多最容易的事情！

我们在课堂上曾经学到过这样一个哲学原理，那就是透过现象看本质。其实有些时候，我们所看到的并不一定是事实，要想掌握事情的本质，就需要我们用心观察、分析，抽丝剥茧看到真相。

莫让"精神污染"害了你

人类的生活需满足物质和精神上的两大需要。现如今快速的生活节奏和紧张的生活气氛，已经像一种病毒一样侵扰着人们的身心，人们的衣、食、住、行等这些物质上的需求虽然已经得到了一定的满足，可心灵却愈发空虚。很多人每天过着住地和单位之间两点一线的生活，很多人在忙碌之余不免会发出一声叹息，整天这样忙个不停究竟是为了什么？这种消极的气息势必会成为气场的污染源。

在我们的生存环境面临极大的压力和挑战的今天，人们会产生很多负面情绪，这种负面气场与更多的人产生着共鸣，已经形成一股很强大的消极力量。因此，净化我们的内在环境是非常有必要的，我们需要以自信并且很充沛的力量去与外界的负面气场抗衡。

每个人天生都是敏感的，具有处理气息的能力。大量的科学实践证明，人类的大脑接收到与之频率共振的波动时，就会做出相应的反应。比如说当一首曲子的频率低于5赫兹的时候，人的大脑就会在它的影响下渐渐降低自己的波动，以至于达到睡眠状态，这是脑电波与外界频率共振的过程，这就是催眠曲的作用原理。而事实上人类每天清醒的大部分时间，大脑都处于兴奋状态，大脑散发出大量的β波，这个频率的波动会使人紧张兴奋，而且大脑在这个时候能分泌出一种极其有毒的物质，经研究，这种毒仅次于世界上最毒的毒蛇分泌的毒汁，对人体是非常有害的。所以调整自己显得尤为重要，保持一颗平常心，淡然处理周边的一切事物，不仅对自己的身心有益，而且还能净化你周围的气场，对家人、对朋友、对同事都是一件好事。

　　曾经有一位护士小姐，每天她的脸上都挂着笑容。她的病人都被心脑血管病折磨着，肢体发麻或者某个部位失灵是这类病人典型的症状，因此就会从他们身上散发出一种沉重、压抑的气息，这种气息充斥着医院的每个角落。然而，每天早上八点，这位小姐就会面带微笑去探望她的病人。每位病人见到她都能感受到她身上那种善意的、镇定的气息，这种美好的气息会与病人散发的压抑的气息中和，达到净化精神环境污染的效果。事实上，医院里这样的医务人员不在少数，包括那些陪护者和清洁工，他们身上散发出来的平静、仁慈、关心和爱的气息感染着每一个病人。

　　随着科学的不断发展，人们不但了解到哪种频率的脑电波会对人体有益，还可以借助科学仪器来测量它们的振动方向，进而了解到人类不同的放松程度和幸福指数。这项技术在控制压力和治疗癫痫中发挥了很大作用。

即使失败也不能乱了阵脚

　　关于如何对待失败，J.K.罗琳在哈佛大学毕业典礼上曾经有过这样的演讲：

哈佛所有的毕业生们：

　　首先我想说的是谢谢你们。这不仅因为哈佛给了我非比寻常的荣誉，而且为了这几个星期以来，由于想到这次演说而产生的恐惧让我减肥成功。这真是一个双赢的局面！现在我需要做的就是一次深呼吸，眯着眼看着红色的横幅，然后让自己相信正在参加世界上受到最好教育的群体的哈利·波特大会。在今天这个愉快的日子，我们聚在一起庆祝你们学习上的成功。我决定和你们谈谈失败的收益。

对于我这样一个已经42岁的人来说，回头看自己21岁毕业时的情境，并不是一件舒服的事情。在我的前半生，我一直在自己内心的追求与最亲近的人对我的要求之间进行不自在的抗争。

我曾确信我自己唯一想做的事情是写小说。但是我的父母都来自贫穷的家庭，都没有上过大学，他们认为我的异常活跃的想象力只是滑稽的个人怪癖，并不能用来应付抵押房产，或者确保得到退休金。他们希望我再去读个专业学位，而我想去攻读英国文学。最后，达成了一个双方都不甚满意的妥协：我改学外语。可是等到父母一走开，我立刻报名学习古典文学。

我忘了自己是怎样把学古典文学的事情告诉父母的了，他们也可能是在我毕业那天才第一次发现。在这个星球上的所有科目中，我想他们很难再发现一门比希腊神学更没用的课程了。

我想顺带着说明，我并没有因为他们的观点而抱怨他们。现在已经不是抱怨父母引导自己走错方向的时候了，如今的你们已经足够有能力来决定自己前进的路程了，责任要靠自己承担。而且，我也不能批评我的父母，他们是希望我能摆脱贫穷。他们以前遭受了贫穷，我也曾经贫穷过，对于他们认为贫穷并不高尚的观点我也坚决同意。贫穷会引起恐惧、压力，有时候甚至是沮丧。这意味着小心眼、卑微和很多艰难困苦。通过自己的努力摆脱贫穷确实是一件很值得自豪的事情，但只有傻瓜才对贫穷本身夸夸其谈。

我在你们这个年龄的时候，最害怕的不是贫穷，而是失败。

在你们这个年龄，尽管我明显缺少在大学学习的动力，我花了很多时间在咖啡吧写故事，很少去听课，但是我知道通过考试的技巧，当然，这也是好多年来评价我以及我同龄人是否成功的标准。然而，你们能从哈佛毕业这个现实表明，你们对失败还不是很熟悉，对于失败的恐惧与对于成功的渴望可能对你们有相同的驱动力。

当然，最终我们所有人不得不为自己决定什么是失败的组成元素，但是如果你愿意的话，世界很愿意给你一堆的标准。基于任何一种传统标准，我可以说，仅仅在我毕业7年后，我经历了一次巨大的失败。我突然间结束了一段短暂的婚姻，失去了工作。作为一个单身妈妈，而且在这个现代化的英国，除了不是无家可归，你可以说我要多穷就有多穷。我父母对于我的担心，以及我对自己的担心都成了现实，从任何一个通常的标准来看，这是我知道的最大失败。

现在，我不会站在这里和你们说失败很好玩。我生命的那段时间非常灰暗，那时我还不知道我的书会被新闻界认为是神话故事的革命，我也不知道这段灰暗日子要持续多久。那时候的很长一段时间里，任何光芒的出现只是希望而不是现实。

那么我为什么还要谈论失败的收益呢？仅仅是因为失败意味着脱离，失败后我找到了自我，不再装成另外的形象，我开始把我所有的精力仅仅放在我关心的工作上。如果我在其他方面成功过，我可能就不会具备要求在自己领域内获得成功的决心。我变得自在，因为我已经经历过最大的恐惧。而且我还活着，我有一个值得我自豪的女儿，我有一个陈旧的打字机和很不错的写作灵感。我在失败堆积而成的硬石般的基础上开始重铸我的人生。你们可能不会经历像我那么大的失败，但生活中面临失败是不可避免的。永远不失败是不可能的，除非你活得过于谨慎。

失败给了我内心的安宁，这种安宁是顺利通过测验考试获得不了的。失败让我认识自己，这些是没法从其他地方学到的。我发现自己有坚强的意志，而且，自我控制能力比自己猜想的还要强，我也发现自己拥有比红宝石更真的朋友。从挫折中获得的知识越充满智慧、越富有活力，你在以后的生存中则越安全。除非遭受磨难，否则你们不会真正认识自己，也没法知道你们之间关系有多铁。这些知识才是真正的礼物，它们比我曾经获得的任何资格证书更为珍贵，因为这些是我经历过痛苦后才获得的。

在我的演说快要结束的时候，我对大家还有最后一个希望，这是我在自己21岁时就明白的道理。毕业那天和我坐在一起的朋友后来成了我终生的朋友。他们是我孩子的教父母；他们是我碰到麻烦时能求助的人；他们是非常友善的，不会为了我在死亡复活节那天用他们名字而控告我的朋友。在我们毕业的时候，我们沉浸在巨大的情感冲击中；我们沉浸于这段永不能重现的共同时光内。当然，如果我们中的某个人将来成为国家首相，我们也沉浸于能拥有极其有价值的相片作为证据的兴奋中。

所以今天，我最希望你们能拥有同样的友情。到了明天，我希望即使你们不记得我说过的任何一个字，但能记住塞内加——我在逃离那个走廊，回想进步的阶梯，寻找古人智慧时碰到的另一个古罗马哲学家——说过的一句话："生活如同小说，要紧的不是它有多长，而在于它有多好。"

我祝愿你们都有幸福的生活。

谢谢大家！毕业启迪！

失败并不可怕，可怕的是失败了自乱阵脚，丧失了继续前行的勇气。如果失败了，我们要告诫自己，每一次的失败都代表着向成功迈进了一步。

心里有数才可能一鸣惊人

她和其他的打工族一样,每天在自己平凡的岗位上工作着。几年前,刚刚年满20岁的她在杭州的一家花店工作。如果没有那场婚礼,可能她还是一个普普通通的打工小妹。

有一天,她去参加朋友的婚礼,当婚礼进行到高潮的时候,从半空中撒下各种各样的五颜六色的花瓣,整个婚礼也因此变得浪漫起来,显得很有情调。但是细心的她发现飘落下来的花瓣并不是真正的花瓣,而是合成的塑料花瓣。

为什么不选用真正的鲜花花瓣呢?那样不是更富有浪漫的情调吗?她的脑海里突然冒出这样一个念头:花店里经常出租花篮,但是每次收回花篮之后都把用过的鲜花扔进垃圾箱。如果能重新利用这些残花,说不定能产生一定的经济效益。自从参加了这个婚礼之后,她就一直在琢磨这个事。她想如果自己能把残花收集起来,加工成花瓣,然后再转手卖给婚庆公司,这不就是一条变废为宝的生财之道吗?

说做就做,她先是考察了一下婚庆市场,发现塑料花瓣在婚礼上格外受欢迎,因此她更加坚定自己的想法是正确的。接着她利用休息的时间把一些用过的鲜花收集起来。开始的时候害怕同事知道,她就谎称自己是要带回去装饰房间。

她将那些残花按照不同的颜色一瓣一瓣撕下来,然后装进不同的袋子里。做完这些之后,她带着这些花瓣去附近的一家婚庆公司推销,并向婚庆公司的老板提出这样的建议:如果用鲜花代替塑料花,肯定会让婚礼现场的气氛更有情调,也会让客人更加满意。老板觉得这个主意不错,并且刚好这家婚庆公司第二天有个业务,于是这家公司不但要了她所带来的花瓣,还达成了口头协议以每千克

60元的价格向她收购花瓣。

一个月过去了，除了在花店的工资之外，她仅凭卖花瓣就挣了5000多元。但是随之而来的不仅有经济效益也有一些问题。首先，新鲜花瓣最多能保存两三天，而婚庆公司举办婚礼没有任何规律；其次，很多客户反映新鲜花瓣水分重，撒到空中很快就会落到地上，很难营造出天女散花般纷纷扬扬、五彩缤纷的效果。为了解决这些问题，她开始了新一轮的试验。她先是把花瓣放到太阳底下晒干，但是晒干的花瓣会卷起来，而且很容易碎。后来她不断地查阅资料，借助制作葡萄干的室内自然风干法试了一下，风干的花瓣不但没有卷曲，而且柔韧度大大提高。

当她拿着干花瓣到婚庆公司和影楼推销时，很快就受到了客户的欢迎，也引起了其他婚庆公司和影楼的极大兴趣，订购量也成倍增加。为了满足市场的需求，她以每年1000元的收购费与市内十家花店签定了回收残花的协议，一签就是五年。

随着业务的增加，她索性辞掉了花店的工作，专门开了一家干花瓣经营店。在经营中，她又发现市场上有作为礼品出售的整枝整束的鲜花，但是经营者多是规模较大的企业，售价很高，因此销售状况并不是很好。干花瓣作为工艺品出售在杭州市场上还是空白。她再一次瞄准商机，马上到市场上订购了一批漂亮的玻璃瓶子，还在瓶盖上预留了很多小孔，然后将干花瓣放在瓶子里。这样一来，瓶子不但看起来美观，还散发出一股淡淡的花香。这批装满干花瓣的花瓶一经投放到市场就受到很多年轻人的追捧，不到一周的时间就有很多店铺主动上门要货。此时，她每月的纯收入已高达4万多元。

她只是一个普通的杭州女孩。她从花店丢弃的残花中发现了商机,认准了这是市场的空白,真正做到了心中有数,让残花也摇身变成了人们手中的稀罕物,终于一鸣惊人,走上了一条成功之路。

人们看到的往往是一飞冲天的豪迈和一鸣惊人的气势,却忘了在这之前所做的一切准备。在一鸣惊人之前往往要积蓄全身的力量。

未雨绸缪是成功的一种策略

唐太宗曾经对亲近的大臣们说:"治国就像治病一样,即使病好了,也应当休养护理,倘若马上就自我放开纵欲,一旦旧病复发,就没有办法解救了。现在国家很幸运地得到和平安宁,四方的少数民族都服从,这真是自古以来所罕有的,但是我一天比一天小心,只害怕这种情况不能维护久远,所以我很希望多次听到你们的进谏争辩啊。"

当唐太宗说完这段话之后,魏征回答说:"国内国外得到安宁,臣不认为这是值得高兴的,只对陛下居安思危感到喜悦。"

战国时期,有一次宋、齐、晋、卫等十二国联合围攻郑国。弱小的郑国知道自己无力与这十二国抗衡,于是连忙向晋国求和,因为晋国是其中最强大的国家。晋国表示同意讲和,其余十一国因为不想得罪晋国,纷纷决定退兵,也就停止了进攻。

郑国为了表达对晋国的感激之情,进献给晋国许多兵车、乐器、乐师、歌女以及贵重的珠宝作为谢礼。晋悼公十分高兴,于是将送来的礼物分出一半赠给他的功臣魏绛。但魏绛婉言拒绝了,并且劝谏晋悼公说:"现在您能团结和统率许多国家,这是您的功德,也是大臣齐心协力的结果,我并没有什么功劳,怎能无功受禄呢?晋国虽然现在很强大,但是我们绝对不能因此而疏忽,人在安全的时候，一定要想到未来可能会发生的危险，这样才能事先做好准备，才能避免失败和灾祸的发生。"晋悼公听完魏绛的话之后，知道他时时刻刻都牵挂着国家与百姓的安危，从此对他更加敬重。

一只野狼卧在草上勤奋地磨牙，狐狸看到了，就对它说："天气这么好，大家在休息娱乐，你也加入我们的队伍中吧！"野狼没有说话，继续磨牙，把它的牙齿磨得又尖又利。狐狸奇怪地问道："森林这么静，猎人和猎狗已经回家了，老虎也不在近处徘徊，又没有任何危险，你何必那么用劲磨牙呢？"野狼停下来回答说："我磨牙并不是为了娱乐，你想想，如果有一天我被猎人或老虎追逐，到那时，我想磨牙也来不及了。而平时我就把牙磨好，到那时就可以保护自己了。"

在下雨之前就准备好雨具，这是一个很好的习惯，它会让人们在大雨降临时安然自若。我们在做事的时候也是这样，提前做好一切突发事件的应对措施，会让自己在突发情况出现的时候不惊慌失措。

第八章 成功源于一颗淡定的心

卧薪尝胆也是一种境界

人生不如意事十之八九，即使是一个十分幸运的人，在他的一生中也总有一个或几个时期处于十分艰难的情况，总能一帆风顺的时候几乎没有。看一个人是否成功，我们不能看他成功的时候或开心的时候怎么过，而要看其在不顺利的时候，在没有鲜花和掌声的落寞日子里怎么过。有句话是这么说的："在前进的道路上，如果我们因为一时的困难就将梦想搁浅，那只能收获失败的种子，我们将永远不能品尝到成功这杯美酒芬芳的味道。"

在中国商界，史玉柱代表着一种分水岭。

他曾经是20世纪90年代最炙手可热的商界风云人物，但也因为自己的张狂而一赌成恨，血本无归。下了很大的决心后，史玉柱决定和自己的三个部下爬一次珠穆朗玛峰，那个他一直想去的地方。

"当时雇一个导游要800元，为了省钱，我们4个人什么也不知道就那么往前冲了。"1997年8月，史玉柱一行4人就从珠峰朗玛峰5300米的地方往上爬。要下山的时候，4人身上的氧气用完了。走一会儿就得歇一会儿。后来，又无法在冰川里找到下山的路。

"那时候觉得天就要黑了,在零下二三十摄氏度的冰川里,如果等到明天肯定要冻死。"

许多年后,史玉柱把这次的珠峰朗玛峰之行定义为自己的"寻路之旅"。之前的他张狂、自傲,带有几分赌徒似的投机秉性。33岁那年刚进入《福布斯》评选的中国内地富豪榜前10名,两年之后,就负债2.5亿,成为"中国首负",自诩是"著名的失败者"。珠峰之行结束之后,他沉静、反思,仿佛变了一个人。

不管在高耸入云的珠穆朗玛峰上,史玉柱找没找到自己的路,一番内心的跌宕在所难免。不然,他不会从最初的中国富豪榜第8名沦落到"首负"之后,又发展到如今的百亿身价。其中艰辛常人必定难以体会。正因为如此,有人用"沉浮"二字去形容他的过往,而史玉柱从失败到重新崛起的经历,也值得我们长久地铭记。

20世纪90年代,史玉柱是中国商界的风云人物。他通过销售巨人汉卡迅速赚取超过亿元的资本,凭此赢得了巨人集团所在地珠海市第二届科技进步特殊贡献奖。那时的史玉柱事业达到了顶峰,自信心极度膨胀,似乎没有什么事做不成。也就是在获得诸多荣誉的那年,史玉柱决定做点"刺激"的事:要在珠海建一座巨人大厦,为城市争光。

大厦最开始定的是18层,但大厦层数节节攀升,一直飙到72层。此时的史玉柱就像打了鸡血一样,明知大厦的预算超过10亿,手里的资金只有2亿,还是不停地加码。最终,巨人大厦的"轰然倒地"让不可一世的史玉柱尝尽了苦头。他曾经在最后的关头四处奔走寻觅资金,但"所有的谈判都失败了"。

随之而来的是全国媒体的一哄而上,成千上万篇文章骂他,欠下的债也是个极其恐怖的数字。史玉柱最难熬的日子是1998年上半年，那时，他甚至连一张飞机票也买不起。"有一天，为了到无锡去办事，我只能找副总借，他个人借了我一张飞机票的钱，1000元。"到了无锡后，他住的是30元一晚的招待所。女服务员认出了他，没有讽刺他，反而给了他一盆水果。那段日子，史玉柱一贫如洗。如果有人给那时的史玉柱拍摄一些照片，极度张狂到失败后的落寞、焦急、忧虑是史玉柱那时最生动的写照。

经历了这次失败，史玉柱开始反思，他觉得性格中一些癫狂的成分是他失败的原因。他想找一个地方静静，于是就有了一年多的南京隐居生活。

在中山陵前面的一块地方，有一片树林，史玉柱经常带着一本书和一个面包到那里"充电"。那段时间，他读了许多书，在史玉柱看来，这些书都比较"悲壮"。那时，他每天十点多左右起床，然后下楼开车往林子那边走，路上会买好面包和饮料。部下在外边做市场，他只用手机遥控。晚上快天黑了就回去，在大排档随便吃一点，一天就这样过去了。

后来有人说，史玉柱之所以能"死而复生"，就是得益于那时候的"卧薪尝胆"。他是那种骨子里希望重新站起来的人。事业可以失败，精神上却不能倒下。经过一段时间的修身养性，他逐渐找到了自己失败的症结：之前的事业过于顺利，所以忽视了许多潜在的隐患。不成熟、盲目自大、野心膨胀，这些，就是他性格中的不安定因素。

他决心从头再来，此时，史玉柱身体里"坚强"的秉性体现出来。他在那次珠峰朗玛峰以及多次"省心"之旅后踏上了负重的第二次创业。这次事业的起点是保健品脑白金。

因为之前的巨人大厦事件，全国上下已经没有几个人看好史玉柱。他再次的创业只是被更多的人看作赌徒的又一次疯狂。但脑白金一经推出，就迅速风靡全国，到2000年，月销售额达到1亿元，利润达到4500万元。自此，巨人集团奇迹般地复活。虽然史玉柱还是遭到全国上下的诸多非议，但不争的事实却是，史玉柱曾经的辉煌确实慢慢回来了。

赚到钱后，他没想到为自己谋多少私利，他做的第一件事就是还钱。这一举动，再次使其成为众人的焦点。因为几乎没有人能够想到史玉柱有翻身的一天，更没想到这个曾经输得一贫如洗的人能够还钱，但他确实做到了。

认识史玉柱的人，总说这些年他变化太大。怎么能没有变化呢？一个经历了大起大落的人，内心总难免泛起些波澜。而对于史玉柱，改变最多的，大概是心态和性格。几番沉浮，很少有人再看到他像早些年那样狂热、亢奋、浮躁，更多的是沉稳、坚忍和执著。即使是十分危急的关头，他也是一副胸有成竹、不慌不忙的样子。

回想自己早年的失败时，史玉柱曾特意指出，巨人大厦"死"掉的那一刻，他的内心极其平静。而现在，身价百亿的他也同样把平静作为自己的常态。只是，这已是两种不同的境界。前者的平静大概象征一潭死水，后者则是波涛过后的风平浪静。起起伏伏，沉沉落落，有些人生就是在这样的过程中变得强大和不可战胜。良好的性情和心态是事业成功的关键，少了它们，事业的发展就可能徒增许多波折。

人生难免有低谷的时候，在这样的时刻，我们需要的就是忍受寂寞，卧薪尝胆。就像当年越王勾践那样，三年的时间里，作为失败者的他饱受屈辱，被放回越国之后，他选择了在寂寞中品尝苦胆，铭记耻辱，奋发图强，最终得以雪耻。

不要羡慕别人的辉煌，也不要眼红别人的成功，只要你能忍受寂寞，满怀信心地去开创，默默付出，相信生活一定会给你丰厚的回报。

人生的低谷是难免的，这样的时刻，要耐得住寂寞，用一颗平和的心去面对寂寞，用一颗乐观的心去感受寂寞，这时寂寞就不会令你感到害怕，相反还会让你感到欣喜。只有这样，成功才会在寂寞之后来临。

专心走好脚下的路

我们之所以没有成功，很多时候是因为在通往成功的路上，我们没能耐得住寂寞，没有专注于脚下的路。

张艺谋的成功在很大程度上来源于他对电影艺术的诚挚热爱和忘我投入。正如传记作家王斌所说的那样："超常的智慧和敏捷固然是张艺谋成功的主要因素，但惊人的勤奋和刻苦也是他成功的重要条件。"

拍《红高粱》的时候，为了表现剧情的氛围，他亲自带人去种出一块100多亩的高粱地；为了"颠轿"一场戏中轿夫们颠着轿子踏得山道尘土飞扬的镜头，张艺谋硬是让大卡车拉来十几车黄土，用筛子筛细了，撒在路上；在拍《菊豆》中杨金山溺死在大染池一场戏时，为了给摄影机找一个最好的角度，更是为了照顾演员的身体，张艺谋自告奋勇地跳进染池充当"替身"，一次不行再来一次，直到摄影师满意为止。

我们如果还在抱怨自己的命运，还在羡慕他人的成功，就需要好好反省自身了。很多时候,你可能就输在对事业的态度上。

1986年,摄影师出身的张艺谋被吴天明点将出任《老井》一片的男主角。没有任何表演经验的张艺谋接到任务,二话没说就搬到农村去了。

他剃光了头,穿上大腰裤,露出了光脊背。在太行山一个偏僻、贫穷的山村里,他与当地乡亲同吃同住,每天一起上山干活,一起下沟担水。为了使皮肤粗糙、黝黑,他每天中午光着膀子在烈日下曝晒;为了使双手变得粗糙,每次摄制组开会,他不坐板凳,而是学着农民的样子蹲在地上,用沙土搓揉手背;为了电影中的两个短镜头,他打猪食槽子连打了两个月;为了影片中那不足一分钟的背石镜头,张艺谋实实在在地背了两个月的石板,一天三块,每块有75千克。

在拍摄过程中,张艺谋为了达到逼真的视觉效果,真跌真打,主动受罪。在拍"舍身护井"时,他真跳,摔得浑身酸疼;在拍"村落械斗"时,他真打,打得鼻青脸肿。更有甚者,在拍旺泉和巧英在井下那场戏时,为了找到垂死前那种奄奄一息的感觉,他硬是三天半滴水未沾、粒米未进,连滚带爬拍完了全部镜头。

在通往成功的道路上,如果你能耐得住寂寞,专注于脚下的路,目的地就在你的前方,只要努力,你一定会走到终点;如果你迷失于困难当中,忘记了目的地就在离你不远的前方,你永远都走不到终点!

在通往成功的路上,没有平坦,没有捷径,唯有脚踏实地、一步一个脚印地前行。通向成功的征程是艰辛、漫长甚至是寂寞的,但请你相信,经历过所有的这一切,胜利也就离你不远了。

不要轻易向自己投降

生活中,很多事情你越是想远离痛苦就越觉得痛苦,越是想要放弃或逃避越是逃脱不了:父母生活在社会的底层,不能做你强有力的靠山,还要你赚钱贴补家用;你没有过人的才华,不懂得为人处世的技巧,在办公室里,你要小心翼翼地做人,唯恐一时失言把别人得罪了;你没有漂亮的脸蛋、魔鬼的身材,走在人群当中,你不知道该用怎样的资本去高昂头颅,展露属于自己的那份自信……

其实,逆风的方向,更适合飞翔。"我不怕美神阻挡,只怕自己投降。"一个人无论面对怎样的环境,面对再大的困难,都不能放弃自己的信念,放弃对生活的热爱。很多时候,打败自己的不是外部环境,而是你自己。

只要一息尚存,我们就要追求、奋斗。那么,即便遭遇再大的困难,我们都一定能化解、克服,并于逆风之处扶摇直上,做到"人在低处也飞扬"。

现今,日本国民中广为传颂着一个动人的小故事。

有个女孩,上智大学外国语系比较文化专业毕业后,顺利拿到美国哈佛大学研究生院的录取通知书。可是,没想到一切都准备好了,却在美国大使馆办签证时连续两次被拒绝,女孩很伤心,躲在宿舍里哭。

一个要好的姐妹说:"听说有个师姐,四年前被拒签过三次,四年后再去签,还没有过,后来找了一家咨询公司,在那里学习了半个月,很顺利就通过了。你为什么不找个咨询公司帮忙,也许能通过。"

女孩动心了，找到一家叫"阳光"的咨询公司。公司很小只有三个人——老板和两个助手。老板把女孩拿来的签证材料看了一遍，发现她的材料没问题。又让女孩详细介绍了两次被拒绝的经过。女孩像犯了错误似的，低着头，细声细语地讲着，眼睛低垂，不敢与老板对视，听着听着，老板打断女孩："不要说了，你的毛病就在这里。"

原来，女孩性格内向，不善与陌生人交往，一说话就脸红，还老爱低眼垂眉的，给人一种没有自信的感觉。老板很有经验地对女孩说："你在我们公司主要就训练三项内容：抬起头来，大声说话，眼睛平视。"于是，两个星期里，那两个助手什么也不干，就想方设法让女孩养成抬起头来与人平视的习惯，并训练她大声说话。

半个月后，女孩又去签证，半是习惯，半是刻意，她始终高昂着头，眼睛直盯着那个签证官，从容不迫，侃侃而谈，应对如流。那个签证官狐疑地看着前两次的拒签记录，嘴里嘟嘟囔囔地说："'不自信，吞吞吐吐，不敢抬头'，好像完全不是说的这个女孩……"最后，他微微一笑说："你很优秀，看不出有拒绝你的理由，美国欢迎你！"整个过程不到十分钟。

她的名字叫野田圣子——日本前邮政大臣。

野田圣子坚定不移的人生信念，表现为她强烈的敬业心："就算一生洗厕所，也要做一名洗厕所最出色的人。"这一点就是她成功的奥秘之所在；这一点使她几十年来一直奋进在成功路上；这一点使她从卑微中逐渐崛起，直至拥有了成功的人生。

缺点并不可怕，平凡也不是闪光的坟墓。人生之中，无论我们处于何种在他人看来卑微的境地，我们都不必自暴自弃，只要我们能耐得住寂寞，心中有渴望崛起的信念，只要我们坚定不移地笑对生活，那么，我们一定能为自己开创一个辉煌美好的未来！

人活着就是一个过程，人生不能等死，要去干一些有意义的事。在得意时要泰然处之，失意时淡然释之，从容面对，为自己的心灵找一片寂寞宁静的空间，用它来点缀繁杂社会中的短暂人生。

最好的选择是什么

当我们不具备成功的天赋时，只有脚踏实地，才能让自己站稳脚跟。正如山崖上的松柏，经过无数暴风雪的洗礼，只有坚定地盘固于土地，它们才长成坚固的树干。

一个人若不敢向命运挑战，不敢在生活中开创自己的蓝天，命运给予他的也许仅是一个枯井的地盘，举目所见将只是蛛网和尘埃，充耳所闻的也只是唧唧虫鸣。

所以，成功需要付出，希望需要汗水来实现，人生需要勤奋来铸就。

在美国，有无数感人肺腑、催人奋进的故事，主人公胸怀大志，尽管他们出身卑微，但他们以顽强的意志、勤奋的精神努力奋斗，锲而不舍，最终获得了成功。林肯就是其中的一位。

幼年时代，林肯住在一所极其简陋的茅草屋里，没有窗户，也没有地板，用当代人的居住标准来看，他简直就是生活在荒郊野外。但是他并没放弃希望，为了希望，他流再多的汗水也不会后悔。当时他的住所离学校非常远，一些生活必需品都相当缺乏，更谈不上可供阅读的报纸和书籍了。然而，就是在这种情况下，他每天还持之以恒地走很长的路去上学。晚上，他只能靠着木柴燃烧发出的微弱火光来阅读……

众所周知，林肯成长于艰苦的环境中，只受过一年的学校教育，但他努力奋斗、自强不息，最终成为美国历史上最伟大的总统之一。

任何人都要经过不懈努力才可能有所收获。世界上没有机缘巧合这样的事存在，唯有脚踏实地、努力奋斗才能收获美丽的奇迹。

亨利·福特从一所普通的大学毕业之后，便开始四处奔波求职，但均以失败告终。亨利·福特没有丧失对生活的希望，他依旧信心十足、自强不息、永不气馁。

为了找一份好工作，他四处奔走。为了拥有一间安静、宽敞的实验室，他和妻子经常搬家。短短的几年时间里，夫妻俩到底搬过几次家连他们自己也说不清了，但他们依旧乐此不疲。因为每一次搬迁，夫妇俩都有新的收获。贫困和挫折不仅磨炼了亨利·福特坚忍的性格，也锻炼了他的耐力和恒心，更使他有机会熟悉社会、了解人生，为未来新的冲刺做好思想和技术的准备。

尽管贫困和挫折给他增添了不少的麻烦，但为了理想，亨利·福特依然勤奋努力着，依然奋力拼搏着。功夫不负有心人，福特自强不息的精神和奋不顾身的打拼终于得到了回报。他应聘到爱迪生照明公司在发电站负责修理蒸汽引擎，终于实现了自己的心愿。不久，他又因为工作出色，被提升为主管工程师。

坚定自强不息的信念，让它深深地根植于你的心中，它就会激发你各方面的潜能，使你勇敢地面对工作中的一切困难和障碍。

努力把自己的事做得更好，就是一种创造！厨师把菜做得更美味可口，裁缝把衣服做得更美观耐穿，建筑师盖出更舒适的房屋，司机开车更安全，作家努力写出更好的文章，都会为自己带来好运，同时也为他人带来幸福。

无论是在生活中还是在工作中，都需要我们脚踏实地，时时衡量自己的实力，不断调整自己的方向，一步一步达到自己的目标。

人生有各种各样的舞台，但最能展现你才华的舞台，却只有一个。只有准确地选择这个舞台，脚踏实地地干下去，你的才华才能得到更好的发挥，从而实现自己的人生梦想。

无论何时都要保持冷静

我们并不是所拥有的太少，而是欲望太多，一旦落入欲望的圈套，再强的抵抗能力都会被瓦解。

水中垂着一个钓饵，装的是一块新鲜的虾肉。

一条鲫鱼游过来了。它看了一眼钓饵：真不错，是块美味的东西。可是警惕的鲫鱼是不会轻易上当的，它记得有不少同伴，就是因为贪吃钓饵而断送了性命。因此，它小心翼翼地向这块食物看了又看。

"这准是钓饵，不能吃。"鲫鱼赶紧游开了。

鲫鱼找了半天也找不到其他吃的，过了一会儿，又游回到这个钓饵旁边。

饥饿使它不得不对这块诱人的食物又进行了一番研究和观察。

"不行，绝不能上当！这块东西一定是钓饵。"鲫鱼警告自己，随即又游开了。

鲫鱼游了没多远,心里老记挂着那块鲜美的东西。不一会儿,又游回来了。

它再一次仔细地观察和分析着这块令人垂涎的美味。

"哦,看来似乎没有什么危险吧,让我试它一试。"鲫鱼便用尾巴打了一下钓饵。

钓饵在水中荡了几下,又垂挂在那儿纹丝不动。

"看来没什么问题。"鲫鱼想,"难道就白白放弃这样一块味美可口的东西?那不是太可惜了吗?"

鲫鱼犹豫不决,考虑再三。

"哎哟!肚子这样饿,眼看着这鲜美的食物不吃,可真难受啊!"鲫鱼在钓饵旁边转来转去。"上帝保佑吧!让我冒一次险,仅仅这一次。说不定是我自己过于谨慎了,其实一点危险也没有呢!"

这时候,鲫鱼看见远处有一条鲤鱼向它这儿游过来。

"快,再要迟疑,这美味的东西将是别人腹中之物了!"

说着,鲫鱼扑上去,张开大嘴把那块食物吞了下去。

"哎哟!我的妈……"

钓竿一提,鲫鱼上钩了。

不能抵抗人性弱点的诱惑,让精神软化,势必不能主宰自我。鲫鱼终于没有抵抗住美味的诱惑,成为垂钓者的猎物。鲫鱼原本是小心谨慎的,只是因为欲望太盛,才沦为欲望的奴隶。

人常常也是如此,人的私心与贪欲常常使自己重重地跌倒在欲望的漩涡里。

事实上,我们并不是拥有的太少,而是欲望太多。欲望使我们感到不满足、不快乐；欲望解除了我们的思想武装，使我们最终任人摆布。

鱼有水才能自在地优游嬉戏，但是它们忘记自己置身于水；鸟借风力才能自由翱翔，但是它们却不知道自己置身风中。人如果能看清此中道理，就可以超然置身于物欲的诱惑之外，获得人生的乐趣。

不可否认，在这个灯红酒绿的社会，物质的诱惑何其多，你若能够沉下心来对抗心底的那份寂寞，坦然面对，不忘乎所以，那么你就不会被身外之物所苦，不被身外之物所累，在正确的道路上一往无前。

沉得住气才能成就大事

随着消费者物价指数上涨、房价暴涨、股市暴跌，在我们的心灵深处，总有一种力量使我们茫然不安，让我们无法宁静，这种力量叫浮躁。"浮躁"在字典里解释为："急躁，不沉稳。"浮躁常常表现为：心浮气躁，心神不宁；自寻烦恼，喜怒无常；见异思迁，盲动冒险；患得患失，不安分守己；这山望着那山高，既要鱼也要熊掌；静不下心来，耐不住寂寞，稍不如意就轻易放弃，从来不肯为一件事倾尽全力。

随着经济发展如浪潮般步步攀高，这种浮躁的气息在社会中蔓延，几乎触及了参与其中的每一个人：某些官员领导急功近利，大搞不切实际的形象工程；演员不苦练基本功，借助绯闻来炒作自己；商人不一心一意经营自己的产业，却去炒股、炒房；学生不专心念书，妄想通过不相干的社会活动增加综合测评分数或通过考试作弊拿到高分；还有的人做事具有更强的目的性，交朋友具有更强的工具性，处世具有更强的功利性。很多人都想成功，却总是被成功拒之门外。

有一个人叫小付，他看到有人要将一块木板钉在树上，便走过去管闲事，想要帮那个人一把。小付对那人说："你应该先把木板头子锯掉再钉上去。"于是，小付找来锯子，但没锯两三下又撒手了，想把锯子磨快些。于是他又去找锉刀，接着又发现必须先在锉刀上安一个顺手的手柄。于是，他又去灌木丛中寻找小树，可砍树又得先磨快斧头……

后来人们发现，小付无论学什么都是半途而废。小付从未获得过什么学位，他所受过的教育也始终没有用武之地，但他的祖辈为他留下了一些本钱。他拿出10万元投资办一家煤气厂，可造煤气所需的煤炭价钱昂贵，这使他大为亏本。于是，他以9万元的售价把煤气厂转让出去，开办起煤矿来。可又不走运，因为采矿机械的耗资大得吓人。因此，小付把在矿里拥有的股份变卖为8万元，转入了煤矿机器制造业。从那以后，他便像一个滑冰者，在有关的各种工业部门中滑进滑出，没完没了。

正如小付困惑的那样，为什么自己付出那么多，终究一事无成呢？答案很简单，小付总是这山望着那山高，急于追求更高的目标，而不是在一个既定的目标上下功夫，要知道，摩天大厦也是从打地基开始的。小付这种浮躁的心态只能导致他最后落个两手空空。

很多人在做事情的时候不能静下心来扎扎实实地从基础开始，总是觉得踏踏实实地做事情的方法很笨，于是做什么事情都求快，想以最小的付出获得最大的利益，浮躁的心态让人不会专注地做一件事情，所以也就很难成功。在人生的牌局中，要想赢牌，浮躁就是最大的敌人。

《士兵突击》中，许三多显然是一个"异类"，他不明白做人做事为什么要如此复杂，一切投机取巧、偷奸耍滑的世故做法，他都做不来，或者根本就没有想过。他有的只是本性的憨厚与刻入骨髓的执著。他做每一件小事都像抓住一根救命稻草一样，投入自己所有的能量和智慧，把事情做到最好，他这样做并不是为了得到旁人的赞赏与关注，只是因为这是有意义的。他面对困难从来不说"放弃"，而是默默地承受，慢慢地解决，毫无抱怨，绝不气馁。当一个又一个问题被他以执著的劲头解决之后，他俨然成长为一个巨人。他不会面对诱惑放弃忠诚，当老A部队的队长向他发出邀请时，许三多用一句"我是钢七连的第4956个兵"做出了态度鲜明的回答。

"许三多"已成为家喻户晓的人物形象，他被定格为一种沉稳、踏实的文化符号，成为"浮躁"的反义词。如果我们能安下心来认真做一件事情，就没有做不好的。很多人开始做事情时会满腔热血，但慢慢地这种热情会消退，最后就会被完全放弃。是什么原因让那么多人半途而废呢？是急于求成、不愿直面困难的浮躁心理。很多人好高骛远，总是急于看到事情的结果，而不能忍受事情完成的过程，当他们觉得这些事情没有意义时，于是选择了放弃。

古往今来，那些成大器者，无不是沉稳、干练、能够耐得住寂寞的人。

在当今中国市场经济的大背景下，很少有人能按捺住自己一颗烦躁的心，守住自己可贵的孤独与寂寞，而变得越发盲目和急功近利。浮躁是一种情绪，一种并不可取的生活态度。人浮躁了，会终日处在又忙又烦的应急状态中，脾气会暴躁，神经会紧绷，长久下来，会被生活的急流所挟裹。凡成事者，要心存高远，更要脚踏实地，这个道理并不难懂。

踏实、沉稳、心平气和、不急不躁，抛开浮躁的心态，从身边的小事做起，脚踏实地地坚持，坚忍不拔地努力，我们才有可能达成人生的目标，走到成功的那一步。

长久的努力才能有大收获

幸运、成功永远只能属于辛劳的人，有恒心不易变动的人，能坚持到底、绝不轻言放弃的人。

耐性与恒心是实现目标过程中不可缺少的条件，是发挥潜能的必要因素。耐性、恒心与追求结合之后，形成了百折不挠的巨大力量。

一位青年问著名的小提琴家格拉迪尼："你用了多长时间学琴？"格拉迪尼回答："20年，每天12小时。"

我们于大千世界，或许微不足道，不为人知，但是我们能够耐心地增长自己的学识和能力，当我们成熟的那一刻、一展所能的那一刻，将会有惊人的成就。正如布尔沃所说的："恒心与忍耐力是征服者的灵魂，它是人类反抗命运、个人反抗世界、灵魂反抗物质的最有力支持。从社会的角度看，考虑到它对种族问题和社会制度的影响，其重要性无论怎样强调也不为过。"

凡事没有耐性，耐不住寂寞，不能持之以恒，正是很多人最后失败的原因。英国诗人布朗宁写道：

实事求是的人要找一件小事做，
找到事情就去做。
空腹高心的人要找一件大事做，
没有找到则身已故。
实事求是的人做了一件又一件，
不久就做一百件。
空腹高心的人一下要做百万件，
结果一件也未实现。

拥有耐力和恒心，虽然不一定能使我们事事成功，但却绝不会令我们事事失败。古巴比伦富翁拥有恒久的财富秘诀之一，便是保持足够的耐心，坚定发财的意志，所以他才有能力建设自己的家园。任何成就都来源于持久不懈的努力，要把人生看作一场持久的马拉松。整个过程虽然很漫长、很劳累，但在挥洒汗水的时候，我们已经慢慢接近了成功的终点。半路放弃，我们就必须要找到新的起点，那样我们只会更加迷失，可是如果能坚持原路行进，终点不会弃我们而去。也许，我们每个人的心里都有一个执著的愿望，只是一不小心把它丢失在了时光里，让天下间最容易的事变成了最难的事。然而，天下事最难的不过十分之一，能做成的有十分之九。要想成就大事大业的人，尤其要有恒心来成就它，要以坚忍不拔的毅力、百折不挠的精神、排除纷繁复杂的耐性、坚贞不变的气质，作为涵养恒心的要素，去实现人生的目标。

第九章 淡定可助你形成强大的气场

学习能提高你的能力

在日常生活中,我们常常会遭遇各种各样的压力。这些压力不仅会干扰我们正常的思维和判断,还会消磨我们的意志,甚至让人精神崩溃。

因此,我们必须清除这些压力带给我们的影响,并学会抵御压力的侵袭。那么,怎样做才可以抵御压力呢?

实际上,这其中重要的一点就需要不断提高我们的能力,而知识的不断丰富是提升自身能力的重要一环,学习决定了一个人分析问题与解决问题的能力。因此,人们要勤于学习,成为一个学识渊博的现代人。

小赵与小李以前在同一所大学攻读相同的专业。毕业七年后,他们在一个偶然的场合再次相遇。老同学相见,喜悦之情溢于言表。

在叙了一番同学情谊之后,两人不知不觉就聊到了事业上。小李说自己正在联系几家出版社,想要出版一本自己的文集,然后就把自己写的文章给小赵看了看。

小赵听完顿时感到十分失落,因为他在上学时是众人公认的才子,然而到现在还没有出版过任何作品。自惭形秽的小赵对老同学说道:"没想到,你竟然写出了这么多精美的文章。"

原本在上学的时候，小李文笔并不出众，发表的作品也没有多少艺术水准。后来，为了让自己有明显的进步，他特地向学校的一个老教授请教为文之道。老教授告诉他想要真正在写文章上有进步，不是一朝一夕就能办到的，这需要每日勤加练习，持之以恒，每天有一点小进步，时间长了就能感觉到明显的大进步。

此后，小李便依照老教授说的话来做，一旦发现生活中的点滴感动，马上就下笔成文。在持续不断的练习中，他自己写的文章的数量与质量都得到了显著提高，相应地发表于报刊上的也就越来越多，最终汇集成了今天这个文集。

在上面这个事例中我们看到，小李虽然原本没有多好的文笔，但是在教授的教诲下，每天练习一点点，提高一点点，最后从一点一滴的累积中取得了不小的成功。

不仅写文章如此，做其他事也是如此。如果想要在某一领域获得成功，就要以主动求索的精神，不断学习，不断提高自己的能力。因为无论如何，积极学习，不断进步，提高自身的能力，对于我们适应这个激烈竞争的社会并从中获得成功都是必不可少的。

学习能力是我们在人生发展历程中必备的能力，我们只有勤于学习，善于学习，自强不息，才能提升自己的技能，使生活变得越来越充实，心态也变得越来越积极。

学习能够为一个人的自我生存、自我发展、自我实现提供必要的才能。在日常生活之中，我们每天坚持学习，把所取得的一点一滴的进步累加起来，那就会成为推动人生成功的巨大力量。

世界华人首富李嘉诚的传奇经商故事为人们所津津乐道。其实，李嘉诚每天都会在睡觉前抽出半小时看书，借以了解新知识，这个良好的习惯坚持了几十年。李嘉诚每日学习一点新东西，学习的内容包括文、史、哲、科技、经济等各个方面的知识。

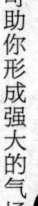

后来，李嘉诚对别人说自己年轻时虽然外表看似谦虚，实际上内心是十分"骄傲"的。这是什么原因呢？

原来，当年在其他同事用打麻将来虚度时光的时候，他自己却如饥似渴地学习新知识，每日都坚持学一点东西，时日一长，学问自然日渐增长。那段学习的经历可以说为他日后取得成功提供了非常坚实的基础。

在一定程度上可以说李嘉诚能够取得今日的辉煌成就，就在于他坚持每日学习的终身学习理念。

在实际生活中，我们会发现许多人在生活的重压下，一味地怨天尤人，根本不去寻找自己的原因，在失败与痛苦的恶性循环中得不到解脱。

事实上，他们之所以难以取得成功，就是因为他们的急功近利，想要短时间内就获得财富、地位、权势与名声。事实证明，这种思想是非常不理智的，也是不可能实现的。要想实现自己的目标，就要以淡定的心态，多学习，多实践，能力与见识才能够得到提高。

任何事情都是发展变化的，成功也需要通过点滴的积累才能实现。每天坚持多学一点知识，持之以恒，这样对于提高人们的能力，形成强大的气场是非常有益的。

生活是可以有情趣的

在人的生命历程中，工作与生活都是不可或缺的重要部分，在我们的人生中占有同等重要的地位。过度沉迷于工作就会影响生活的和谐，过分专注于家庭就会影响事业的发展。因此，我们要合理安排工作，善于生活，从而让一切变得更加有情趣。

如今社会竞争日益激烈，职场中的很多人为了不被淘汰而拼命工作。这一方面确实让他们拥有了一份待遇很好的工作,然而另一方面在对工作的狂热追求中,他们沉迷于工作而不自知,不知道如何放松休息。一旦脱离工作环境,他们就显得不知所措、手忙脚乱,甚至失去了生活的目标。

同时,他们在对工作狂热追求的过程中,单调乏味的内容、同事间的钩心斗角使得他们身心累积了大量的负面能量。他们没有成就感,没有幸福感,缺少温馨、关爱、友善,身心感到受到了严重束缚,这些都使得他们产生了压抑、沮丧、失落、冷漠等不良心理情绪,最终影响了工作、人际关系,更影响了家庭的和睦。

亨利是一家大公司的高级主管。他工作非常勤奋,他始终认为自己生活的全部就是工作,甚至对他的员工也是这样要求。

有一天,他的儿子因车祸受伤而住院,亨利才不得已抽出时间去医院探望儿子。然而,儿子看见他后仿佛不认识一样,根本不与他进行任何情感的交流。

这件事对他触动很大。从那儿以后,亨利积极反思自己的行为。他意识到正是因为对亲情的忽略,儿子才会表现出冷漠的态度。于是,他开始千方百计地弥补自己对亲情的缺憾。他改变了自己以前的工作习惯,每天都抽出时间与妻子和儿子交流,周末更是与家人在一起,享受亲情的快乐。

事业确实对我们十分重要,然而,如果我们一味地沉浸在工作之中,忽略或者放弃健康和家庭,是非常不明智的,也是不值得提倡的。

如果一个人长时间地工作,不知道休息与放松,那么身心的疲惫和压力感就会与日俱增,严重的可能导致情绪暴躁、神经衰弱等症状的出现。但这并不是说工作时间越少越好,而是要合理地安排工作与休息。

有些人，特别是女性，将自己的精力过分投入到家庭生活中，完全放弃了自己的事业，这样做也是没有多少好处的。

王女士原本在待遇优厚的公司上班，工作表现也很好。然而，她在结婚后却被生活与家庭的琐碎事情占据了大部分时间和精力。慢慢地，她开始应付工作，工作时心不在焉，脑袋里总是想着其他事情，再也没有通过工作来实现自我的想法，以前对待工作的动力与激情也逐渐变得无影无踪。

很快，她的工作效率大幅下降，工作也经常丢三落四，一塌糊涂，难以按时完成。同时，她的身心压力也与日俱增，经常无故发脾气，甚至发展到和同事吵架。时间长了，她的工作态度逐渐引发了领导的不满，最终成了公司裁员的对象。

很多女性在婚后对工作的态度都会有一个转变，进取心没有了，事业停滞不前，甚至倒退。有的人如同上面那个王女士一样，失去了人生目标，在得过且过的心态下苦熬日子，这样做无论是对自己还是对他人，都是没有什么好处的。

实际上，不管是痴迷工作，还是一味眷恋家庭，这两种选择都是不理智的。只有合理地调整自己的时间，让工作与生活保持平衡，这样对人对己都是有利的，可以避免自己走入极端，与其他人的关系也会变得更加和谐、愉悦。

在现代激烈竞争的社会中，一个成功的人应该对自己的工作与生活进行科学、合理地统筹安排，学会有松有紧、劳逸结合，明白如何有效率地工作，闲暇时不忘锻炼身体，培养一下自己的兴趣爱好，不会因工作占用休息时间，不放弃与家人在一起的机会。可以说，能做到这些，就可以让我们的工作、生活变得更有趣味，更有意义。

杜邦公司是世界上最大的化学化工公司,公司总裁格劳福特·格林瓦特就是一个会生活的成功人士。每天,他即便工作再忙,都会抽出时间研究蜂鸟(一种世界上最小的鸟),后来,他还写了一本关于蜂鸟的书,那本书广受赞誉。

就像格劳福特·格林瓦特一样,很多在事业上有成就的人士都善于摆正工作与生活的关系,这样不仅促进了事业的发展,更让生活成为心灵世界的重要组成部分。

其实,工作与生活是相辅相成的,两者并不存在矛盾。在紧张的工作之余,抽出时间做些自己感兴趣的事情或者享受与家人朋友在一起的快乐,就能够缓解工作压力,放松紧张焦虑的心情,对思考力和创造力的提升也大有益处。更重要的是,这样可以使我们的生活更加充满情趣,生命也会更加灿烂。始终坚持不懈地追求自己的事业,学会轻松高效地工作,学会享受生活,热爱自己的家庭,这样的人生才是充实的,才是有价值的,也才是幸福的。

不要害怕岁月的流逝

我们经常能够看到,有些上了年纪的人依旧拥有和年轻人一样的心态以及健康的体魄,而有的年轻人却面容枯槁,神情委顿,就好像秋风吹拂下的落叶。实际上,年华的逝去是我们难以阻挡的,能够保持年轻的只有我们的心态。

年轻是美好的,但它最终会消逝于无形。我们不应该畏惧衰老,也不应为此而烦恼不已。

只要我们能够保持平和的心态,保持一颗年轻、灵动的心,用真挚的感情、犀利的思想去感受年轻的活力与魅力,那么我们也能永远保持着美丽，也能找到属于自己的快乐。

因此，我们不必害怕年华的逝去，不妨坦然接受自己慢慢变老的事实，顺其自然，慢慢体会生命历程的演变。变老的过程，其实就是生命逐渐趋向成熟的过程，年华落尽方见真醇，我们应该为此而感到骄傲、自豪，因为这至少说明了你很幸福地经历了从童年到老年的整个过程。满头的白发，在夕阳映照下亮如银丝，这种成熟会令人肃然起敬。

生老病死是自然规律，每个人都要经历变老的过程，衰老是所有人都难以回避的问题。畏惧光阴的流逝，畏惧身心的衰老都不会阻止我们变老，只有正确看待自己年华的逝去，以淡定的心态去面对它，敢于承担生命的责任，我们才能生活得潇洒，生活得有趣味。

我们不能阻止肌体、生理上的老化过程，但却能够保持精神、心理上的年轻。在人的一生中，岁月不会偏向任何人，聪明的人经过时间的磨炼后，却可以留下美丽的精华，永远保持鲜活、灵动，这便是由成熟、智慧与自信所散发出来的优雅之美。

我们不能够阻止年龄的增长，然而却可以调控自己的心态，以良好的心态来让我们的心理保持年轻，保持那一份独特的美。

对女人而言，年轻的女人有活力，有漂亮的容颜；中年女人有智慧，有风韵；上年纪的女人有宽容，有慈祥。在每个阶段，女人都有其独特的内在美与外在美。就如同鲜花离不开滋养它的环境一样，一个人想要拥有无穷的魅力离不开自己的身心的调养以及外部环境的滋润。只有懂得给自己补充营养，人们才会保持新鲜的活力，才能尽量减慢老化的脚步。这种美需要人们以淡定、从容、平和的心态来面对年华的逝去，以积极的心态来应对生活中的阻碍。

一位名人曾经说过："尊重生命要远远胜过介意别人的看法和嘲笑。"因此，我们完全没有必要为自己越来越大的年龄而忧心忡忡、苦恼不已。生活在继续，时间在流逝，我们也要继续迈动前进的脚步，不要为那些不值得的东西浪费时间和精力。生命是属于自己的，每个人都有权利活出自己不一样的人生。

法国思想家儒贝儿在《冥想录》中曾经说过："老人是民众的威严。变老的体验类似于登山，越到高处空气越稀薄，而视野却越来越开阔。"

在各个行业，"老道"的员工永远是公司企业中不可估量的财富，是成熟行业、强势企业和优势团队的核心竞争力。假如一个企业或者社团还处于年轻崇拜期，不但说明他们仍旧处在成长之中，同时也说明他们还没有"发育"成熟。

年华的逝去对所有人而言都是一个自然的过程，也是一种渐趋理性与成熟的经历。因此，人们完全没必要担心自己年华的流逝，每天都要在镜子面前保持自己真挚的微笑，坦然去工作、生活，在岁月的演变中我们就可以变得更有魅力。

不要去畏惧失去的青春，保持淡定的心态，不断充实自己，让自己变得更优秀、更睿智。这样，当令人怀念的青春退去后，我们还能拥有在岁月流逝中沉积下来的精神财富。

不要为逝去的青春而恐惧，不要担心自己年龄的增加，也不要在意别人对自己年龄的评价。慢慢变老是所有人都要面对的现实，我们只要内心坦然，并善于发现其中蕴含的乐趣，就能慢慢享受生命的美好。

将快乐变为一种习惯

在生活中，我们会体验到各种各样的滋味。有时我们感觉快乐，有时又感觉烦恼。当我们身处负面能量的包围中之时，就会感觉生活多了一些阴暗，少了一些美好，多了一些无助，少了一些奋发。

这个时候，我们可以尝试慢慢地让自己快乐起来，这样我们或许就能拥有另一番心情。

有一次，杰瑞坐火车外出旅行。早上，当他从睡梦中醒来，他注意到有几个男士正在拥挤的洗手间里刮胡子。经过了一夜的颠簸，第二天早晨通常会有很多旅客来到这个狭窄的地方梳洗整理一番。此时，人们多半还没有完全清醒，脸上的表情很冷漠，也没有人说话。

不久，一个脸上洋溢着笑容的男人走了过来，并高兴地问候大家。然而，在场的所有人都没有积极地回应他。之后，这个人开始一边刮胡子一边哼起歌来，看上去他的心情是非常好的。

杰瑞对他的一系列举动感到很厌烦，于是冰冷并略带讽刺地扔给这个男人几句话："喂！你似乎很得意，什么事情让你这样高兴？"

这个人听了，回答道："是的，我确实很高兴……只是习惯使自己感觉很快乐罢了。"

让快乐成为一种习惯，这是多么富有深刻意义的话语。相信包括杰瑞在内的所有人，都会将这个人以及他所说的话牢牢地记在心中。

不管是愉快的事，还是令人愁苦的事，对于人的心情起决定作用的还是人们在心中长期以来形成的习惯性想法。有人曾经说过："穷苦人的日子都是愁苦；心中欢畅者，则常享丰宴。"这句话的意思是告诉人们，如果他们将愉快作为一种习惯来保持，那么生活就不会有愁苦，内心永远充满了欢乐与舒畅。

在一定程度上讲，习惯是在生活中逐渐累积并通过后天锻炼培养形成的，因此每个人都有能力创造愉快的心情。

那么，这种愉悦的心情该如何创造出来呢？其实，培养自己心情愉快的习惯，关键还是要依靠自己积极的思考。

通常我们的一些想法总会经常引发自身产生愉悦的心情，那么将它们写下来。然后，每天坚持按照这些想法进行思考，假如有负面的想法闯进自己的意识当中，那就一定要马上停止思考，待清除这些负面信息后，再用快乐的想法填充我们的意识。

除此以外，我们还可以在每天早晨起床前躺在床上舒畅地想着那些与快乐有关的一切想法，同时在脑中想象今天会发生哪些高兴的事情。时间一长，无论发生什么事情，这种想法都会对自己产生积极的正面的影响，使你有勇气面对任何事，甚至可以用快乐来代替自己的困苦与不幸。反之，如果我们对自己进行负面的心理暗示，那么自己便是为自己寻找烦恼，然后所有负面因素都将伴随我们的左右，从而影响我们的心情。

有这样一个人，他心里总是感到不高兴。每天在用早餐的时候，他总会向自己的妻子说："我感觉今天似乎又会发生令人不高兴的事。"

虽然他的内心并不是这样想的，本意并非如此，顶多也就是发发牢骚罢了。因为即使他说了这句话，但他的内心还是渴望会发生更加美好的事情，希望好的运气降临。但实际上事情往往进展得十分不顺利。

事实上，我们总是向自己或者他人发出消极的、负面的心理暗示，这种暗示会在我们的潜意识里隐藏下来，一旦时机成熟，就会跳出来影响我们的言语、行为，使我们的心情变得异常糟糕，事情变得阻碍重重。

因此，如果我们发觉自己快乐不起来的时候，就应该想方设法来排遣掉那些不健康的情绪。

总之，我们要学会让快乐变成自己的一种习惯，不要去诱发那些负面情绪，这样愉快的心情就能始终围绕在我们的身边。

物质上富有，不代表你就拥有快乐；相反，豁达、自在的人会经常处在快乐的氛围中。这其中的关键就在于是否让快乐变成了一种习惯。

把压力当作一种动力

贝弗里奇说:"思想上的压力,可能成为精神上的兴奋剂。"有时候,压力可能会让人变得消沉、苦恼。然而,只要我们善于调节,从另一个角度看问题,那么压力也可以变为动力,变为精神上的兴奋剂,如此我们就能变得更为敏捷、迅速、强大。

实际上,不仅人的思想如此,世间万事万物都是这个道理。

一位动物学家来到非洲,对某一河流附近的动植物进行考察。他发现生活在河流东岸和河流西岸的羚羊有着明显的区别,东岸羚羊的繁殖能力、奔跑速度都明显强于西岸羚羊。对此,他感到很诧异,在基本相同的环境下,两岸的羚羊何以会出现如此大的差别呢?

为了探究真相,这位动物学家于是联合当地动物保护组织共同进行了一项实验:分别从两岸捉10只羚羊送到对岸生活。一段时间后,送到西岸的羚羊通过繁殖数量得到了增加,而送到东岸的羚羊在食肉动物的猎杀下,仅仅剩下了3只。

后来,动物学家通过研究发现,在东岸附近经常出没的狼群,使得东岸的羚羊每天生活在一种优胜劣汰的竞争氛围之中,为了活下来,它们每天都不得不与狼群作斗争,因此它们的身体变得越来越强健;而西岸的羚羊没有食肉动物的侵扰,因此也就退化了。

在动物界,其实优胜劣汰、适者生存的丛林法则一直在充分体现着。在生物链下层的动物,时刻面临着上层食肉动物的击杀。因此，它们在巨大的压力下才会被迫锻炼体力、耐力、奔跑能力，否则就会成为肉食动物的美味。

实际上，动物界如此，人类社会也是同样的道理。在生活中，我们也会随时遭遇到各种压力，这些压力会给我们带来数不清的苦恼与障碍。消极的人面对压力可能会失去生活的信心，甚至于迷失自我。

而态度积极的人则会从正面来认识这些压力，他们会乐于见到不时出现的对手、压力或磨难，因为压力促使他们去思考，去磨炼自己。在排除一切困难后，他们得以变得愈加成熟，并从中得出人生的真正意义，从而制定新的人生目标。

在对压力的承受和缓解的过程中，我们在逐渐适应环境。没有压力的环境会使人们原地踏步，变得懒惰消极，从而失去了挑战人生的机会。人们也就永远不能进步，就很难做出一番事业。

纵览古今中外，你就会发现很多伟大的成就往往就是由于压力的推动而最终得以实现的。

爱伦·坡是美国著名作家，也是世界文坛上享誉盛名的天才作家。但或许你不知道，他的一生其实充满了坎坷与磨难。

很小的时候，爱伦·坡就成了孤儿，经常遭人欺凌与羞辱。虽然他后来被一个富商收养，但由于没能赢得养父的喜爱，最后还是被赶出家门。

26岁时，他陷入了与年仅13岁的表妹弗吉尼亚的热恋中，后来毅然娶她为妻，这是爱伦·坡一生中最幸福的时候。但与此同时，他们不断面对着他人的指责、不解与嘲笑。然而，爱伦·坡夫妇即便是面对凄惨落魄的生活与外界巨大的压力，也没有被吓倒，没有放弃。他们用那份真爱始终坚守在一起。

爱伦·坡每天将全部时间都用来写诗，成功的强烈愿望帮助他战胜了一切艰难困苦，充斥在他脑海中的只有那些奋斗进取的信念。

没多久，弗吉尼亚就生病了，卧床不起，穷困的爱伦·坡身无分文，根本没钱替自己的妻子找医生医治，甚至没钱给妻子买食物。体弱的弗吉尼亚最终还是没能等到他成功的那一天。在一个寒冷的冬夜，她在饥寒交迫中怀着对爱伦·坡深深的爱离开了他。

爱妻的死，几乎彻底击垮了爱伦·坡。然而，他靠着强烈的信念撑下来了。在爱妻的坟墓旁，他强忍着泪水和思念，坚持写作，最终写出了感动人心的《爱的称颂》，从而一举成名，获得了成功。

当初，爱伦·坡在创作不朽的名诗《乌鸦》时，曾经反复修改多次，整整用了10年的时间才完成，可是只有人出10块钱来购买。然而恐怕很多人都想不到，这首诗的原稿现今的价值已经超过了百万美元。

可以说，生活的苦难以及外界的压力促成了爱伦·坡日后的成就。试想，如果爱伦·坡一生衣食无忧，拥有娇妻美眷，又怎么会写出那些感人至深的诗篇？

如今社会充满了竞争，每个人在奋斗拼搏的过程中都要承受各种各样的压力。把压力作为推动自己前进的动力，勇敢地接受竞争压力的考验，那么我们就能成就一番事业。

现实中压力是我们每个人都会遇到的。在面临压力的时候，忽略、逃避对消除压力没有任何帮助；反过来，假如能够以积极的态度去应对压力，寻求解决办法，那么压力就会化为动力，我们也将拥有一个精彩的明天。

学会为自己而活

在现实生活中,我们往往很关心别人对自己的评价和看法。因此,为了得到他人的认可和肯定,我们凡事都想做得尽善尽美,总想超越所有人。带着这样的心理压力,我们往往将自己置于一个永无止境的痛苦中。

实际上,我们生活在这个世界上,超过别人不是我们的最终目的,人生最重要的事是在实现社会价值的同时,实现自我价值,并学会为自己而活。

想要学会为自己而活,言之易而行之难,因为我们遇到的艰辛、困难、诱惑、羁绊是时时刻刻都有的。俗话说,身在江湖身不由己。当我们身处名利场的时候,有几个人能够做到心态上的淡定,又有几个人能够真正做到为自己而活呢?

珍惜当下的幸福,以坦然的心态来面对世事的变幻,相信自己,学会满足,不去过多地与他人计较。能够做到这些,就说明你已经真正理解了生活,学会了为自己而活。

珍妮弹钢琴的水平不怎么高,但她非常喜欢弹。一天,当她再次在客厅钢琴前弹奏的时候,八岁的儿子来到了她身边,轻声地对她说:"妈妈,你弹得不怎么好听呀!"珍妮听了,却毫不介意。

其实,其他人对她弹钢琴的水平也没有多高的评价。然而,珍妮并不在乎这些。因为很长时间以来,珍妮就是这样弹的,自己感觉很满足,这就够了。

珍妮也喜欢唱歌、绘画,也曾经想要当个裁缝。虽然她在这些方面都没有多少天赋,但她一点儿不介意。因为对于别人怎么来看自己,她是不太关心的,她知道自己是在为自己而活。而且,她还认为自己有一两样拿得出手的东西，在她看来，这已经很了不起了。

像珍妮一样为自己而活，人们才能有淡定、从容，才能活得洒脱自在。而在日常生活中，我们却常常看到有些人因为荣辱、得失、名声地位等劳心劳力，早出晚归，没有一点休息的时间，最终弄得身心健康都受到了严重的损害，甚至到头来竹篮打水——一场空，没有得到什么好的结果。

为自己而活，不是让人们自私自利，一味地为自己着想，不顾别人的感受而肆意妄为，而是让自己少一些功利色彩，多一些平常心，少一些紧张焦虑，多一些自在宽容。如此，我们在时光的流逝中就不会盲目冲动，就可以获得内心的宁静，就能够将幸福牢牢地抓住。

小猫总是追自己的尾巴，大猫看到了，就问它是什么原因使得它要不停地追逐自己的尾巴？

小猫回答说："这是因为别人总是对我说，幸福就是最大的财富。对我来说，幸福就是我的尾巴。于是，我要不停地追逐我的尾巴，只要我追到自己的尾巴，我也就抓住了幸福。"

大猫缓缓地说道："可怜的孩子，对于这些深奥的问题，过去我也曾经迷惑不解，甚至也曾有过追逐自己尾巴的念头。但后来我明白了，不管我如何追逐它，它总是难以在我的掌控中。但当我一心一意做自己的事情不去管它的时候，我发现我走到哪里，它就会跟我到哪里……"

当我们奔波忙碌急切地想要拥有名利地位的时候，不妨停下脚步，认真审视一下自己以及周围的人，以淡定的心态去寻找幸福与快乐，真正地为自己活一回，或许我们就能和那些追逐尾巴的猫一样，不去关注外界的看法，专注于自己的生活，或许不经意间就可轻而易举地得到幸福。

生活总是平淡的时候多，精彩的时候少。没有自己的主见，永远随波逐流，没有自己的人生目标，我们就难以在平淡中活出精彩。以淡定的心态看世事浮沉，看外物的繁复变化，不去刻意追求功名利禄，那么，自己眼中的美好生活才会来临。

假如我们所追求的幸福、快乐与宁静只是在重复别人的模式，那么我们的一生就只能活在别人的阴影里。心存淡定的最有效的方式就是走自己的路，不要模仿别人，按照自己设计的蓝图勾画才能拥有属于自己的未来。